Versorgungslücken in einem Oberzentrum?

Europäische Hochschulschriften

Publications Universitaires Européennes
European University Studies

Reihe V

Volks- und Betriebswirtschaft

Série V Series V

Sciences économiques, gestion d'entreprise
Economics and Management

Bd./Vol. 1887

PETER LANG
Frankfurt am Main · Berlin · Bern · New York · Paris · Wien

Harald Dinter

Versorgungslücken in einem Oberzentrum?

Eine vergleichende Untersuchung zwischen der Versorgung mit Gütern des täglichen Bedarfs aus der Sicht der Verbraucher und der Angebotsstruktur des Lebensmittel-Einzelhandels am Beispiel der Stadt Nürnberg

PETER LANG
Europäischer Verlag der Wissenschaften

Die Deutsche Bibliothek - CIP-Einheitsaufnahme

Dinter, Harald:

Versorgungslücken in einem Oberzentrum? : Eine vergleichende Untersuchung zwischen der Versorgung mit Gütern des täglichen Bedarfs aus der Sicht der Verbraucher und der Angebotsstruktur des Lebensmittel-Einzelhandels am Beispiel der Stadt Nürnberg / Harald Dinter. - Frankfurt am Main ; Berlin ; Bern ; New York ; Paris ; Wien : Lang, 1996
(Europäische Hochschulschriften : Reihe 5, Volks- und Betriebswirtschaft ; Bd. 1887)
Zugl.: Erlangen, Nürnberg, Univ., Diss., 1995
ISBN 3-631-30124-3

NE: Europäische Hochschulschriften / 05

N 2
D 29
ISSN 0531-7339
ISBN 3-631-30124-3

Printed in Germany 1 2 3 4 6 7

Vorwort

Die Zielsetzung der vorliegenden Arbeit ist die Prüfung der Frage, inwieweit auch in dem vielfältigen Bereich großer Städte (Oberzentrum Nürnberg) durch den Rückbau des selbständigen Einzelhandels Versorgungslücken für die Konsumenten hatten entstehen können. Aufgrund des Rückgangs der Verkaufsstellen des Lebensmitteleinzelhandels im Nürnberger Stadtgebiet um 34 % zwischen 1970 und 1987 und persönlicher Eindrücke, waren im Stadtgebiet größere unterversorgte Wohngebiete erwartet worden. Über die Reaktionen der Bevölkerung war nicht allzuviel bekannt. Tatsächlich hat sich die Versorgungslage seit 1987 wieder entspannt. Auch die Haushalte haben durch Anpassung ihrer Einkaufsgewohnheiten und durch Vorratshaltung für sich wieder eine ausreichende Versorgungssituation geschaffen.

Versorgungslücken konnten nicht festgestellt werden. Jedoch ist zu unterscheiden zwischen der objektiven Angebotslage, die maßgeblich durch das Vorhandensein der Lebensmittelgeschäfte bestimmt wird, und dem subjektiven Empfinden der Verbraucher. Hierbei zeigte sich, daß bei einem Zusammenfallen von objektiver und subjektiver Versorgungslücke Marktnischen entstehen, die v.a. in den Jahren ab 1987 durch Neu- oder Wiedereröffnungen von Lebensmittelgeschäften, meist verbunden mit Sortimentsumgruppierungen, geschlossen wurden. Eine solche zeitweise auftretende Versorgungslücke kann sowohl das gesamte Sortiment umfassen oder nur Teilbereiche wie Obst und Gemüse. Teilweise sind die Verbraucher auch bereit, längere Wege zurückzulegen, ohne daß sie unzufriedener mit ihrer Versorgungslage sind. So ist das subjektive Empfinden der Versorgungssituation nicht aus der objektiven Versorgungslage allein ableitbar.

Um sich einen Überblick über diese Arbeit und ihrer Ergebnisse zu verschaffen, empfiehlt der Verfasser das Lesen der Einleitung und Kapitel 8. Um vertiefend in die Materie einzusteigen finden sich in Kapitel 8 entsprechende Hinweise, so daß je nach Interessenlage einzelne Kapitel studiert werden können. Kapitel 2 und 3 beschäftigen sich mit der theoretischen Grundlegung zum einen aus der Sicht der Nachfrage wie auch aus der des Angebots. Die Ergebnisse der empirischen Erhebungen lassen sich in Kapitel 6 für den Verbrauchermarkt "Kaufmarkt" und in Kapitel 7 für die Haushaltsbefragungen nachschlagen. Die hier sehr ausführliche Abhandlung der einzelnen Untersuchungsgebiete soll der Nachvollziehbarkeit der Ergebnisse dienen. Kapitel 4 gibt ergänzend einen kurzen Abriß der Entwicklung des Lebensmitteleinzelhandels. In Kapitel 5 wird unter Berücksichtigung der städtischen Datenerfassung eine allgemeingültige und auf andere Städte übertragbare innerstädtische Zentrenstruktur entwickelt.

Die vorliegende Arbeit ist im Rahmen des Forschungsprojektes "Versorgungslücken in einem Oberzentrum?" unter der Leitung von Professor Dr. Wigand Ritter entstanden. In diesem Rahmen wurden ferner sechs Diplomarbeiten erstellt, die von dem Verfasser betreut wurden. Fünf Diplomanden bearbeiteten die einzelnen Untersuchungsgebiete und der Verfasser die Innenstadt. Um eine Vergleichbarkeit der Daten zu gewährleisten, wurde ein einheitlicher Fragebogen für die Haushaltsbefragung verwendet. Daneben entstand eine Diplomarbeit über den "Kaufmarkt", den heutigen "Marktkauf", als Beispiel eines großflächigen Einzelhandels. Dabei handelt es sich um die erste wissenschaftliche Arbeit über den "Kaufmarkt" in Nürnberg. Sämtliche von den Diplomanden erhobenen Daten wurden dem Verfasser zugänglich gemacht und von diesem separat ausgewertet. Die Hans-Frisch-Stiftung unterstützte das Forschungsprojekt finanziell und ermöglichte so den Umfang der schriftlichen Haushaltsbefragungen. Den Diplomanden Martin Buchner, Gunther Burkhardt, Christine Dollhopf, Michael Kleinhanss, Kerstin Lauger und Matthias Melzer sei an dieser Stelle für ihre engagierte Mitarbeit gedankt.

Die vorliegende Dissertation wurde außerdem mit Spenden des Bayerischen Einzelhandelsverbandes und der Stadt Nürnberg unterstützt. Die statistische Auswertung der Daten erfolgte überwiegend mit SPSS für Windows. Die Karten wurden mit pc-map erstellt, weitere Abbildungen und Grafiken mit Harvard´s Graphics oder Freelance. Die Textverarbeitung erfolgte mit Ami Pro, womit auch die Tabellen erstellt wurden.

Die Auswertung der Daten der Haushaltsbefragung 1993 und der Arbeitsstättenzählungen 1970 und 1987 wurden dem Verfasser unter Berücksichtigung des Datenschutzes durch das statistische Amt der Stadt Nürnberg ermöglicht. Mein besonderer Dank gilt Herrn Bodenschatz und Herrn Dr. Schirner.

Letztlich möchte ich noch meiner Familie und vor allem meinen Eltern danken, ohne deren Unterstützung diese Arbeit nicht hätte entstehen können.

INHALTSVERZEICHNIS

ABKÜRZUNGSVERZEICHNIS

Abb.	Abbildung
Abs.	Absatz
AG	Aktiengesellschaft
AVA	Allgemeine Handelsgesellschaft der Verbraucher AG
B4R	Bundesstraße 4, (äußere) Ringstraße
b.Schw.	bei Schwabach
BBE	Bayern Unternehmensberatung für den bayerischen Handel GmbH München
Bd.	Band
BddW	Blick durch die Wirtschaft
beispw.	beispielsweise
BMW	Bayerische Motorenwerke AG
BVA	Bayerische Warenhandelsgesellschaft der Verbraucher AG
bzw.	beziehungsweise
d.h.	das heißt
difu	Deutsches Institut für Urbanistik (Berlin)
DIHT	Deutscher Industrie- und Handelstag
DST	Deutscher Städtetag
DV	Datenverarbeitung
etc.	et cetera
evtl	eventuell
e.V.	eingetragener Verein
Ew/bha	Einwohner pro bebauter Fläche in Hektar
f.	folgende
FAZ	Frankfurter Allgemeine Zeitung
ff.	fortfolgende
FfH	Forschungsstelle für den Handel e.V., Berlin
GB	Geschäftsbericht
GWB	Gesetz gegen Wettbewerbsbeschränkungen
H	Heft
h.d.V.	hinter der Veste
ha	Hektar
i.a.	im allgemeinen

i.d.R.	in der Regel
i.e.S.	im engeren Sinne
i.S.	im Sinne
i.S.v.	im Sinne von
i.w.S.	im weiteren Sinne
IHK	Industrie- und Handelskammer
ILS	Institut für Landes- und Stadtentwicklung (des Landes Nordrhein Westfalen)
ingesta	Institut für Gebietsplanung und Stadtentwicklungs GmbH
insb.	insbesondere
Kap.	Kapitel
km	Kilometer
m	Meter
Mio.	Million
Mrd.	Milliarde
o.V.	ohne Verfasser
ÖPNV	öffentlicher Personennahverkehr
PC	Personal Computer
Pkw	Personenkraftwagen
qm	Quadratmeter
S.	Seite
SPSS	statistical package for the social sciences
Tab.	Tabelle
u.a.	unter anderem
u. U.	unter Umständen
usw.	und so weiter
v.a.	vor allem
VDI	Verein Deutscher Ingenieure
vgl.	vergleiche
z.B.	zum Beispiel

ABBILDUNGSVERZEICHNIS

TABELLENVERZEICHNIS

KARTENVERZEICHNIS

1. Einleitung

Die Entwicklung im Lebensmittel-Einzelhandel läßt sich umreißen durch Konzentration, Filialisierung und der Einführung der Selbstbedienung. Dies führte bisher zu immer größeren Formen des Einzelhandels wie großflächigen Supermärkten, Verbrauchermärkten und SB-Warenhäusern sowie Lebensmittelabteilungen in Warenhäusern und zu den Discountern als "Billig-Betriebsformen" (Kap. 4).
Die vorliegende Arbeit untersucht am Beispiel des Oberzentrums[1] Nürnberg, inwieweit durch die Ausdünnung der Standorte des Lebensmittel-Einzelhandels Versorgungslücken für die Bevölkerung entstanden sind. Räumliche Versorgungslücken treten durch das Fehlen von Lebensmittelgeschäften auf, zeitliche in erster Linie durch begrenzte Öffnungszeiten und solche aufgrund der Angebotsstruktur durch Wünsche der Nachfrage wie in Bezug auf Qualität oder Preis die durch das bestehende Angebot nicht befriedigt werden. Bestehende Versorgungslücken werden derzeit durch die gestiegene Mobilität der Verbraucher zwar ausgeglichen, bieten aber dem Einzelhandel gleichzeitig Marktnischen (Kap. 8.2.). Auch in Deutschland werden zunehmend internationale Unternehmen im Lebensmittelsektor den bestehenden Einzelhandelsstrukturen Konkurrenz machen und solche Marktnischen besetzen.
Die Untersuchungsergebnisse gründen sich auf eine von Februar bis April 1994 durchgeführte repräsentative Befragung, in der 1.553 Haushalte in sechs ausgesuchten Stadtgebieten Nürnbergs Angaben zu ihren Einkaufsgewohnheiten machten (Kap. 7). Zusätzlich wurden in den Monaten März und April 601 Kunden des Verbrauchermarktes "Kaufmarkt" befragt (Kap. 6). Ergänzend kartierte der Verfasser im Juli 1994 das gesamte Stadtgebiet Nürnbergs und leitete eine komplette innerstädtische Zentrenstruktur für die Versorgung mit Gütern des täglichen Bedarfs ab (Kap. 5.4.2.). Die Daten der Verbraucherbefragungen wurden - in Abgrenzung zu allen dem Verfasser zugänglichen Untersuchungen - möglichst adressengenau erfaßt und den Standorten der Lebensmittelgeschäfte gegenübergestellt. Nur so konnten eindeutige Zuordnungen erfolgen und genaue Aussagen über Distanzen zwischen den Standorten, der Wahl der

---

1 *Ritter* (1991, 217) nennt Nürnberg als Beispiel für ein Oberzentrum mit Teilfunktionen eines Großzentrums aufgrund der zentralörtlichen Einstufung nach *Kluczka* (1970).

Verkehrsmittel sowie der Richtung, Häufigkeit und Tageszeit der Einkäufe gemacht werden.

Die theoretische Grundlage bilden die Aktionsraumforschung und die Theorie der Spiralbewegung, die sich aus der Wirtschaftsgeographie, insbesondere der Zeitgeographie, entwickelt haben (Kap. 2.1. und 2.2.). Die aktionsräumliche Forschung befaßt sich hier mit der Frage, wie die Stadtbewohner ihre Stadt nutzen, d.h. welche Personen wie oft und wo in der Stadt zu welcher Tageszeit mit welchem Verkehrsmittel welche Lebensmittelgeschäfte aufsuchen. Sie liefert Erklärungsansätze zum Konsumentenverhalten im "Zeit-Raum" und findet v.a. bei der Auswertung der Haushaltsbefragung Anwendung. *Agergard et al.* stellten die Entwicklung der Einzelhandelsstrukturen als Spiralbewegung dar (Kap 3.1.), die sich auch für die Nürnberger Lebensmittelgeschäfte als zutreffend erweist. Die Einbeziehung der interdisziplinären Ansätze der Logistik und der Innovationsforschung ermöglichen schließlich (Kap. 3.3. und 3.4.), neue Formen des Lebensmittel-Einzelhandels darzustellen (Kap. 8.5.).

Ziel dieser Untersuchung ist es nicht, neue Wege zu finden, um die Bedarfsdeckung der Stadtbevölkerung zu optimieren, sondern ein wissenschaftlich abgesichertes Instrumentarium zu erarbeiten, mit dessen Hilfe Versorgungslücken erkannt werden können. Für die Stadtplanung ergeben sich so Ansatzpunkte zur Verbesserung der Versorgung durch Veränderung der Rahmenbedingungen und für den Einzelhandel Möglichkeiten, Marktnischen zu schließen und neue strategische Geschäftsfelder zu besetzen.

2. Forschungsansätze und Beobachtungen zum Verbraucherverhalten aus der Wirtschaftsgeographie

2.1. Zeitgeographie

2.1.1. Begriff und Wesen

Zeitgeographie (original: "time geography") stellt seit etwa dem Anfang der 70er Jahre einen neuen Ansatz in der Sozialgeographie dar. Sie versucht neben dem komplexen Wirkungs- und Beziehungsgeflecht der Geofaktoren im Raum als klassischem Forschungsobjekt der Geographie nun die "Zeit", respektive den Zeitbegriff, in den Mittelpunkt ihrer Betrachtung zu stellen. Als Ansatz ist mit der Zeitgeographie unmittelbar der Name Torsten Hägerstrands und seiner Pionierforschung verbunden (*Maier*, 1982, 22). Diese Forschungen über Zeit- und Raumzusammenhänge und auch die dort verwendeten Grundbegriffe wurden von anderen Autoren aufgegriffen und prägten u.a. die Forschungsarbeit der Lund-Schule in Schweden.

Zeit und Raum werden als für den Menschen wichtige Ressourcen betrachtet, die in physikalischen Maßstäben untersucht werden können, was *Thrift* als "physicalist approach" in der Zeitgeographie bezeichnet (*Thrift*, 1977, 4). Dies führt zu einer Behandlung in mathematischen Zeit - Raum - Modellen. Zeit wird im Gegensatz zum Raum als unabhängige Variable gesehen, da der absolute Zeitverlauf vom einzelnen Menschen nicht beeinflußt werden kann, wohl dagegen die Raumüberwindung. So ist auch in der Sozialgeographie die Untersuchung des Zeitaspektes von Bedeutung.

Die Zeitgeographie beobachtet das Zeit-Raum-Verhalten des Einzelnen und entwikkelt daraus Zeitpfade ("time-paths"), die *Klingbeil* als individuelle Lebenspfade bezeichnet (*Klingbeil*, 1978, 51). Somit bleibt die Identität des einzelnen Menschen gewahrt, worin ein Anwendungsvorteil der zeitgeographischen Methodik liegt. Die Zeitgeographie kommt damit im typisch sozialwissenschaftlichen Spannungsfeld der Aggregation vom Individuum auf ganze Gruppen zu stehen. Hägerstrand behilft sich hier mit dem Hinweis auf ein "continuum between geography and aggregate statistics" (*Hägerstrand*, 1970, 9).

Hägerstrand formulierte seinen Modellansatz zur Integration des individuellen räumlichen Verhaltens über die Zeit. Er legte den individuellen Tagesablauf in einen zweidimensionalen Rahmen mit einer Zeit- und einer Raumachse und stellte dabei fest, daß der Tagespfad der betrachteten Person dadurch festgelegt war, daß man sich zu bestimmten Zeiten an bestimmten Plätzen aufhalten muß. Diese feststehende Struktur begrenzt die Bewegungsfreiheit des Individuums in den dazwischenliegenden Perioden. Sie bleibt aber bspw. durch die Wahl eines Transportmittels zur schnelleren Raumüberwindung beeinflußbar. Der Bewegungsspielraum in den Perioden zwischen den zeitlich und räumlich fixen Aktivitäten wird graphisch als Zeit / Raum "Prisma" dargestellt, das die Region der möglichen Aktion veranschaulicht (siehe Abb. 1 sowie *Cullen u. Godson*, 1975, 6 f). Abbildung 1 stellt einen einfachen Arbeitstag dar. Dabei ist der hier eindimensional dargestellte Raum auf der horizontalen Achse abgetragen und die Zeit auf der vertikalen. Die dicken Linien geben den Pfad aller obligatorischen Tätigkeiten wieder, während die dünner eingezeichneten Prismen die räumlichen und zeitlichen Handlungsspielräume der nicht festliegenden Aktivitäten begrenzen: Die Mittagspause um 14.00 Uhr kann auch außerhalb des Betriebs verbracht und die Standorte für die abendlichen Freizeitaktivitäten können entweder vom Haushalt oder direkt von der Arbeit aus aufgesucht werden (vgl. Abb. 1).

Die Bewegung eines Individuums kann in einem Zeit-Raum-Rahmen als Pfad dargestellt werden, der zum Zeitpunkt der Geburt beginnt und mit dem Tod endet. Die Pfade können dabei, je nach dem Beobachtungszeitraum, Tages-, Jahres- oder Lebenspfade sein. *Hägerstrand* generalisierte dieses Zeit-Raum-Konzept bei seinen Studien über die Bevölkerungsmobilität, in denen er v.a. die Betrachtung der Jahrespfade in den Mittelpunkt rückte (*Carlstein*, 1982, 41).

Eine interessante Darstellungsmöglichkeit bieten Zeit-Raum-Modelle für die Abbildung zweier oder mehrerer Zeitpfade in einem Modell. Hier kann übersichtlich gezeigt werden, ob, wie lange und in welcher Interaktion die Untersuchungsobjekte zueinander stehen.

Abb. 1: Beispiel eines Zeit-Raum-Pfades

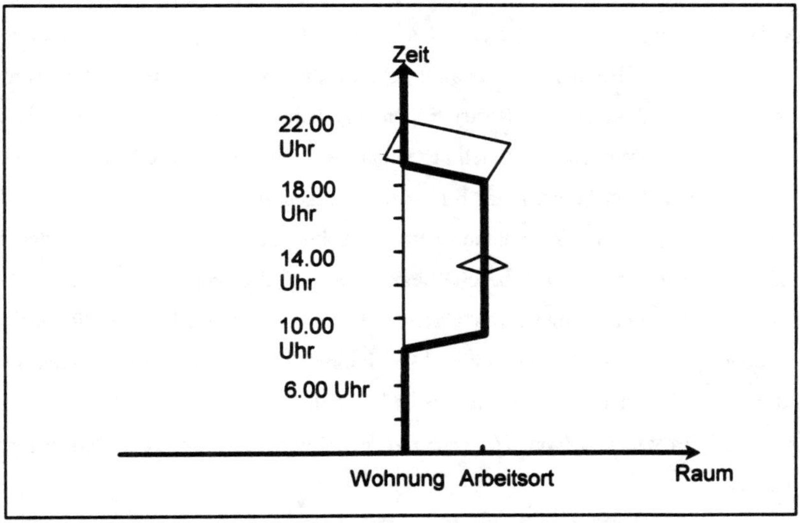

Quelle: Eigene Darstellung in Anlehnung an Cullen, I. und Godson, V.: Urban Networks: The Structure of Activity Patterns. In: Progress in Planning, Vol. 4, 1975, Groß Brittanien, S. 1 - 96, S. 7

Liegt eine Raum- und Zeitgleichheit der Objektexistenz vor, so spricht man von einem "bundle", Bündel. Solche Bündel können etwa Plätze sozialen Kontaktes sein, bspw. Arbeitsplatz, Mensa, Geschäft etc., und spielen auch für das sozioökonomische System "Stadt" eine entscheidende Rolle. Ein Untersuchungsfeld der Zeitgeographie liegt hier bspw. im Vergleich Quantität und Qualität von Bündeln mit moderner Telekommunikation. Dazu errechnete *Klingbeil*, daß 40% der Telefongespräche, die von den von ihm befragten privaten Haushalten geführt worden waren, der Verabredung oder Absage von Treffen, also dem Bündel, dienten (*Klingbeil*, 1969, 24).

Zeit-Raum-Modelle als Überblick und Erfahrungskalkül können aufgrund des relativ einfachen Ansatzes sowohl dem Planer als auch dem Individuum wertvolle Entscheidungshilfe bieten. Beispielsweise wendet die schwedische Raumordnungspolitik die Zeitgeographie erfolgreich an (*Klingbeil*, 1978,55).

Aus der anschaulichen geometrischen Darstellung der Zeitgeographie-Modelle ergeben sich durch die Betrachtung der möglichen Lebenspfade, die beschritten werden können, Beschränkungen und Restriktionen, die von *Hägerstrand* (1970, 16 f) als "daily prism" im graphischen Modell bezeichnet werden. Sie beschreiben die Grenzen und den beschränkten Lebensbereich innerhalb dessen sich nur die Existenz des Untersuchungsobjektes abspielen kann. Zeitgeographie muß sich deshalb mit den im Modell gezeichneten Grenzen beschäftigen, da sie in der empirischen Wirklichkeit des Individuums unmittelbar zu erfahrende Widerstände darstellen und für den ursächlichen Verlauf der Lebenslinien im Modell eine entscheidende Rolle spielen. Dies führt somit neben den beschriebenen grundsätzlichen physikalischen Begrenzungen des Zeitpfades zu den von *Hägerstrand* geprägten Begriffen der "constraints" (Zwänge).

2.1.2. Zwänge der Pfadverteilung im Zeit-Raum

Die menschliche Interaktion mit seiner Umwelt kann verstanden werden als Allokationsproblem der Pfade bzw. als Problem der Pfadverteilung in Zeit und Raum. Dies gilt für Menschen untereinander und Beziehungen zwischen Menschen und Objekten, Organisationen oder auch Schauplätzen wie einem (oder mehreren) Geschäften. Dabei handelt jeder Einzelne unter bestimmten Beschränkungen, die die eigene Handlungsfreiheit begrenzen. *Hägerstrand* unterscheidet:

- Capability constraints (Fähigkeitsbeschränkung)
Die Unteilbarkeit der Person ist ein Beispiel für "capability constraints", d.h. es ist einer Person unmöglich, an mehreren Orten zur selben Zeit zu sein. Auch die

beschränkte Geschwindigkeit eines Ortswechsels fällt hierunter (*Carlstein*, 1982, 46). Im allgemeinen stellen die "capability constraints" die Grenzen der eigenen Fähigkeiten des Individuums durch seine biologischen Eigenschaften sowie seiner Möglichkeiten etwa durch die verfügbare Menge an technischen Mitteln dar. Sie sind personenspezifisch, können aber auch durch die Gesellschaft bedingt sein. Technische oder gesellschaftliche Veränderungen wirken in der Regel zuerst auf die "capability constraints" ein. Scheidet ein Einzelhandelsstandort wegen Geschäftsaufgabe aus dem individuellem Aktionsraum aus, hat dies direkte Wirkung auf den entsprechenden Pfad.

- **Coupling constraints** (Kupplungszwänge)

Kupplungszwänge[2] entstehen aus der gesellschaftlichen Notwendigkeit des Zusammentreffens von Individuen, Produktionsmitteln etc. und kennzeichnen das Leben eines Menschen in der sozialen Gesellschaft schlechthin. Aus ihnen ergeben sich im Zeit-Raum-Modell "bundles" (*Pred*, 1973, 39). Eine Einzelperson kann in einer bestimmten Zeitspanne nur an einer begrenzten Anzahl von "bundles" partizipieren (*Carlstein*, 1982, 46). Für die Zeitgeographie stellen die Kupplungszwänge ein besonders weites Untersuchungsfeld dar, da es sich dabei um Themen handelt wie die "just in time production" und ihre Raumrelevanz in der Industriegeographie (*Schamp*, 1989, 284 f) oder kostengünstige Gestaltung von Transportmitteln, Ausarbeitung von Fahrplänen für den öffentlichen Nahverkehr etc..

- **Authority constraints** (Autoritätszwänge)

"Authority constraints" stellen i.w.S. Beschränkungen der Raumnutzung für das Individuum durch die Gesellschaft bzw. konkret durch die Machtverteilung an Besitzverhältnissen von Grund und Boden dar (typisches Beispiel: "Betreten der Rasenfläche verboten!"). Sie bestimmen also Raumbereiche, die den freien Zugang einschränken oder bestimmten Personen vorbehalten bleiben. *Hägerstrand* (1970, 16) bezeichnet diese Autoritäts-Zwänge im Modell als "control-area" oder "domain". Es können

---

2 Von der "Kupplung" ist der von *Klingbeil* (1978, 127) geprägte Begriff der "Kopplung" zu unterscheiden. "Kopplung" bezieht sich auf die Kombination mehrerer Tätigkeiten innerhalb der raumstrukturell vorgegebenen Möglichkeiten. Sie spiegelt damit die Rationalität im Ausgangsverhalten wider.

hierbei ganz unterschiedliche Arten der "territorialherrschaftlichen Begrenzungen" existieren: Öffentliche Straßen, Spielplätze, Vereinsgelände, die eigene Wohnung etc.. Darunter wäre auch der Einkauf für ausschließlich Gewerbetreibende in der "Metro" zu nennen. Je nach Zugangsmöglichkeiten kann eine Hierarchie von Domänen aufgestellt werden (*Klingbeil*, 1978, 54).

Diese Arten der Randbedingungen, "constraints", müssen bei der zeitgeographischen Betrachtung beachtet werden. Sie spielen bei der Bewegung des Individuums im Raumsystem Stadt, seiner Ordnung und Funktion eine wichtige Rolle. Sie zu verändern oder zu überwinden bedeutet gleichzeitig eine Veränderung in der Gesellschaft. Es sei noch einmal betont, daß alle "constraints" die Handlungsziele der Individuen und die zu ihrer Erreichung notwendigen Aktivitäten einschränken und somit direkten Einfluß auf Raum und Zeit haben.

Für das fundamentale Konzept der Zeitgeographie fordert *Hägerstrand* in seinem Aufsatz "space, time and human conditions" folgende Grundbedingungen, die die Grenzen für alle strukturellen und Organisations-Formen festlegen (*Thrift*, 1977, 6):
- die Unteilbarkeit des menschlichen Wesens (auch: Leben oder Tod) ist unabdingbare Grundsichtweise, d.h. nur der Mensch als Einheit kann betrachtet werden
- die begrenzte Lebensdauer des Menschen ist zu berücksichtigen
- der Mensch besitzt nur begrenzte Fähigkeiten zur Erfüllung mehrerer Aufgaben zu einem Zeitpunkt
- jede Aufgabe hat eine bestimmte Dauer
- Bewegung zwischen zwei Punkten im Raum benötigt Zeit
- der Raum hat nur eine begrenzte Ausfüllungskapazität
- der Raum ist durch äußere Größengrenzen bestimmt (Raumeinheiten)
- die Gegenwart ist unausweichlich mit der Vergangenheit verbunden und damit in gewissem Sinne von dieser abhängig - es gibt keine "Zeitsprünge".

*Hägerstrand*s Begriff des Zeitpunktes läßt auf eine begrenzte Zeitspanne schließen. Die Erfüllung einer Aufgabe erfordert immer eine Zeitspanne und ist in einem absoluten Zeitpunkt unmöglich. Damit benötigt jede Aufgabenlösung eine Zeitdauer. Eine Definition einer Zeitspanne als Zeitpunkt kann bei der Betrachtung eines Menschenlebens für einen einzelnen Tag, einer Woche oder eines Monats durchaus sinnvoll sein. Prinzipiell kann man eine Zeitspanne bspw. 0.00 bis 24.00 Uhr nur zwischen zwei Zeitpunkten verstehen; graphisch entspräche das einer Linie bzw. einer Strecke. Will man nun während des Zeitablaufs etwas darstellen, so benötigt man eine weitere Ebene, begrenzt von dem Zeitablauf des Geschehnisses und dem als Linie dargestellten Geschehnis selbst. Will man dies z.B. im Jahresablauf darstellen, wobei man die 24 Stundeneinteilung bspw. als y-Achse wählt, so bleibt für die Jahrestage, die x- oder z-Achse übrig. Man erhält Zeitebenen, denen man räumliche Informationen unter Verwendung der verbliebenen Achse zuordnen kann. In der Elektrizitätswirtschaft findet diese Darstellungsweise praktische Anwendung mit der "Leistungstopographie" in Form der Leistungslinien oder dem Belastungsgebirge (*Schneider*, 1936, 60 ff).

Ritter (1991, 18 f) begreift "Standorte als Schauplätze wirtschaftlicher Aktivitäten". Der Wirtschaftsraum spannt sich über kommunikative Räume bestehend aus Schauplätzen von Handlungen auf. Der Handlungsablauf als solcher vollzieht sich unter Einheit von Ort, Zeit und Handlung. Die Einheit des Ortes kann bspw. durch arbeitsteilige Prozesse aufgebrochen werden. Das führt zur Organisation von Systemen zur Raumüberwindung, die die einzelnen Standorte verkehrstechnisch anbinden. Der Wegfall der zeitlichen Einheit führt zu Ausgleichsfunktionen wie Lagerung. Mit der sich daraus ergebenden betriebswirtschaftlichen Problematik befaßt sich insbesondere die Logistik (vgl. Kap. 3.4., S. 56, und Abb. 10, S. 58). *Ritter* (1991, 19) kritisiert in diesem Zusammenhang die Zeitgeographie, die nur einen Aspekt des Wirtschaftsraumes in den Vordergrund stellt.

Der folgende Abriß verschiedener zeitgeographischer Ansätze ist unter der Kritik von Ritter zu relativieren. Für diese Untersuchung wird die Terminologie von *Ritter* zugrundegelegt.

2.1.3. *Carlsteins* Untersuchung der menschlichen Interaktion im Zeit-Raum

Carlstein (1982, 50) stellte in Anlehnung an *Hägerstrand* die grundlegenden Beschränkungen der individuellen Bewegungsfreiheit in Raum und Zeit dar (vgl. Abb. 2): Ein Individuum kann immer nur einen Zeitpfad verfolgen, der folglich unteilbar ist und sich nicht verzweigen kann. Die eingeschränkte zeitliche Ausdehnung zeigt sich am anschaulichsten für die begrenzte Lebenszeit eines Menschen. Mit dem Tod endet auch der Zeitpfad. Schauplätze werden als Standorte ohne räumliche Ausdehnung verstanden[3]. Die Darstellung erfolgt punktbezogen als Linie und nicht flächenbezogen als Röhre. Der Schauplatz ist von einem Gebiet zu unterscheiden, das eine räumliche Ausdehnung hat und die Grenzen des Untersuchungsobjektes im Sinne der "authority constraints" abbildet. Der Aktionsradius vom Standort eines Menschen aus ist räumlich begrenzt: Die manuelle Reichweite entspricht der Armlänge, die oral-auditive dem Sprech- und Hörvermögen und die visuelle dem Sehvermögen. Schließlich benötigt jede Raumüberwindung Zeit, so daß eine Raumüberwindung im Zeitsprung unmöglich ist. Diese Beschränkungen haben auf die Summenstruktur, die "Bündel", der Gesellschaft Auswirkungen.

Carlstein (1982, 20 f) untersuchte die "Ressourcen" verschiedener Gesellschaftstypen unter den Aspekten Raum und Zeit. Die "Ressourcen" beschreiben das vorhandene Potential, die Gesellschaft wird beeinflußt durch die sie betreffende Umwelt und entwickelt so bestimmte Typen. Die Kapazität ist schließlich der Ausdruck der Nutzung der "Ressourcen", die zu einem Output technischer und sozio-kultureller Art führen und die wiederum Einfluß auf die Entwicklung der Gesellschaft haben. Er betrachtet verschiedene Gesellschaftstypen wie Jäger oder Nomaden und deren "Ressourcennutzung" unter dem Zeitaspekt. Die Beziehung zwischen der räumlichen Verteilung der "Ressourcen" bspw. von Bodenschätzen oder der Bevölkerung und ihrem Zeitbudget kann man graphisch darstellen mit den Achsen Zeit und Raum bzw. Zeit und Bevölkerungsstärke in den Einheiten "Hektar-Tage" oder "Mann-Tage".

---

3 Nach Ritter (1991, 18 f) besitzen Schauplätze durchaus eine räumliche Ausdehnung (vgl. auch Abb. 2).

Abb. 2: Mögliche Zeit-Pfade nach dem "Constraints"-Ansatz

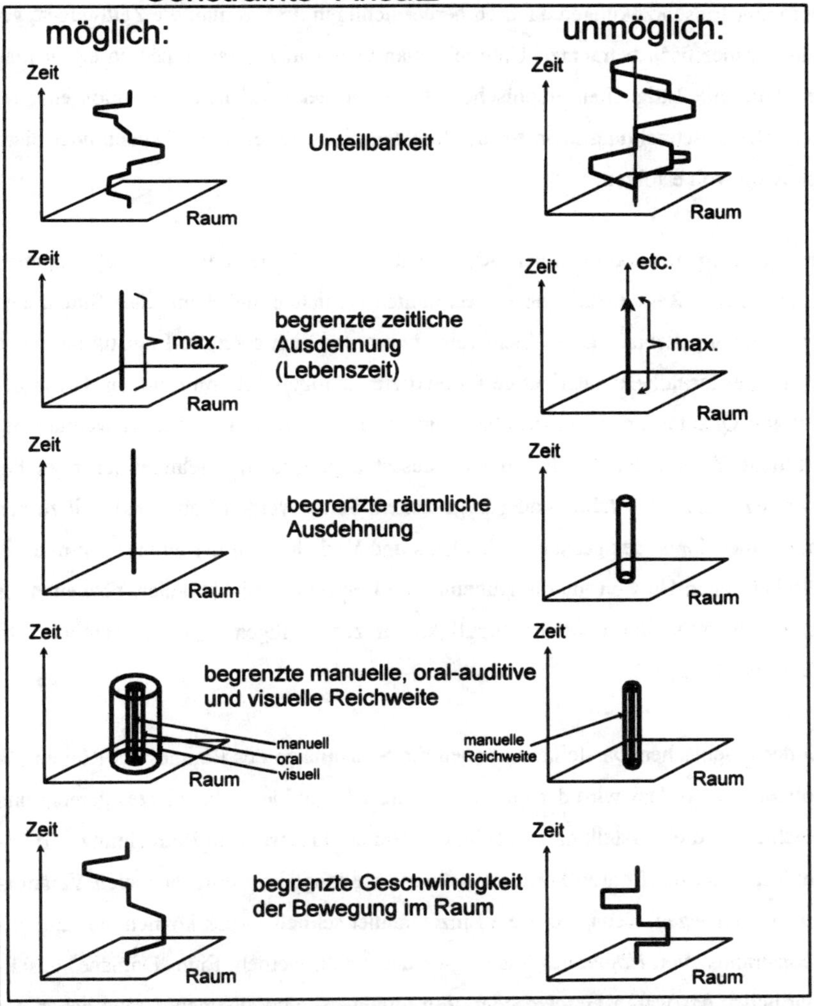

Quelle: Eigene Darstellung in Anlehnung an Carlstein, Tommy: Time resources, society and ecology on the capacity for human interaction in space and time. In: Lund studies in Geography, Ser. B. No. 49, 1982, S. 50

Jeder Gesellschaftstyp nutzt sein Zeitbudget auf andere Weise, was zu einer vertikalen Segmentierung führt. Die Spezialisierung einer Gesellschaft in irgendeiner Form kann man unter Einschränkungen dadurch berücksichtigen, indem man die Zeitbudgets geschlechtsspezifisch betrachtet. Unterteilt man weiter in Altersgruppen so erhält man für bestimmte Tätigkeiten graphische Blöcke, die der vertikalen Integration entsprechen. Diese Betrachtung kann für die Stunden eines Tages, einer Woche oder eines Jahres sinnvoll erfolgen.

Die verschiedenen Aktionen der Gesellschaft sind in die jeweilige Umwelt eingebettet, in der die "Ressourcen" nur in bestimmten zeitlichen und räumlichen Situationen zur Verfügung stehen . Diese Sichtweise nimmt letztlich auch die Logistik an, wenn sie als Ziel formuliert, das richtige Produkt zur richtigen Zeit am richtigen Ort in der richtigen Qualität etc. bereitzustellen (vgl. Kap. 3.4., S. 56). Dabei ist weniger der räumliche Zugang zu den Ressourcen ausschlaggebend als vielmehr jener zu bestimmten Zeiten, wie Jahres- oder Tageszeiten. Somit werden Raum und Zeit zu den Hauptdimensionen des gesamten Handelns und Verhaltens in der natürlichen und gesellschaftlichen Umwelt, da die Nutzung von Ressourcen nichts anderes bedeutet als die Kombination der richtigen Inputfaktoren zur richtigen Zeit am richtigen Ort (*Carlstein*, 1982, 38).

Bei der graphischen Darstellung können die Schauplätze des Raumes als Röhren abgebildet werden. Das wird der räumlichen Ausdehnung des Schauplatzes gerecht und erleichtert so die Darstellung von Bündeln. Bei der kurzfristigen Betrachtung, z.B. einem Tag, sind die Röhren konstant, während sie langfristig durchaus auch Veränderungen unterliegen, wenn bspw. ein Einzelhändler schließt. Auch können die "authority constraints" von *Hägerstrand* graphisch dargestellt werden. Eine "Domäne" gesellschaftlicher Art wären Gesetze oder Verordnungen, eine "Domäne" räumlicher Art bspw. eine Stadtgrenze oder die Außenmauern als Abgrenzung des Geschäfts. Ebenso wie der Schauplatz "Geschäft" kann auch die Randbedingung Stadtgrenze als Röhre graphisch dargestellt werden. Dies ist insbesondere dann von Bedeutung, wenn die Stadtbevölkerung ihre Nachfrage teilweise außerhalb des Stadtgebietes befriedigt. Die

Graphik (vgl. Abb. 2) soll dabei die Komplexität reduzieren und die zugrundeliegende Logik des menschlichen Verhaltens in Gesellschaft und Umwelt veranschaulichen (*Carlstein*, 1982, 44 f).

Carlstein ordnet die "constraints" (Zwänge) *Hägerstrands* anders zu. Unter dem Zwang der Pfadverteilung im Zeit-Raum faßt er die Unteilbarkeit des Individuums (capability constraints) und die Möglichkeit, Bündel zu bilden (coupling constraints), zusammen. Ein als Säule dargestellter Schauplatz kann somit von mehreren Individuen gleichzeitig genutzt werden und ist Ausdruck des gesellschaftlichen Lebens, dem Miteinander.
Carlstein formuliert seinen menschlichen Projektions- und Zielzwang aufgrund der Tatsache, daß die Wurzeln des zukünftigen Geschehens in der Vergangenheit liegen. Er faßt die Zukunft als Projektion auf und versteht die Vergangenheit als Produkt bzw. Output (*Carlstein*, 1982, 47). Die Zukunft wird maßgeblich durch die Ziele der Menschen und Interessengruppen geprägt, die bei einer bestimmten räumlichen Begrenzung, z.B. eines Landes, als Bündel die Entwicklung dieser Gesellschaft widerspiegeln. Dabei kann man nicht von vornherein sagen, wie die Zukunft sich gestalten wird. Um dieser Ungewißheit Rechnung zu tragen, spricht *Carlstein* von Projektion, während die Vergangenheit nicht mehr veränderbar ist und als Output noch früherer Entscheidungen gesehen wird. Das impliziert, daß die Zeit ein Kontinuum ist und somit die unabhängige Variable darstellt. Bei der Betrachtung von Gesellschaften wird die Zukunft maßgeblich durch die Entscheidungen und Interessen von Menschen und deren Zielen bestimmt. Dabei ist es unwichtig, ob die Zielformulierung bewußt oder unbewußt erfolgt. Sie unterliegt aber ebenfalls der beschriebenen Projektion, weil sie auf den persönlichen Erfahrungswerten der Vergangenheit basiert.
Carlstein faßt als dritte und letzte Gruppe der "constraints" den Willen und die Intention des Individuums und die Beschränkung der Handlungsfreiheit durch einschränkende Zwänge auf, die m.E. *Hägerstrands* "authority constraints" entsprechen. Dabei wird ergänzend herausgearbeitet, daß eine Einschränkung der möglichen Handlungen auch durch die individuelle Zielentscheidung erfolgt (*Carlstein*, 1982, 48 f).

2.1.4. *Cullen* und *Godson*s Untersuchung des Verbraucherverhaltens einer bestimmten Stadtbevölkerungsschicht

Cullen (1984, 129) faßte die von *Hägerstrand* formulierten "constraints" folgendermaßen zusammen: Die Fähigkeitsbeschränkungen (capability constraints) reichen von der biologischen Notwendigkeit bis zu der physischen Unerreichbarkeit. Die Kopplungszwänge (coupling constraints) beschreiben, wo, wann und für wie lange Individuen mit anderen Individuen, Dingen oder Material zusammen kommen müssen, um zu produzieren, zu konsumieren oder andere Transaktionen zu tätigen. Die Autoritätszwänge (authority constraints) schließlich beziehen Staatsgrenzen, private Besitzrechte oder Öffnungszeiten ein. Die sich daraus ableitend typische Darstellung ist eine zweidimensionale Zeit-Raum Graphik (vgl. Abb. 2).
Cullen und *Godson* (1975, 10) führten eine Umfrage bei Akademikern und Studenten der London University durch. Obwohl nur 336 teilweise unvollständig ausgefüllte Fragebögen zurückkamen, konnte eine Auswertung erfolgen, die, ausgehend von Verhaltensstudien, das Mikro-Verhalten der Stadtbevölkerung in Raum und Zeit untersuchte. Um zu erfahren, wie die individuellen Zeit-Raum Entscheidungen strukturiert sind, sollten die Befragten einen Stundenplan ausfüllen, wann sie welche Tätigkeiten am Tag verrichten. Dabei stand neben dem zeitgeographischen Aspekt die Betrachtung der Flexibilität von Aktivitäten im Mittelpunkt (*Cullen und Godson*, 1975, 3 ff). Einige Tätigkeiten sind zeitlich und räumlich fixiert, z.B. Arbeitsort und -zeit, andere sind nur ortsgebunden und haben ein Zeitfenster bspw. das Geschäft mit seinen Öffnungszeiten. Ziel war es herauszufinden, wie sich Individuen verhalten, die zeitlich relativ ungebunden sind und somit über eine hohe Flexibilität verfügen, aber ebenso bestimmte Tätigkeiten wie Einkaufen am Tag durchführen müssen.
Die Bedeutung ihrer Arbeit liegt im Herausarbeiten der individuellen Verhaltensmuster, die in ihren Augen ein wichtiges Element der städtischen Struktur darstellen. So erhalten die täglichen Entscheidungen des Einzelnen ein neues Gewicht und rücken die Fragen nach der Flexibilität von Handlungen und der Zeitplanung im Zeit-Raum in den Mittelpunkt.

Cullen und *Godson* unterteilten die möglichen Handlungen aufgrund der Funktionsstruktur in lebenserhaltende Tätigkeiten (z.B. schlafen), Arbeit, Soziales, Freizeit und Einkaufen. Sie ermittelten so die funktionale Zeitverteilung, die bspw. für den Einkauf bei 20 ± 2 Minuten pro Tag lag (*Cullen und Godson*, 1975, 19). Daneben erhielten sie die durchschnittliche Anzahl und Dauer der einzelnen Episoden oder auch den Zeitaufwand nach Wochentagen. Bei der Gegenüberstellung der funktionalen Struktur der Verhaltensweisen und den sozialen Kriterien fiel u.a. auf, daß das Einkaufen durch auffallend wenig Männer erfolgte, dem (Erlebnis-) Einkauf ein hoher Stellenwert eingeräumt wurde, insbesondere in der Verbindung mit Freizeit, und der Einkauf in der Nähe des Wohnstandortes als angenehm empfunden wurde (*Cullen und Godson*, 1975, 24 ff).

Das Ergebnis dieser Studie war weiterhin, daß bestimmte Tätigkeiten in Zeiträume hineingelegt wurden, die dem allgemeinen Verhalten der Gesellschaft entsprachen, z.B. die Schlafenszeit von 0.00 bis 8.00 Uhr, die Arbeitszeit von 9.30 bis 17.00 Uhr und die Tendenz, das "Soziale" auf den Abend zu legen. Diese Zeitwahl der Befragten läßt sich trotz der hohen Flexibilität damit erklären, daß sie mit Individuen außerhalb der Universität in Kontakt kommen (wollen) und somit der Zwang zum sozialen Kontakt (coupling constraints) ihr Verhalten entsprechend beeinflußt (*Cullen und Godson*, 1975, 80 f). Auch wenn die Autoren darauf hinweisen, daß ihre Untersuchungsgruppe sehr klein und das Verhalten der Londoner insbesondere nicht ohne weiteres übertragbar ist, so stellten sie doch fest, daß etwa der Einkauf stark von der räumlichen und zeitlichen Organisation der Umwelt abhängt. Die Flexibilität nimmt im Laufe des Tages zu, was auch bedeutet, daß der Vormittag stärker strukturiert ist als der Nachmittag oder der Abend. Bei der Untersuchung entsprach die Öffnungszeit der Universität (von 9.00 bis 17.00 Uhr) quasi den Öffnungszeiten der Geschäfte (von 9.00 bis 18.00 Uhr). Das führte dazu, daß die Einkaufstätigkeiten auf den späten Nachmittag gelegt und mit dem Nachhauseweg verbunden wurden. Für die graphische Darstellung ergibt sich, daß es gewisse fixe Ereignisse gibt, die nach Raum und Zeit bestimmt sind, und flexible Aktivitäten, die für jeden Einzelnen einen frei wählbaren Punkt im Zeit-Raum bedeuten. Bei der Summendarstellung der gesamten Untersuchungsgruppe scheint die Tagesstruktur durch einen Schwingungsprozeß charakterisiert werden zu können

(*Cullen und Godson*, 1975, 82 f). Diese Schwingungen erscheinen analog zum Biorhythmus mit einem großen Leistungshoch am Vormittag und einem kleinen am Nachmittag.

2.2. Die Aktionsraumforschung zur Ergründung des individuellen Verhaltens im "Zeit-Raum"

2.2.1. *Klingbeils* Ansatz

Klingbeil (1978, 66) sieht den Sinn der aktionsräumlichen Forschung neben der Verbesserung der bestehenden Theorien über räumliche Bewegungen und deren Umsetzung in Modellen in der Verwertungsmöglichkeit für die Gestaltung von Stadtstrukturen.

Er greift bei seinem Ansatz der Aktionsraumforschung auf das Konzept von *Chapin* (1968, 11 f) zurück, räumliche Strukturen mit den alltäglichen Verhaltensweisen der Bevölkerung, welche von der Bedürfnisbefriedigung gelenkt werden, zu verbinden. Problematisch erweist sich dabei u.a., daß die individuellen Bedürfnisse nur äußerst schwer erfaßt werden können und die Verknüpfung mit konkreten Handlungszielen sich als äußerst schwierig erweist (*Klingbeil*, 1978, 48 ff). In dem Ansatz von *Hägerstrand* sieht er das Ziel in der Konstruktion von Simulationsmodellen, die die individuellen Lebenspfade als Reflex unterschiedlich organisierter zeiträumlicher Umwelten entstehen lassen. Die Bedürfnisorientierung bleibt unberücksichtigt. *Klingbeil* (1978, 54 f) fordert eine Ergänzung durch entsprechende Forschungskonzepte. Schließlich sieht er die Arbeit von *Cullen* und *Godson* als Ergänzung des "constraints"-Ansatzes von *Hägerstrand* durch ein vereinfachtes Entscheidungskonzept an. Diesem liegt die Annahme zugrunde, daß es dem Charakter der alltäglichen Verhaltensweisen auch für Haushaltsmitglieder gerecht wird. Dieser Ansatz ist ebenfalls ergänzungsbedürftig, weil *Cullen* und *Godson* nur die bloße Erfassung der zeiträumlichen Struktur von Tagesabläufen interessiert. Die Brauchbarkeit von Simulationsversuchen hängt davon ab, inwieweit es gelingen kann, die Reihenfolge von

Tätigkeiten im Tagesablauf eindeutig abzuleiten oder auf eine begrenzte Zahl von realistischen Alternativen zu reduzieren (*Klingbeil*, 1978, 56 ff).
Klingbeil schließt bei seinem Ansatz zur Aktionsraumforschung alle Probleme aus, die auf der Individualebene angesiedelt und eher Forschungsgegenstand der Sozialpsychologie sind. Die Erfassung der Motivation und des Entscheidungsbildungsprozesses des Einzelnen sowie die Konfliktsituation "bei der Anordnung der individuell angestrebten Tätigkeiten zum alltäglichen zeiträumlichen Lebenspfad" bleiben unberücksichtigt (*Klingbeil*, 1978, 67). Das unterstreicht er nochmals bei der Definition seines zentralen Begriffs des "Handlungsspielraums" als Grundlage für die aktionsräumliche Kategorisierung.
In den Handlungsspielraum fließen die "constraints" von *Hägerstrand* und die private Mittelausstattung mit ein, die die Handlungsfreiheit begrenzen. Die Fähigkeitsbeschränkung (capability constraints) ergibt sich bereits durch den Standort des Haushalts, da die Lage "innerhalb des öffentlichen Verkehrsnetzes (...) die Zugänglichkeit der potentiellen Tätigkeitsorte der Haushaltsmitglieder im Verdichtungsraum" beeinflußt und deren Reichweite begrenzt (*Klingbeil*, 1978, 60). Die Kopplungszwänge (coupling constraints) ergeben sich beispielsweise durch die einschränkende Wirkung der Öffnungszeiten der potentiellen Tätigkeitsorte wie Geschäfte, "sofern sie aufgrund sozioökonomischer Restriktionen überhaupt zugänglich sind" ("authority constraints"; vgl. *Klingbeil*, 1978, 60). Zusätzlich muß die Mittelausstattung des Haushalts berücksichtigt werden: Je besser ein Haushaltsmitglied mit Geld, Zeit und Verkehrsmitteln ausgestattet ist, desto geringer ist die Wirksamkeit der "constraints" einzuschätzen. Letztlich muß auch die "Standortabhängigkeit des Lebensstils" beachtet werden (*Klingbeil*, 1978, 67 ff). Wenn beispielsweise der Wohnstandort weiter außerhalb der Stadt und somit der Handlungsziele liegt, kann das durch eine bessere Verkehrsmittelausstattung ausgeglichen werden. Die bessere Verkehrsmittelausstattung korrespondiert mit dem Bestreben des Einzelhandels nach Standorten an innerstädtischen Hauptverkehrsachsen.
Um zu untersuchen, ob und in welcher Weise sich der Aktionsraum mit dem Handlungsspielraum verändert, wurden als Untersuchungsgruppe die Hausfrauen gewählt und als Erhebungsort drei Stadtteile von München. Es wurde die Tagebuch-Technik

gewählt, die Tätigkeitsart, -dauer und -ort sowie Tageszeit, Wochentag, Verkehrsmittel, Verkehrszeit, laufende Nummer des Verlassens der Wohnung pro Tag und der Tätigkeit pro Ausgang festhielt. Das Tagebuch sollte über einen Zeitraum von einer Woche geführt werden (*Klingbeil*, 1978, 62 ff).

Klingbeil stellte fest, daß sich die Tätigkeitskopplung mit zunehmender Entfernung zur Innenstadt erhöht und somit eine Reduktion der Distanzbelastung durch Distanzersparnisse erfolgt. Es zeigte sich, daß die Distanz zu den Tätigkeitsgelegenheiten unabhängig ist sowohl von der Tätigkeitsdauer als auch vom Zeitaufwand für außerhäusliche Tätigkeitsbereiche. Es ergab sich vielmehr eine gleichartige Zeitverwendung auf Außenaktivitäten mit Ausnahme der reinen Bewegungsaktivitäten (*Klingbeil*, 1978, 274 f).

Neben der "Verbesserung von bestehenden Theorien über Bewegungen im Raum und ihre Umsetzung in Modelle" sieht *Klingbeil* den Sinn der aktionsräumlichen Forschung in ihrer "Verwertungsmöglichkeit für die Gestaltung von Siedlungsstrukturen" (*Klingbeil*, 1978, 66). Er schließt seine Untersuchung mit der planerischen Beeinflußbarkeit der Aktionsräume ab.

Klingbeil hat maßgeblich die Aktionsraumforschung beeinflußt, deren Entwicklung im folgenden kurz angerissen werden soll.

2.2.2. Zentrale Begriffe

Heuwinkel (1981, 29) unterscheidet im Gegensatz zu den meisten mit Aktionsforschung beschäftigten Autoren zwischen "Aktivität" und "Tätigkeit". Außerhäusliche Aktivitäten umfassen nach *Heuwinkel* alle Ortsveränderungen zum Aufsuchen von Kommunikationsgelegenheiten, nämlich Gänge und Fahrten, einschließlich der dort ausgeübten Tätigkeiten, wie Einkaufen oder Arbeiten.

Aktionsräumliche Studien befassen sich i.d.R. nur mit dem außerhäuslichen Bereich, wodurch die Wohnung als eine Menge von Gelegenheiten mit ihren verschiedenen Tätigkeiten, wie z.B. Hausarbeit, Sich-Erholen etc., nicht in die Forschung mit einbezogen wird (*Dangschat et al.*, 1982, 29 f).

"Gelegenheiten" befinden sich an räumlich fixierten Orten und sind auf bestimmte Zwecke ausgerichtet, d.h. es wird eine Benutzung beabsichtigt. Die Benutzung der "Gelegenheit" findet in Form von Tätigkeiten statt, z.B. soll die Gelegenheit "Geschäft" der Tätigkeit "Einkaufen" dienen.

"Gelegenheit" drückt dabei auch die Entscheidungsfreiheit des Einzelnen aus, den eigenen Pfad durch Entscheidung so zu lenken, daß eine räumliche Übereinstimmung zwischen Pfad und "Gelegenheit" zu einer gewünschten Zeit erfolgt. Bei einer separaten Betrachtung der individuellen Entscheidungen bzw. des Einkaufsverhaltens erscheint es dem Verfasser sinnvoller, den eher räumlich geprägten Begriff des "Schauplatzes" an Stelle von "Gelegenheit" zu verwenden, weil der "Schauplatz" ein räumlich fixierter Ort mit einer eindeutigen Tätigkeitsverbindung ist (vgl. hierzu auch S. 9). Dieser erscheint eher geeignet, die räumliche Angebotsstruktur des Einzelhandels darzustellen. Bei der Untersuchung des Einkaufs- bzw. Versorgungsverhaltens der Bevölkerung fließt die Komponente der Entscheidungsfreiheit mit ein.

Ein "Weg" bzw. eine "Fahrt" bezeichnet jede Ortsveränderung mit oder ohne Transportmittel. Früher wurde hauptsächlich der Begriff "Fahrt" verwendet, weil bei den Mobilitätsanalysen i.d.R. nur die Fahrten des motorisierten Verkehrs Beachtung fanden und die Wege des Fußgängerverkehrs nicht. In der neueren Literatur und auch in dieser Untersuchung wird einheitlich der Begriff "Weg" für Ortsveränderungen jeder Art verwendet. Der "Weg" beginnt mit dem Verlassen eines "Schauplatzes" (eines Grundstücks oder einer Stelle) und endet mit dem Betreten eines anderen "Schauplatzes". Es wird häufig unterschieden in Hauptwege, d.h. "Wege" von und zu "Schauplätzen", die mit einer hauptsächlichen Tätigkeit verbunden (und somit im Zeit-Raum fixiert) sind, bspw. der Schauplatz "Arbeitsplatz" mit der Tätigkeit "Arbeiten", und Neben- bzw. Sekundärwegen (die nicht im Zeit-Raum fixiert sind), etwa der Schauplatz "Geschäft" mit der Tätigkeit "Einkaufen" (*Monheim*, 1985, 361). [4]

Als "Ausgang" oder "Reise" wird die Abfolge aller Wege bezeichnet, die von einem Ausgangspunkt weg- und zu diesem zurückführen. Ein Ausgang besteht somit aus mindestens zwei Wegen, dem Hin- und Rückweg. Als Anfangs- und Endpunkt wird in den meisten Untersuchungen die Wohnung herangezogen. Ein Ausgang mit vier

---

4 Diese Untersuchung wird zeigen, daß es zumindest für den Bereich der Grundversorgung Verhaltensmuster gibt, die im Zeit-Raum fixiert sind (vgl. Kap. 7.8., S. 221 ff).

Wegen könnte so aussehen: Wohnung - Arbeitsplatz - Geschäft - Wohnung (*Monheim*, 1985, 346).
Unter "Verhalten" versteht *Dangschat* (1982, 32) die Menge oder Teilmenge der von einer Person oder einer Gruppe während eines bestimmten Zeitabschnitts, z.B. Tag, Woche etc., ausgeübten Aktivitäten . "Verhalten" bezeichnet somit das Handeln von Personen im zeit- räumlichen Ablauf.

2.2.3. Gegenstand der Aktionsraumforschung

Außerhäusliche Aktivitäten bedingen Ortsveränderungen, um die verschiedenen Schauplätze zur Ausübung der Tätigkeiten aufzusuchen. Aufgrund dieser Ortsveränderungen entsteht ein bestimmtes räumliches Verhalten als raumzeitliche Organisation der Tätigkeiten und Wahl der Modalitäten zur Raumüberwindung, wie Verkehrsmittelnutzung, Routenwahl etc.. Weil die außerhäuslichen Tätigkeiten zum einen der Auslöser für Verkehrsbewegungen und zum anderen für die Gestaltung des Mobilitätsverhaltens verantwortlich sind, setzen die Untersuchungen zum räumlichen Verhalten bei den "Ursachen", den außerhäuslichen Tätigkeiten, an (*Heuwinkel*, 1981, 30).
Die Aktionsraumforschung befaßt sich insbesondere mit den Ursachen, Randbedingungen und Formen des täglichen Mobilitätsverhaltens. Es soll also das raumbezogene Verhalten von Personen oder Gruppen beschrieben und erklärt werden. Auf die Stadt bezogen stellt sich in der aktionsräumlichen Forschung die Frage, wie die Stadtbewohner ihre Stadt nutzen, d.h. welche Personen wie oft und wo in der Stadt zu welcher Tageszeit welche Schauplätze aufsuchen und welche Tätigkeiten sie ausüben (*Dangschat et al.*, 1980, 3).
Das Ziel der Aktionsraumforschung ist somit die "Erfassung von Aktionsräumen von Personen, Haushalten oder anderen Personengruppen in Abhängigkeit von Mobilitätsmöglichkeiten, persönlichen Zeitbudgets und räumlicher Verteilung von Aktivitätsgelegenheiten" (*Kreibich*, 1987, 7).

- Räumliches Verhalten

Die Ausübung außerhäuslicher Aktivitäten, die das räumliche Verhalten bestimmen, nimmt Zeit und Raum in Anspruch. Bei der Untersuchung des raumbezogenen Verhaltens von einzelnen Personen oder Gruppen stellt sich die Frage, welche Teile und warum nur bestimmte Teile des Raums bei der Organisation der außerhäuslichen Aktivitäten in Anspruch genommen werden und welche verhaltensbestimmten Wahrnehmungs- und Entscheidungsmechanismen dazu beitragen. Des weiteren ist zu fragen, warum bei den dazu notwendigen Verkehrsbewegungen bestimmte Modalitäten (Verkehrsmittelwahl, Routenwahl etc.) gewählt werden. Ansätze zur Beantwortung dieser Fragen finden sich u.a. in der Verhaltensgeographie (behavioral geography), die sich mit Handlungsmotivationen und mit den Hintergründen der Entstehung räumlichen Verhaltens befaßt (*Heuwinkel*, 1981, 32). In dieser Untersuchung wird die Verhaltensforschung nicht weiter berücksichtigt. Die Komplexität des räumlichen Verhaltens hat ihre Wurzeln u.a. in den soziodemographischen Strukturen. Bei der Auswahl der Untersuchungsgebiete ist dieser Aspekt mit eingeflossen.

- Verhaltensgeographische Raumkategorien

Die reale Welt als realer Raum bildet das Bezugsfeld räumlichen Verhaltens. Aus diesem realen Raum werden nur einige und von jeder Person verschiedene Gegebenheiten mit unterschiedlicher Bewertung wahrgenommen, an denen sich das außerhäusliche (räumliche) Verhalten orientiert. Der Wahrnehmungsraum als Informationsfeld ist somit Teil des Raums, der von dem Einzelnen oder der sozialen Gruppe durch eigene Aktivitäten und Informationen selektiv wahrgenommen und bewertet wird. So findet man im Wahrnehmungsraum "Bereiche unterschiedlicher Wahrnehmungsintensität bzw. unterschiedlicher Informationsdichte und -qualität" (*Heuwinkel*, 1981, 39), d.h. daß der Wahrnehmungsraum aufgrund der Selektion selten ein vollständig zusammenhängender Ausschnitt der objektiven Raumstruktur ist. Da "Aktivitäten nur in bekannten Bereichen ausgeübt werden können, ist der Wahrnehmungsraum gleichzeitig potentieller Handlungsraum bzw. potentieller Aktionsraum" (*Kreibich*, 1987, 22), der sich mit jeder zusätzlichen Information verändert. Aus dem Wahrnehmungsraum entwickelt sich durch Verarbeitung der durch die Raumstruktur gegebenen Informationen der Vorstellungsraum i.S. eines Bewußtseinsraumes, subjektiven Stadtplanes oder "mental map", aus dem Personen ihr räumliches Verhalten herleiten. Der physisch erlebte Raum als Kontaktfeld eines Lebens ist die darauffolgende verhaltensgeographische Raumkategorie und damit kleiner als der Wahrnehmungs- und Vorstellungsraum, weil nicht alle Handlungsalternativen in Anspruch genommen werden können. Der tatsächliche Aktionsraum ist schließlich der Teil des Wahrnehmungsraumes, dessen Einrichtungen (Schauplätze) das Individuum nicht nur kennt, sondern auch mehr oder weniger häufig aufsucht (*Heuwinkel*, 1981, 35). Dieser Aspekt scheint auch für die Standortwahl einiger Lebensmittelketten eine wichtige Rolle zu spielen: Standorte einiger Billiganbieter sind auffallend oft in der Nähe von Verbauchermärkten zu finden (vgl. Kap. 7.6.1., S. 203).

- Steuerung des räumlichen Verhaltens

Raumbezogenes Verhalten wird hauptsächlich von individuellen Einschränkungen, wie Zeit, Geld, Bildungsniveau, individueller Raumwahrnehmung und von Restriktionen wie der unterschiedlichen Raumausstattung, beeinflußt (*Dangschat et al.*, 1980, 4). Vor allem die Raumwahrnehmung übt bezüglich des räumlichen Verhaltens eine starke Filterwirkung aus, wobei dies jedoch immer im Zusammenhang mit den sozioökonomischen und den raumstrukturellen Variablen gesehen werden muß, die einerseits das Maß der Wahrnehmung und andererseits das aktionsräumliche Verhalten prägen (*Kreibich*, 1987, 31).

Das individuelle räumliche Verhalten läßt sich als Regelkreis darstellen (*Heuwinkel*, 1981, 34). Am Anfang steht dabei die reale Welt, die als Informationsquelle dient. Diejenigen Teilbereiche, die das Individuum wahrnimmt (Wahrnehmungsraum), bewertet es unter Einschaltung des jeweils vorgegebenen Wertesystems bspw. Normen, Bedürfnissen, Zielvorstellungen oder Erwartungen subjektiv und führt Entscheidungen herbei, die das räumliche Verhalten im Sinne von Aktivitäten begründen. Es ist jedoch hervorzuheben, daß nicht unbedingt alle Informationen zu Entscheidungen beitragen oder zu Aktivitäten führen.

Nicht zu vergessen sind im Zusammenhang mit diesen Steuerungsmechanismen die bereits erwähnten individuellen soziodemographischen Merkmale, die ein bestimmtes außerhäusliches Tätigkeiten-Muster hervorrufen. Diese Merkmale sind z.B. Alter,

Bildungsstand, Einkommen oder auch der Stand im Lebenszyklus: z.B. eine 35-jährige alleinerziehende Mutter, die arbeiten und Kinder versorgen muß, hat ein anderes Aktivitätenmuster als eine gleichaltrige "Nur"-Hausfrau ohne Kinder. Die soziodemographischen Merkmale spielen nicht zuletzt auch deswegen eine wichtige Rolle, weil sie das jeweilige Wahrnehmungsspektrum beeinflussen, z.B. indem sich die Informationsaufnahme je nach intellektuellen Fähigkeiten, Alter, Art der Erwerbstätigkeit etc. unterscheidet (*Wießner*, 1978, 420).

- Abgrenzung von Aktionsräumen

Der Aktionsraum eines Individuums oder einer Gruppe ist ein komplexes Gebilde, das durch das räumliche Verhalten infolge der Ausübung von Aktivitäten entsteht. Eine allgemeingültige Abgrenzung stellt sich äußerst schwierig dar, weshalb die Aktionsräume je nach Untersuchungs- und Anwendungszweck operationalisiert werden. Um einen Aktionsraum zu umreißen, unterscheidet *Klingbeil* eine zeitliche und eine räumliche Dimension (siehe Abb. 3).

Abb. 3: Aktionsräumliche Untersuchungsdimensionen

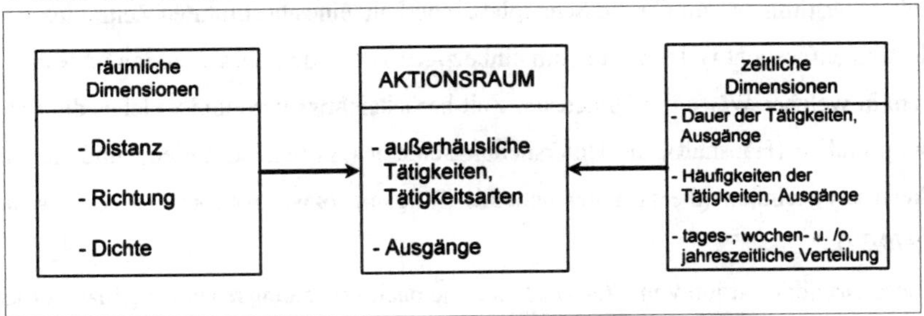

Quelle: Klingbeil, Detlev: Aktionsräume im Verdichtungsraum , Regensburg, 1978, S. 119

Die zeitliche Dimension bei der Organisation der Aktivitäten, d.h. welche Tätigkeiten eine Person wann, wie lange und wie oft unternimmt, ist jedoch schwierig abzugrenzen, weil sich z.B. sehr seltene jahreszeitlich bedingte Tätigkeiten, nur in großen Abständen wiederholen. Die räumliche Dimension ist mit den Raumbegriffen Distanz,

Richtung und Dichte im Gegensatz zum zeitlichen Aspekt leichter zu erfassen. Mit dem Wohnort als Ausgangspunkt der Betrachtungen kann der Aktionsraum "in die distanziellen Relationen zu den äußerhäuslichen Tätigkeitsorten und in die Ausrichtung dieser Bewegungen im Raum zerlegt werden" (*Klingbeil*, 1978, 118).

Die aktionsräumlichen Untersuchungen beschränken sich trotz des zeit-räumlichen Zusammenhangs i.d.R. auf die Analyse der räumlichen Teilkomponente und vernachlässigen (zur Vereinfachung) den zeitlichen Aspekt. *Dürr* (1979, 10) jedoch meint dazu, daß "auch solche reduzierten Forschungsansätze Regelhaftigkeiten von Interaktionsmustern aufdecken können, deren Kenntnis bislang sehr lückenhaft, für die Bildung anspruchsvoller Erklärungsansätze aber höchst nützlich ist".

Eine Art Grundgerüst bildet die Aktionsraum-Definition von *Clar, Friedrichs und Hempel* (1979, 22), die anläßlich einer Studie über die Aktionsräume der Bewohner dreier Hamburger Neubausiedlungen aufgestellt wurde. Sie definieren den Aktionsraum eines Individuums als jenen "Raum (meist nur zweidimensional: das Gebiet), der durch die Orte, an denen es Aktivitäten ausübt, gebildet wird". Ergänzend zu dieser Definition ist für eine empirische Abgrenzung eines Aktionsraums weiterhin erforderlich, Zahl und Lage der aufgesuchten Orte, die Art der Aktivitäten und die Häufigkeit zu bestimmen, mit der ein Schauplatz innerhalb eines bestimmten Zeitraums mindestens aufgesucht werden muß, um einbezogen zu werden. Des weiteren ist festzulegen, in welcher Weise die Dimension Zeit berücksichtigt wird und welches die Erhebungseinheit (Haushalt), die Untersuchungseinheit (Haushaltsmitglied), und welches die Aussageeinheit (die zu untersuchende Tätigkeit, bzw. "Aktion") ist (*Clar et al.*, 1979,22).

Diese Grunddefinition von *Clar et al.* kann je nach Forschungszweck ergänzt werden. So definieren *Dangschat et al.* (1982, 4) bei ihrer Aktionsraumstudie von Bewohnern Hamburgs und dessen Umlandes den Aktionsraum als "die Menge jener Orte, die eine Person innerhalb eines bestimmten Zeitabschnitts zur Ausübung ihrer Aktivitäten aufsucht". *Heuwinkel* (1981, 35) legt fest, daß "die Gesamtheit der Standorte und Wege, die in einem Zeitraum regelmäßig aufgesucht werden, den für diesen Zeitraum definierten Aktionsraum bilden".

- Struktur von Aktionsräumen

Die Struktur von Aktionsräumen ist weniger flächenhaft als vielmehr linienhaft bzw. axial angelegt. In einigen Studien wird der Aktionsraum aber auch dadurch gebildet, daß die jeweils entferntesten Aktivitätsorte durch Linien verbunden werden. Dadurch werden die zwischen den Aktivitätsorten liegenden Flächen und die darin befindlichen Schauplätze mit in den Aktionsraum einbezogen, ohne daß sie Bestandteil des subjektiven Stadtplans i.S. des Vorstellungsraumes sein müssen, der von der jeweiligen Person aufgesucht wird (*Clar et al.*, 1979, 22). Hierbei wird klar, daß "jeder Versuch raumbezogenes Verhalten auch räumlich abzugrenzen im Ergebnis ein mehr oder weniger theoretisches Konstrukt" darstellt, d.h., daß bei jeder Kartierung eines Aktionsraumes eine fehlerhafte Vereinfachung der sozialräumlichen Realität vorgenommen wird (*Kreibich et al.* 1987, 47). Abbildung 4 stellt die Schauplätze und Verrichtungswege eines städtischen Haushalts in dieser vereinfachten Form dar.

Ein nicht zu vernachlässigender Aspekt ist, daß sich die Aktionsraum-Muster einer Person an Werktagen, Samstagen sowie Sonn- und Feiertagen unterscheiden und daß die Aktionsräume keine konstanten Gebilde sind, sondern sich häufig in ihrer räumlichen Ausdehnung verändern. Dies kann bspw. hervorgerufen werden durch mögliche Veränderungen im Tätigkeiten-System, Veränderungen der Mobilitätsmöglichkeiten oder durch die räumliche Verlegung der Schauplätze. Wohnstandortwechsel führen i.d.R. zu partiellen oder vollständigen Verlagerungen des Aktionsraums (*Heuwinkel*, 1981, 35).

Eine Aktionsraumanalyse der Stadt Friedberg bei Augsburg ergab, daß es nicht eine Vielzahl von Verflechtungen und Wegbeziehungen gibt, sondern nur ca. ein Dutzend typischer Raum-Zeit-Pfade, die die Situation am Großstadtrand charakterisieren. Es wurden die räumlichen Aktivitätsfelder der Arbeitsplatzbeziehungen, des täglichen Einkaufs und der Freizeit untersucht. Insgesamt konnten acht "aktionsräumliche Haushaltstypen" unterschieden werden. Stärkste örtliche Innenorientierung haben ausländische Familien, die stärkste Außenorientierung Familien mit mittlerem bis hohem Einkommen, die ihre Arbeitsplätze und Kommunikationsbeziehungen nach Augsburg ausgerichtet haben (*Schaffer*, 1986, 68 ff).

Abb. 4: Schauplätze und Verrichtungswege für einen städtischen Haushalt

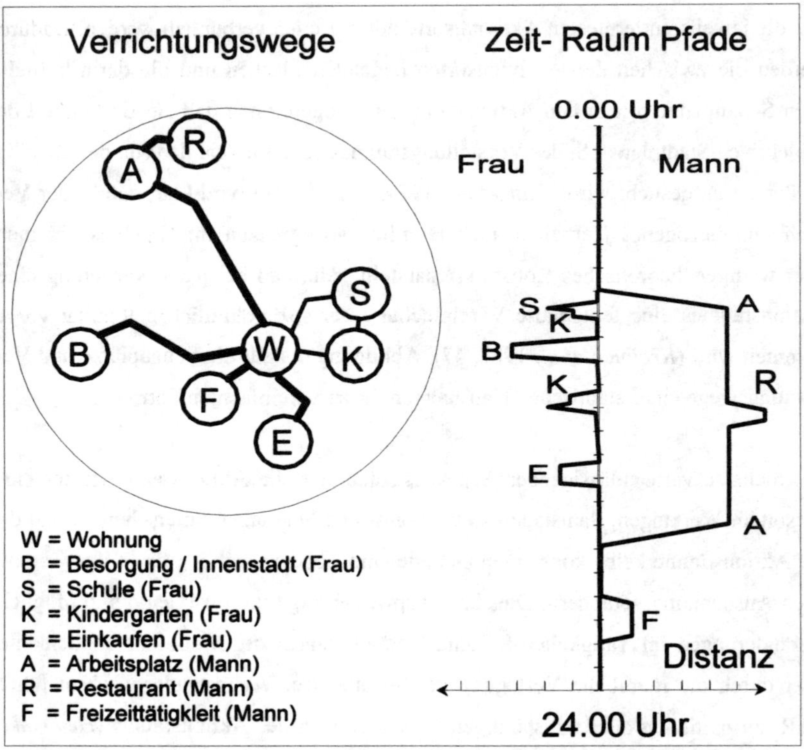

Quelle: Ritter, Wigand: Allgemeine Wirtschaftsgeographie. München, Wien, 1991, S. 59

2.3. Gleichgewichtsmodelle des Konsumentenverhaltens nach *Golledge*

Geographen griffen auch auf andere Wissenschaften zurück, um das Konsumentenverhalten im Raum zu erklären. *Golledges* Aussage ist: Es gibt ein räumlich erfaßbares und darstellbares Gleichgewicht des Konsumentenverhaltens. Die Gleichgewichtssituation wird als Optimum (der Versorgung) gesehen, die auf Grundlage des Operations Research zu ermitteln versucht wird (*Golledge*, 1970, 417 f). Innerhalb des Operations Research gehören die hier dargestellten Ansätze zu den optimierenden Modellen (*Meyer*, 1986, 20). Genauso, wie es verschiedene Typen von Konsumenten und damit Einkaufsverhalten gibt, gibt es Modelle, wie die unterschiedlichen Verhaltensweisen der Verbraucher zu räumlichen Gleichgewichtssituationen führen. Es wird von der Annahme ausgegangen, daß es eine optimale Versorgung gäbe. Alle Verhaltensänderungen der Individuen müßten zu einer Verbesserung der eigenen Versorgung führen. Ein Gleichgewichtszustand ist dann erreicht, wenn das Einkaufsverhalten der Individuen sich über die Zeit nicht mehr verändert. Entsprechende Langzeitbeobachtungen könnten dann eine geographische Darstellung der Gleichgewichtssituation zulassen. Das bedeutet, daß die optimale Versorgung und die dazu gehörigen Verhaltensmuster bestimmt werden könnten.

- "place-loyality" (Standorttreue) -Modell

Der Konsument zieht ausschließlich einen günstig gelegenen Schauplatz bzw. Geschäftsstandort allen anderen vor. Der Verbraucher ist der rein rationale Typ. Das Optimum ergibt sich aufgrund der "Basispreise", hier als Abholpreise, der Produkte und dem Aufwand der Raumüberwindung.

- "market-share" (Marktanteil) -Modell

Während der Konsument im "place-loyality"-Modell Standort A unter Ausschluß möglicher Standorte B und C aufsucht, wird in dem "market-share"-Modell davon ausgegangen, daß es zwar Präferenzen für die Wahl eines Geschäftes gibt, andere zu einem geringeren Teil aber auch aufgesucht werden. Die Marktanteile verteilen sich auf die Standorte A, B und C beispielsweise wie 75 zu 20 zu 5. Als

Einteilungskriterium wird entweder der Zeitaufenthalt in dem einzelnen Geschäft oder die Wahrscheinlichkeit des Besuchs vorgeschlagen. *Golledge* sieht den Nachteil dieses Modells in der Unmöglichkeit, generelle und definitive Aussagen über das Optimum bzw. das Gleichgewicht zu treffen. Auch im Einzelfall läßt sich nicht sagen, ob das individuelle dem "optimalen" Verhalten entspricht oder nicht.

- "switching and staying" (Wechseln und Beibehalten) -Modell (nach *Markov*)

Die zukünftige Standort- oder Geschäftswahl leitet sich von der gegenwärtigen Entscheidung ab. Die Wahrscheinlichkeiten eines Wechsels bzw. das Beibehalten des Einkaufsortes hängt von individuellen Lern- und Erfahrungsprozessen ab. Durch die Abhängigkeit einer zeitlich bestimmten Entwicklung sind Aussagen möglich, mit welcher Geschwindigkeit man sich auf das Gleichgewicht zu bewegt.

- "learning" (Lern) -Modell

Die Erfahrung, die man macht, stellt für den einzelnen einen Erfolg oder Mißerfolg (analog: Belohnung oder Bestrafung) dar. Das Handeln des Individuums erfolgt in einem Zustand der unvollständigen Information. In diesem Modell besteht immer die noch so kleine Wahrscheinlichkeit, das Verhalten zu ändern, d.h. einen dritten Einkaufsort zu wählen. *Golledge* erkennt den Nachteil dieses Modells in der Unmöglichkeit, von dem einmal eingeschlagenen Weg zu dem Optimum wieder abzukommen. Auch wenn der Konsument mit einem Zentrum unzufrieden ist, wird die Tendenz dort einzukaufen höchstens stagnieren. Mit der ersten Beobachtung steht damit auch schon prinzipiell das Zentrum bzw. das Optimum fest. Trotzdem hält *Golledge* das "learning"-Modell für geeignet, eine Gleichgewichtssituation für die Wahl der Einkaufsstätten durch den Konsumenten zu entwickeln. Dieser Gleichgewichtszustand läßt sich aber gleichzeitig nicht darstellen, weil die Konsumenten sich in verschiedenen Stadien des Lernprozesses befinden.

- "stochastic perceptual" (stochastisches Wahrnehmungs) -Modell

Die Wahrnehmung der Standorte durch die Verbraucher ist unterschiedlich. Es erfolgt eine individuelle Bewertung der Eigenschaften bzw. der Ausstattung des Standortes.

Diese individuelle Einschätzung läßt sich nur stochastisch erfassen und unterliegt über die Zeit starken Schwankungen. Dieses Modell setzt die Standortpräferenzen und die Einkaufsstättenwahl einer Zeitperiode in Beziehung (*Golledge*, 1970, 419 ff).

Die Zielsetzung des stochastischen Wahrnehmungsmodells spiegelt die sich ständig verändernde Angebotsstruktur wider, die kein anderes Modell berücksichtigt. Es erfolgt jedoch keine Abgrenzung zwischen Optimum und Zentrum und es wird davon ausgegangen, daß für jedes Individuum dieselbe Gleichgewichtssituation zutrifft. Aufgrund der soziodemographischen und der räumlichen Unterschiede zwischen einzelnen Haushalten sowie deren unterschiedlichen Wertepräferenzen möchte der Verfasser nicht von einer anzustrebenden Gleichgewichtssituation ausgehen. Sämtliche Modelle schließen die individuell-internen und Umfeld-externen Einflußfaktoren in zu starkem Maße aus, als daß Ansätze aus dem Operations Research in Form von Optimierungsmodellen direkt dieser Untersuchung dienlich wären. Die Grundidee entwikkelte *Golledge* weiter zu Verhaltenstypen der Entscheidungsfindung (*Golledge*, 1976):
Verhaltensweisen können über einen Zeitraum gleich sein und sich dann plötzlich ändern ("switch and stay"). Genauso können Verhaltensweisen beibehalten werden, obwohl man beispielsweise durch Neueröffnung weiterer Lebensmittelgeschäfte oder Wechsel des Wohnortes andere Angebotsstrukturen nützen könnte ("place loyality"). Insbesondere das "learning"-Modell bietet Erklärungsansätze, warum unzufriedene Haushalte auch in objektiv gut versorgten Gebieten zu finden sind: Sie befinden sich noch im Lernprozeß. Unberücksichtigt bleibt jedoch das, was *Hägerstrand* unter den Zwängen ("constraints") zusammenfaßte. Durch das Schließen von Geschäften wird die Möglichkeit der Wahl der Einkaufsstätten und damit die "capability" eingeschränkt. Durch solche einschneidenden Veränderungen im Umfeld der Haushalte sind diese gezwungen ("constraints"), ihr Einkaufsverhalten zu ändern. Das führt zu einer entsprechenden Unzufriedenheit, wie sich am Beispiel des Schließens zweier Supermärkte im Nürnberger Untersuchungsgebiet Maxfeld, Distrikt 82, bei der Haushaltsbefragung bestätigte (vgl. Kap. 7.5.5., S.191).

2.4. Versorgung als Untersuchungsschwerpunkt

Die Struktur des Systems Oberzentrum besteht aus einer endlichen Menge von Standorten, die aufgrund wirtschaftlicher Beziehungen miteinander verflochten sind (*Ritter*, 1991, 56). Im Mittelpunkt soll hier das Subsystem privater Haushalt stehen, dessen interne Systemstruktur nur insoweit von Interesse ist, daß die Systemsteuerung aufgrund des "kommunikativen Zusammenwirkens der Familienmitglieder" (*Ritter*, 1991, 58) erfolgt. Der interne Entscheidungsprozeß hat externe Wirkung, da der Haushalt Beziehungen unterhält zu anderen Subsystemen des betrachteten Systems Stadt Nürnberg, z.B. den Arbeitsplätzen oder dem Einzelhandel. Dabei ist das Verhalten des Haushalts hochgradig selektiv, da dieser aus der Vielzahl der möglichen Schauplätze, z.B. Geschäfte etc., nur wenige auswählt. Man erhält so ein räumliches Beziehungsgeflecht mit dem Haushalt als Mittelpunkt, den Schauplätzen und den Verrichtungswegen als Relationen zwischen den Standorten (vgl. Abb. 4, S. 26).
Ergänzt man die Darstellung der Verrichtungswege um den Faktor Zeit, so ergeben sich für den Haushalt Zeit-Raum-Pfade. In der graphischen Darstellung wird der Raumachse eine Zeitachse gegenübergestellt, die u.a. den Zeitaufwand für die Raumüberwindung wiedergibt. Wenn das verfügbare Zeitbudget für eine Raumüberwindung zu gering ist, entstehen Streßmomente, wobei der Streß für Frauen in der Regel größer ist als für Männer.
Neben dem Haushalt soll auch das Strukturelement Lebensmitteleinzelhandel als Schauplatz der Nachfrage des täglichen Bedarfs betrachtet werden. Mögliche Wege der Haushaltsmitglieder zu den Arbeitsstätten, Schulen etc. sollen nur dann berücksichtigt werden, wenn sie mit der Versorgung gekoppelt sind, bspw. dem Einkauf auf der Rückfahrt von der Arbeit. Es werden sich über die Woche gesehen prinzipiell drei Typen von Zeit-Raum-Pfaden ergeben, die der Werktage, der Samstage und der Sonn- und Feiertage. Letztere können wir aber für unsere Betrachtung vernachlässigen, solange das Ladenschlußgesetz noch Anwendung findet.

2.4.1. Bisherige Ansätze zur Ermittlung der Versorgungssituation

In den siebziger Jahren wurden wegen des Konzentrationsprozesses im Lebensmittelhandel und dem Aufkommen des großflächigen Einzelhandels und der Verbrauchermärkte viele Untersuchungen zur Versorgungssituation der Bevölkerung mit Gütern des täglichen Bedarfs insbesondere Lebensmitteln durchgeführt. Der zentrale Begriff der "Versorgung" bzw. Unterversorgung oder Versorgungsgrad wurde dabei nicht geklärt.

Das statistische Bundesamt der Bundesrepublik Deutschland befragte 1972 23.000 Haushalte nach ihren Versorgungsmöglichkeiten innerhalb eines Umkreises von 1.000 m (*o.V.*, 1974, 276). Diese eindimensionale, auf den Beschaffungsaufwand der Haushalte beruhende Untersuchung ergab, daß über 97 % der Haushalte sich mit Lebensmitteln innerhalb des 1 km Radius versorgen konnten. Derselbe Radius wurde von der Stadt Nürnberg bei der Haushaltsbefragung 1993 verwendet (vgl. Kap. 7.1., S. 118). Dieses normative Festlegen entbehrt einer wissenschaftlichen Absicherung und läßt Aussagen über tatsächlich zurückgelegte Distanzen und aufgesuchte Geschäfte nicht zu.

Die IHK (Industrie- und Handelskammer) Koblenz betrachtete die Versorgung der Bevölkerung nicht mehr eindimensional, indem sie neben den ortsansässigen bzw. den am nächsten gelegenen Geschäften auch alternative Versorgungsmöglichkeiten zuließ und damit einer Angebotsvielfalt gerecht wurde. Es erfolgte aber keine Umsetzung in einen differenzierten Versorgungsmaßstab (*IHK Koblenz,* 1973, 4 ff).

Diese Thematik wurde 1985 von der *Forschungsstelle für den Handel, Berlin, (FfH)* aufgegriffen, die im Auftrag des Bundesministeriums für Wirtschaft "die Versorgung mit Einzelhandelsleistungen des täglichen Bedarfs in der Bundesrepublik Deutschland nach Haushaltstypen" untersucht (*FfH,* 1985). Die fortschreitende Konzentration in der Branche veranlaßte zu Überlegungen, ob dadurch nicht Lücken in der Versorgung mit Einzelhandelsleistungen entstehen könnten. Bereits frühere Untersuchungen zielten darauf ab, unterversorgte Gebiete festzustellen. Eine Hauptannahme war dabei, der jeweilige Einzelhandel habe ein bestimmtes Einzugsgebiet und man könne konzentrische Kreise um den Standort des Einzelhandels als graphische Darstellung des

Einzugsgebietes bzw. der Grenzreichweite ziehen. Mit den Informationen der Einzelhandelsstandorte und den jeweiligen Reichweiten bzw. Einzugsgebieten ließen sich Karten erstellen, deren "weiße" Felder als unterversorgt betrachtet werden könnten (vgl. hierzu *FfH*, 1977, 1980, 1981 und 1983). Ein Ergebnis war u.a., daß man nicht ohne weiteres von "unterversorgten" Gebieten sprechen kann, weil "das Vorhandensein oder das Fehlen von Lebensmittelgeschäften allein die Qualität der Versorgung nicht hinreichend erklärt" (*FfH*, 1985,2). *Wölk* zog deshalb zusätzlich das Kriterium "Haushaltststypen" unter der Annahme heran, daß bei gleicher örtlicher Ausstattung mit Lebensmittelgeschäften die verschiedenen Typen als unterschiedlich versorgt anzusehen sind (*FfH*, 1985, 5). Dem liegt letztlich zugrunde, daß man zwischen objektiver und subjektiver Versorgungslage unterscheiden muß, d.h. die einzelnen Verbraucher bzw. Verbrauchergruppen empfinden objektiv gleiche Versorgungsbedingungen unterschiedlich (*FfH*, 1985, 65). Objektiv feststellbar sind Größen, die Statistiken erfassen wie die Änderung des Realeinkommens, Zunahme der Arbeitslosigkeit, Verringerung des Angebots des öffentlichen Nahverkehrs oder die Abnahme der Standorte des Einzelhandels mit Lebensmitteln. Eine Änderung dieser Größen kann zu einer subjektiv wahrgenommenen Verschlechterung der Versorgungslage führen, wenn bspw. durch ein gesenktes Realeinkommen der Haushalt gezwungen ist, eine Umschichtung des nachgefragten Warenkorbs vorzunehmen. Auch eine Verschlechterung der Anbindung an den öffentlichen Nahverkehr oder auch anderer verkehrspolitischer Maßnahmen, die das individuelle Mobilitätsverhalten beeinflussen, können die Einzugsbereiche der Lebensmittelgeschäfte verändern.

Die einzelnen Untersuchungen der *FfH* waren entweder regional nach Gemeinden bzw. städtischen Randlagen oder auf Haushaltstypen ausgerichtet. (*FfH* 1976, 1980, 1985 und *Geßner* 1978). Um von einer Unterversorgung sprechen zu können, mußte der Versorgungsgrad normativ festgelegt werden. Anhand dieser Versorgungsnorm ließen sich besser oder schlechter versorgte Gebiete oder Typen voneinander abgrenzen (*FfH*, 1976, 4 ff). Die Grundgesamtheit dieser Untersuchungen war in der Regel die Bundesrepublik Deutschland, was die Übertragung der Ergebnisse auf eine Stadt mit ihrer kleinräumigen Versorgung und Infrastruktur nicht zuläßt.

Die bisher genannten Untersuchungen beziehen weder die subjektive Selbsteinschätzung der Versorgungslage ein, noch die zeitliche Veränderung in der Struktur des Einzelhandels durch eine Erfassung der einzelnen Geschäfte zu verschiedenen Zeitpunkten. Eine Studie der *IHK Reutlingen*, die unter Einschränkungen die genannten Aspekte berücksichtigt, kam zu dem Ergebnis, daß mobile Verkaufsstellen, eine gute Anbindung an das Nahverkehrsnetz und regionale Einkaufszentren eine befriedigende Versorgung gewährleisten (*IHK Reutlingen* 1975).
Während die Tätigkeit des Sich-Versorgens als Aktion vom Haushalt ausgeht , erhebt der Begriff der Versorgung einen Anspruch gegenüber einer übergeordneten, strukturbildenden Institution (einer Behörde) nach einer zu erbringenden Leistung. In den genannten Untersuchungen entspricht die Leistung dem Vorhalten von möglichen Standorten, an denen der Bedarf nach Lebensmitteln befriedigt werden kann. Die Versorgung kann damit durch die Anzahl der Lebensmittelgeschäfte beschrieben werden.

2.4.2. Objektive und subjektive Versorgungslage

Objektiv gleiche Versorgungsbedingungen werden subjektiv unterschiedlich wahrgenommen (*FfH*, 1985, 65). Die Anzahl, Struktur und Verteilung der Geschäfte kann eine Kartierung erfassen und so die objektive Versorgungslage beschreiben. Durch Abstufungen innerhalb des Untersuchungsgebietes nach der Anzahl und der Geschäftsart ergeben sich differenzierte Versorgungsgrade. Der Haushalt hat objektiv die Möglichkeit, sich in allen Geschäften mit unterschiedlichem Aufwand bspw. aufgrund der Entfernung zu versorgen. In diesem Sinne will der Verfasser von objektiver Versorgung sprechen. Es ist aber noch keine Aussage möglich über das Sortiment der Anbieter und damit auch über Unterschiede von Preisen oder Qualität.
Änderungen der objektiven Versorgungsbedingungen haben je nach ihrem Ausmaß Einfluß auf die Versorgungssituation des Haushalts. Der Ausdünnungsprozeß der Standorte der Lebensmittelgeschäfte wäre in diesem Sinne als eine schwerwiegende Änderung der objektiven Versorgungsbedingungen zu verstehen und hat damit Einfluß auf die Versorgungssituation des Haushalts. Denn dort, wo kein Geschäft mehr

ist, kann man nicht mehr einkaufen. Das führt zu einer erzwungenen Veränderung des individuellen Aktionsraums in Bezug auf die Versorgung der Haushalte. Versorgungslücken können durch die Standortausdünnung des Einzelhandels entstehen. Diese kann man sachlich in verschiedene Kategorien unterteilen, z.B. preislich, der Art nach (auch Qualität), mengenmäßig und zeitpunktbezogen (vgl. Kap. 8.2., S. 251). *Kulke* (1994, 181 ff) unterscheidet in zeitliche und räumliche Lücken, sowie dem Entstehen von warengruppenspezifischen Marktnischen.
Wenn eine Versorgungslücke objektiv feststellbar ist **und** auch subjektiv wahrgenommen wird, stellt sie eine Nische für neue Einzelhandelsbetriebe dar (vgl. Kapitel 3.1.1., S. 45 ff). Eine solche Lücke wird aber von den Konsumenten meist aufgrund gestiegener Mobilität ausgeglichen, so daß man dann nicht mehr von einer Unterversorgung sprechen kann. In vielen Untersuchungen wird eine räumliche Unterversorgung normativ durch eine Grenzentfernung festgelegt, bspw. einer Distanz von 1000 m oder einem zehnminütigen Fußmarsch. Eine solche normative Festlegung bedeutet aber für die Ergebnisse einer Untersuchung, daß sie nur auf diesen speziellen Fall zutreffen und nicht auf andere Oberzentren übertragbar sind (vgl. Kapitel 2.4.3.).

Prinzipiell kann sich jeder versorgen, aber mit einem teilweise stark unterschiedlichem Aufwand. Dieser ist maßgeblich durch die individuelle Situation geprägt, wie das (Nicht-) Vorhandensein eines Autos, das Alter oder zu beaufsichtigende Kinder. Das Empfinden der Versorgungssituation ist aufgrund der eigenen Vorstellungen stark subjektiv geprägt (vgl. auch *Nieschlag et al.*, 1985, 70 f). Die individuelle Einschätzung des Haushalts soll als die Versorgungszufriedenheit verstanden werden. Die subjektive Versorgung entspricht der Tätigkeit des Sich-Versorgens mit der Auswahl der aufgesuchten Geschäfte und ist die Außenwirkung eines Entscheidungsbildungsprozeßes, in den u.a. persönliche Präferenzen, Mobilität, Behinderung oder Gebrechlichkeit einfließen, die nur eingeschränkt erfaßt und für die objektive Versorgungslage berücksichtigt werden können.
Die subjektive Versorgungssituation wird u.a. durch individuelle Wertepräferenzen bestimmt. So kann jemand auf teure Kleidung großen Wert legen und gleichzeitig Lebensmittel im Billig-Discounter kaufen. Andererseits kann jemand die gesunde

Vollwerternährung für besonders wichtig halten und in Naturkostläden einkaufen oder sich direkt oder über Food-Coop´s beim Erzeuger versorgen.

2.4.3. Versorgung als meßtheoretisches Problem

Verbindet man die Versorgung mit einer Wertung, kann man Aussagen über gute oder schlechte Versorgung treffen. Dabei wird aber entweder unterstellt, daß es eine "optimale" Versorgung als Soll-Zustand gäbe oder man legt Grenzwerte normativ fest. Die normative Festlegung von Grenzwerten hat den Vorteil der leichten Nachvollziehbarkeit. In einer schweizerischen Studie wird als Schwellenwert der Unterversorgung festgelegt, daß mindestens 20 % der Bevölkerung einer Gemeinde 30 oder mehr Fußminuten zur Erreichung der nächsten Verkaufsstelle benötigen (*Eidgenössische Volkswirtschaftsdepartement*, 1975, 15 ff). Mit dieser Vorgabe war keine Gemeinde unterversorgt.

Eine andere Möglichkeit schlagen *Dichtl, Bauer* und *Finck* (1978, 109) vor, die die segmentspezifische Idealvorstellung des Versorgungsniveaus durch den Verbraucher mit erfassen. Damit wird die subjektive Wahrnehmung und das Empfinden des Konsumenten mit berücksichtigt. In der Befragung soll dieser beispielsweise angeben, welches Angebot vorhanden ist, welche Bedeutung dieses Angebot für ihn hat und welches Angebot er sich wünscht (*Dichtl u.a.*, 1978, 109 ff).

Heinritz u.a. greifen den Wahrnehmungsansatz auf und belegen einen Zusammenhang der Besuchshäufigkeit mit der subjektiv geschätzten Distanz des Verbrauchers. Je geringer die tatsächliche Entfernung geschätzt wird, desto höher ist die Besuchsfrequenz (*Heinritz* u.a., 1979, 122 ff). In diesem Zusammenhang kann der Grenzwert einer Zeit-Kosten-Mühe-Relation von der Reichweite eines (zentralen) Gutes abgeleitet werden. *Kreth* (1979, 266) setzt in seinen aktionsräumlichen Untersuchungen über Mainz ebenfalls an einem zentralen Gut an:[5] Je größer die Distanz ist, desto größer ist der Zeit-Kosten-Mühe-Aufwand und desto geringer ist die Einkaufshäufigkeit.

---

[5] Diese Betrachtungsweise erfolgt auch bei der Logistik (vgl. Kap. 3.4., S. 56).

Die tatsächlich zurückgelegten Distanzen entsprechen aber keinem Grenzwert und die subjektive Einschätzung ist fehlerbehaftet. Unter der Annahme, daß ein Verbraucher mit steigender Distanz weniger bereit ist, in einem bestimmten Standort einzukaufen, kann man eine faktische Reichweite bestimmen. Sie soll einen Näherungswert für die theoretische Reichweite der Zeit-Kosten-Mühe-Relation liefern.

Um der Streuung empirischer Daten gerecht zu werden, wird der Quantilsabstand einbezogen. *Heinritz* legt die faktische Reichweite zwischen dem fünften und sechsten Sextil fest (*Heinritz*, 1979, 108). Die Wirksamkeit dieser Vorgehensweise wurde für Verbrauchermärkte und kleine Fachgeschäft in Weißenburg 1977 belegt.

Heinritz u.a. greifen bei einer späteren Untersuchung bezüglich des Kundenverhaltens auf Zählungen zurück (*Heinritz*, 1981 ,102). So wird der Besucherstrom und die Kundenakzeptanz bestimmter Angebotsformen unabhängig von einer sozialen und/oder demographischen Klassifizierung der Kunden erfaßt.

Wird bei der Untersuchung der Nachfragestruktur eine Klassifizierung der Kunden vorgenommen, stellt sich das gleiche Problem der normativen Festlegung wie oben. Es sind nur noch Aussagen für diese Klasse zutreffend, die Ergebnisse sind nicht übertragbar und bei einer Änderung der Klassifizierung kommt man zu anderen Ergebnissen.

Eine normative Festlegung ist dann nicht sinnvoll, wenn die Ergebnisse auf andere Gebiete übertragen werden und vergleichbar sein sollen. Zudem gilt eine mögliche Unterversorgung nur für den Fall der festgelegten Normen. Vergrößert man beispielsweise die Grenzentfernungen, so sind größere Teile eines Gebietes "gut" versorgt. Damit wird die Aussagekraft solcher Ergebnisse sehr gering.

Die vorliegende Untersuchung sieht daher von einer normativen Festlegung ab. Es wird eine objektive Versorgung auf Grundlage einer Kartierung, d.h. der tatsächlich vorhandenen Standorte der Lebensmittelgeschäfte für ganz Nürnberg, bestimmt. Die subjektive Versorgung wird durch die Zufriedenheit der Verbraucher über eine Haushaltsbefragung ermittelt. Durch die Verbindung dieser Informationen lassen sich Gründe für eine Unzufriedenheit objektiv bestätigen oder verneinen.

2.4.4. Versorgung und Versorgungsstruktur im Wirkungsgefüge

- Versorgung als Daseinsgrundfunktion

Partzsch (1970, 424 f) unterscheidet sieben raumrelevante Daseinsgrundfunktionen. Neben der Versorgung sind das Arbeit, Erholung, Wohnung, Bildung, Kommunikation und Verkehr. Diese Anschauungsweise wird v.a. in den Sozialtheorien vertreten. Die Stadtstruktur spiegelt diese funktionale Trennung der Daseinsgrundfunktionen wieder, so daß, um diese räumliche Trennung auszugleichen, die Bedeutung der Kommunikation und des Verkehrs ständig wächst (siehe Abb. 5). Dabei ist diese funktionale Trennung weder natürlich noch ökonomisch. Sie wird vielmehr durch die Stadtplanung und anderen Institutionen der Gesellschaft unnötig erzwungen. Die kapitalistische Grunddaseinsfunktion wie "Vermögen erwerben und mehren" bleibt hierbei unbeachtet.

Abb. 5: Die Daseinsgrundfunktionen

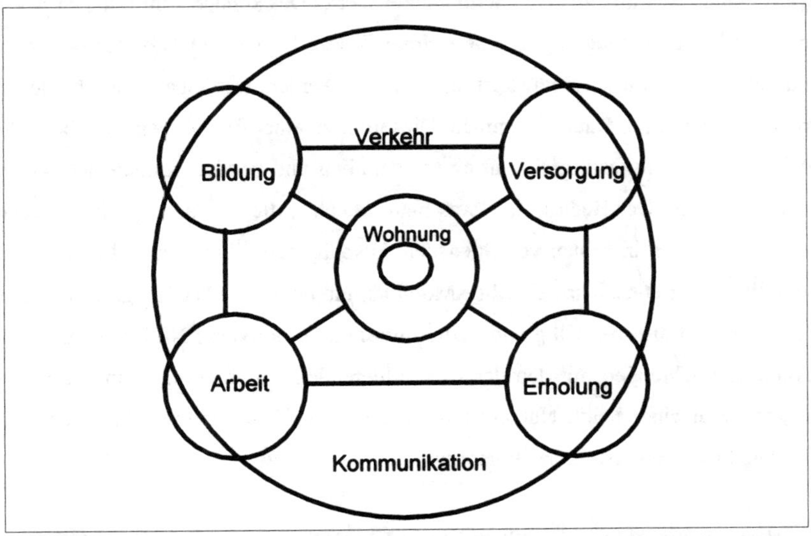

Quelle: Partzsch, Dieter: Daseinsgrundfunktionen. In: Handwörterbuch der Raumforschung und Raumordnung, Hannover 1970, S. 424 - 430, S. 428

Alle Aktionszentren müssen an das Verkehrssystem angeschlossen sein, um eine allgemeine und maximale Mobilität zu ermöglichen (*Ritter*, 1991, 237). Die gestiegene Mobilität der letzten Jahre ist dabei weniger auf eine Zunahme der Fahrtenanzahl bzw. -zwecke zurückzuführen als vielmehr auf eine Änderung des "modal-split" zugunsten des Individualverkehrs und dem Zurücklegen insgesamt längerer Wegstrecken. Das ist ein Hinweis auf die gestiegene räumliche Trennung der menschlichen Grundfunktionen Arbeiten, Wohnen, Versorgen und Freizeit. Neben der Zunahme der Ein- und Auspendler ist die steigende Verkehrsbelastung auch auf die Notwendigkeit von Einkaufsfahrten zurückzuführen (vgl. Kap. 6.5., S. 108, und 7.3.2., S. 136).

- Die Versorgungsstruktur im Wirkungsgefüge

Versorgung bedeutet das Benützen oder die Nutzung von Versorgungseinrichtungen. Ihre Nutzungsmuster, unterliegen Faktoren, die beim individuellen Benutzer liegen. Diese Faktoren sind auf der einen Seite Bedürfnisse, auf der anderen Seite der Bedarf des Einzelnen. Bedürfnisse, das "was man tun oder haben möchte" oder glaubt zu wollen, sind "operationalisierte" individuelle Werte. Das können zum Beispiel Vorlieben für oder Abneigungen gegen bestimmte Waren, Einzelhandelsformen oder deren Umfeld sein. Um diesen Bedürfnissen gerecht zu werden, werden auch Nachteile oder größere Distanzen in Kauf genommen. Dies führt zu einer freiwilligen, aber bewußten Mobilität und manifestiert sich in einer räumlich und zeitlich festgelegten Versorgungsnachfrage. Der Bedarf, das "was man braucht", die Versorgung mit notwendigen Gütern, kann in seinen verschiedenen Ausprägungen (kurz-, mittel-, langfristig) freiwillige, aber ebenso unfreiwillige Mobilität und räumliche Nachfrage verursachen. Versorgung ist also freiwillig und / oder unfreiwillig motivierte Nachfrage nach Versorgungseinrichtungen mit den daraus resultierenden Anforderungen an die Versorgungsstruktur einer Stadt. Nutzungsmuster und Angebotsstandorte bilden das raumzeitliche Erscheinungsbild der Versorgung.

Die Versorgungsstruktur einer Stadt ist zum einen die inhaltliche Struktur der Versorgungsausstattungen nach Größe und Angebotsspektrum, zum anderen deren im Raum ausgebildetes strukturelles Netzwerk. Der dabei zugrundeliegende Einflußfaktor beim

Einzelhandel ist das Bestreben des individuellen Unternehmers, seinen Standort zu optimieren. Dies führt, zumeist als Reaktion auf freiwillige und erzwungene Nachfrage, zu einer sich im Raum ausprägenden Angebotsstruktur.

Versorgung und Versorgungsstrukturen sind nicht nur als Angebot und Nachfrage untereinander eng verbunden, sondern sie unterliegen auch Einflüssen des sie umgebenden räumlichen und zeitlichen Umfeldes. Sie sind also nicht isoliert, sondern eingebettet in ein komplexes System verschiedener Dimensionen der Organisation einer Stadt. Die Organisation einer Stadt sowie die daran beteiligten Dimensionen strukturiert *Friedrichs* in einem Modell (siehe Abb. 6).

Abb. 6: Dimensionen zur Analyse des Zusammenhangs von sozialer und räumlicher Organisation der Gesellschaft

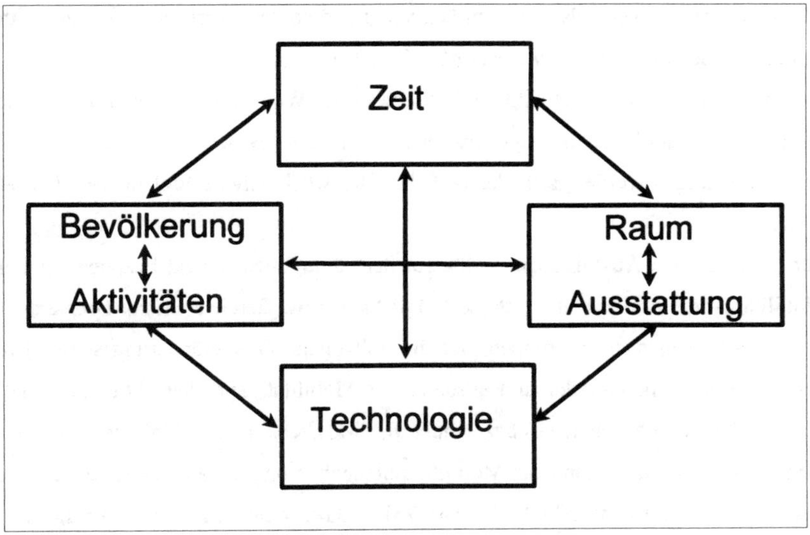

Quelle: Friedrichs, J.: Stadtanalyse. Braunschweig, Opladen, 1980, S. 51

Die erarbeiteten Dimensionen sind die Bevölkerung, der Raum, die Zeit, Technologie, Aktivitäten und Ausstattung. Für den Themenbereich der Versorgung in der Stadt lassen sich Aktivitäten durch Versorgung und Ausstattung durch Versorgungsstrukturen ersetzen. Den jeweiligen Dimensionen sind Variablen zugeordnet. So kann die Zeit in der Form des Zeitaufwandes für eine Tätigkeit, des Zeitbudgets der Menschen oder als geschichtlicher Ablauf auftreten. Die Dimension Raum beinhaltet räumliche Strukturen, wie etwa Siedlungsstrukturen, Märkte, Zentralitätshierarchien und Distanzen, oder den räumlichen Kontext auf Mikroebene im Sinne von Stadtgestalt eines Stadtviertels. Unter Technologie sollen neben rein technologischen Innovationen auch neue Organisationsformen, etwa im Bereich Betriebsmanagement und neue Planungsmethoden und -normen zusammengefaßt sein.

- Versorgung und Mobilität

Die Mobilität ist einerseits eine freiwillige oder auch erwünschte Mobilität. Andererseits kann in manchen Fällen auch von einer sogenannten erzwungenen Mobilität gesprochen werden, insbesondere wenn aufgrund der raumstrukturellen Gegebenheiten erheblich weitere Wege als früher zurückgelegt und dafür motorisierte Verkehrsmittel benutzt werden müssen (*Monheim et al., 1990*, 70).

Neben der aperiodischen Mobilität wie Wechsel des Wohnstandortes soll unter periodischer Mobilität die regelmäßige Ortsveränderung unter Beibehaltung des Wohnstandortes verstanden werden, z.B. der tägliche oder wöchentliche Einkauf (*Apel*, 1980, 24 ff).

Für die folgenden Ausführungen soll - auf den räumlichen Aspekt bezogen - gelten: Mobilität ist die zeitliche und örtliche Möglichkeit bzw. Bereitschaft zur Ortsveränderung von Personen oder Gruppen und die vollzogene Ortsveränderung selbst. Man kann auch von "potentieller und tatsächlicher Mobilität" sprechen. Die "potentielle Mobilität" (Mobilitätschancen) bezeichnet die "Möglichkeiten, Fähigkeiten und Gelegenheiten eines Individuums, an Mobilität teilzuhaben und die Kontaktangebote eines Raumes nutzen zu können" (*Apel*, 1980, 25) [6]. Dazu gehören z.B. die Verfügbarkeit von Transportmitteln und Verkehrswegen, physische Fähigkeiten, finanzielle Möglichkeiten usw. Die "tatsächliche Mobilität" (Mobilitätsnachfrage) als hauptsächliche Meßzahl umfaßt die Zahl der Ortsveränderungen, die Weglängen, den Zeitaufwand und den physischen und psychischen Aufwand (*Apel*, 1980,25). Die Ursache der

---

6 *Klingbeil* (1978, 274) versteht unter Mobilität die Mittelausstattung des Verbrauchers mit Zeit, Geld und technischen Mitteln

(periodischen) Mobilität liegt in der funktionsräumlichen Trennung begründet, d.h. die verschiedenen Aktivitäten, analog zu den Grunddaseinsfunktionen, Arbeiten, Einkaufen, Erholen usw., müssen an unterschiedlichen Orten ausgeführt werden, wozu Ortsveränderungen nötig sind *(Apel*, 1980, 28). [7] In diesem Zusammenhang kann man von einer erzwungenen Mobilität sprechen. Bei voller Gewerbefreiheit könnte ein erheblicher Teil dieser unnötig werden und verschwinden. In diesem Zusammenhang läßt sich auch die unterschiedliche Mobilität in verschiedenen Städtetypen im weltweiten Vergleich erklären.

Mit einer Vergrößerung der Mobilität verbessert sich die objektive Versorgungslage (*Kreth*, 1979, 277). Außerdem kann der Verbraucher durch eine höhere Mobilität oder einen höheren Kopplungsgrad Zeit sparen (*Heinritz* 1978, 127).

Ein nicht zu vernachlässigender Aspekt ist, daß sich die Aktionsraummuster einer Person an den einzelnen Wochentagen unterscheiden. Die Aktionsräume sind keine konstanten Gebilde, sondern verändern sich häufig in ihrer räumlichen Ausdehnung, hervorgerufen durch Veränderungen im Tätigkeiten-System, Veränderungen der Mobilitätsmöglichkeiten oder durch die räumliche Verlegung der Gelegenheiten (*Heuwinkel*, 1981, 35).

Abbildung 7 stellt den werktäglichen Aktionsraum eines erwerbstätigen Einpersonenhaushalts dar. Die betrachtete Person geht zur Arbeit und verbringt die Mittagspause zwar außerhalb, aber noch im Kommunikationsbereich des Arbeitsstandortes. Auf dem Heimweg werden Lebensmittel eingekauft und nach Hause gebracht. Vom Haushalt aus wird ein Standort für eine Freizeitaktivität aufgesucht. Ähnlichkeiten mit *Ritters* Darstellung (Abb. 4, S. 22) sind nicht zufällig sondern bestätigen die ähnlichen Strukturen von Aktionsräumen.

Die Aktionsraumanalysen können Hinweise für die Verkehrsplanung geben. Sie dimensionieren nicht nur das Verkehrsaufkommen, sondern erklären durch die Analyse der Fahrtzwecke (Aktivitäten) das Entstehen des Verkehrs. Außerdem können durch die Untersuchung Schlüsse über die Verkehrsmittelwahl gezogen werden, welche Personen für welche Aktivitäten welche Verkehrsmittel wählen (*Dangschat et al.* 1980, 11). "Nur logistisch ganzheitliche Konzepte über Einbeziehung aller Verkehrsträger

---

7 Ob diese funktionale Trennung so sinnvoll ist, wurde bereits in Frage gestellt (s.S. 32).

und des ruhenden Verkehrs (können) in Zukunft die Mobilität sichern" (*Jünemann*, 1995, 12; vgl. hierzu Kap. 3.4., S. 56).

Abb. 7: Struktur eines werktäglichen Aktionsraums

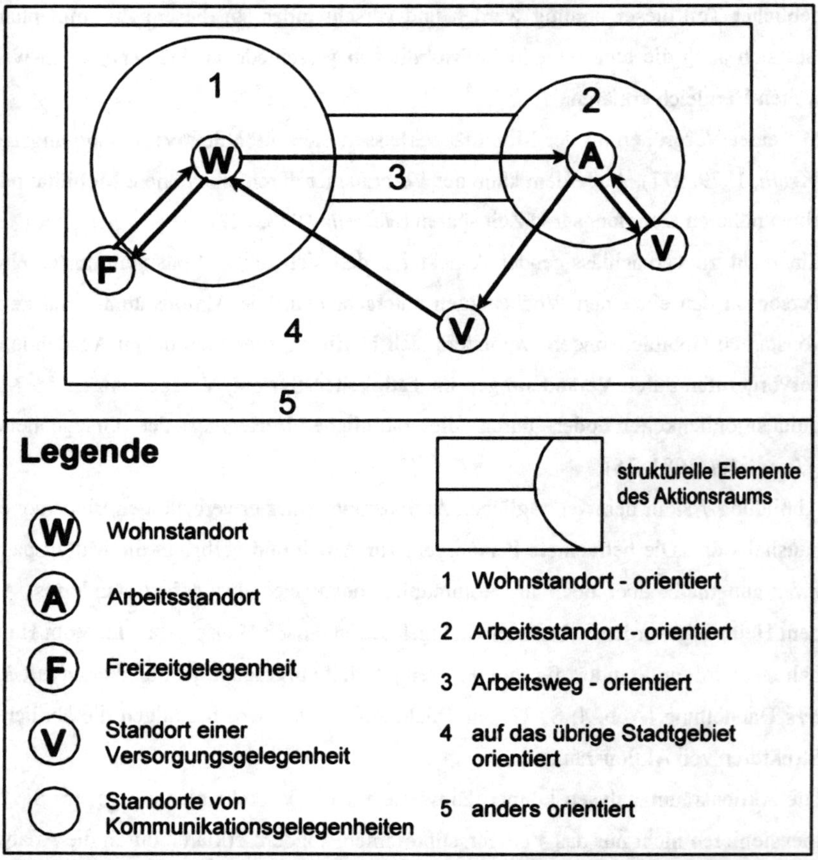

Quelle: Eigene Darstellung in Anlehnung an Heuwinkel, Dirk: Aktionsräumliche Analysen und Bewertung von Wohngebieten. In: Beiträge zur Stadtforschung Bd. 5, Hamburg 1981, S. 38

3. Forschungsansätze zum Wandel der Standorte und Strukturen des Einzelhandels

3.1. Die *Agergard*sche Theorie der Spiralbewegung als Ansatz der Wirtschaftsgeographie

Damit Prognosen und Planungen für zukünftige Entscheidungen von Einzelhandelsgeschäften gestellt werden können, muß zuerst eine modelltheoretische Grundlage geschaffen werden, anhand derer die Entwicklungen im Einzelhandel zu klären und tendenziell vorherzusagen sind (*Kulke*, 1992, 8).

Agergard et al. untersuchten bereits 1970 die "Beziehungen zwischen Einzelhandel und (der) städtischen Zentrenstruktur". Die Autoren stellten die bisherigen Prognosen für die Einzelhandelsentwicklung in Frage, die letztlich darauf beruhten, daß sich der Einzelhandel als Dienstleistungsgewerbe den Veränderungen der externen Faktoren anpassen muß. Dabei wird i.d.R. für die externen Faktoren wie Bevölkerung, Verkehrssysteme, Einkommensstruktur, etc. die gegenwärtige Entwicklung als Trend fortgeschrieben. Eine solche Trendfortschreibung, die letztlich auf der Annahme eines stetigen Wachstums beruht, kann aber nicht die tatsächliche Entwicklung der einzelnen externen Faktoren berücksichtigen. Außerdem werden die internen Faktoren wie Preis-, Dienstleistungs- Sortiments- und Distanzparameter, die dem Einzelhandel einen Handlungsspielraum innerhalb des durch die externen Faktoren gesteckten Rahmens einräumen und die ihn gegenüber der Konkurrenz abgrenzen, vernachlässigt (*Agergard et al.*, 1970, 55 f).

Externe Faktoren

Unter den externen bzw. handelsexogenen Faktoren sind sämtliche vom Unternehmen selbst nicht zu beeinflussende demographische, ökonomische, sozialpsychologische und technologische Strukturveränderungen zu verstehen (*Gerlach*, 1976, 161 ff).

Das Einkommen ist der wichtigste externe Faktor, da er direkt den privaten Konsum und damit die Nachfrage bestimmt. Ein höheres Einkommen ermöglicht die Verbesserung der technischen Ausstattung der Haushalte bspw. die Motorisierung und somit

den Distanzfaktor. Gleichzeitig steigen auch die Lohnkosten. Weil der Einzelhandel tendenziell eher bereit ist, höhere Mieten zur Reduzierung der Lohnkosten zu zahlen, hat das auf die Standortwahl und -verteilung Einfluß (*Agergard et al.* 1970, 59).
Das geänderte Verbraucherverhalten beeinflußt die Einzelhandelsstruktur. Bereits eine Erhöhung der Freizeit ändert die täglichen und wöchentlichen Einkaufszeiten. Für die stärkere Konzentration der Kaufaktivitäten werden die Zunahme der Motorisierung (und damit der Distanzfaktor), Berufstätigkeit der Hausfrauen, bessere Lagerung verderblicher Waren im Haushalt u.a. genannt. Dadurch verliert die geringe Entfernung zwischen Wohnung und Geschäft zusehends an Bedeutung. Gleichzeitig werden "Qualität und das Sortiment der Geschäftskonzentration, die Erreichbarkeit eines Zentrums und die Parkmöglichkeiten" wichtiger (*Agergard et al.* 1970, 58). Diese Entwicklung führt zu einer Vergrößerung der Verkaufsfläche und einer stärkeren Spezialisierung der Geschäfte. Das bedeutet, daß die neuen Einzelhandelsformen wie Supermärkte oder Einkaufszentren aber auch eine größere Kundenzahl benötigen, welches wiederum zu größeren Abständen im Netz der Einkaufsstandorte führt. Dadurch ändern sich auch die Standortmuster innerhalb einer Stadtregion (*Agergard et al.*, 1970, 57 ff).

Interne Faktoren

Die internen bzw. handelsendogenen Faktoren sind die Wirkungsparameter, auf welche die Einzelhandelsbetriebe gezielt Einfluß nehmen können und auf welche sie im Konkurrenzkampf reagieren müssen. Diese sind der

- Preisparameter: Discounter setzen diesen als Initialparameter ein. Auch regelmäßige Sonderangebote zählen dazu. Die sich daraus ergebenden Umsatzeinbußen können bei den vorhandenen Lebensmittelgeschäften zur Geschäftsaufgabe führen.
- Dienstleistungs- und Sortimentsparameter werden meist vom spezialisierten Einzelhandel angewendet, um sich zu behaupten. Spezialisierung erfordert prinzipiell einen größeren Einzugsbereich

- Distanzparameter, als Wunsch des Kunden nach besserem Einkaufsmöglichkeiten im Nahbereich, was zu einer Verkleinerung der Einzugsbereiche führt.

Aus einer Kombination dieser Parameter erfolgt schließlich die Unternehmensstrategie. "Wenn aus einer Unterversorgung mit Geschäften Umsatzsteigerungen zu erwarten sind, läßt sich eine standardisierte Anwendung dieser Parameter (als Strategie) entwickeln, und damit ergibt sich zugleich eine standardisierte Entwicklung der Einzelhandelsstruktur" (*Agergard et al.*, 1970, 60 f). Eine sinnvolle Gestaltung der Parameter ist nur mit Berücksichtigung der externen Faktoren als Handlungsrahmen gegeben (*Agergard et al.*, 1970, 56 und *Hatzfeld*, 1987, 23 ff). Daher spricht man bei den externen Faktoren auch von "Anpassungsprozessen" an die Umwelt, während die internen Faktoren dagegen die "Entwicklungs- und marktstrategische Prozesse" eines Unternehmens darstellen (*Centonze*, 1978, 34).

3.1.1. Spiralbewegung in der Einzelhandelsstruktur

Die Einzelhandelsstruktur paßt sich den Rahmenbedingungen der externen Faktoren an. Diese werden maßgeblich bestimmt durch das Einkommen, das den Lebensstandard repräsentiert und als Nachfrage wirksam wird. Erhöht sich das Einkommen, so werden zunächst mehr und bessere Güter des täglichen Bedarfs nachgefragt, ohne daß der subjektiv wahrgenommene Lebensstandard gestiegen wäre. Das weitere Steigen des Einkommens versetzt die Konsumenten in die Lage, Güter wie einen Kühlschrank, ein Auto, ein Haus etc. zu erwerben, die langlebiger sind, somit auch einen Prestigewert haben und den gesteigerten Lebensstandard nach außen hin zeigen. Wenn diese Güter zu einem Zeitpunkt gekauft werden, in dem die Finanzierung die Möglichkeiten des Einkommens übersteigen, führt das zu einer verstärkten Nachfrage nach billigeren Gütern des täglichen Bedarfs.
Der Einzelhandel paßt sich dieser Entwicklung durch eine passende Unternehmensstrategie i.S. von Parameterauswahl der internen Faktoren an. Für die Einzelhandelsunternehmen bedeutet somit ein steigendes Privateinkommen der Bevölkerung eine

verstärkte Konzentration auf den Preisparameter. Die niedrigen Preise werden den Unternehmen durch ein begrenztes Sortiment an standardisierten Gütern, einer einfachen Ausstattung der Geschäfte und geringen Service- und Dienstleistungen ermöglicht (*Agergard et al.*, 1970, 57 ff und *Kulke*, 1992, 9). Immer mehr Geschäfte werden ihr Angebot entsprechend umstrukturieren. Der dadurch zunehmende Wettbewerb hat zur Folge, daß neue Parameter berücksichtigt werden müssen. Die Unternehmen setzen zunehmend den Sortimentsparameter ein, um die Verbraucher durch eine größere Auswahl in ihren Geschäften an sich zu binden. Durch die Ausweitung des Sortiments und eine bessere Warenpräsentation erhöht sich jedoch die Geschäftsfläche der Betriebe, und die Waren müssen aufgrund der längeren Umschlagszeiten länger lagern. Die dadurch höheren Kosten führen zwar zu höheren Preisen, die aber noch unter dem Preisniveau traditioneller Einzelhandelsgeschäfte liegen. Gleichzeitig steigt die für einen notwendigen Umsatz benötigte Kundenzahl. Das größere Einzugsgebiet erhöht die Entfernung zwischen Geschäft und Wohnstandorten, spielt aber aufgrund der zunehmenden Motorisierung noch keine entscheidende Rolle (*Agergard et al.*, 1970, 64 f). Das ermöglichte eine Entwicklung zum großflächigen Einzelhandel mit einer ansprechenden Warenpräsentation und nur geringen kundenorientierten Dienstleistungen. Das Sortiment ist durch ein breites und tiefes Angebot gekennzeichnet. Das Preisniveau entspräche dem des traditionellen Einzelhandels, wenn nicht kostengünstige, weiter außerhalb liegende Standorte realisiert werden würden.[8] "Wird (...) die Distanz zu groß, gewinnt der entsprechende Parameter wieder an Bedeutung, da es immer eine gewisse Beziehung gibt zwischen dem Attraktivitätsgrad und der Distanz, die ein Kunde zu überwinden bereit ist" (*Agerard et al.*, 1970, 65). Aufgrund der relativ geringen Attraktivität der Güter des täglichen Bedarfs läßt sich diese Kundenreaktion am ehesten hier beobachten. So entstehen nach einiger Zeit gestiegener Preise und immer größer werdender Distanzen Lücken für neue Betriebe, die wieder bewußt ein beschränktes Sortiment an Waren verbrauchernah und preisgünstig anbieten können. "Die Verbindung des steigenden Lebensstandards mit einer Einzelhandelsstruktur, die sich aufgrund interner Faktoren wandelt, ergibt eine Entwicklung, die durch eine spiralförmige Bewegung dargestellt werden kann" (*Agergard et al.*, 1970, 66).

---

[8] Diese Einzelhandelsformen entsprechen in etwa den Verbrauchermärkten.

Das Angebot orientiert sich an der Nachfrage und entwickelt sich somit parallel. Bei dem "Zurückfallen" der Verbraucher in alte Kaufgewohnheiten entsteht eine Nische, die von dem vorhandenen Angebot nicht ausgefüllt wird. Die Nachfrage wird bei dem Zurückfallen zwar ähnliche Verhaltensstrukturen aufweisen, aber nicht gleich sein. Das gleiche gilt für das Angebot. Jede Entwicklung, unabhängig von ihrer Richtung, ruft ein Vakuum hervor. Dieses führt zu neuen Geschäftstypen, die es ausfüllen. Diese Geschäfte ähneln den vorangegangenen in Funktion und Strategie (Parameteranwendung), sind aber von höherem Niveau und höherer Qualität (*Agergard et al.*, 1970, 61 ff). Deswegen sprechen *Agergard et al.* auch nicht von einem Kreislauf, sondern von einer Spiralbewegung. Ein Kreislauf würde sich nur bei Stillstand des Wachstums und somit des Lebensstandards ergeben (*Agergard et al.*, 1970, 66)[9]. "Die größte Möglichkeit zur Entwicklung neuer Geschäftstypen ist in den Gebieten gegeben, in denen die Einzelhandelsstruktur ziemlich ausgeglichen ist, wenn sich die externen Faktoren grundlegend ändern. Wenn sich z.B. die Einzelhandelsstruktur aufgrund eines gestiegenen Lebensstandards zu einem höheren Niveau hinsichtlich Preis, Sortiment und Qualität entwickelt hat, entsteht ein Vakuum, das Discountläden eine Entwicklungsmöglichkeit bietet" (*Agergard et al.*, 1970, 62).

Die Ausdünnung der Angebotsstandorte kann als Folge der gestiegenen Lebenshaltung gesehen werden. Das löst in einem weiteren Schritt eine Verlagerung der räumlichen Nachfrage aus, der nicht alle Anbieter etwas entgegenzusetzen haben. Wenn der Umsatz um 10 % abnimmt, kann das den bisherigen Gewinn halbieren. Das Ausbleiben der Kundschaft könnte somit zur Aufgabe des Geschäfts und damit zu einer Ausdünnung der Angebotsstruktur führen. Ab einer bestimmten Gewinnsituation ist der Geschäftsinhaber nicht mehr bereit, das unternehmerische Risiko zu tragen. Daß das nicht als Grund für die Geschäftsaufgabe genannt wird, könnte daran liegen, daß man damit ein persönliches Scheitern verbindet. Vielmehr stehen Gründe wie fehlende Nachfolgeschaft an oberster Stelle. So sind auch immer weniger bereit, sich

9 Der Verfasser ist der Ansicht, daß man nicht zwingend notwendig von Wachstum ausgehen muß, um eine Veränderung des Nachfrageverhaltens zu formulieren. Kernpunkt ist die Tatsache der Veränderung, die sich aufgrund der allgemeinen Entwicklung der externen Faktoren immer einstellen wird.

selbständig zu machen. Das scheint mit einem Wandel der gesellschaftlichen Werte einher zu gehen, in der heute der Selbständige bei weitem nicht mehr so hohes Ansehen genießt und es nicht mehr verstanden wird, daß er sich für den geringen Unternehmerlohn so lange in das Geschäft stellt und arbeitet. Die Arbeit eines selbständigen Einzelhändlers ist mit hoher Arbeitszeit, damit geringer Freizeit, geringem Lohn bei hohem Risiko und abnehmender gesellschaftlicher Wertschätzung verbunden.
Auch *Agergard et al.* (1970, 65) erkennen, daß die Zahl der traditionellen Geschäfte zurückgeht, "weil der Umsatz nicht die Betriebskosten , die mit einem den Verbrauchergewohnheiten angepaßten Sortiment verbunden sind, zu decken vermag und die Kostenstruktur relativ hoch ist". Traditionelle Geschäfte mittlerer Größe sind von dieser Entwicklung besonders betroffen.[10] Der selbständige Einzelhandel kann sich dagegen länger halten, weil er die Existenzgrundlage Einzelner bildet.

Diese Spiralbewegung stellten *Agergard et al.* Ende der 60er Jahre in der US-amerikanischen Lebensmittelversorgung fest: Durch den geringen Anteil der Lebensmittelbranche am Gesamtverbrauch wirken sich Veränderungen der externen Faktoren früher als im non-food-Sektor aus. Das wird beispielhaft an dem Aufkommen der "bantamstores" im Wohnumfeld in den USA beschrieben. Dieser neue Geschäftstyp ist ein Filialsystem mit einem Einzugsbereich von 300 bis 700 Haushalten und dient für dieses Gebiet zur Nahversorgung. Der Wettbewerb findet nicht über den Preisparameter statt, sondern über die Distanz und die längeren Öffnungszeiten (von 7.00 bis 23.00 Uhr). Dabei ist die allgemeine Entwicklung in der Lebensmittelbranche die, daß Umsatzsteigerungen im Lebensmittelsektor nur noch begrenzt möglich sind oder über Angebote aus dem non-food-Sortiment mit entsprechend höherer Gewinnspanne erreicht werden. Ab einer bestimmten Grenze weist der Lebensmittelsektor keine erweiterbare Anziehungskraft aus, auch wenn das Warenangebot in Qualität und/oder Quantität erweitert wird oder die Verkaufsflächen vergrößert werden. Somit hat jedes Geschäft einen begrenzten Einzugsbereich (*Agergard et al.*, 1970, 66 ff).

---

10 Der Rückgang der kleinen Supermärkte in Nürnberg zwischen 1987 und 1994 ist in diesem Zusammenhang zu sehen (vgl. Kap. 5.3., S. 80 und Abb. 11, S. 81).

3.1.2. Spiralbewegung der Zentrenstruktur

Agergard et al. teilen die Zentrenstruktur in vier Gruppen ein: Das Stadtzentrum, meist die Altstadt, das Stadtteil-, das Stadtteilbereichs- und das Lokalzentrum. Dabei kommt dem Lokalzentrum die Aufgabe der räumlichen Nahversorgung zu. Ob die Bevölkerung aber tatsächlich an das jeweilige Zentrum oder ein anderes gebunden ist, ist sowohl für den Verbraucher und besonders für den Planer schwer zu ermitteln. Diese Problematik wird sich verstärken durch die gestiegene Mobilität und die geänderte Einzelhandelsstruktur. So kann ein Einkaufszentrum auch die Entwicklung weiter entfernter Lokalzentren beeinflussen. Dabei bleibt aber der Wunsch der Kunden bestehen, sich, zumindest mit den Gütern des täglichen Bedarfs, in Wohnstandortnähe zu versorgen. Die Entwicklung von Stadtteilzentren zu städtischen Ergänzungszentren durch eine verstärkte Konzentration des Einzelhandels und sonstiger Dienstleistungen ermöglicht die Entwicklung von Nischenanbietern, deren Wettbewerbsvorteil die geringe Distanz und das hohe Maß an Dienstleistung ist, z.B. längere Öffnungszeiten oder Frei-Haus-Lieferungen. Das bedeutet: Die verschiedenen Zentren einer Stadt entwickeln sich analog zum Einzelhandel in einer Spiralbewegung, der immer neuere und modernere Formen hervorgebracht hat (*Agergard et al.*, 1970, 78 ff).

3.2. *Langes* Wachstumstheorie der zentralen Orte

Lange liefert einen Beitrag zur Dynamisierung der Theorie der zentralen Orte. Bei seiner Untersuchung beschränkt er sich auf die "Verteilung von Geschäftszentren im Verdichtungsraum im Lauf der wirtschaftlichen Entwicklung" (*Lange,* 1972, S. 7 f). Darauf aufbauend formulierte er 1973 seine Wachstumstheorie zentralörtlicher Systeme.

Lange geht bei seiner Untersuchung von dem Verhalten des Verbrauchers aus, der in einer bestimmten Zeit Waren und Dienstleistungen nachfragt. Der private Verbrauch ist wie bei *Agergard* maßgeblich vom Einkommen beeinflußt. Die Menge der nachgefragten Güter und die Gebrauchshäufigkeit ist somit einkommensabhängig und ändert sich durch Einkommenssteigerungen im Laufe der Zeit. Daneben ist der Verbraucher analog zum aktionsräumlichen Ansatz bestrebt, den räumlichen und zeitlichen Aufwand zur Raumüberwindung zu minimieren. Das führt zur Kopplung von Tätigkeiten, die *Lange* für die Hauptursache der Bildung von zentralen Orten hält: Mit dem Steigen des Einkommens erhöht sich die Verbrauchshäufigkeit. Die Notwendigkeit zur Kopplung steigt nun durch die geringere Zeit, die pro Besorgung zur Verfügung steht. Die individuelle Möglichkeit zur Kopplung erhöht sich über die ebenfalls einkommensabhängig gestiegene Mobilität. So können größere Entfernungen mit einer höheren Transportleistung zurückgelegt werden. Dadurch steigt der Anspruch des Verbrauchers an die Ausstattung eines Zentrums, so daß er gegebenenfalls eher bereit ist, ein weiter entferntes Zentrum aufzusuchen, das seinem Wunsch nach Kopplung eher gerecht wird, als ein näher gelegenes (*Lange*, 1973, 71).

Der Einzelhandel reagiert auf die geänderten Kundenwünsche durch Sortimentsveränderungen und gegebenenfalls durch eine Verlagerung des Standortes. Dabei werden solche Geschäfte besonders erfolgreich sein, die den Besorgungsaufwand des Verbrauchers durch entsprechende Sortimentsbildung minimieren oder das veränderte Verbraucher- bzw. Kopplungsverhalten vorwegnehmen (*Lange*, 1973, 99).

Die Wachstumsdynamik der Zentren leitet *Lange* von der Standortwahl des Einzelhandels ab. Neue Geschäfte werden sich dort ansiedeln, wo dem Verbraucher dann ein höherer Grad der Kopplung möglich ist. Zudem spielt die Erreichbarkeit eine entscheidende Rolle und damit die Anbindung an das Verkehrsnetz. Ein Ausbreitungsprozeß wird demzufolge in den höchstrangigen Zentren einsetzen und sich auf niederrangige Zentren so lange fortsetzen, bis die Verbrauchshäufigkeit des angebotenen Gutes das kleinstmögliche Einzugsgebiet erreicht.

Lange bezieht sich bei seiner Betrachtung auf kleine Geschäfte mit einem geringen internen Kopplungspotential, die auf weitere Einzelhandelsbetriebe zur Attraktivitätssteigerung des eigenen Standortes angewiesen sind. Verbrauchermärkte weisen dagegen einen hohen inneren Kopplungsgrad auf, im Sinne von "alles unter einem Dach". Damit sind sie bei der Standortwahl nicht auf externe Kopplungsmöglichkeiten angewiesen. Auch wegen der Bodenpreise wurden Standorte zwischen bestehenden Zentren gewählt, was das vorhandene zentralörtliche System nachhaltig verändern kann.

Während die Ansiedlung von großen Verbrauchermärkten auf höherrangige Zentren wachstumsfördend wirken kann, ist für die kleineren (Versorgungs-) Zentren von einer wachstumshemmenden Wirkung auszugehen, weil Verbrauchermärkte die Versorgungsfunktion mit Lebensmitteln übernehmen (*Lange*, 1973, 135 ff). Während kleinere Nebenzentren einen Funktionsverlust erfahren, können sich die größeren auf ein höherrangiges Angebot konzentrieren.

Die komplexen Theorien von *Lange* und *Agergard* können wichtige Hinweise und Teile der abgelaufenen Entwicklung erklären. Daß sie für eine Beurteilung der Gesamtbewertung nicht ausreichen, liegt nach *Kulke* (1992, 261) in erster Linie daran, daß sie sich schwerpunktmäßig auf eine Akteursgruppe beschränken. So untersuchten *Lange* v.a. die Konsumenten, *Agergard et al.* dagegen die Geschäftstypen. Die Faktoren der übrigen Bereiche werden nur als modifizierend in die Betrachtungen einbezogen. Damit treffen ihre Aussagen v.a. für die Zeiträume zu, in denen diese Akteursgruppen auch tatsächlich das größte Gewicht besaßen. "*Langes* konsumentenorientierter Beitrag gilt dementsprechend v.a. für den Zeitraum bis in die 60er Jahre, und Elemente der Theorie von *Agergard et al.* können Prozesse der 70er Jahre erklären" (*Kulke*, 1992, 261). Bei der Bewertung der Entwicklungschancen erfolgte eine Zusammenfassung von Standorttypen. Damit fehlt die wichtige kleinräumige Ebene, "auf der Verschiebungen, z.B. zwischen dem Kern und Kernrand von höherrangigen Zentren oder zwischen gewachsenen Innenstadtgebieten und Ortsrandlagen oder Gewerbegebieten von mittelgroßen Zentren stattfinden" (*Kulke*, 1992, 261).
1994 relativiert *Kulke* (1994, 187), daß "als empirischer Beleg für das Auftreten neuer Betriebsformen, welche kleinräumige Marktnischen versorgen, (...) die Ausbreitung von convenience stores in den USA, Großbritannien und Japan (gelten) (*Kirby*, 1987, *Tietz* 1985, *Yamada* 1993)".

Kulke definiert den zentralen Trend der Standortentwicklung mit Hilfe von vier Schlagworten:

1. Ausdünnung in Streulagen
2. Gewichtsverlust von kleineren Zentren in der Nähe attraktiver

Einkaufsbereiche

3. Bedeutungsgewinn mittelgroßer Standorte

4. Entwicklungsprobleme in verdichteten höherrangigen Zentren

Kulke (1992, 256) vertritt folgende Ansicht: Die standortbestimmende Bedeutung der Konsumenten habe seit den 60er Jahren abgenommen und würde in Zukunft eine untergeordnete Rolle spielen. Das Angebot, bzw. die Art der Betriebsform bzw. des Unternehmens, hätte ihre größte Bedeutung in den 80er Jahren gehabt, würde aber seitdem wieder abnehmen. Die größte Bedeutung habe mit Beginn der 90er Jahre nunmehr eine Gestaltung, die maßgeblich durch Planer und Politiker beeinflußt werden würde.
Kulke bezieht sich auf den gesamten Einzelhandel, während der Verfasser, wie auch *Agergard*, ausschließlich den Einzelhandel mit Lebensmitteln untersuchten.

3.3. Die Innovationsforschung als interdisziplinärer Ansatz

Nicht einzelne große Erfindungen treiben die Wirtschaft voran, sondern der Fortschritt ist das Ergebnis vieler einzelner technischer Veränderungen (*FAZ,* 13.10.1993, S. 17 f). Innovation beschränkt sich dabei nicht nur auf neue Technologien, sondern auch auf neue Betriebsformen (*Friedrichs*, 1980, 51). Die Innovation ist dabei der trendbruchartige Übergang von einer Technologie oder Betriebsform auf eine neue (*Pfeiffer*, 1979, 11)[11]. Stellt man den Lebenszyklus der bisherigen Technologie oder Betriebsform kumuliert als eine S-Kurve dar (*Windhorst*, 1983, S. 90 f), entspricht die Innovation dem Übergang auf eine neue S-Kurve, während die trendmäßige Weiterentwicklung dem Ansteigen entlang der "alten" S-Kurve entspricht. Die Steilheit der Kurve gibt dabei die Geschwindigkeit der Innovationsanwendung wieder. [12]

---

11 Vergleiche hierzu auch *Pfeiffer und Dögl* (1986, 155), die sich u.a. auf *Drucker* (1968) beziehen.

12 Daß der Verlauf einer Innovation sich tatsächlich dieser S-Kurve angleicht, hat u.a. *Windhorst* (1983, S. 143) anhand des zeitlichen Verlaufs der Diffusion der Käfighaltung von Hühnern in Südoldenburg bewiesen.

Windhorst (1983, 4) definiert:

- Innovation als "Ideen, Tätigkeiten oder Objekte, die von einem Individuum oder einer sozialen Gruppe als neu angesehen werden. Dabei ist unbedeutend, ob es sich wirklich um neue Ideen, Tätigkeiten oder Objekte handelt, entscheidend ist allein, ob sie dem Individuum oder der Gruppe bislang bekannt waren.
- Invention (als) Prozeß der Entwicklung oder des Aufkommens einer Innovation und
- Diffusion (als) raum-zeitliche Ausbreitung einer Innovation in einem sozialen System".

Der Innovationszyklus beginnt mit der Invention als das Aufkommen einer neuen Problemlösung oder einer besseren Problemlösung, aber noch ohne Anwender. Es schließt sich ein Diffusionsprozeß an, in dem zunächst erst wenige Anwender, dann immer mehr, diese Innovation nutzen. Mit der Zeit wird es aber weitere Innovationen geben, sodaß schließlich die Anwender wieder abnehmen und letztlich der Zyklus mit der musealen Aufbewahrung endet (siehe Abb. 8 und vgl. *Ritter*, 1991, 139 f). *Windhorst* (1983, 93) unterteilt in Anlehnung an *Rogers* (1962) diese Diffusionsphasen in die Initial-, Expansions-, Verdichtungs- und schließlich Sättigungsphase. *Ritter* weist darauf hin, daß die Unterteilung des Innovationszyklus in vier Phasen eine zu starke Vereinfachung darstellt und geht selbst von zehn Phasen beginnend mit der Invention aus. In der Phase der Diffusion unter Konkurrenz zeichnet sich bereits "die Notwendigkeit des Umbaus der Systemstrukturen" ab (*Ritter*, 1991, 140). Die Suche nach neuen Problemlösungen entspricht somit einer weiteren Phase vor dem eigentlichen Zeitpunkt der Invention. Wird eine Neuerung gefunden, beginnt der Zyklus der Nachfolgeinnovation.

Die S-Kurve findet auch in anderen Wissenschaftszweigen Anwendung, um die Diffusion von Innovationen darzustellen, beispielsweise zur Bewertung von Leistungspotential und -grenzen alter und neuer Technologien (*Pfeiffer, Dögl*, 1986, 156 oder *Krubasik*, 1982, 29).

Abb. 8: Der Innovationszyklus

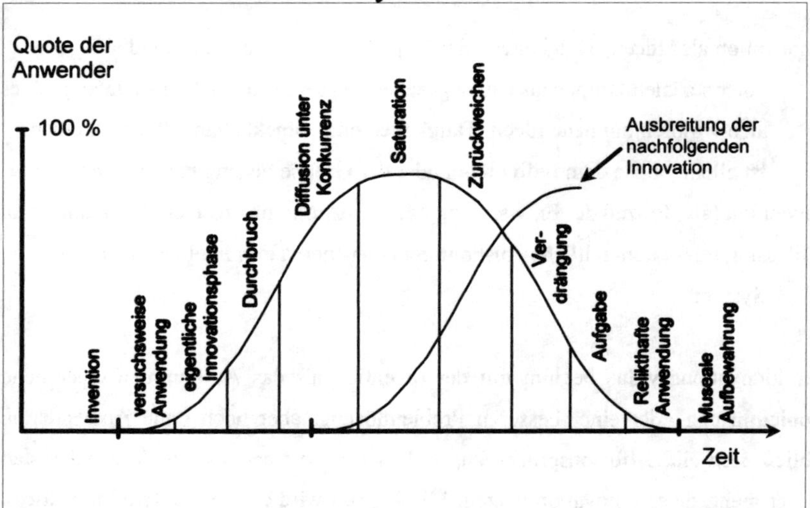

Quelle: nach Ritter, Wigand: Allgemeine Wirtschaftsgeographie. Wien, München 1991, S. 139

- Innovationen im Lebensmitteleinzelhandel

Im Einzelhandel und speziell im Lebensmitteleinzelhandel kann man von verdrängenden Innovationen ausgehen. So lösen aus der Sicht des Handels neue Geschäftstypen alte Probleme, nämlich die Versorgungsleistung, besser. Sie sind somit leistungsfähiger, der Einzelhandel spart Geld, Zeit und u.U. Rohstoffe, und sie dienen somit der Gewinnmaximierung (*Ritter, W.*, 1991., S. 137). [13]

Abbildung 9 ergibt sich aus der Darstellung mehrerer kumulierter Innovations- bzw. Lebenszyklen. Dabei wird die höhere Leistungsfähigkeit der nachfolgenden Innovation und der zeitliche Ablauf entsprechend berücksichtigt. So gibt es im Lebensmitteleinzelhandel eine Vielzahl von Geschäftstypen und für jeden von ihnen eine spezifische S-Kurve, die insgesamt die Entwicklung des Einzelhandels oder Lebensmitteleinzelhandels skizzieren (siehe Abb. 9).

---

[13] Daß das Erbringen der Versorgungsleistung aus der Sicht des Verbrauchers u.U. anders beurteilt wird, wird weiter unten angesprochen.

Abb. 9: Die Leistungsfähigkeit einzelner Formen des Einzelhandels mit Lebensmitteln

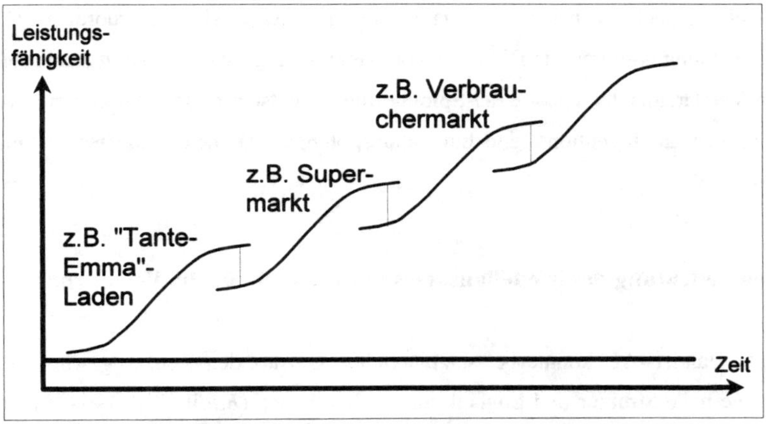

Quelle: Eigene Darstellung in Anlehnung an Olleros, Francisco-Javier: Emerging Industries and the Burnout of Pioneers. In: Journal of Product Innovation Management 1/1986, S. 5 - 18, S. 6

Bei dieser Betrachtung aller Geschäftstypen einer Branche wird die Leistungsfähigkeit der Zeit gegenübergestellt. Die Leistungsfähigkeit wird aus der Sicht des Handels und somit nach betriebswirtschaftlichen Gesichtspunkten beurteilt. Denn ein Tante-Emma-Laden hat natürlich auch eine Versorgungsleistung erbracht, die kleinräumig und aus der Sicht des Verbrauchers durchaus höher eingestuft werden könnte. Diese idealisierte Darstellung der allgemeinen Entwicklung soll verdeutlichen, daß verschiedene Problemlösungen bzw. Geschäftstypen nebeneinander existieren werden. Dabei sind aber bestimmte Geschäftstypen leistungsfähiger, haben aber ebenfalls Leistungsgrenzen. Die Leistung der Versorgung übernehmen somit die verschiedenen Geschäftstypen gleichzeitig, wobei der einzelne Entwicklungsstand jeden Typs einen anderen Punkt auf der eigenen S-Kurve repräsentiert. So wurden Grenzen der Leistungsfähigkeit der Tante-Emma-Läden bereits vor vielen Jahren erreicht, was einem Punkt

nahe dem Ende der S-Kurve entspricht, während die Supermärkte noch nicht ihre Leistungsgrenzen erreicht haben dürften. [14]
Diese Betrachtungsweise eröffnet die Möglichkeit, die einzelnen Geschäftstypen der Lebensmittelbranche in bestimmte Phasen des Innovationszyklus einzuordnen. D.h. die Entwicklung ist durch die Diffusion von Verdrängungsinnovationen gekennzeichnet. Im Verständnis der Theorie der Spiralbewegung entspricht dem Aufkommen von Marktnischen das Inventions- und Innovationspotential, das neue Anbieter ausfüllen können.

3.4. Die Bedeutung des Modellansatzes der Logistik für die Versorgung

Die Spar Handels-AG konnte bei stagnierendem Umsatz den Konzerngewinn 1994 durch eine neue Struktur und Logistik um 30 % erhöhen (*BddW*, 8.12.1994, 8). Um eine bestehende Leistung besser zu erbringen, das heißt bei gleichen oder sinkenden Kosten die Versorgung schneller, mit einer besseren (oder definierten) Qualität, rechtzeitig, in der geforderten Menge und Zusammensetzung zu gewährleisten, ist der logistische Ansatz notwendig. Der Einzelhandel hat das erkannt, und die einzelnen Unternehmen organisieren entsprechend um. Teilweise kommt es in dem Bereich Logistik auch zu Kooperationen. Beispielsweise arbeiten in einem Nürnberger Pilotprojekt die Warenhäuser Karstadt/Hertie und Kaufhof/Horten beim Versand zusammen (*BddW*, 7.12.1994, 7).

- Der logistische Ansatz in Bezug zur Aktionsraumforschung
Die aktionsräumliche Forschung setzt beim Individuum bzw. dem Haushalt an, um zu erforschen, aus welchem Grunde man sich wo, wie oft und wann versorgt sowie welche Distanzen man dabei zurücklegt. Dabei steht die Versorgung mit zentralen Gütern im Mittelpunkt (*Heinritz*, 1979 , 107).
Die logistische Forschung setzt bei dem Verbrauch bzw. dem Untergang eines Gutes an und arbeitet rückwärts die einzelnen Glieder der Wertschöpfungskette bis zur

---

14 Die für diese Untersuchung notwendige Differenzierung des Begriffs "Supermarkt" erfolgt in Kapitel 5.3..

eigentlichen Erzeugung auf. So setzt bspw. die Untersuchung des Gutes Brot mit dem Verzehr im Haushalt an und bezieht die einzelnen logistischen Schritte der Wertschöpfungskette rückwärts mit ein. Diese könnten sein: Transport Einzelhandel zum Haushalt; Kauf im Einzelhandel; Transport vom produzierenden Betrieb zum Einzelhandel; Herstellung im handwerklichen Betrieb; Transport aller notwendigen Zutaten zu diesem; Kauf der Zutaten; Erzeugung der Zutaten im landwirtschaftlichen Betrieb. Bezogen auf das nachgefragte Gut entspricht das einer Betrachtung entgegengesetzt zur Wertschöpfungskette. Die räumlichen Aktivitäten bilden in ihrer Summe Netze in den Dimensionen Raum und Zeit aus, wobei die individuellen Grenzen sehr unterschiedlich sein können (*Kreth*, 1979, 261).

In der Logistik werden wirtschaftliche Prozesse als Flüsse von Materialien und Gütern, aber auch von anderen Objekten wie Informationen, Entscheidungen und Menschen verstanden. Durch die "räumlichen und zeitlichen" Relationen der Objekte spannen sich Ketten und Netze als Flußsysteme auf. Aufgaben der "logistischen Rationalisierung" von Flußsystemen sind die Beschleunigung, Flexibilisierung, qualitative Verbesserung und dadurch natürlich auch Senkung der Kosten bzw. Steigerung der Werte, die die durch eine Kette fließenden Objekte erfahren (*Klaus*, 1991 a, 96 und *Klaus*, 1991 b). Die logistischen Problemlösungsansätze lassen sich mit drei Schlagworten skizzieren:

Bei der "Netzstrukturierung" werden Flußobjekte und Netze nach den Dimensionen Raum und Zeit ganzheitlich erfaßt, in intelligenter Weise segmentiert und einander zugeordnet.

Die "Netzrationalisierung" ist die systematische Verkürzung, Begradigung und der kapazitätsmäßige Abgleich der Netzelemente auf die zu bewältigenden Flüsse.

Die "Flußsteuerung" soll die Güter-, Informations- und Personenflüsse optimieren.

Abbildung 10 zeigt in einer Übersicht die Lösungsfunktionen der Logistik.

Abb. 10: Umfeldstrukturen und Lösungsfunktionen der Logistik

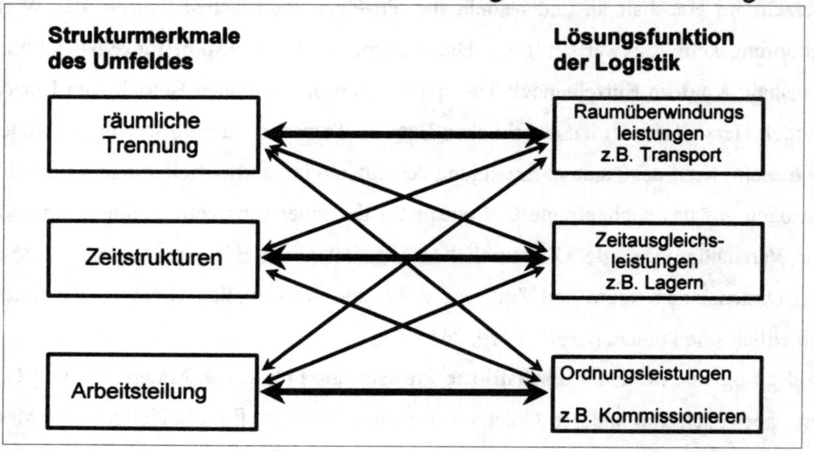

Quelle: Eigene Darstellung in Anlehnung an Klaus, Peter: Betriebswirtschaftliche Logistik. Unveröffentlichtes Vorlesungsskript WS 1991 / 1992. Friedrich - Alexander - Universität Erlangen/Nürnberg in Nürnberg

- Logistik und Versorgung

Die räumliche Trennung (nach *Klaus*: Dislozierung) entspricht dem zunehmenden räumlichen Auseinanderfallen der Daseinsgrundfunktionen (s. Abb. 10; vgl. Kap. 2.4.4., S. 37 und *Partzsch*, 1970, 430). Für die Versorgung bedeutsam sind der Sitz des einzelnen Haushalts und die Standorte der einzelnen Geschäfte. Die Zeitstrukturen entsprechen dem Zeitpunkt und der Häufigkeit der Nachfrage nach Lebensmitteln.

Für die Arbeitsteilung lassen sich verschiedene Beispiele finden, je nachdem, welche Ebene der Systemstruktur betrachtet wird. Es können Makro- , Meso- und Mikrostrukturen unterschieden werden (*Ritter*, 1991, 68). Die Betrachtung eines Haushalts entspricht der Mikroebene, die des Einzelhandels der Mesoebene und die der Gesellschaft der Makroebene. Auf jeder Ebene spiegelt die Arbeitsteilung eine Spezialisierung oder Konzentration auf bestimmte Funktionen wider. Auf der Makroebene sind das gesellschaftliche Institutionen, auf der Mesoebene spezialisierte Unternehmen und Geschäfte und auf der Mikroebene die ungleiche Aufteilung der Funktionen wie Arbeiten und Versorgung eines Haushalts auf die einzelnen Mitglieder. Dabei wirken die einzelnen Ebenen wechselseitig aufeinander ein: Die Arbeitsteilung zwischen

Haushalten und Betrieben hat Auswirkungen auf die Arbeitsteilung innerhalb des Haushalts. Die Spezialisierung von Einzelhandelsbetrieben auf bestimmte Warengruppen wie Getränke oder Fleisch und Wurst verlangt vom Haushalt einen höheren Versorgungsaufwand, der möglicherweise zu erhöhtem Streß führen könnte. Die Vermeidung dieses höheren Versorgungsaufwandes - und damit eine Reduzierung der Arbeitsteiligkeit - könnte für neue Einzelhandelsstrukturen eine Marktlücke darstellen (vgl. Kap. 8.2. , S. 251). Die Arbeitsteilung ist ein Prinzip unseres Wirtschaftssystems, denn Nachfrage und Angebot gäbe es ohne Arbeitsteilung nicht. Im folgenden soll die Betrachtung des Haushalts im Mittelpunkt stehen.

Die Arbeitsteilung (*Klaus*: Arbeitsteiligkeit) ist innerhalb eines Mehrpersonenhaushalts mit der Aufteilung in Haushaltsführung und Gelderwerb gegeben. Die Raumüberwindungsleistung besteht für den Haushalt im Transport der Lebensmittel nach Hause. Die Zeitausgleichsleistungen erbringt der Haushalt durch das Lagern der Lebensmittel bis zum eigentlichen Verbrauch. Das wird ihm durch technische Hilfsmittel wie Kühlschränke und Gefriertruhen aber auch durch bauliche Maßnahmen der Wohnung wie Speisekammer oder Vorratskeller erleichtert. Die Ordnungsleistung erbringt der Haushalt im Einzelhandel durch gezielte Auswahl der benötigten Lebensmittel in den Einkaufswagen, dem Aufsuchen mehrerer Geschäfte und der ergänzenden Nutzung von Lieferservicen.

Die Leistungen, die bisher noch durch den Haushalt erbracht werden, können für den Einzelhandel Innovationspotentiale darstellen oder für Nischenanbieter entsprechende Marktchancen bieten. So erfüllt der Pizza-Heimdienst bspw. die Bevorratung , den Transport und die Zubereitung der Lebensmittel und füllt damit die logistische Nische zwischen Einkauf und Verbrauch im Haushalt aus. Im Verständnis der Logistik würde nicht mehr das Produkt Lebensmittel im Mittelpunkt stehen, sondern die logistische Service-Leistung des Versorgens.

- Verkehrs-Logistik und Mobilität

Nach *Klaus* umfaßt Logistik mehr als die reine Betrachtung der wirtschaftlichen Funktionen Transportieren, Umschlagen und Lagern oder der logistischen Maxime,

Güter zur richtigen Zeit am richtigen Ort usw. bereitzustellen. Vielmehr befaßt sich Logistik u.a. mit dem Management von Flußsystemen. [15]

Die Objekte des Flußsystems Verkehr sind Güter und Menschen. Durch das gewerbliche und individuelle Verkehrsverhalten ergeben sich aus den Kanten zwischen Quelle und Senke Ketten und schließlich Netze mit einer Raum- und Zeitstruktur. Die Optimierung von Güter- und Personenflüssen bspw. durch Beschleunigung führt zu Zeiteinsparungen und bewirkt somit u.a. eine Kostensenkung bzw. Steigerung der Werte.

Für den Güterverkehr wurde der Begriff der "Citylogistik" geprägt, dessen Kern das Konzept der Güterverkehrs- und Güterverteilzentren ist. Der städtische Güterverkehr soll dadurch entlastet werden, daß die Güterströme an der Peripherie gesammelt und gebündelt werden, um sie zeitlich und bezüglich der eingesetzten Transporttechnik optimiert zu den innerstädtischen Empfängern weiterzuleiten (*Wecker*, 1993 oder *Klaus*, 1992). Die "Citylogistik" bietet im Hinblick auf die Versorgung Innovationspotential. Zum einen in Bezug auf die Schnittstelle Großhandel / Einzelhandel sowie zentrales Distributionszentrum / Einzelhandel. Durch eine konsequente Betrachtung der gesamten logistischen Kette bis zum Endverbraucher ergeben sich weitere Marktnischen und damit Marktchancen.

Für den Personenverkehr wird gegenwärtig an der Friedrich-Alexander-Universität eine Modellösung unter dem Begriff "Bürgerlogistik" entwickelt. "Bürgerlogistik" greift das Problem des städtischen Verkehrs an seinem Schwerpunkt, nämlich dem Berufs-Pendlerverkehr, auf. Sie sorgt für eine bedarfsspezifische, flexible Gestaltung eines Netzes von direkten, rationell zu befahrenden Verkehrsrelationen. Dabei beruht Bürgerlogistik mehr auf intelligenter, logistischer Systemgestaltung und -steuerung als auf "harter", investitionsintensiver Technologie oder reglementierenden Eingriffen (*Klaus*, 1991 a, 95 ff). Die "Bürgerlogistik" setzt an einer Erhöhung der individuellen Mobilität durch die intelligente Weiterentwicklung des öffentlichen Nahverkehrs an.

---

15 Anläßlich der 250-Jahr-Feier der Friedrich-Alexander-Universität Erlangen/Nürnberg hielt der Verfasser einen Vortrag u.a. mit dieser Thematik im Rahmen des Symposiums "Region 2000: Workshop Verkehr", am 2.7.1993 im Landratsamt Lauf.

Das zunehmende räumliche Auseinanderfallen der Standorte der Daseinsgrundfunktionen führt zu einer wachsenden Bedeutung der "ausgleichenden" Daseinsgrundfunktionen Kommunikation und Verkehr (vgl. Kap. 2.4.4., S. 37). Das "City-Management" zielt auf eine Zusammenführung der städtischen Grundfunktionen Wohnen, Arbeiten, Versorgen und Freizeit ab. Neben der ganzheitlichen Betrachtung und Planung des Systems Stadt soll bei gleicher oder steigender Mobilität der innerstädtische Verkehr reduziert werden. Somit setzt das "City-Management" direkt an der Ursache des Verkehrs an.

Städte mit mehr als 200.000 Einwohnern haben das Problem, daß die innerstädtischen Entfernungen zu groß werden und sich eine Tendenz zur Spezialisierung von Stadtteilen einstellt. Dagegen würde eine Entwicklung zur Polyzentrie i.S. von räumlich naher Integration Verkehr vermeiden helfen (*Tietz und Rothhaar*, 1991, 6 ff).

Im Vergleich zu monozentrischen Großstädten liegt hier ein Vorteil mehrkerniger Ballungsräume, aber auch große Chancen der umliegenden Unter- und Mittelzentren.

Übergeordnete Ziele des "City-Managements" sind es, die Attraktivität der Stadt zu erhalten und zu fördern. Hier kommt dem ruhenden und fließenden Verkehr größte Bedeutung zu (*Tietz und Rothhaar*, 1991, 112 ff).

4. Gegenwärtiger Stand der Entwicklung des Einzelhandels mit Lebensmitteln

Die Entwicklungen im Einzelhandel mit Lebensmitteln seit den 60er Jahren läßt sich umreissen durch Konzentration, Filialisierung und der Einführung der Selbstbedienung. Dies führte zu immer größeren Formen des Einzelhandels wie großflächigen Supermärkten, Verbrauchermärkten und SB-Warenhäusern sowie Lebensmittelabteilungen in Warenhäusern und zu den Discountern als "Billig-Betriebsformen".
Die zentrale Funktion des Einzelhandels ist die Versorgung. Daneben spielen aber auch andere Funktionen eine wichtige Rolle. Die Identifikation- und Kommunikationsfunktion (*Koch*, 1978, 213) stellen die soziale Komponente dar. Außerdem spielt die Information eine Rolle. Zusätzlichen Nebennutzen bietet bspw. die Erlebnisfunktion (vgl. Kap. 5.4.2., S. 87, und 8.4., S. 261). Die einzelnen Funktionen werden von den verschiedenen Geschäftstypen unterschiedlich erfüllt. Geschäfte mit Bedienung gewährleisten am ehesten die Sozialfunktion. Nach dem Verschwinden der "Tante-Emma-Läden" bieten heute v.a. Fachgeschäfte diese Nebenleistung. Die Selbstbedienungsläden konzentrieren sich dagegen auf die Versorgungsfunktion und verdrängten durch ihr billigeres Angebot die Bedienungsläden. Die Rationalisierung der Sozialfunktionen des Einzelhandels riß ungeheure Marktnischen auf (vgl. Kap. 8.4., S. 261, und 8.5., S. 263). Sie ermöglichte letztlich erst die Substitution von Personal durch Fläche und die Delegation des Bedienvorganges auf die Käufer selbst. Das anfängliche Verstoßen gegen die vertikale Preisbindung und deren spätere Abschaffung 1974 brach das bisher homogene Preisgefüge auf. Durch diesen Wegfall der Preisbindung sah sich der mittelständische Händler plötzlich einem massiven Wettbewerb ausgesetzt. In der Lebensmittelbranche drangen die Discounter neben der Selbstbedienung mit Filialisierung und einer aggressiven Preis- und Werbepolitik vor. Insbesondere Größenwachstum, Umorganisation, Logistik und der vermehrte Einsatz von Informationstechnologien trieben die Rationalisierung voran. Um den mühsamen Aufbau eigener Filialen zu umgehen, kam der Aufkauf bestehender Geschäfte zusehends in Mode (*Berekoven*, 1988, 130). Dabei wurde auch nicht immer im Sinne der Mitglieder "Flächen gesichert". Man tauschte Filialen durch Betreiberwechsel mit einem

Konkurrenten, auch um wettbewerbsrechtlichen Bedenken entgegenzutreten. So wurde im Frühjahr 1994 der "Kaufmarkt" in Schweinau an den "Meister" verkauft, um die Eröffnung des neuen "Marktkauf" am Nordwestring zu ermöglichen.

Zusätzlich kam es neben den angestammten Vertriebspfaden zur Einführung neuer Betriebstypen und somit neuer Vertriebslinien. Dieser Konzentrationsprozeß hat sich in den siebziger Jahren auch auf die vorgelagerten Handelsstufen ausgeweitet, um durch Einkaufskonzentration auch entsprechende Vorteile zu erzielen (*Berekoven*, 1988, 131).

In der Folge der Rezession Ende der siebziger und Anfang der achtziger Jahre verstärkte sich der Druck auf die Preise. Ein Indiz dafür ist, daß die Einzelhandelsumsätze 1985 die von 1978 (in den Preisen von 1980) noch nicht wieder erreicht hatten. Das führte zu einem weiteren Vordringen der Billigbetriebsformen zu Lasten des mittelständischen Handels durch Geschäftsaufgabe, Aufkäufe und Fusionen (*Berekoven*, 1988, 156). Diesem Preisdruck waren Einzelhändler aller Branchen ausgesetzt, die einen geringeren Jahresumsatz als DM 500.000 hatten. Das hatte jedoch ebenso für die freiwilligen Ketten und Einkaufsgenossenschaften eine Belastung durch deren viele kleinflächige und umsatzschwache Mitglieder zur Folge. Es kam zu einem Abschmelzungsprozeß der kleinsten und schwächsten Mitglieder und hierdurch schließlich zu einer Homogenität und einer Stärkung dieser Organisationsformen. Der starke Preisdruck veranlaßte auch die Zentralen über alternative Vertriebslinien und "Eigengeschäft" Ertragsausfälle auszugleichen, so daß bspw. die "Rewe-Leibbrand-Gruppe inzwischen nur noch 25% des gesamten Umsatzes mit ihren mittelständischen Einzelhandelsmitgliedern" tätigt (*Berekoven*, 1988, 157).

Die zunehmende Mobilität der Verbraucher einerseits und das sich abzeichnende Verkehrschaos in den Städten andererseits führte zum Aufkommen von Verbrauchermärkten und SB-Warenhäusern in Stadtrandlagen mit einem entsprechenden Parkplatzangebot. Diese neue Form des Lebensmitteleinzelhandels wies sich durch ein umfassendes Sortiment, niedrige Preise und eine intensive Werbung aus und konkurrierte in zunehmendem Maße mit dem innerstädtischen Lebensmittel-Facheinzelhandel, den Warenhäusern und den Kleinpreisgeschäften. Die Änderung der Baunutzungsordnung

zum Schutz des mittelständischen Einzelhandels von 1977 und die Strukturpolitik der Kommunen erschwerte das weitere Vordringen großflächiger Betriebsformen.
Ende der siebziger Jahre zeichneten sich bereits die Grenzen des Größenwachstums aus wettbewerbsrechtlichen Gründen sowie der erzielbaren Kostendegression ab (*Berekoven*, 1988, 160). Ende der achtziger Jahre wurden Umsatzsteigerungen im Lebensmittelhandel nur noch über Vermehrung der Verkaufsstellen oder durch Ausweitung der Sortimente erzielt. Eine Gewinnsteigerung erscheint heute nur noch durch Umstrukturierung und Umorganisation möglich. Im Lebensmittelhandel sieht *Berekoven* (1990, 9) durch den Auslese- und Konzentrationsprozeß oligopolistische Verhältnisse als bereits gegeben oder unmittelbar bevorstehend an.

Bei einer stagnierenden, bestenfalls leicht steigenden Nachfrage rücken absatzwirtschaftliche Aspekte des Wettbewerbs in den Mittelpunkt. Die Profilierung gegenüber der direkten Konkurrenz führt somit zum Verdrängungswettbewerb. Das bedeutet eine Abkehr von den "groben" Erfolgsrastern der letzten Jahrzehnte hin zu absatzpolitischer Feinarbeit. Nachdem jahrelang Sonderangebote als absatzwirtschaftliches Instrument im Mittelpunkt standen, grenzen sich neue Anbieter, wie der "Marktkauf" in Nürnberg, durch "Dauertiefpreise" ohne Sonderangebote von der Konkurrenz ab.
Berekoven sieht hier das Potential eines vorsichtigen Trading-up in Richtung auf mehr Fläche, Auswahl und Atmosphäre. Das würde den Druck auf die klassischen Fachgeschäfte und Nahversorger weiter verstärken, böte aber auch wieder Platz für reinrassige Discounter (*Berekoven*, 1988, 161) entsprechend der Theorie der Spiralbewegung.
Ansätze des Trading-ups sind bereits in manchen Lebensmittelabteilungen der Verbrauchermärkte und SB-Warenhäuser mit ihrer beeindruckenden Sortimentsfülle zu erkennen, so daß man hier von Erlebnishandel oder -einkauf sprechen kann. Auch Wochenmärkte können zum Erlebnishandel gezählt werden (*Berekoven*, 1988, 162 f).

4.1. Der Konzentrations- und Ausleseprozeß im Einzelhandel mit Lebensmitteln

Die Versorgung der Bevölkerung im kleinräumigen Bereich wurde früher von sogenannten "Tante-Emma-Läden" maßgeblich mitgetragen. Die Ausdünnung der Einzelhandelsstandorte ging einher mit dem Zurückgehen dieser Einzelhandelsform und führte zu einer Verschlechterung der nahräumlichen Versorgung. So verringerte sich in den Jahren von 1979 bis 1985 die Zahl der Ladengeschäfte der Unternehmen mit weniger als 50 Mio. DM Umsatz in West-Deutschland um 23.271 (18,8 %) auf 100.478, während die Gesamtzahl der Ladengeschäfte lediglich um 11,2 % auf 124.857 zurückging. Größere Unternehmen haben die Zahl ihrer Ladengeschäfte, teilweise durch Übernahmen, erhöht. Die Kleinstunternehmen mit einem Jahresumsatz unter DM 500.000 gingen von 86.233 um 24,7 % auf 64.974 am stärksten zurück. Hier traf die Entwicklung v.a. Geschäfte ohne ausgeprägten Schwerpunkt, aber auch den Spezialhandel. (*Matschuck* und *Vieth*, 1989, 135 f). [16]

Während einerseits ein Abschmelzungsprozeß von Kleinunternehmen zu verzeichnen ist, steht dem ein überproportionales Wachstum weniger Großunternehmen gegenüber, das zu einer Konzentration bzw. zu einem Oligopol im Lebensmittelhandel führt. 1987 erzielten die zehn größten Lebensmittelhandelsunternehmen mit einem Umsatz von 110 Mrd. DM 60 % des Umsatzes der gesamten Branche von 180 Mrd. DM. Auf die sechs größten Unternehmen "Aldi", "Rewe-Leibbrand", "Tengelmann", "COOP AG", "Metro" und "Asko" entfielen 1987 mit 87 Mrd. DM Umsatz ein Branchenanteil von 48 %. Die zehn Großunternehmen konnten ihren Anteil seit 1978 bis 1987 verdoppeln, mittelgroße Anbieter der Rangliste 11 bis 100 konnten in etwa ihren Anteil halten, während der Anteil der Kleinunternehmer ab der Rangziffer 100 von 1978 mit 30% auf 1987 mit 3% zurückging. Berücksichtigt man nur die Nahrungsmittelumsätze, verschiebt sich lediglich die Reihenfolge der führenden

---

16 *Matschuck* und *Vieth* gehen in ihren Ausführungen von den Umsatzzahlen aus, die von Glendening & Lehning (Vertrieb M&M) jährlich ermittelt und publiziert werden zum Thema Umsatzkonzentration und Konzentration im Lebensmittelhandel (Top 200).

Unternehmen. Gruppenbezogen ergibt sich 1987 für die sechs größten Anbieter "Rewe", "Aldi", "Metro", "Edeka", "COOP AG" und "Tengelmann" ein Umsatzanteil von 63 % der Branchenumsätze bzw. für die zehn größten Unternehmen 76 % (*Matschuck und Vieth*, 1989, 139 f).

1993 erzielten die hundert größten Anbieter im Lebensmittelmarkt einen Umsatz von 204 Mrd. DM. Das entspricht einer Steigerung von nur ca. 2,5 % gegenüber 1987 (*BddW*, 8.12.1994, 1). Dieses relativ geringe Wachstum läßt sich auf die Stagnation der Bevölkerung zurückführen. 1994 zu 1993 nahm das Umsatzvolumen um 0,5 Mrd. DM in West-Deutschland ab. Der Umsatzanteil der Verbrauchermärkte stieg von 47,3 auf 47,8 %, der der Discounter von 15,5 auf 15,8 % und die Supermärkte stagnierten bei 14,3 % (*BddW*, 27.2.1995, 1).

Betrachtet man den Prozeß der Konzentration im Zeitablauf, so sind drei Phasen zu unterscheiden. Von 1978 bis 1982 stieg der Umsatzanteil der sechs führenden Unternehmen um über 10%. Es schloß sich bis 1985 eine Stagnationsphase an, deren Ursachen in der gerichtlichen Untersagung von Zusammenschlüssen im Lebensmittelhandel liegen. Das führte zu einem externen Wachstum der Unternehmen mittlerer Größe. Diese Entwicklung kehrte sich 1987 um, nachdem Untersagungsverfügungen des Bundeskartellamtes durch Gerichte aufgehoben wurden mit der Begründung, daß die "gesetzliche Vermutung eines marktbeherrschenden Oligopols (vgl. § 23 a, Abs. 2, GWB) im Lebensmittelhandel durch wesentlichen Wettbewerb widerlegt sei" (*Matschuck und Vieth*, 1989, 140). Untersagungen werden damit auf die seltenen Fälle beschränkt, in denen ein Wettbewerber gegenüber der Konkurrenz eine überragende Stellung erlangt. Dies läßt sich seitens der Unternehmen durch den Verkauf oder Tausch eigener Standorte an Wettbewerber vermeiden, wie dies bei dem Verkauf des "Kaufmarkt"-Standortes Schweinau an "Meister" der Fall war. 1987 stieg der durch Zusammenschlüsse erworbene Umsatz auf 22 Mrd DM sprunghaft an. Diese Entwicklung schwächte sich nach 1988 mit 8 Mrd DM Zuwachs dann wieder ab (*Matschuck und Vieth*, 1989, 141).

Matschuck und *Vieth* sehen als notwendige Voraussetzung für den Konzentrationsprozeß die Mobilität der Verbraucher, um die Einkäufe auf immer weniger und weiter entfernte Geschäfte zu konzentrieren. Die Mobilität nahm aber im letzten Jahrzehnt nicht mehr konzentrationsfördernd zu. Durch die steigende Größe der Betriebe des Lebensmitteleinzelhandels kamen zunehmend neben den "economies of scale" Beschaffungsvorteile und bessere Finanzierungsmöglichkeiten zum tragen.[17] Durch die Beschaffungsvorteile der großen Unternehmen steht diesen ein Finanzierungsvolumen bspw. für Unternehmenskäufe zur Verfügung, das die durchschnittliche Umsatzrendite übersteigt. Fusionen mit oder Unternehmenskäufe von leistungsfähigen Regionalunternehmen bieten für das Gesamtunternehmen den Vorteil, die günstigeren Konditionen des akquirierten Unternehmens zu nutzen, so daß sich das externe Wachstum selbst finanziert (*Matschuck und Vieth*, 1989, 146). Dies könnte auch bei dem Erwerb des "Kaufmarktes" in Nürnberg durch die AVA-Gruppe, Bielefeld, eine Rolle gespielt haben.

Mit ausschlaggebend für das Sterben der Kleinunternehmen ist der von den Großunternehmen ausgehende selektive Preiswettbewerb, der v.a. auf die mobile, anspruchsvolle und preisbewußte Kundschaft zielt. Dabei sind gleichverteilte niedrige Preise weniger wirkungsvoll als Aktionen oder Sonderangebote für sogenannte Eckartikel, weil die Verbraucher v.a. bei diesen Produkten preisempfindlich sind. Es wird dabei davon ausgegangen, daß die Verbraucher auch den restlichen Bedarf dann in diesen Geschäften decken (*Matschuck und Vieth*, 1989, 146 f).

Das lokale Bekanntmachen von Sonderangeboten etc. bedarf einer intensiven Promotionstätigkeit und der kostenintensiven Einschaltung von Werbung oder Info-Blättern in Tageszeitungen. Aufgrund des Aufwandes können sich nur Unternehmen ab einer bestimmten Größe diese Art der Werbung leisten.

Matschuck und *Vieth* sehen die Konzentration im Lebensmittelhandel als einen Ausleseprozeß und weniger als Verdrängungswettbewerb an. Aufgrund der Stagnation des

---

17 Eine ausführliche Betrachtung der economies of scale findet sich bei *Schultze*, 1988. Hier soll der Hinweis genügen, daß die economies of scale im Lebensmittelhandel besonders ausgeprägt sind, mehr noch als in der Lebensmittelindustrie. Beschaffungsvorteile weisen *Matschuck* und *Vieth* (1989,143 ff) statistisch mit dem Spearmanschen Rangkorrelationskoeffizienten nach, der ergibt, daß der Zusammenhang zwischen Umsatzgröße und Konditionen signifikant ist.

Gesamtmarktes mit einem geringen qualitativen Wachstum zu höherwertigen Produkten ergibt sich dabei zwangsläufig ein Verdrängen der wirtschaftlich Schwächeren, d.h. ein Wachstum der Großen ist nur auf Kosten der Kleinen möglich. Außerdem erlaubt die durch den Wettbewerb bedingte geringe Umsatzrendite den kleinen und mittleren Unternehmen der Branche nur unter Einschränkungen eine auskömmliche wirtschaftliche Betätigung (*Matschuck und Vieth*, 1989, 148). Der *Deutsche Industrie- und Handelstag* (1987, 11 f) sieht sogar diesen Ausleseprozeß aufgrund der Kostenvorteile der großen und mittleren Unternehmen gewährleistet. Zudem werden auf die Kleinunternehmen Lieferkostenprobleme durch den Zustellgroßhandel zukommen.
Für das Bundesgebiet zeigen sich deutliche Züge einer Oligopolisierung (*Matschuk und Vieth*, 1989, 149). Dabei entspricht der Konzentrationsgrad einem räumlichen Monopol. Die Preise bilden sich dann nach der volkswirtschaftlichen Monopoltheorie. Die Verbraucher können andere Standorte nur unter Inkaufnahme deutlich längerer Wege und damit Einsatz von Verkehrsmitteln wahrnehmen. Für Nürnberg läßt sich diese Entwicklung am "Kaufmarkt" mit einem Marktanteil von rund 20 % (!) nachvollziehen (vgl. Kap. 6.3., S. 101).
Diese Entwicklung wird nach *Matschuck* und *Vieth* den veränderten Verbrauchsgewohnheiten und den gestiegenen Ansprüchen der Verbraucher gerecht.[18] Trotz des Ausleseprozesses sehen sie auch künftig Raum für unterschiedliche Vertriebsschienen, Marketingkonzepte und Nischen, in denen kleine und mittlere Anbieter spezielle Angebote entwickeln können (*Matschuk* und *Vieth*, 1989, 149 ff).

4.2. Standortstrukturen und Versorgung

Die Verbraucherversorgung wird maßgeblich von der Standortpolitik des Lebensmitteleinzelhandels beeinflußt. Damit verdient die Zunahme der Verkaufsflächen einerseits und die Abnahme der Verkaufsstellen andererseits eine besondere Beachtung.

---

[18] Allerdings steigen mit Zunahme des Konzentrationsgrades des lokalen Marktes die Preise für einen bestimmten Warenkorb. So belegen amerikanische Untersuchungen einen Zusammenhang zwischen Konzentrationsgrad und Wettbewerbsintensität. Vgl. hierzu *Potucek, V*, 1987, 347

Geßner (1978, 1) weist bezüglich der raumbezogenen Dimension des Verbraucherverhaltens auf drei Aspekte hin. Erstens ergibt sich wie schon dargelegt ein Zwang zur Distanzüberwindung aus dem räumlichen Auseinanderfallen der menschlichen Grundfunktionen (Wohnen, Arbeiten, Versorgen, Freizeit; s.S. 32). Der zweite Aspekt ist die subjektive Wahlentscheidung des Verbrauchers, hinsichtlich der Nutzung alternativer Angebotsstrukturen und Leistungsprofile der Einkaufsstätten. Der dritte Aspekt ist die von den verschiedenen Siedlungsformen abhängige Struktur und der Ablauf der Einkaufsaktivitäten, also der raumzeitliche Ablauf des Sich-Versorgens.

Die Standortstrukturen des Einzelhandels lassen sich durch eine angebotsseitige und eine nachfrageseitige Betrachtung beschreiben. Auf der Angebotsseite bieten sich die Betriebsgröße nach Beschäftigten, Fläche, Umsatz, Betriebsform / -typ, Branche und räumlicher Verteilung an. Nachfrageseitig spielen die demographischen Faktoren und insbesondere die Mobilität eine Rolle (*Geßner*, 1978, 12).
Geßner vertritt die Ansicht, daß der "Aussagewert einer entsprechenden problemorientierten Analyse ganz entscheidend von der Art des gewählten Untersuchungsansatzes und der in diesem Zusammenhang vorgenommenen Begrenzung des empirischen Erfahrungshorizonts geprägt ist". Vor diesem Hintergrund erkennt *Geßner* (1978, 22) Einzelhandelsstrukturen als das "Ergebnis einer ständigen Auseinandersetzung der Unternehmen mit dem von ihnen als marketingpolitisch relevant erachteten Umfeld". Gleichzeitig sind Einzelhandelsstrukturen aber auch Ergebnis eines sozialökonomischen Entscheidungsprozesses, an dem Individuen, Gruppen, privatwirtschaftliche und öffentlich-rechtliche Institutionen beteiligt sind. Schließlich sind sie somit auch Ausdruck gesellschaftlichen Wirtschaftens und spiegeln die Ordnungspolitik wider (*Geßner*, 1978, 25 ff).
Geßner stellt fest, daß einer Zunahme der Verkaufsflächen eine Abnahme der Verkaufsstellen gegenüberstehen muß. Obwohl per Saldo die Verkaufsflächen durch das verstärkte Aufkommen von Großbetriebsformen zunehmen, ergibt sich durch die Ausdünnung der Einzelhandelsstandorte eine Verschlechterung der kleinräumigen Versorgung der Verbraucher. Zur empirischen Untermauerung führt er mehrere Untersuchungen im gesamten Bundesgebiet an (*Geßner*, 1978, 36 ff). Versteht man

Nahversorgung als wohnortnahe Versorgung, so ist von einer Verschlechterung der Versorgung nicht nur in ländlichen Bereichen, sondern möglicherweise auch in städtischen Randlagen auszugehen. Aufgrund der Zielsetzungen der bisherigen von *Geßner* genannten Untersuchungen lassen sich die Ergebnisse aber nicht auf städtische Regionen übertragen, obwohl man prinzipiell von einer gleichen Problemstellung ausgehen kann (*Geßner*, 1978, 48).

4.3. Grenzen der Versorgung

Geßner nennt folgende institutionelle, regionale und soziale Grenzen der selbstbestimmten Versorgung durch die Verbraucher:
Das Angebot an Lebensmitteln einer Verkaufsstelle unterliegt der Sortimentspolitik des Unternehmens. Mutmaßliche Konsumintentionen berücksichtigt es nur insoweit, als sie einzelwirtschaftlich verwertbar erscheinen. Somit ist der private Verbrauch institutionell vorgeprägt.
Die Standorte des Lebensmitteleinzelhandels müssen für den Verbraucher mit einem zumutbaren Aufwand räumlich erreichbar sein. Somit orientiert sich der Verbraucher an dem ihm zugänglichen Angebot. Der private Verbrauch ist demnach regional vorgeprägt.
Neben den rechtlichen und gesellschaftlichen Rahmenbedingungen für konsumbezogene Verhaltensweisen ist die Versorgung durch die die Kaufentscheidung beeinflussende Faktoren auch sozial geprägt. Darunter fallen Einkommen, Kaufmotive, Einstellungen, Werthaltungen, Gruppenzugehörigkeit etc., derer sich der Verbraucher selbst meist nicht bewußt ist (*Geßner*, 1978, 9). Somit ergibt sich für den Verbraucher eine Abhängigkeit von einer leistungsfähigen Konsumgüterdistribution.
Weil aus volkswirtschaftlicher Sicht der Träger der Verteilungsfunktion der örtliche Einzelhandel ist, fordert *Geßner* das Verfügbarmachen bedarfsgerechter Sortimente für die Verbraucher in bestimmten Regionen (*Geßner*, 1978, 10). In Kapitel 2.4.4. (s.S. 32 f) wurde bereits darauf hingewiesen, daß die Versorgung und die Versorgungsstrukturen vielen äußeren Einflüßen und nicht zuletzt dem Angebot und der

Nachfrage unterliegen. Ob *Geßners* Forderung in diesem Verständnis sinnvoll oder haltbar ist, möchte der Verfrassser in Frage stellen.

Ziel dieser Untersuchung soll sein, eventuell auftretende Versorgungslücken im Oberzentrum Nürnberg aufzuzeigen. Dabei soll der Schwerpunkt auf nach demographischen Gesichtspunkten ausgesuchten Distrikten liegen. Die Studie bezieht sich nicht nur auf Randgebiete (Gartenstadt und Schniegling), sondern auch auf die Innenstadt sowie die großflächigen Gebiete Zerzabelshof, Sündersbühl und Maxfeld. Letztere sind so gewählt, daß sie über künstliche geographische Grenzen wie die Ringstraße B4R hinweggreifen und sowohl Bereiche der erweiterten Innenstadt wie auch der Außenstadt einbeziehen.

5. Die Lebensmittelversorgung im Oberzentrum Nürnberg

In bisherigen Untersuchungen zur Versorgung mit Lebensmitteln standen Regionen im Vordergrund, die als unterversorgt anzunehmen waren wie ländliche Gebiete oder städtische Randlagen (vgl. z.B. *FfH*, 1977; *FfH*, 1980). Bisher wurde die Versorgung mit Gütern des täglichen Bedarfs in Städten als gegeben angesehen. Eine Stadt ist aber kein homogenes Gebilde; vielmehr gibt es Standortkonzentrationen und Gebiete mit weniger oder ohne Einzelhandel. Die möglichen Standorte der Lebensmittelversorgung erhält man durch eine spezifische Erfassung der städtischen Einzelhandelsstruktur. Inwieweit dieses Angebot genutzt wird, wird in dieser Untersuchung durch eine Haushaltsbefragung erhoben (vgl. Kap. 7.2., S. 123). Das gleiche gilt für die Innenstadt (vgl. Kap. 7.4., S. 141). Auch wenn die Innenstadt als Zentrum alle oder zumindest die meisten städtischen Funktionen auf sich vereinigt, ist nicht zwingend davon auszugehen, daß die Versorgung mit Gütern des täglichen Bedarfs optimal ist. Auch hier wird es besser und schlechter versorgte Gebiete geben.
Die Untersuchungen wurden am Beispiel des Oberzentrums Nürnberg durchgeführt. Ein Oberzentrum ist eine große, ausdifferenzierte Stadt, die eine innerstädtische Zentrenhierarchie aufweist. Die einzelnen Nebenzentren haben für die Versorgung Bedeutung. Kleinere Städte weisen keine ausgeprägte Zentrenhierarchie auf und wären als Untersuchungsobjekt nicht in Frage gekommen. Eine Kategorisierung dieser Nebenzentren ermöglicht die Übertragbarkeit der Ergebnisse auf andere Oberzentren. Die Ausdifferenzierung zeigt sich auch in der Verkehrsinfrastruktur. Die Innenstadt wird durch eine in der Regel mehrspurige inneren Ringstraße begrenzt. Die äußere Ringstraße B4R (Bundesstraße 4 Ringstraße) teilt das Stadtgebiet in den erweiterten Innenstadtbereich und die Randgebiete (s. Karte 5). Der frühere Durchgangsverkehr hat sich zugunsten eines Tangentialverkehrs verlagert.

Der Strukturwandel im Nürnberger Einzelhandel ist durch vier Merkmale gekennzeichnet: Rückgang der absoluten Zahl an Vollerwerbsbetrieben im Lebensmittelbereich, Umschichtung der Marktanteile zugunsten der Großunternehmen, Ausweitung der Verkaufsflächen und Einführung neuer Betriebsformen. Diese Entwicklung konnte sich nur vollziehen durch eine Tendenz auf der Nachfrageseite hin zu mehr Mobilität, bessere Bevorratungsmöglichkeiten im Haushalt und ein verändertes Nachfrageverhalten.

Die Entstehung eines zusätzlichen Versorgungsnetzes des Einzelhandels in den Außenbereichen der größeren Städte durch das Aufkommen von Einkaufszentren und einem Nebeneinander von Groß- und Kleinbetrieben bei gleichzeitiger räumlicher Konzentration wirkten sich auf die Stadtentwicklung aus. Diese Strukturveränderungen hatten nicht nur auf das direkte Umland, sondern auch auf umliegende niederrangige Zentren, deren Angebot an Einzelhandelsleistungen zunahm und attraktiver wurde, Auswirkungen.

Obwohl Nürnberg im Bereich Mittelfranken die höchste Einzelhandelszentralität besitzt, hat sich in den letzten 20 Jahren der Einzelhandelsbesatz des Umlandes verbessert und ist gegenüber den Nürnberger Stadtlagen deutlich angestiegen. Mitursache ist hier sicherlich die verstärkte Abwanderung der Stadtbevölkerung in die Umlandgemeinden (vgl. auch *Schaffer*, 1986, 66 ff).

Innerhalb von Nürnberg gibt es deutliche räumliche Unterschiede in der Entwicklung der Standorte der Lebensmittelgeschäfte. Während die verkehrsmäßig günstig gelegenen neuen Subzentren in den äußeren Stadtbereichen durch ihren großflächigen Einzelhandel von dieser Entwicklung profitiert haben, konnte sich die City zwar in ihrer Bedeutung halten, der engere Innenstadtring und der sich anschließende Bereich bis zur heutigen äußeren Ringstraße B4R weisen jedoch einen teilweise massiven Rückgang des Einzelhandels auf. *Bodenschatz* (1990, 25) nimmt an, daß der Kaufkraftverlust innerhalb der Ringstraße zugunsten der großflächigen Einzelhandelsstandorte verlief.

Für die neuen Standorte des Lebensmitteleinzelhandels scheint eine Lage an dem innerstädtischen Hauptverkehrsstraßennetz vorteilhaft zu sein, da man anscheinend damit eine schnellere und bessere Erreichbarkeit verbindet. Es läßt sich jedoch keine Kausalität zwischen dem Aufkommen von Großbetriebsformen und der Zunahme des Verkehrs ableiten (meint *Bodenschatz*, 1990, 26 ff).

Im Bereich des Nürnberger Einzelhandels mit Lebensmitteln scheinen auch einzelbetriebliche Probleme wie der Generationenwechsel und der damit verbundenen fehlenden Nachfolgerschaft, mangelnde Innovativkraft, zu wenig Betriebskapital und Konkurrenzdruck vom übrigen kleinbetrieblichen Einzelhandel eine Rolle zu spielen, die den Konzentrationsprozeß in dieser Branche zusätzlich verstärken (*Bodenschatz*, 1990, 2). In der strategieorientierten Standortlehre bilden diese Unternehmer das Segment der Einbetriebsunternehmen, die sich auf die Deckung des lokalen Bedarfs ausrichten. *Ritter* (1991, 266) bezeichnet es als "Problem der kleinen Selbständigen", die auf die Veränderungen ihrer Umwelt aus Ressourcen-Mangel, v.a. Geld und Arbeitskräfte, passiv reagieren müssen, statt aktiv agieren zu können. Neue Standorte oder neue Unternehmensstrategien sind so nicht umzusetzen. Diese Betriebe erlöschen in der Regel mit dem Ausscheiden des Besitzers.

Von 1970 bis 1987 verminderte sich die Zahl der Betriebe in Nürnberg um ca. 34 %. Daß sich mit der Verringerung der Einzelhandelsstandorte die Angebotsqualität verschlechtert hat, ist nicht zu belegen. Das Angebot der Fachgeschäfte mit Lebensmitteln wie Tee, Kakao und Kaffee hat im Gegenteil sogar zugenommen. Eine generelle oder bevölkerungsspezifische Verschlechterung der Versorgung im Grundbedarfsbereich ist u.a. damit nicht direkt ableitbar und wäre gesondert zu prüfen (*Bodenschatz*, 1990, 2).

Für die Stadtplanung ergibt sich u.a. das Ziel, "die Warenversorgung der Stadtbevölkerung auf allen Bedarfsstufen" zu sichern, wobei eine weitere Belastung durch Verkehr und Flächenverbrauch minimiert werden soll (*Bodenschatz*, 1990, 2 ff; vgl. auch *Kulke* 1992, 252 ff). *Bodenschatz* sieht zur Konkretisierung der Versorgungssituation eine Bestandsaufnahme der Angebotsstruktur des (Lebensmittel-) Einzelhandels für notwendig an. Hieraus ließe sich ein erster Schritt in Richtung des Erkennens räumlicher (Unter-) Versorgung machen (*Bodenschatz*, 1990, 40).

Seitens der Stadt Nürnberg erfolgte bisher keine veröffentlichte Untersuchung, ob es im Grundbedarfsbereich etwaige Versorgungslücken gibt. Wenn generelle oder (bevölkerungs-) spezifische Lücken festgestellt würden, wäre nämlich politischer Handlungsbedarf gegeben. Der Verfasser führte daher eine Bestandsaufnahme der Angebotsstrukturen mit einer Kartierung des gesamten Stadtgebietes durch. Die Ergebnisse werden in den Kapiteln 5.3. (s.S. 71) und 7 (s.S. 109 ff) erläutert.

5.1. Der Strukturwandel des Einzelhandels mit Lebensmitteln

Der Strukturwandel im Nürnberger Lebensmitteleinzelhandel zeigte sich im Jahresvergleich 1987 gegenüber 1970 mit dem fast völligen Verschwinden von Fachgeschäften mit Milch, Milcherzeugnissen und Fettwaren, mit der starken Abnahme der Bäckereien von 385 auf 199 sowie der Metzgereien von 255 auf 145, aber auch Rückgängen der Spezialanbieter für Fisch, Wild etc.. Dem stand eine Steigerung der Verkaufsstellen mit Metzgerei- und Backwaren gegenüber, die die Abnahme des selbständig produzierenden Handwerks jedoch nicht ausgleichen konnten (1970: 640, 1987 344 Bäckereien und Metzgereien). Ebenso stieg die Zahl der Supermärkte und Discounter, deren Verkaufsfläche innerhalb von sechs Jahren von knapp 90.000 qm in 1979 auf über 200.000 qm 1985 anstieg. Sie konnten jedoch nicht das "Sterben" der "Tante-Emma"-Läden und der kleinen Lebensmittelgeschäfte ohne Spezialisierung ausgleichen, deren Rückgang sie maßgeblich bewirkt haben. Per Saldo nahm die Anzahl des Lebensmittel-Einzelhandels von 1.424 im Jahre 1970 auf 1.023 Betriebe 1987 ab (*Bodenschatz*, 1990, 13 ff und eigene Auswertung).

Der Strukturwandel bestätigt sich auch in den Spezialbereichen der Lebensmittelbranche wie Wein und Spirituosen, Kaffee, Tee und Kakao oder Getränken, die von starken Filialisierungserscheinungen überregional operierender Unternehmen geprägt sind. Trotz einer steigenden Zahl von Verkaufsstellen ist die Zahl der Beschäftigten durch die Verstärkung von Rationalisierungsmaßnahmen stark gesunken (*Bodenschatz*, 1990, 17). Für den Lebensmittelbereich läßt sich für Nürnberg eine räumliche Konzentration auf die City und die nachgeordneten inneren und äußeren Subzentren feststellen bei einer gleichzeitigen Abnahme der Verkaufsstellen. *Bodenschatz* (1990, 25) zieht das Fazit: "Auch in Nürnberg scheint (sich) eine Entwicklung ... (abzuzeichnen), in der bezüglich der Erreichung der Einzelhandelsstandorte durch den Konsumenten die früher aufgrund geringer individueller Mobilität wichtige Nähe des Anbieters zur Wohnung des Konsumenten zunehmend ersetzt wurde durch eine Konzentration der Anbieter auf verkehrsgünstig gelegene Standorte, die der Konsument heute, aufgrund gestiegener individueller Mobilität und gut ausgebautem

Straßennetz mit gleichgebliebenem Zeitaufwand erreichen kann. Daher läßt sich auch kein enger Zusammenhang zwischen der kleinräumigen Entwicklung der Bevölkerungsverteilung und der kleinräumigen Entwicklung der Verteilung der Einzelhandelsanbieter im Stadtgebiet feststellen."

In dieser Arbeit bleiben Veränderungen der Bevölkerungsverteilung, abgesehen von den Einwohnerzahlen der untersuchten Gebiete, ausgeklammert, deren Bedeutung für die Standortwahl des Einzelhandels abgenommen haben. Bei der späteren Betrachtung der räumlichen Verteilung der Standorte soll jedoch versucht werden, die Vorteile bestimmter Standorte herauszuarbeiten. Damit gewinnt man mögliche Ansatzpunkte, um die Ansiedlung von Lebensmittelgeschäften zu lenken und damit die Versorgung der Bevölkerung zu verbessern.

Zusammenfassend kann festgehalten werden, daß in den Jahren 1987 zu 1970 ein Abschmelzungsprozeß den gesamten Lebensmitteleinzelhandel ergriff. Das führte für alle Warengruppen zu deutlichen Abnahmen der Geschäftszahl. Seit 1987 breitete sich der Facheinzelhandel wieder stärker aus, u.a. wegen der Verlagerung von Produktionsstätten nach außerhalb der Stadt und die verstärkte Ansiedlung von Verkaufsstellen in City-Lagen, aber nicht ausschließlich. Diese Entwicklung wurde von einigen Bäckereien forciert, z.B. den Bäckereien "Beck", "Entner", "Zwilling" usw. (vgl. Kap. 7.6.2., S. 210). Auch bei Metzgereien sind erste Ansätze dieser Verkaufsstellen-Strategie zu erkennen, z.B. Metzgereien "Braun" oder "Walk" (vgl. Kap. 7.6.3., S. 213). Im Getränkebereich fällt das regionale Filial-Unternehmen "Fristo" auf, das einzige seiner Art in Nürnberg (vgl. Kap. 7.6.5., S. 203). "Fristo" setzte auch sehr früh auf Kooperation mit den regional stark vertretenen "Supol"-Tankstellen, die zur Kopplung von Tanken und Getränkekauf "Fristo"-Verkaufsräume einrichteten. Obst- und Gemüseläden werden verstärkt durch ausländische Unternehmer gegründet (vgl. Kap. 7.6.4., S. 214). So ist in den Sprachgebrauch der Verbraucher bereits der Begriff "Türke" für Gemüseladen aufgenommen worden, was durch die Umfrage bestätigt wurde. Neben Türken betreiben zunehmend Griechen und Italiener Gemüsegeschäfte. Diese Läden waren zuerst in den Wohngebieten mit entsprechend hohem

Ausländeranteil zu finden, die heute immer noch die Hauptkundschaft darstellen. Mittlerweile siedeln sie sich jedoch ebenso an Standorten außerhalb dieser Gebiete an. Neben Obst- und Gemüse bieten diese Läden ein mehr oder weniger reiches Angebot an zusätzlichen Lebensmitteln, wie Konserven oder typischen Spezialitäten der entsprechenden Nationalität. In Gostenhof mit dem höchsten absoluten und relativ zweithöchsten Ausländeranteil sind bereits drei ausländisch geführte Supermärkte entstanden. Neben "Bolossis" am Plärrer, der von einem Griechen betrieben wird, gibt es zwei türkische Supermärkte in der Gostenhofer Hauptstraße, die sehr stark die ausländischen Verbraucher anziehen. Das Verkehrschaos ist deshalb freitags und samstags am größten. Neben dieser Ausnahme ist aber sonst seit 1987 ein weiterer Rückgang der Supermärkte in der Fläche festzustellen. Der Trend zu weiterer Konzentration und größeren Verkaufsstandorten an verkehrsmäßig günstigen Lagen setzt sich fort.

Bei den Nennungen (vgl. Kapitel 7.6., S. 202) aller aufgesuchten Geschäftsstandorte erhielten die Fachgeschäfte jeweils unter 1 % der Stimmen. Daran läßt sich die geringe regionale Bedeutung dieser Geschäfte erkennen, die als Einzugsbereich nur das direkte Wohnumfeld haben. Umgekehrt läßt sich sagen, daß die Verbraucher keine größeren Distanzen für die Versorgung bei einzelnen bzw. spezifischen Lebensmitteln zurücklegten, wenn dort keine internen oder externen Kopplungsmöglichkeiten bestehen, wie das bei Einzelstandorten, aber auch noch bei E-Zentren festzustellen ist (*Kreth*, 1979, 273).[19] Liegen diese Standorte oder niederrangigen E- und D-Zentren außerhalb des Wohnumfeldes des Verbrauchers, so sind sie nicht im Vorstellungsraum der Kunden verankert und werden zur Versorgung nicht aufgesucht (*Clar et al.* 1979, 22). Außerdem werden sie zur Maximierung ihres Zwecknutzens bei der Notwendigkeit, größere Distanzen zu überwinden, einen Standort aufsuchen, der einen hohen Grad externer oder interner Kopplung bietet, wie das bei C-Zentren der Fall ist (*Kreth*, 1979, 273). Für den Facheinzelhandel hat das zur Folge, daß er seine Einzugsbereiche nur durch weitere Verkaufsstellen erweitern kann. Wie klein die

---

19 In Anlehnung an *Koch* (1978, 211) werden fünf Kategorien innerstädtischer Nebenzentren unterschieden, die der Verfasser mit A bis E benennt (vgl. Kap. 5.4.2., S. 87). E-Zentren bestehen dabei aus einem Supermarkt oder drei unterschiedlichen Lebensmittelgeschäften (vgl. auch *Bugmann*, 1980, 50). Ein D-Zentrum verfügt darüber hinaus über weitere Lebensmittelgeschäfte. C-Zentren sind Verbrauchermärkte.

Einzugsbereiche der Verkaufsstellen sein können, zeigen die dicht verteilten Standorte der Bäckereien in der Innenstadt (s. Karte 8).

5.2. Die Betriebs- und Arbeitsstättenzählung der Stadt Nürnberg 1970 und 1987

Dem Verfasser war es möglich, die Daten der Arbeitsstättenzählungen von 1970 und 1987 auszuwerten. So konnte die Angebotsstruktur im Einzelhandel mit Lebensmitteln dieser Jahre mit der eigenen Kartierung 1994 verglichen und Veränderungen festgestellt werden. Die Auswertung dieser Daten erfolgte anhand des vollständigen Datensatzes, stellt also eine Primärauswertung dar.

Nürnberg ist statistisch unterteilt in zehn Stadtteile mit den Kennziffern 0 bis 9. Diese Stadtteile sind unterteilt in bis zu zehn Bezirke und diese wiederum in bis zu zehn Distrikte (vgl. Karte 1). So ist beispielsweise der Bezirk "Lorenzer Altstadt" unterteilt in die Distrikte 010 bis 019 und der Bezirk "Sebalder Altstadt" in die Distrikte 060 bis 069. Die Stadt Nürnberg verwendet für räumlich noch differenziertere Untersuchungen die Unterteilung in Blöcke und seit 1987 auch in Blockseiten.

Bei der Arbeitsstättenzählung 1970 sind die Bezirke 79, Großgründlach, 78, Boxdorf, 77, Neunhof, 97, Brunn, 48, Katzwang / Reichelsdorfer Keller, 49, Kornburg und Worzeldorf, 38, Altenfurt mit Moorenbrunn, 96, Fischbach, und Distrikt 944, östliches Laufamholz, noch nicht berücksichtigt, weil diese Gebiete erst 1972 eingemeindet wurden, bzw. die Distrikte 971 und 974 von Brunn 1980 (*Statistisches Jahrbuch* 1993, 12 f). Für diese Gebiete konnten in Karte 2 entsprechend keine Geschäfte berücksichtigt werden.
Reine Verkaufsstellen bzw. der Handel ohne Herstellung von Fleisch- und Wurstwaren sowie Backwaren waren in den 70er Jahren noch die Ausnahme und wurden erst 1987 erfaßt. Die Lebensmittel-Abteilungen der Warenhäuser wurden 1970 noch nicht berücksichtigt, während sie 1987 gesondert als Einzelhandel auch mit Lebensmitteln

berücksichtigt wurden. Die Datensätze sind vom Verfasser so aufbereitet worden, daß ein direkter Vergleich möglich ist.
Die Angaben zum wirtschaftlichen Schwerpunkt, der zu einer Einordnung der Geschäfte in die einzelnen Warengruppen führte, erfolgte aufgrund von Selbsteinschätzung der Befragten. Bei beiden Arbeitsstättenzählungen wurden die Adressen der Betriebe aus Datenschutzgründen nicht erfaßt. Der Verfasser ist der Ansicht, daß das Erfassen gewerblicher Adressen für eine Beurteilung der Versorgungssituation der Bevölkerung wesentliche Bedeutung hat und dadurch erst aussagekräftige Auswertungen möglich sind. Ergebnisse, die sich allein auf statistische Räume wie Bezirke und Distrikte beziehen, sind zu wenig aussagekräftig.

Für die Darstellung der Lebensmittelgeschäfte wurden nur solche Geschäfte berücksichtigt, die schwerpunktmäßig zur Deckung des Grundbedarfs beitragen. Analog zur vom Verfasser durchgeführten Haushaltsbefragung sind das Metzgereien, Bäcker, Obst und Gemüseläden, Getränkeläden sowie Supermärkte. Geschäfte, die eher einen speziellen Bedarf decken, wie Konditoreien oder Fischgeschäfte finden hier keine Berücksichtigung.
1988 gaben 64 % der Bürger an, daß sie günstige Einkaufsmöglichkeiten für wichtig halten, wobei insgesamt 9 % mit den Einkaufsmöglichkeiten unzufrieden waren (*Stadt Nürnberg*, 1988, 2).

Die Aufteilung der Stadt in statistische Einheiten orientiert sich an Räumen und ihren Grenzen, die vor allem von Straßen und zu einem geringen Teil von Eisenbahnlinien, Flüssen und dem Kanal gebildet werden. Die Grenzen verlaufen jeweils in der Mitte der Straße etc.. Die Standorte der Geschäfte sind aber gewöhnlich auf einer Straßenseite. Vor allem in Kreuzungsbereichen mit Standortagglomerationen führt das dazu, daß aneinandergrenzende Gebiete völlig unterschiedlich versorgt erscheinen. Solche Standortagglomerationen sollen als Versorgungszentren verstanden werden (vgl. Kap. 5.4.2., S. 87 ff). Diese liegen meistens an Kreuzungspunkten oder Straßen höherer Ordnung und nicht im Zentrum eines statistischen Raumes. Der Einzelhandel ist zunehmend kreuzungs- und straßenorientiert. Somit befindet sich sein Standort an einem

Grenzpunkt einer Raumeinheit, bzw. an einer Grenzlinie. Die Verbraucher versorgen sich in Versorgungszentren unter Berücksichtigung der Straßen als künstliches Hindernis aber auch als verbindendes Merkmal. Die Konsumenten orientieren sich dabei nicht an den statistischen Raumgrenzen. Obwohl die Einteilung in kleine Raumeinheiten eine übersichtliche Informationsverdichtung und -aufbereitung ermöglicht, sind damit auch Nachteile verbunden. Die Darstellung der Anzahl der Geschäfte pro Fläche (vgl. Karten 2 bis 4) oder auch Dichteangaben wie Anzahl pro Einwohner eignen sich nicht für Aussagen, wo sich Versorgungszentren befinden und welches Niveau sie haben. Dazu ist eine Abkehr von der statistischen hin zu einer adressengenauen Darstellungsart notwendig (vgl. Karte 5).

5.3. Lebensmittelgeschäfte in den Jahren 1970, 1987 und 1994

Karten 2, 3 und 4 veranschaulichen die räumlichen Veränderungen der Anzahl der Lebensmittelgeschäfte pro Netto-Distrikt, d.h. der bebauten Flächen der statistischen Raumeinheiten, in den Jahren 1970, 1987 und 1994. Hierzu mußten die Lebensmittelgeschäfte aller Warengruppen zusammengefaßt werden. Somit läßt sich aus den Karten nicht ableiten, welches spezifische Angebot in den Distrikten vorhanden ist.

Im folgenden werden fünf Warengruppen unterschieden (vgl. Abb. 11). Um eine Vergleichbarkeit der Daten zu gewährleisten, mußten als Supermarkt alle Geschäfte mit Schwerpunkt Lebensmittel zusammengefaßt werden. Unter diese Kategorie fallen so "Tante-Emma-Läden", Gemischtwarenläden mit Bedienung sowie Supermärkte mit und ohne Selbstbedienung jeder Größenkategorie. Während die Abnahme der Supermärkte von 1987 im Vergleich zu 1970 mit dem "Tante-Emma"-Sterben erklärt werden könnte, trifft für 1994 gegenüber 1987 die weitere Abnahme v.a. auf die kleineren Supermärkte mit Verkaufsflächen unter 400 qm zu.

Abbildung 11 zeigt die absolute Veränderung der Anzahl an Lebensmittelgeschäften in den einzelnen Stadtteilen für die Jahre 1970, 1987 und 1994. In den Stadtteilen 0, Altstadt und engerer Innenstadtgürtel, 1, südlich erweiterter Innenstadtgürtel, und 2, westlich, nördlich und östlich erweiterter Innenstadtgürtel, innerhalb der Ringstraße

B4R befinden sich die meisten Geschäfte. In den Stadtteilen 4, 7 und 9 wurden 1972 Eingemeindungen durchgeführt. Die betroffenen Lebensmittelgeschäfte konnten für 1970 nicht berücksichtigt werden. Der absolute Besatz an Geschäften für 1970 ist entsprechend höher als hier dargestellt.

Die vom Verfasser übernommene Einteilung der Stadt in Distrikte hat den Nachteil, daß der tatsächliche Standort eines Geschäfts nicht feststeht. Vor allem in Kreuzungspunkten, wie dem Friedrich-Ebert-Platz, wo vier Distrikte aneinandergrenzen, kann das dazu führen, daß man in einem Gebiet ohne Lebensmittelgeschäft von einer schlechten Versorgung spricht, obwohl der Verbraucher lediglich über eine Straße zu gehen braucht. Um aber eine Vergleichbarkeit der Daten zu erzielen, wurde hier die eigene Erhebung an diese Einteilung angelehnt.

<u>**Abbildung 11**</u>: Anzahl Lebensmittelgeschäfte nach Stadtteilen 1970, 1987 und 1994

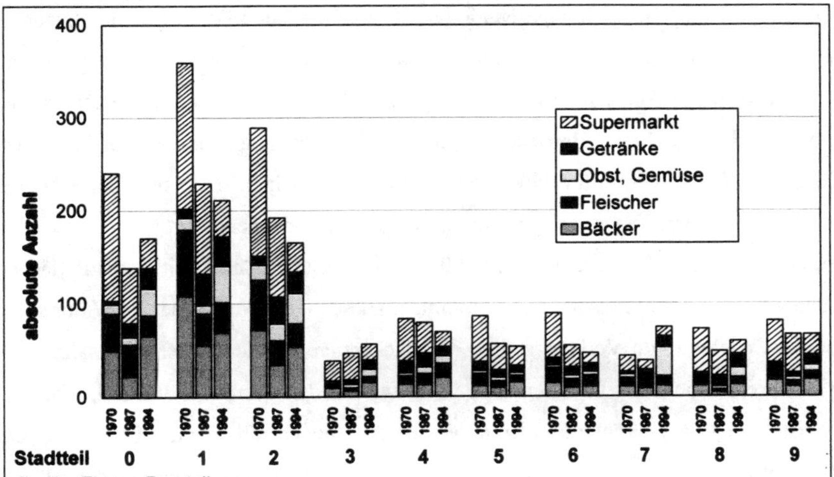

Quelle: Eigene Darstellung

Die Datengrundlagen 1970 und 1987 waren die Betriebsstättenzählungen in diesen Jahren. Die Einordnung der einzelnen Geschäfte erfolgte durch Selbsteinschätzung der Befragten. Die Kategorien des Einzelhandels für 1970 und 1987 waren nicht identisch. Der Verfasser faßte die verschiedenen Geschäfte zusammen in Bäcker, Fleischer, Obst- und Gemüseläden, Getränke und Supermärkte. Die damals noch deutlich öfter vertretenen kleinen Lebensmittelgeschäfte mit einem universellen Angebot, sogenannte "Tante-Emma-Läden", wurden als "Einzelhandel mit vorwiegend Lebensmitteln" erfaßt und vom Verfasser der Kategorie "Supermarkt" aufgrund ihres breiten Angebots mit fehlender Spezialisierung auf eine bestimmte Warengruppe zugeteilt. Das "Tante-Emma-Laden-Sterben" der 70er und 80er Jahre durch den Verdrängungswettbewerb der Filialisten ist mit eine Erklärung für die Abnahme der Standorte der Supermärkte in diesem Zeitraum.

Die Datengrundlage 1994 ist eine durch den Verfasser durchgeführte Vollerhebung aller Lebensmittelgeschäfte im gesamten Stadtgebiet im Monat Juli. Eine Übersicht über die räumliche Verteilung der Lebensmittelgeschäfte in Nürnberg für die Grundversorgung zeigt Karte 5. Der spezielle Einzelhandel mit Lebensmitteln, wie Wild und Geflügel, Fisch oder Konditoreien, sind für die Deckung des Grundbedarfs nicht erheblich und werden an dieser Stelle nicht beachtet.

Die Anzahl der Lebensmittelgeschäfte hat 1994 gegenüber 1970 insgesamt abgenommen. Eine Ausnahme bildet Stadtteil 3, südöstliche Außenstadt mit Langwasser, und 7, nordwestliche Außenstadt mit Schniegling und Thon. In letzterem Gebiet wurden für 1994 die bäuerlichen Betriebe als Anbieter von Obst und Gemüse, die ein Gewerbe angemeldet haben, mit erfaßt, weil die Verbraucher hier direkt bei dem Erzeuger einkaufen können. Der Anstieg ist nur aus diesem Grund zu erklären.

In der erweiterten Innenstadt, Stadtteil 0, haben die Supermärkte mit Verkaufsflächen unter 400 qm und Metzgereien abgenommen. Dieser Trend konnte seit 1987 durch die starke Zunahme von Verkaufsstellen der Bäckereien und der weiteren Zunahme der Getränke- sowie Obst- und Gemüseläden bzw. -ständen gebrochen werden. Während "Fristo" mehrere Getränke-Filialen im erweiterten Innenstadtbereich außerhalb der City eröffnete, wurden viele Obst- und Gemüseläden oder auch Stände von ausländischen Mitbürgern gegründet.

Auch im Stadtteil 3 ging die Zahl der kleinen Supermärkte nach einer anfänglichen Zunahme zurück. Diese Entwicklung konnte aber durch die deutliche Zunahme der Fachgeschäfte mehr als ausgeglichen werden. Insbesondere die filialisierten Bäcker verdoppelten ihre Verkaufsstellen. Die Gründe für die Zunahme der Obst- und Gemüse- sowie der Getränkeläden sind die selben wie im Stadtteil 0.

Am stärksten waren kleine Supermärkte von Standortaufgaben betroffen. Mit Ausnahme des Stadtteils 6 nimmt der Besatz mit Bäckereien, bzw. Verkaufsstellen von Brot und Backwaren, seit 1987 wieder zu. V.a. in der Innenstadt ist diese Tendenz auffallend. Insgesamt ist auch ein leichter Anstieg der Fachgeschäfte wie Getränkeläden, Metzgereien und verstärkt auch Obst und Gemüseläden zu verzeichnen, die aber den Rückgang der Supermärkte nicht ausgleichen können.

In Karte 5 sind alle Lebensmittelgeschäfte der fünf Warenkategorien eingetragen. Die Datengrundlage ist eine vom Verfasser im Juli 1994 durchgeführte Kartierung des gesamten Stadtgebietes. Eine deutliche Verdichtung innerhalb der äußeren Ringstraße ist zu erkennen. Standortagglomerationen finden sich v.a. entlang von Straßen , Kreuzungen und größeren Plätzen wie dem Hauptmarkt oder dem Aufseßplatz.

Nördlich des geschlossenen Stadtgebietes beginnt das Knoblauchsland. Die dort ansässigen Landwirte haben seit 1987 ein Gewerbe zum Direktverkauf der selbst erzeugten Waren angemeldet. In diesem Zusammenhang möchte der Verfasser von einem "Knoblauchslandeffekt" sprechen. Im nördlichen Stadtrandgebiet werden von den Landwirten zusätzlich Getränke angeboten, weil die nötigen Flächen für Lagerung und Verkauf auf den Bauernhöfen vorhanden sind.

Im Südwesten des Stadtgebietes liegen die Standorte der Lebensmittelgeschäfte entlang der Hauptverkehrsstraßen. Standorthäufungen treten verstärkt in Kreuzungsbereichen auf.

Die Standorte der Getränkeläden kann man in vier Kategorien unterteilen: Große Getränkeabholmärkte befinden sich meistens in Gewerbegebieten oder bei Verbrauchermärkten. Ihre Standorte befinden sich so weit von den Wohngebieten entfernt, daß sie fast ausschließlich mit dem Auto angefahren werden müssen.

Die "Fristo"-Filialen besetzen Standorte in Nebenzentren und Wohngebieten. Einzelstandorte bilden die Ausnahme. Sie sind alle mit dem Auto gut zu erreichen. Teure Standortlagen wie in der Innenstadt oder am Aufseßplatz werden gemieden.

Alteingesessene Geschäfte mit Standorten in Wohngebieten nehmen ab. Gleichzeitig nehmen zum Großteil von Ausländern gegründete Geschäfte zu. Sie besetzen ähnliche Standorte wie die alteingesessenen, bieten aber meistens noch ein erweitertes Angebot an sonstigen Lebensmitteln.

5.4. Innerstädtische Zentrenstrukturen

5.4.1. Innerstädtische Zentren und Subzentren in der Literatur

Die Stadtgeographie entwickelte Modelle, die die Stadt regional in Zonen (*Burgess*), in Sektoren (*Hoyt*) teilen oder mehrkernig darstellen (*Harris und Ullman*). *Jaschke* (1981, 131 ff) versucht diese drei Grundstrukturen in seinem Achsenmodell zu vereinen. Die wichtigsten Elemente sind der (Stadt-) Kern und die Achsen, an denen sich im Laufe eines Umstrukturierungsprozesses Zentren herausbilden, die innerstädtische Funktionen teilweise übernehmen. Das Modell ist im Spannungsfeld Stadt - Umland angesiedelt und veranschaulicht die Prozesse der Verstädterung.

Um örtliche Versorgungsbereiche als Planungsgrundlage feststellen zu können, sind für verschiedene Städte innerstädtische Zentrenhierarchien entwickelt worden. Einige Beispiele sind Regensburg (*Klein*, 1984, 408 ff sowie *Borcherdt und Schneider*, 1976, 5), Sindelfingen und Böblingen (*Vogt*, 1988, 153), Braunschweig (*Grabow und Löhr*, 1991, 130 ff) sowie Freiburg (1992, 164).

Grabow et al. (1990, 110) untersuchten anhand der Handels- und Gaststättenzählungen innerstädtische Zentren im Städtevergleich. Es wurden zehn Typen von Zentren unterschieden: Neben der engeren und der erweiterten City das citynahe Quartier, drei Quartiere mit unterschiedlichen Versorgungsüberschüssen, drei Quartiere mit Ausstattungsdefiziten und regional dominierende Einzelhandelsbetriebe.
Die Gründe, daß die untersuchten Städte keine vergleichbare Zentrenstruktur aufweisen, lag zum einen an der vorgenommenen Feingliederung, aber auch an der unvollständigen oder nur eingeschränkt vergleichbaren Datenbasis sowie der Größe und Art der räumlichen Unterteilung der einzelnen Städte. Außerdem wurden Oberzentren wie beispielsweise Köln mit fast 1 Mio. Einwohner ebenso in die Betrachtung einbezogen wie Pirmasens als Mittelzentrum der Kategorie "Städte mit 50.000 Einwohnern" (*Grabow et al.,* 1990, 36 und 61).

Die Stadt Nürnberg, die die Untersuchung ebenfalls einschließt, verfügt über die feinste regionale Aufteilung der statistischen Daten. *Grabow et al.* werteten den gleichen Datensatz wie der Verfasser aus, die Arbeitsstättenzählung 1987 der Stadt Nürnberg. Das Ergebnis ihrer Auswertung auf Bezirksebene ist die "typische Ringstruktur einer monozentrischen Stadt (...) bei der Versorgung mit Lebensmitteln" (*Grabow et al.*, 1990, 132). Der monozentrischen Stadt widersprechen sie aber selbst mit ihrer Darstellung der Quartierstypen, die vier Bezirke der höchsten Hierarchiestufe "City 1" ausweist: St. Lorenz, St. Sebald, Gostenhof Ost und die Südstadt mit dem Aufseßplatz. Es zeigt sich wieder, daß Bezirke oder Quartiere zur räumlichen Darstellung von Versorgungszentren zu ungenau sind. Der Verfasser wählte daher die feinste noch graphisch darstellbare Aufteilung in Distrikte (vgl. Karte 3), die für die Daten von 1987 keine Ringstruktur erkennen lassen! *Grabows* Ringstruktur kam durch die prozentuale Darstellung von Arbeitsstätten im Einzelhandel mit Lebensmitteln in Relation zum gesamten Einzelhandel zustande. Das führte in Gebieten ohne Einzelhandel außer einem Lebensmittelgeschäft zu Werten gleich 1.
Der Verfasser vertritt die Ansicht, daß zur Darstellung von Zentren der Rückgriff auf statistische Daten, die als räumlichen Bezug eine Fläche aufweisen, nur unbefriedigende Ergebnisse liefern können. Das Erfassen der Adressen der Lebensmittelgeschäfte und die Bestimmung der Zentren durch die Agglomeration von Standorten ist genauer, und durch eine Kartierung sind die Informationen objektiv und relativ leicht zu gewinnen.

Daß die Nebenzentren für die innerstädtische Versorgung eine überaus wichtige Rolle spielen, beweist die Untersuchung der Versorgungsqualität in St. Gallen (*Boesch*, 1979, 28). Wie in vielen anderen städtischen Untersuchungen werden die Zentren in vier Hierarchiestufen unterteilt, wobei die unterste die Grundversorgung fast vollständig sicherzustellen vermag. Die Zentren höherer Stufe erfüllen alle die Grundversorgung mit teilweise stark erweitertem Angebot und bieten zunehmend Möglichkeiten zur Deckung des speziellen aperiodischen Bedarfs. Es wird ein Zusammenhang nachgewiesen zwischen der Ausstattung der Nebenzentren, nämlich der Art und Anzahl der Geschäfte, und der Einwohnerdichte und -zahl in einem zu Fuß erreichbaren

Einzugsbereich. Ein weiteres Ergebnis ist die Entdeckung einer wechselseitigen Abhängigkeit zwischen Zentrentyp und Einwohnerzahl: Je höher die Einwohnerzahl des direkten Einzugsgebietes ist, desto höher sind die Wachstumschancen des Zentrums. Je höher die Rangstufe eines Zentrums ist, desto größer ist dort die Nachfrage nach diesen Wohnstandorten (*Boesch*, 1979, 34).

Bislang hat sich keine einheitliche Kategorisierung von Sub- oder Nebenzentren in der Literatur oder der Praxis durchgesetzt, obwohl dies für eine einheitliche Diskussionsgrundlage notwendig wäre. Um der Verschiedenartigkeit und der unterschiedlichen Ausstattung von Oberzentren gerecht zu werden, bedarf es einer einheitlichen Betrachtungsweise. Sobald die räumlichen und funktionalen Unterschiede feststehen, ist ein einheitliches Vorgehen möglich und die Ergebnisse sind auf andere Städte übertragbar.
Koch (1978, 211) stellt eine Kategorisierung der Stadtteilzentren in fünf Stufen vor, die in ähnlicher Weise auch von der Stadt Duisburg (1972) und dem Deutschen Städtetag (1976) vorgeschlagen wurde (*Deutscher Städtetag* (DST), 1976 und *Stadt Duisburg,* 1972). Er unterscheidet in das A-Stadtzentrum - der City -, den Stadtteilzentren (B) in Ergänzung der City und den Nebenzentren (C) mit gehobenerem Angebot sowie den D1-Nahbereichszentren mit einem reichhaltigeren, qualitativ höherwertigem Angebot und D2 für den Grundbedarf.[20] Diese Betrachtungsweise bezieht sich auf Standorte und nicht auf Raumeinheiten wie Bezirke. In dem unmittelbaren Einzugsbereich der Nebenzentren ist eine bestimmte Bevölkerungsdichte eine grundlegende Voraussetzung. Daneben spielt die Erreichbarkeit eine wichtige Rolle, wie z.B. die Anbindung an das Verkehrsnetz und die individuelle Mobilität.
In Augsburg spiegeln sich die drei siedlungsstrukturellen Grundmodelle zentraler Einrichtungen in den Stadtteilzentren wieder: Die Anordnung in konzentrischen Kernen, in Bändern und einer mehr oder weniger gleichmäßigen Verteilung über die Fläche (*Koch*, 1978, 216). Die zuletzt genannten Zentren finden sich v.a. in ausgedehnten Wohnsiedlungen und dienen der Grundbedarfsversorgung. Aufgrund der Umgebung mit den Schwierigkeiten der Umwandlung von Wohn- in Gewerberaum ist eine

---

[20] Der Verfasser will zur besseren Unterscheidung im folgenden von E- statt von D2-Zentrum sprechen.

Vergrößerung bzw. ein Bedeutungszuwachs dieser Zentren äußerst schwierig. In Nürnberg sind sie v.a. durch die "Condi"-Supermärkte vertreten (vgl. Kap. 7.6.1., S. 203). Es überwiegen die band- und kernförmigen Zentren.

5.4.2. Die Nürnberger Zentrenstruktur

Die vielfältige Verwendung des Begriffs "Zentrum" in Verbindung mit verschiedenen funktionalen Zuordnungen, z.B. Stadt-/Stadtteilzentrum, Dienstleistungs-/Gewerbezentrum, Reise-/Freizeitzentrum oder Kultur-/Schulzentrum usw. (z.B. *Tietz und Rothhaar*, 1991, 222 ff) zwingt zu einer Begriffserläuterung und zu einer begrifflichen Auswahl und Einschränkung. Für die Erstellung des Entwurfs des "Zentrenkonzeptes" erfolgte eine begriffliche Beschränkung der "Zentrums-Funktionen" auf den Versorgungsbereich. Neben dem Einzelhandel mit Lebensmitteln wurden auch Drogerien, Reformhäuser und weiterer Einzelhandel mit speziellem Angebot des täglichen Bedarfs mit Schwerpunkt der Versorgung berücksichtigt.

Im Rahmen der Bestandsaufnahme wurden Versorgungseinrichtungen anhand von einer durch den Verfasser durchgeführten Kartierung, ergänzt durch Daten der Betriebsstättenzählungen 1970 und 1987, sowie der subjektiven Einschätzungen nach Ortskenntnis bzw. Ortseinsicht erfaßt, kategorisiert und aufgrund ihrer Bedeutung, insbesondere hinsichtlich Anzahl und Ausstattung, unter Zuordnung zu entsprechenden Einzugsbereichen bewertet. Der Verfasser will in Anlehnung an *Koch* für Nürnberg Geschäftszentren in fünf Kategorien untergliedern und mit A bis E benennen (vgl. Karte 6).

Das A-Zentrum umfaßt in der gesamtstädtischen Betrachtung die City und bildet das Gesamtstadtzentrum. Es erfüllt die regionale / überregionale Versorgungsfunktion eines Oberzentrums und besitzt die höchste quantitative und qualitative Konzentration von Versorgungseinrichtungen bzw. Dienstleistungsbetrieben jeglicher Art. Je nach Betrachtungsebene ist es notwendig, die Nebenzentren der Innenstadt gesondert aufzuschlüsseln. Das Lebensmittelangebot wird maßgeblich durch "Karstadt" und dem "Hauptmarkt" bestimmt, die beide überregionale Bedeutung besitzen. Der nahräumliche Bedarf wird zusätzlich durch die Supermärkte "Rodi" und "Edeka" im zentralen St. Sebald sowie den Lebensmittelabteilungen der Warenhäuser "Hertie" und "Kaufhof" im zentralen St. Lorenz gedeckt. Die Stände des "Hauptmarkts" weichen zeitweise bspw. zu Ostern oder in der Vorweihnachtszeit nach St. Lorenz aus. So läßt sich die Lokalisierung des A-Zentrums im zentralen Bereich von St. Lorenz begründen. Eine spezifische Betrachtung der Innenstadt erfolgt in Kapitel 7.4. (s.S. 129).

Die zwei B-Zentren in Nürnberg sind der Aufseßplatz mit Kopernikusplatz und das Franken-Einkaufs-Zentrum in Langwasser. Sie erfüllen mit ihrem Gesamtangebot an Einzelhandel und Dienstleistungen für größere stadträumliche Einheiten und auch überörtlich eine Versorgungsfunktion. Es besteht eine sehr hohe Konzentration von Versorgungseinrichtungen, insbesondere des hochwertigen, spezialisierten Angebots und des kurz- und mittelfristigen Bedarfs. Die späteren Untersuchungen werden jedoch ergeben (vgl. Kap. 7.6.1., S. 203), daß das Lebensmittelangebot in B-Zentren in etwa dem Niveau von D-Zentren entspricht. Dieses Angebot wird aber durch Reformhäuser und Drogerien[21] ergänzt und kann zur Abgrenzung herangezogen werden. Für die Deckung des Bedarfs an Nahrungsmitteln besitzen sie im Vergleich zu C-Zentren keine überregionale Bedeutung. Der Verfasser möchte trotzdem an dieser Unterscheidung festhalten, um den räumlichen Standortagglomerationen des Einzelhandels gerecht zu werden und eine Zentrenstruktur für die gesamte Stadt ableiten zu können. Würde man nicht differenzieren, erhielte man Versorgungszentren ohne eine direkte Übertragbarkeit in eine gesamtstädtische Hierarchie. Da es sich nur um zwei B-Zentren handelt bleibt auch die Übersicht gewahrt.

Die C-Zentren haben für mehrere Stadtteile Versorgungsfunktion und damit überregionale Bedeutung. Für Nürnberg handelt es sich dabei um die acht Verbrauchermärkte "Meister" und "Marktkauf", ehemals "Kaufmarkt", als regionale Einkaufszentren. Bei Berücksichtigung der beiden "Metro"-Märkte erhöht sich die Anzahl auf 10, wobei

[21] Diese wurden bei der Kartierung im Juli 1994 mit erfaßt.

letztere dem Großhandel zuzurechnen sind, in dem nur Gewerbetreibende (aller Art) einkaufen dürfen. Diese Zutrittsbeschränkung entspricht den "authority constraints" (vgl. Kap. 2.2.1., S. 16; vgl. auch Karte 7).

Daß die Ansiedlung von Verbrauchermärkten zu einer teilweise massiven Störung des gesamten über- und innerstädtischen Zentrensystems führen kann, ist in der Literatur vielfach diskutiert worden (*Hatzfeld*, 1984). Es erfolgt eine Umlenkung der Kaufkraftströme, wie beispielsweise bei der Ansiedlung des "HUMA"-Verbrauchermarktes in Schwabach südlich von Nürnberg mit Auswirkungen auf die umliegenden Städte (*Heimann und Liebert, 1978*, 15). Je nach Standort lassen sich Lagen unterscheiden in: Zentrum, integrierte und nicht-integrierte, aber verkehrsgünstige Randlagen. Vor allem letztere beeinträchtigen umliegende Zentren (*Hatzfeld*, 1984, 23).

D-Zentren setzen sich aus mindestens drei verschiedenen Fachgeschäften oder einem Supermarkt mit jeweils weiteren Lebensmittelgeschäften zusammen, deren Standorte in unmittelbarer Nachbarschaft liegen. Die 86 D-Zentren Nürnbergs erfüllen die örtliche Versorgungsfunktion für einen Stadtteil und bieten teilweise ein Zusatzangebot an hochwertigen, speziellen Waren.
Die 46 E-Zentren bestehen aus drei Lebensmittelgeschäften oder einem Supermarkt. Das entspricht *Bugmann* (1980, 50), der unter einem Nebenzentrum eine räumliche Agglomeration von mindestens drei Lebensmittelgeschäften versteht. Zur Abgrenzung schlägt er folgende Distanzen vor: Für den reinen Fußgängerbereich 50 m, über Nebenstraßen 40 m und über Hauptstraßen 20 m. Von einer solchen normativen Festlegung soll zwar abgesehen werden (vgl. Kap. 2.4.3., S. 35), aber Standorte in unmittelbarer Nachbarschaft, wie sie der Verfasser für ein räumliches Nebenzentrum verstanden wissen will, kommen *Bugmanns* Distanzen recht nahe. Agglomerationen von weniger als drei Fachgeschäften werden als Einzelstandorte erfaßt.

Neben den Gesichtspunkten der Versorgung der Bevölkerung mit Waren und der Eingliederung in das Stadtgebiet und damit der Erreichbarkeit sollen nach *Koch* (1978, 213) die Nebenzentren weitere Funktionen erfüllen. Das räumlich-gestalterische

Hervorheben bei gleichzeitiger Betonung der Ortsgeschichte sollen eine Identifikation der Bevölkerung mit diesem Nebenzentrum oder auch Stadtteil fördern. Gleichzeitig sollen sie der sozialen Interaktionsfunktion dienen. Diese Gesichtspunkte heben die Bedeutung der gewachsenen Nebenzentren hervor und grenzen die C-Zentren als gut erreichbare Versorgungsstandorte ohne Identifikations- und Kommunikationsfunktion aus.

Zur vollständigen Beschreibung der Versorgungssituation im Stadtgebiet spielen auch Konzentrationen von Einzelhandelseinrichtungen außerhalb des Stadtgebietes eine wichtige Rolle. Dazu zählen die Standorte Schwabach-Falbenholz (HUMA), Fürth-Poppenreuth oder Klein-Schwarzenlohe (Hörnlein).
Am Leipziger Platz bzw. dem Nordostbahnhof ist ebenfalls eine Konzentration großer Supermärkte festzustellen (vgl. Karte 6). Das nördlich gelegene D-Zentrum wird durch "Tengelmann", "Rodi" und "Aldi" mit ebenerdigen Parkplätzen gebildet. Zusätzlich gibt es ein Reformhaus und eine Drogerie. Das zweite D-Zentrum südlich der Bahnlinie beinhaltet einen "Plus", einen großen "Spar"-Markt und neben dem Kaufhaus "Woolworth" weiteren Einzelhandel. Aufgrund der Lage innerhalb des Stadtgebietes ist sie als integriert zu bezeichnen. Durch den geplanten Anschluß an die U-Bahn könnte sich hier ein Nebenzentrum mit überregionaler Bedeutung entwickeln.
Die Größe der Darstellungspunkte in Karte 6 für die einzelnen Zentren unterstellt eine räumliche Ausdehnung, die so nicht zutreffend ist und auch nicht dem direkten Einzugsbereich entspricht. Trotzdem ermöglicht diese Darstellungsweise im Vergleich zu Karte 5 das Feststellen von Einzelhandelsagglomerationen. Durch das Nichtvorhandensein von Geschäften oder einer größeren Entfernung zu Nebenzentren kann man erste Rückschlüsse auf möglicherweise unterversorgte Gebiete allein aufgrund der räumlichen Verteilung ableiten.
Gebiete mit Defiziten von Lebensmittelgeschäften sind außerhalb der Ringstraße B4R Großgründlach, Schafhof, die nord- und südöstlichen Teile von Langwasser, Katzwang und die städtischen Randgebiete außer zu den an Fürth angrenzenden Teilen. Innerhalb der Ringstrasse weisen Reichelsdorf, Leyher Straße, Eberhardshof, Muggenhof, Wetzendorf Süd, Thon, Boxdorf, Großgründlach und Laufamholz Defizite

aus. Zu diesen Ergebnissen kommt auch das *Deutsche Institut für Urbanistik, difu*, Berlin (1990), in seiner Untersuchung der "kleinräumigen Einzelhandelsentwicklung im Städtevergleich", die die aufbereiteten Daten des Statistischen Amtes von Nürnberg ausgewertet haben.

Die B-Zentren

Der Aufseßplatz ist ein gewachsenes Zentrum aus der Gründerzeit. Mit "Horten" und der "Kaufhalle" haben sich zwei Warenhäuser angesiedelt. Bei der Verkehrsmittelwahl der Besucher dominieren die Benutzer des öffentlichen Nahverkehrs mit 38 % vor den Fußgängern mit 32 % und den Autofahrern mit 29 %. Der Aufseßplatz ist sehr gut an das öffentliche Verkehrsnetz mit der U-Bahn-Linie 1 Fürth - Langwasser und den zwei Straßenbahnlinien Nr. 8 Erlenstegen - Südfriedhof und Nr. 4 Thon - Dutzendteich angeschlossen. Der Fußgängerzonenbereich fördert das Einkaufen zu Fuß. Für Fußgänger und Fahrradfahrer gibt es eine direkte autofreie Verbindung zur Innenstadt mit einer Entfernung von 600 m zum Sterntor, bzw. 1.000 m zur Lorenzkirche (*Monheim*, 1991, 22).

Im Südosten Nürnbergs entstand nach dem Krieg die Trabantenstadt Langwasser. In dem autogerecht geplanten Einkaufszentrum im zentralen Distrikt 365 sind seit längerem das Warenhaus "Karstadt" und ein Textil-Kaufhaus, sowie drei Supermärkte angesiedelt. Eine weitere Attraktivitätssteigerung erfolgte durch das Einrichten einer kleinen Fußgängerzone. Die Erreichbarkeit ist sehr autofreundlich, so daß 65 % der Besucher auf den Pkw zurückgreifen, 17 % zu Fuß und 16 % mit den öffentlichen Verkehrsmitteln kommen (*Monheim*, 1991, 22). Das Einkaufszentrum hat einen U-Bahn-Anschluß der Linie 1 über die Innenstadt nach Fürth und einen Busbahnhof, der von neun Linien bedient wird, die aber in der direkten Umgebung nur zwei Strecken befahren. Das B-Zentrum Langwasser konnte seine Bedeutung und Funktion auch nach der Ansiedlung des SB-Warenhauses HUMA an der 17 km entfernten Stadtgrenze von Schwabach halten [22].

---

22 Eine feinere Untergliederung von Einkaufszentren findet sich bei *Heineberg und Mayr* (1986, 198 ff), die eine Typisierung aufgrund der funktionalen Ausstattung und damit ihrer zentralörtlichen Bedeutung am Beispiel des Ruhrgebietes vornehmen.

Langwasser Mitte und Süd können als gelungenes Planungsbeispiel der nahräumlichen Versorgung dienen. Außer dem zentralen Frankeneinkaufszentrum befinden sich in den umliegenden Wohngebieten kleine Versorgungszentren, die über Stichstraßen erreichbar sind. Fuß- und Fahrradwege verbinden die Wohngebiete untereinander, während die Autos aufgrund der Verkehrsführung außen herum fahren müssen. Langwasser-Nord zeichnet sich dagegen durch einen weitläufigen Fußgängerbereich aus, der auch von Fahrradfahrern benutzt werden darf. Die wenigen Lebensmittelgeschäfte konzentrieren sich um den U-Bahn-Haltepunkt gleichen Namens, so daß die Haushalte, die in den Randbereichen wohnen, die Entfernungen nicht mehr zu Fuß zurücklegen, sondern mit dem Auto außerhalb einkaufen. Für die weitere Besiedlung in Richtung Norden würde das Vorsehen von Gewerbeflächen für Lebensmittelgeschäfte und weitere Dienstleistungen die Situation deutlich entschärfen.

Die Attraktivität der Zentren wird maßgeblich durch das Niveau des Sortiments und damit des Angebots bestimmt. Die Pkw-Erreichbarkeit für innerstädtische Zentren höherer Ordnung spielt nur eine untergeordnete Rolle, wie *Monheim* (1991, 21 f) am Beispiel der Nürnberger Innenstadt zeigte. Für eine weitere Steigerung der Attraktivität befürwortet er den weiteren Ausbau von ansprechend gestalteten Fußgängerbereichen und Fahrradwegen. Die bisherige Betrachtung der Erreichbarkeit eines Standortes hat sich bisher ausschließlich am öffentlichen Nahverkehr und am Auto orientiert. Die Möglichkeiten, motorisierten Verkehr durch Förderung des nichtmotorisierten mit der Schaffung einer entsprechenden Infrastruktur nämlich von Fahrradwegen zu verringern, fanden dabei keine Beachtung.

Der stagnierenden bis leicht abnehmenden Einwohnerzahl steht ein deutlicher Rückgang der Lebensmittelgeschäfte gegenüber. Die Stagnation der Nachfrage führt zu einem Verdrängungswettbewerb. Kleine, nicht-spezialisierte Betriebsformen aber auch kleine Supermärkte unter 400 qm Verkaufsfläche wurden von größeren Betriebsformen zur Aufgabe gezwungen. Das erklärt die Ausdünnung der Standorte in peripheren Lagen. Die gleichzeitige Konzentration von Standorten in Nebenzentren läßt sich darauf zurückführen, daß das unternehmerische Risiko in Konkurrenzlagen geringer ist als einen neuen Standort zu besetzen (vgl. Kap. 7.6.1., S. 203). Neue Versorgungsmöglichkeiten müssen durch die Verbraucher erst wahrgenommen werden (*Heuwinkel*, 1981, 35). Dies geschieht umso eher, je näher der Standort zu einem Konkurrenten liegt, der diese Versorgungsfunktion bereits erfüllt. Die Kunden können dann das Angebot vergleichen und wechseln eher ihre Versorgungsgewohnheiten (entspricht "switch and stay" nach *Golledge*, 1976).[23]

Die Stadt muß auf die Standortwahl des Einzelhandels Einfluß nehmen. Die Ansiedlung eines Verbrauchermarktes hat Auswirkungen auf das innerstädtische und zwischenstädtische Zentrengefüge (*Hatzfeld*, 1984, 23). In allen Fällen erfolgt ein Funktionsverlust[24] in den vorhandenen Zentren, was die Versorgung mit Waren des täglichen Bedarfs betrifft. Die Attraktivität der höherwertigen A- bis C-Zentren ist ausreichend groß, so daß weitere fördernde Maßnahmen zur Ansiedlung von Einzelhandel in der Regel nicht notwendig sind. Verbrauchermärkte können die höherwertigen Nebenzentren von der Versorgungsfunktion entlasten und damit die Möglichkeit eröffnen, weiteren spezialisierten Einzelhandel anzuziehen (*Lange*, 1973, 135 ff). Die Funktion der City wird durch die kommunale Planung stabilisiert und durch Sanierungsmaßnahmen unterstützt (*Kulke*, 1992, 244 ff). Demgegenüber kann aber die Entwicklung der niederrangigen D- und E- Zentren gestört werden, deren Hauptfunktion die Nahversorgung darstellt. Die Stadt kann diese Nebenzentren durch eine attraktive Platzgestaltung, die Anbindung an das öffentliche Verkehrsnetz und das Bauen von Fahrradwegen in der Entwicklung fördern. Außerdem könnte die Stadt durch Zulassungserleichterungen mobiler Verkaufsstellen, die Einrichtung neuer Läden in Wohngebieten und die Rückumwandlung ebenerdig gelegener Wohnungen in Gewerberäume deutlich deregulieren.

Die Gemeinde- und Regionalplanung ist aus Gründen der Ökologie, der flächensparenden Nutzung und Sicherung der Nahversorgung gegen eine Entwicklung zu noch mehr großflächigen Einzelhandelsstrukturen eingestellt.

---

23 So ließe sich auch die Konzentration von Schuh- und Textilgeschäften in der Nürnberger Fußgängerzone erklären.

24 Die Frage, ob sich Einzelhandelsgroßprojekte Kaufkraftverschiebungen zu Nutze machen oder diese erst teilweise selbst verursachen, soll hier unbehandelt bleiben.

5.5. Gebiete mit einer auffallenden Veränderung des Besatzes mit Lebensmittelgeschäften außerhalb der später näher zu untersuchenden Gebiete

Neben den 53 Distrikten, die als ausgesuchte Regionen in Kapitel 7 vertiefend betrachtet werden, sollen hier nur Distrikte Beachtung finden, bei denen der Einzelhandelsbesatz 1994 gegenüber 1970 einer größeren Veränderung unterworfen war (vgl. Abb. 11, S. 81).

Bei der Betrachtung der Distrikte wird bestätigt, daß die Abnahme der Lebensmittelgeschäfte ausnahmslos durch die Aufgabe von Geschäften der Kategorie Supermärkte erfolgte. Da in diese Kategorie "Tante-Emma-Läden" und Supermärkte bis 400 qm fallen (vgl. Kap. 5.3., S. 80), ist die Abnahme mit deren Verschwinden zu erklären. Während die Ausdünnung der Lebensmittelgeschäfte um 50 % schwankt, können in diesen Distrikten sämtliche Supermärkte geschlossen haben.

Im Bezirk 4, dem Stadtteil Gostenhof Ost mit einem Ausländeranteil von 40 %, blieb die Geschäftszahl im Distrikt 40 zwar stabil, in den anderen Distrikten erfolgte aber eine Abnahme der Supermärkte von 16 auf 3 und aller Lebensmittelgeschäfte von 37 auf 20.

In Gostenhof Mitte, Distrikte 221 und 222, erfolgte eine Abnahme der Supermärkte von 13 auf 2 und insgesamt von 31 auf 13. In jüngster Zeit ist zu beobachten, daß Türken, Italiener und Griechen verstärkt eigene Obst- und Gemüseläden und auch Supermärkte öffnen. In Gostenhof West siedeln sie sich bevorzugt in der Adam-Klein-Straße an. Sie verläuft in den Wohngebieten parallel zur wichtigen Verkehrsader Fürther Straße in Richtung Fürth. Daneben spielt die in den Plärrer mündende Gostenhofer Hauptstraße für die in Gostenhof Ost wohnende Bevölkerung eine wichtige Rolle. Die bevorzugten Standorte sind in Wohngebieten mit einem hohen Anteil ausländischer Bevölkerung, die auch die Hauptzielgruppe darstellen. Durch das inzwischen eingetretene Wegfallen des Sprachproblems wird die soziale Interaktionsfunktion dieser Bevölkerungsgruppen erleichtert. Insgesamt verbessert sich dadurch die Versorgungssituation in diesen Gebieten.

Weitere deutliche Abnahmen im Besatz mit Lebensmittelgeschäften sind in den Gebieten Mittlere Kleinweidenmühle Ost (Distrikt: 51), St. Johannis Ost (72), Rennweg (90, 270, 271, 272), St. Peter (100, 110, 111, 112), Pädagogische Fakultät (103), Hummelstein (120, 141, 142), Westliches Gleißhammer (121), Galgenhof (130, 131, 132], Steinbühl (150, 151, 152, 162, 163, 170, 171), Johannis (230, 231, 232, 242), Zentrales Altenfurt (352), Schweinau (500, 505), Eibach (531, 532), Gebersdorf (611, 612), Westliches Kleinweidenmühle (643, 644), Nördliches Schoppershof (811) und Nördliches Mögeldorf Mitte (921) festzustellen.

Der regional kleinräumigen Abnahme steht teilweise ein stabiler Einzelhandelsbesatz, wie beispielsweise im Gostenhofer Distrikt 40, oder sogar eine Zunahme in benachbarten Distrikten gegenüber. So erfolgte im Distrikt 73, Friedrich-Ebert-Platz / Bucher Str., trotz einer Abnahme der Supermärkte von 5 auf 3 eine Steigerung der Lebensmittelgeschäfte von 6 auf 11, vor allem durch Bäcker, Metzger und Getränkeläden. Während im mittleren Langwasser (Distrikt: 371) die Zahl der Geschäfte konstant blieb, stieg sie in den angrenzenden Distrikten (364, 365, 372) auch unter Beteiligung von Supermärkten um bis zu 500 % an. In der benachbarten Kettelersiedlung (441), die zwischen Langwasser und der Gartenstadt liegt, haben dagegen sämtliche Lebensmittelgeschäfte aufgegeben, darunter 4 Supermärkte.

In der Werderau ist diese Konzentration des Einzelhandels im Distrikt 460 zu Lasten der Distrikte 461 und 462 festzustellen. In Röthenbach b. Schw. (bei Schwabach) verbucht der Distrikt 520 eine Zunahme, während die angrenzenden Distrikte eine Abnahme zu verzeichnen haben. In Eibach steht der Abnahme in den Distrikten 531 und 532 eine Stagnation in 533 und 534 gegenüber. In Höfen (630) ist durch die Ansiedlung des "Meister" - Verbrauchermarktes in der Virnsbergerstraße die Versorgungslage besser geworden. Die selbständigen Bäcker, Metzger und ein Getränkeladen in den Verkaufsräumen erhöhen die Zahl der Lebensmittelgeschäfte auf 4. Im benachbarten Kleinreuth bei Schwabach (631, 632, 633) sind alle 1970 ansässigen Lebensmittelgeschäfte verschwunden. Nur ein Metzger hat nach 1987 im Distrikt 631 wieder neu eröffnet.

Auch für die im weiteren nicht näher untersuchten Gebiete zeigt sich so allein aufgrund des Datenvergleichs 1987 gegenüber 1970 und der Kartierung 1994 die Ausdünnung der Standorte in peripheren Lagen bei gleichzeitiger Konzentration in Nebenzentren. Diese Entwicklung entspricht *Agergards* Spiralbewegung der Einzelhandelsstruktur (vgl. Kap. 3.1.1., S. 45). Die Aufwertung des Franken-Einkauf-Zentrums führte zum Verschwinden des gewachsenen Nebenzentrums in der Kettelersiedlung und bestätigt *Hatzfelds* (1984, 23) Aussage, daß großflächige Einzelhandelseinrichtungen Einfluß auf benachbarte Nebenzentren haben. Die leichte Erreichbarkeit mit dem Auto, die größere Auswahl aufgrund mehrerer Supermärkte und weiteren Geschäften, die zusätzlich andere Funktionen wie die Erlebnisfunktion erfüllen, führten zu einem nachhaltig geänderten Versorgungsverhalten der dortigen Haushalte ("switch and stay" nach *Golledge*, 1976). Die geplanten nahräumlichen Versorgungszentren innerhalb der Wohngebiete von Langwasser blieben von dieser Entwicklung verschont. Die hohe Einwohnerdichte sorgt für einen ausreichenden Umsatz. Die dortige Bevölkerung wird zur Deckung des mittelfristigen oder spezielleren Bedarfs das Einkaufszentrum aufsuchen.

5.6. Bedeutung von Einzelhandelsgroßprojekten

Die Auswirkungen von Einzelhandelsgroßprojekten auf die vorhandene Einzelhandelsstruktur ist für Nürnberg bislang nicht explizit untersucht worden. Ergebnisse solcher Untersuchungen sind u.a., daß im Einzugsbereich solcher Einzelhandelsgroßprojekte sinkende Kundenzahlen, Abnehmen der durchschnittlichen Einkaufsbeträge und der Einkaufshäufigkeit sowie damit zusammenhängend Umsatzrückgänge, die bis zur Geschäftsaufgabe führen, auftreten können (*Bodenschatz*, 1990, 28; vgl. u.a. auch *Hatzfeld*, 1988, 24 ff). Ein Zusammenhang zwischen Geschäftsaufgaben und der Neueröffnung eines Verbrauchermarktes ist nach *Söllner* (1984, 203 ff) nicht nachzuweisen. Er kommt zu dem Ergebnis, daß insbesondere Metzgereien, Bäckereien und Obst- und Gemüseläden als Vertreter des spezialisierten Fachhandels sowie Discounter als SB- (Selbstbedienungs-) Läden sich besonders gut dem zunehmenden

Wettbewerb stellen. Dagegen ist ein weiterer Rückgang der Bedienungsläden aufgrund der sich fortsetzenden Umorientierung der Kunden zugunsten von SB-Läden und Verbrauchermärkten zu verzeichnen (vgl. auch *Alles*, 1984, 70 ff).
Bei Geschäftsschließungen sind in der Regel aber noch andere Gründe wie die allgemeine konjunkturelle Entwicklung, Alter und damit Nachfolgeprobleme sowie der sich verstärkende Konkurrenzdruck des kleinbetrieblichen Einzelhandels mit ausschlaggebend. Kleine Lebensmittelgeschäfte können sich jedoch gegenüber dem filialisierten Einzelhandel abgrenzen (*Bodenschatz*, 1990, 5). Dabei handelt es sich um wirtschaftlich besser gestellte und innovationsfreudigere Unternehmen, die auf die Ansiedlung von Einzelhandelsgroßprojekten aktiv reagieren, bspw. durch preispolitische Aktivitäten, Ergänzung oder Vergrößerung des Sortiments, Kundenserviceerweiterung, Intensivierung von Information und Beratung sowie Engagement i.S. von "optimaler" Mitarbeitermotivation, Geschäftsmodernisierung sowie Werbung.

6. Der großflächige Einzelhandel mit Lebensmitteln in Nürnberg am Beispiel des "Kaufmarkts"

6.1. Betriebsformen des Einzelhandels mit Lebensmitteln

Supermärkte sind in den dreißiger Jahren in den USA aufgekommen. Sie ermöglichten das autogerechte Einkaufen, waren dadurch auf integrierte Standorte in der Stadt nicht angewiesen und nutzten die Möglichkeit der Verbraucher, durch Kühlschränke und Gefriertruhen größere Mengen zu Hause aufzubewahren (*Gabler*, 1983, 1533). Im Laufe der Zeit entwickelten sich weitere Betriebsformen des Einzelhandels. Die Übergänge zwischen den einzelnen Formen sind fließend und machen eine eindeutige Definition schwierig. Im folgenden soll unterschieden werden zwischen Fachgeschäft, Supermarkt und Verbrauchermarkt.

Das Fachgeschäft stellt die traditionelle Form des Einzelhandels mit einem eher schmalen, sehr tiefen Angebot dar. Diese meist mittelständischen Betriebe werden i.d.R. von einem Branchen-Fachmann, dem Meister, geleitet (*Gabler*, 1993, 1084). Der Druck zur Kostenreduzierung bewirkte zunehmend die Verlagerung des handwerklichen Betriebs weg von teuren Innenstadtlagen und das Eröffnen weiterer Verkaufsstellen. Der "Mutterbetrieb" beliefert die Verkaufsstellen teilweise mehrmals täglich, so daß sie sich auch in teuren Innenstadtlagen rechnen. Als Beispiel wäre u.a. die Bäckerei "Beck" zu nennen (vgl. Kap. 7.6.2., S. 210). Die Verlagerung der Meisterbetriebe bedeutet aber gleichzeitig einen Kompetenzverlust der ansässigen Wirtschaft und führt zum Verfall vieler Innovationsmöglichkeiten. Diese Entwicklung ist gesellschaftspolitisch sehr bedenklich, weil der Meister Unternehmer und Fachmann zugleich ist. Er kann und darf Neues ausprobieren, weil er das unternehmerische Risiko trägt. Die Filialisierung führt zu einer Abnahme des Innovationspotentials, damit zu einer zunehmenden Monostrukturierung des Angebots und letztlich zu einer gewissen Langeweile.[25] Zudem wird das Verkaufspersonal zu einem wichtigen Faktor. Dem Großteil der Verkäuferinnen fehlt es an Sachkompetenz, Warenkenntnis und

---

[25] In wie weit Langeweile ein mögliches Anzeichen des wirtschaftlichen Niedergangs darstellen kann, soll hier nicht weiter verfolgt werden.

Eigeninteresse. Letzteres könnte durch eine Umsatzbeteiligung abgeschwächt werden. Die Filialisierung ist auch aus Konsumentensicht kein Ersatz für Meisterbetriebe.
Die Supermärkte "könnten auch als das aus dem traditionellen Gemischtwarenladen entstandene Nachbarschaftsgeschäft modernerer Prägung für den Grund- und gehobenen Bedarf des im Stadtgebiet einkaufenden (Auto-) Kunden bezeichnet" werden (*Gabler*, 1993, 3211). Supermärkte kann man weiter untergliedern nach der Verkaufsfläche, der Breite und Tiefe des Sortiments oder der Preispolitik. Sie sind von den Discountern abzugrenzen. Im Laufe der Untersuchungen zeigte sich jedoch, daß den Verbrauchern diese Untergliederung des Einzelhandels nicht geläufig ist. Vielmehr sind der wohnungsnahe Standort und das angebotene Sortiment entscheidend. Unter Supermarkt werden hier Geschäfte verstanden, die schwerpunktmäßig sonstige Lebensmittel anbieten mit integrierten Standorten in der Nähe von Wohngebieten. Das Einzugsgebiet ist lokal begrenzt und es erfolgt keine primäre Ausrichtung auf Auto-Kunden. Die Verkaufsfläche beträgt i.d.R. unter 1.500 qm.
Verbrauchermärkte und Selbstbedienungs- (SB) Warenhäuser stellen die großflächigen Formen des Lebensmittel-Einzelhandels mit einer Ausweitung des Sortiments auf non-food-Artikel aus den Bereichen Haushalt und Freizeit dar. Die bevorzugten Standorte mit Verkaufsflächen über 1.500 qm sind kostengünstige Stadtrandlagen, die sehr gut mit dem Auto zu erreichen sind (*Bundesministerium für Wirtschaft*, 1982, 31 und *Gabler*, 1993, 3484). Die Umsetzung des autogerechten Einkaufs zeigt sich u.a. an den großen ebenerdigen Parkplätzen. Ihr Einzugsgebiet ist deutlich größer als der Nahbereich.
Neben der Verkaufsfläche können die Umsätze im Lebensmittel- und Nicht-Lebensmittelbereich eine Unterscheidung ermöglichen. Filialbezogene Umsatzzahlen sind jedoch unternehmensinterne Informationen und werden nicht an die Öffentlichkeit gegeben. Die Verkaufsflächen schwanken zwischen den Filialen, so daß beispielsweise die Filialen des "Kaufmarktes" verschiedenen Kategorien zugeordnet werden müßten. Sowohl "Kaufmarkt" wie auch "Meister" sind Selbstbedienungs (SB)- Warenhäuser. In den Umfragen hat sich aber gezeigt, daß die Verbraucher diese Terminologie nicht verwenden, sondern von Verbrauchermärkten sprechen, wenn sie die großflächigen Formen des Lebensmittel-Einzelhandels meinen. Die Allgemeine

Handelsgesellschaft der Verbraucher AG, AVA, Bielefeld, stuft ihre "Kaufmarkt"- und heutigen "Marktkauf"-Filialen selbst ebenfalls als Verbrauchermärkte ein. Im folgenden will der Verfasser von Verbrauchermärkten sprechen. (*AVA* GB 1992, 28; *Diller*, 1992, 1024 f; *Gabler*, 1993, 3484). Aufgrund ihrer überregionalen Bedeutung für die Versorgung werden sie in der innerstädtischen Zentrenbetrachtung als C-Zentrum verstanden (vgl. Kap. 5.4.2., S. 87).

6.2. Die Bedeutung der Allgemeinen Handelsgesellschaft der Verbraucher AG (AVA) für den Nürnberger Einzelhandel mit Lebensmitteln

Der großflächige Lebensmitteleinzelhandel ist in Nürnberg vertreten durch die Verbrauchermärkte "Meister" und "Kaufmarkt". Auf den zum gleichen Konzern wie der "Meister" gehörenden Großhandel "Metro", dessen zwei Standorte im Norden und Süden der Stadt liegen, soll nicht weiter eingegangen werden. Der "Kaufmarkt" gehört zu der Allgemeinen Handelsgesellschaft der Verbraucher AG, AVA, mit Sitz in Bielefeld. Daneben besitzt die AVA eine 94-prozentige Beteiligung an der Bayerischen Warenhandelsgesellschaft der Verbraucher AG, BVA, Nürnberg, deren Filialen die "Condi"- und "Comet"-Märkte sind (*AVA*, 1989 - 1993). Die AVA betreibt auch selbst Verbraucher- und Baumärkte unter dem Namen "Marktkauf". Sie besitzt über ihre Beteiligungen eine starke Marktposition in Nürnberg: Die Haushaltsbefragungen in den Untersuchungsgebieten haben ergeben, daß 19,2 % der Lebensmittel im "Kaufmarkt", 2,0 % im "Condi" und 2,2 % im "Comet" nachgefragt wurden. 23,4 % des gesamten Warenkorbes wurde somit von der AVA gedeckt, wobei insgesamt jeder zweite Haushalt angegeben hat, mindestens eine Warenart im "Kaufmarkt" zu kaufen. Aus wettbewerbsrechtlichen Gründen führte die Neueröffnung der ersten "Marktkauf"-Filiale am Nordwestring in der Kölner Straße zur Aufgabe des "Kaufmarktes" Schweinau (vgl. Kap. 4.1., S. 65). Dieser Standort wurde im März 1994 vom Konkurrenten "Meister" übernommen und als "Meister"-Markt weitergeführt.
Die fünf "Comet"-Filialen in Nürnberg unterscheiden sich nicht grundlegend von den Standorten oder dem Angebot der anderen Filialisten. Es gibt 17 "Condi"-Filialen, die

sich alle in zentraler Wohnlage befinden. Mit diesen integrierten Standorten grenzen sie sich grundlegend von anderen Supermärkten ab. Ihr Angebot ähnelt dem eines "Edeka". Weil diese Standorte meist nicht zu einer weiteren Ansiedlung von Facheinzelhandel geführt hat, u.a. bedingt durch die Unmöglichkeit der Umwandlung von Wohn- in Gewerberaum, bilden sie E-Zentren aus. Die überregionale Bedeutung für die Versorgung der "Meister"- und "Kaufmarkt"-Filialen führte zu deren Einstufung als C-Zentren (vgl. Kap. 5.4.2., S. 87).
Ein Logistikzentrum der AVA wird für den süddeutschen Raum in Nürnberg / Feucht errichtet (*o.V.*, 1994, 7). Angesichts umfangreicher Maßnahmen zur Umstrukturierung für 1994 rechnet die AVA mit einem Gewinnrückgang von 50 % gegenüber dem Vorjahr (*BddW*, 7.12.1994, 8).

6.3. Der Nürnberger "Kaufmarkt"

Der erste "Kaufmarkt" wurde 1970 vom Nürnberger Ernst-Werner-Schmidt mit der Übernahme eines Verbrauchermarktes in Schweinau gegründet. Damit begann eine Umstrukturierung der bereits bestehenden "EWS"-Supermärkte in "Kaufmärkte" und war teilweise mit Standortaufgaben verbunden. Das Erfolgsrezept war ein Angebot an regional bezogenem frischen Obst und Gemüse sowie Fleisch zu einem äußerst günstigen Preis. 1989 verkaufte Ernst Werner Schmidt die Nutzungsrechte und den Namen seiner Unternehmen an die AVA. Diese setzte den Umstrukturierungsprozeß mit der Umwandlung des eigenen "Plaza"-Marktes im Norden Nürnbergs in einen "Kaufmarkt" fort. Der letzte "EWS"-Supermarkt wurde 1993 geschlossen. 1994 eröffnete der erste "Marktkauf" im Nordwesten der Nürnberger Ringstraße B4R mit der gleichzeitigen Aufgabe des "Kaufmarkt"-Standortes Schweinau. Im Oktober 1994 war die Umwandlung aller bisherigen "Kaufmärkte" in "Marktkauf"-Filialen abgeschlossen.

Die folgenden Ausführungen beziehen sich auf Kundenbefragungen, die Mitte Februar bis Mitte März 1994 in den damals noch als "Kaufmarkt" bezeichneten Filialen Plärrer, Sulzbacherstraße, Thon und Mögeldorf durchgeführt wurden. [26] Nicht alle

Ergebnisse sind ohne weiteres auf "Marktkauf" zu übertragen. Mit der Namensänderung erfolgte eine Reduzierung des Sortiments um fast 50 % auf 45.000 Artikel sowie die Einführung einer Preisstrategie von "Dauertiefpreisen" statt Sonderangeboten. Die AVA hat anscheinend gute Erfahrung mit einer Verstärkung des Discounter-Prinzips gemacht. Diese Absatzpolitik geht davon aus, daß die Verbraucher gelernt haben, daß es günstiger ist, alles billig einzukaufen als Sonderangebote wahrzunehmen, aber im gleichen Geschäft für die sonst noch benötigten Waren mehr bezahlen zu müssen. Daneben ermöglicht diese Sortimentspolitik weiterhin das "one-stop-shopping", ergänzt durch ein "shop-in-the-shop"-System. So können die Kunden ihre Einkäufe in hohem Maße innerhalb des Geschäfts koppeln. Das entspricht einer Ausrichtung des Angebots nach internen Kopplungsmöglichkeiten (vgl. Kap. 3.2., S. 49 und *Lange*, 1973, 99; vgl. auch *Heinritz*, 1979 b, 143). Einige Filialen des "Marktkauf" bieten über eingemieteten Einzelhandel auf dem Betriebsgelände die Möglichkeit zur externen Kopplung. Bei der Kartierung Nürnbergs zeigte sich, daß Billiganbieter wie "Aldi" und "Lidl" die Attraktivität der Verbrauchermärkte nutzen, indem sie sich in unmittelbarer Nähe oder auf den Wegen dorthin ansiedeln (vgl. Kap. 7.6.1., S. 203 f). Auf diese Weise werden diese Standorte eher von den Konsumenten wahr genommen (*Heuwinkel*, 1981, 35 und *Klingbeil*, 1978, 31 f), die hier eine weitere Möglichkeit zur externen Kopplung finden.

Der "Kaufmarkt" zählte mit seinem sehr tiefen und breiten Angebot zum großflächigen Lebensmittel-Einzelhandel. Als Nürnberger Unternehmen kannte den "Kaufmarkt" praktisch jeder Nürnberger, was dazu führte, daß er eine große Bedeutung für die Lebensmittelversorgung der Bevölkerung hatte. So gab fast jeder zweite (48 %) der 1.553 Haushalte an, Lebensmittel im "Kaufmarkt" zu kaufen. Die einzelnen Warengruppen wurden insgesamt zu rund 19 % von den Haushalten auch dort erworben. Mit der Sortimentsverringerung riskiert "Marktkauf" relativ viel. Für die weniger preissensiblen Kunden war bisher die Vielfalt samt den dazugehörigen Spezialitäten wie ausländische Feinkost, Spirituosen, Lamm- und Elchfleisch, Bioprodukte und dergleichen der Anreiz, um gelegentlich dorthin zum Einkaufen zu fahren. Wenn das

[26] Der für die Kundenbefragung verwendete Fragebogen und Erläuterungen zu den einzelnen Fragestellungen finden sich im Anhang.

Sortiment zu variationsarm wird, kann man gleich im Wohnviertel einkaufen, weil ein fühlbarer Preisvorteil bei den gängigen Waren kaum besteht, so daß sich eine Einkaufsfahrt nicht rechnet.
Viele Kunden sind von dem neuen Sortiment des "Marktkauf" enttäuscht. Das wiegt umso schwerer, weil der "Kaufmarkt" als Nürnberger Traditionsunternehmen einen festen Platz im Versorgungsverhalten der Bevölkerung einnahm. Andererseits bringt die Sortimentsangleichung für die AVA Kosteneinsparungen u.a. durch eine einheitliche Logistik. Als börsennotiertes Unternehmen ist auch die nötige Kapitaldecke vorhanden, um den "Marktkauf" durch Werbemaßnahmen langfristig am Markt zu etablieren. Der Verfasser ist jedoch der Ansicht, daß der Marktanteil abnehmen dürfte, was zu Stillegungen von Filialen führen könnte.

Am Beispiel des "Kaufmarktes" untersuchte *Dollhopf* (1994) die Kundenstruktur eines großflächigen Lebensmittelgeschäftes. Jeweils fünfzig Kundenbefragungen wurden am Montag, Freitag und Samstag in den vier genannten Standorten durchgeführt (s. auch Karte 7), insgesamt 601 Interviews. Der Fragebogen war so ausgelegt, daß er innerhalb der Wartezeit vor den Kassen in ca. fünf Minuten beantwortet werden konnte. Als Befragungstechnik wurde das Interview gewählt. Die im folgenden dargestellten Ergebnisse beruhen auf einer durch den Verfasser selbst durchgeführten Auswertung der erhobenen Daten.

6.4. Beschreibung der Standorte Plärrer, Sulzbacherstraße, Thon und Mögeldorf

Die C-Zentren weisen mit Ausnahme der "Metro"-Standorte, des "Meisters" in der Virnsbergerstraße am Rande des Industriegebietes Kleinreuth bei Schwabach und des "Kaufmarktes" Thon am nördlichen Stadtrand integrierte Standorte auf. Die im erweiterten Innenstadtgürtel liegenden "Kaufmärkte" Plärrer und Sulzbacherstraße konnten nur aufgrund der Einhaltung baulicher Vorgaben realisiert werden. Aufgrund der eingeschränkten Flächenverfügbarkeit verteilen sich die Verkaufsflächen auf zwei Ebenen am Plärrer bzw. drei in der Sulzbacherstraße. Die Fläche für Lebensmittel ist mit jeweils unter 2.700 qm 25 % kleiner als die der Standorte Thon und Mögeldorf. Während in der Sulzbacherstraße der Bau einer zweistöckigen Tiefgarage möglich war, konnte am Plärrer wegen der U-Bahn kein Parkhaus integriert werden. Das 150 m entfernte Parkhaus an der Ecke Zufuhr- / Schanzäckerstraße wird nicht angenommen.

- Der "Kaufmarkt" am Plärrer

Der Standort Plärrer nimmt wegen seiner guten Anbindung an das öffentliche Verkehrsnetz am Verkehrsknotenpunkt Plärrer mit beiden U-Bahn-Linien, zwei Straßenbahnlinien und einer Buslinie eine Sonderrolle ein. Dieser "Kaufmarkt" verfügt über einen eigenen Zugang zur U-Bahn. Diese Passage stellt gleichzeitig eine Verbindung zur Innenstadt ohne Ampeln dar. Im dicht besiedelten Einzugsbereich Gostenhof wohnen 40 % Ausländer (*Stadt Nürnberg*, 1993, 216). Die Bereitschaft der ausländischen Kundschaft, an der Befragung teilzunehmen, war, vermutlich aufgrund des Sprachproblems, gering. Das führte auch dazu, daß die Kundenantworten aus dem Nahbereich entsprechend gering blieben. Zusätzlich ist zu vermuten, daß die ausländische Bevölkerung verstärkt in den nationsspezifischen Supermärkten einkauft, die sich im Bereich der Gostenhofer Hauptstraße befinden. So gibt es neben einer Vielzahl von Obst- und Gemüseläden, sogenannte "Türken", mittlerweile einen griechischen und zwei türkische Supermärkte. Außerdem befinden sich in unmittelbarer Nachbarschaft zum "Kaufmarkt" neben einer Drogerie, Bank und Apotheke ein "Lidl".

62 % der Plärrer-Kundschaft benutzten öffentliche Verkehrsmittel, 29 % kamen zu Fuß bzw. mit dem Fahrrad und trotz der fehlenden Parkmöglichkeiten gaben 9 % das Auto an. 39 % stand nie ein Auto zur Verfügung, 19 % nur gelegentlich, 8 % am Wochenende und 34 % täglich. Im Durchschnitt verfügte hier ein Haushalt über 0,8 Pkws. Zum Vergleich konnten Mögeldorf-Kunden zu über 70 % und Thon-Kunden zu über 80 % täglich auf ein Auto zurückgreifen mit einem Verhältnis von 1,5 bzw. 1,6 Pkws pro Haushalt. Die Fußgänger bzw. Fahrradbenutzer kamen zu über 80 % aus den angrenzenden Wohngebieten. Die Nutzer des öffentlichen Nahverkehrs fuhren zum Großteil mit der U-Bahn. Der Einzugsbereich reicht von Fürth über Röthenbach und Langwasser bis Schoppershof mit einer durchschnittlichen Entfernung von 3,1 km. Viele nutzten auch die Straßenbahn von Thon über die Bucherstraße oder aus der Südstadt. Im nördlich gelegenen "Kaufmarkt" Thon, der nur eine weiter entfernte Bushaltestelle an der Erlanger Straße vorzuweisen hat, kauft kein Benutzer öffentlicher Verkehrsmittel ein, so daß lieber die direkte Verbindung zum Plärrer genutzt wurde. Obwohl der Standort in Röthenbach auch einen U-Bahn-Anschluß vorzuweisen hat und zum Zeitpunkt der Erhebung der "Kaufmarkt" in Schweinau noch existierte, kauften trotzdem viele im weiter entfernten Standort Plärrer ein. Der Einkauf kann hier mit weiteren Besorgungen in der Innenstadt gekoppelt werden. 46 % der Plärrer-Kunden gaben an, ihren Besuch im "Kaufmarkt" mit weiteren Tätigkeiten zu koppeln. Dieser Anteil der Koppelungsaktivitäten nahm mit wachsender Entfernung zum Zentrum über 42 % in der Sulzbacherstraße, 41 % in Thon auf 30 % in Mögeldorf ab. Das bestätigt *Popps* (1979, 311 f) "Phänomen der Kopplung", das um so stärker zu beobachten ist, je näher der Funktionsstandort zum Ortszentrum liegt. Am häufigsten koppelten die Benutzer öffentlicher Verkehrsmittel ihren Einkauf (52 %), gefolgt von den Pkw-Nutzern mit 46 % und den Fußgängern bzw. Fahrradfahrern mit 18 %. Bei letzteren ist das Transportieren von Waren über zwei Einkaufstaschen hinaus so unpraktisch, daß es vorgezogen wird, die Einkäufe erst einmal nach Hause zu bringen und nicht unnötig längere Wege gehen zu müssen. Die durchschnittlichen Ausgaben pro Einkauf waren am Plärrer mit 32 % unter DM 50,-- und insgesamt zu über 80 % unter DM 100,-- am geringsten. Die durchschnittlichen Ausgaben betrugen nur DM 103,--. Die Einkaufshäufigkeit nahm mit steigenden Ausgaben ab. Dieser

Zusammenhang läßt sich statistisch beweisen (Cramér's V = 0,24 bei einer Irrtumswahrscheinlichkeit gegen 0), wobei er für den Standort Plärrer einen noch höheren Wert annimmt.
Der größte "Einkaufsstreß" war am Freitag zu verzeichnen mit Wartezeiten zwischen 10 und 15 Minuten an den Kassen. Aufgrund der großen Enge im Kassenbereich des Standortes Plärrer führte das hier sogar zu Streitereien zwischen Kunden.

Trotz der Streßsituation im Kassenbereich des "Kaufmarktes" Plärrer bevorzugten viele diesen Standort , weil sie den Einkauf mit anderen Tätigkeiten, bspw. in der Innenstadt oder in den umliegenden Geschäften, koppeln konnten und mit öffentlichen Verkehrsmitteln unterwegs waren. Die geringeren Einkaufssummen führten zu einer höheren Einkaufshäufigkeit und zu einer zusätzlichen Versorgung in weiteren Lebensmittelgeschäften. Mit 62 % besuchten im Vergleich zu den anderen Standorten hier die meisten einen weiteren Supermarkt, vermutlich den benachbarten "Lidl", aber keiner einen Verbrauchermarkt. Letzteres ist sicher auch auf die geringe Pkw-Verfügbarkeit zurückzuführen.

- Der "Kaufmarkt" in der Sulzbacher Straße

Der Standort Sulzbacherstraße liegt östlich der Innenstadt an der gleichnamigen Straße innerhalb des erweiterten Innenstadtgürtels bzw. der äußeren Ringstraße B4R. Hier war der Anteil der zu Fuß oder mit dem Fahrrad einkaufenden Bevölkerung mit 47 % am höchsten im Vergleich zu allen anderen Standorten. Die Pkw-Nutzer machten 48 % aus und nur 5 % griffen auf die öffentlichen Verkehrsmittel zurück. 75 % der Fußgänger kamen aus dem umliegenden Wohngebiet bis zur Ringstraße und dem angrenzenden Gebiet bis zur Innenstadt. Dabei legten 29 % der Kunden Distanzen unter 1 km zurück. Die sechs Kunden, die mit öffentlichen Verkehrsmitteln einkauften, kamen mit der Straßenbahnlinie 8, die in unmittelbarer Nähe des Standortes eine Haltestelle hat. Die tägliche Verfügbarkeit eines Pkw pro Haushalt lag mit 62 % bzw. 1,1 Autos pro Haushalt zwischen den Werten des Standortes Plärrer und den Stadtrandlagen Thon und Mögeldorf. Nur 40 % der Kunden kauften hier auch ihre Getränke ein. Das Ergebnis läßt sich damit erklären, daß diejenigen, die zu Fuß oder mit dem

Fahrrad einkauften, es vorzogen, Getränke in den vielen kleinen Läden des umliegenden Wohngebietes zu kaufen (vgl. Karte 5). Durchschnittlich wurden DM 130,-- pro Einkauf ausgegeben.

- Der "Kaufmarkt" in Thon, Wilhelmshavener Straße

Der Standort Thon liegt am nördlichen Rand des geschlossen bebauten Stadtgebietes in der Wilhelmshavenerstraße Nähe Erlanger Straße. Die Pkw-Verfügbarkeit war mit 83 % und der Pkw-Besitz mit 1,6 Autos pro Haushalt am höchsten. 88 % der Kunden benutzten das Auto zum Einkaufen. Die restlichen 12 % kamen ausschließlich aus den angrenzenden Wohngebieten mit dem Fahrrad oder zu Fuß. Die Kopplung der Einkäufe mit anderen Tätigkeiten lag mit 41 % knapp unter dem Wert von 42 % des Standortes Sulzbacher Straße. Obwohl an allen vier Standorten der Anteil räumlich-monofinaler Ausgänge (*Brandenburg*, 1985, 240) also ohne Kopplung überwiegt, ist doch die Tendenz zu erkennen, daß mit zunehmender Zentralität der Lage auch die Zahl der extern gekoppelten Aktivitäten zunimmt. Über zwei Drittel der Mögeldorf-Kunden koppeln nicht, während knapp 50 % der Plärrer-Kunden mit dem Einkauf weitere Tätigkeiten verbinden (*Dollhopf*, 1994, 68 f). Die Ausgaben erreichten in Thon den höchsten Durchschnittswert von DM 163,-- der vier Standorte. Die Einkaufshäufigkeit war hier mit 79 % wöchentlichem oder seltenerem Einkauf am geringsten. Der Anteil männlicher Kunden lag werktags mit 30 % hinter dem Standort Plärrer mit 35 %, aber vor Sulzbacher Straße (22 %) und Mögeldorf (16 %). Samstags nahm der Anteil auf 38 % zu (*Dollhopf*, 1994, 53). Kunden, die auf dem Weg einkaufen, unterschieden sich nicht signifikant von denen anderer Standorte.

- Der "Kaufmarkt" in Mögeldorf in der Laufamholz Straße

Die Anbindung an das öffentliche Verkehrsnetz des Standortes in Mögeldorf ist durch eine Bushaltestelle gewährleistet. Nur ein Kunde gab an, diesen Bus auch zu benutzen. Die Kunden aus dem umliegenden Wohnbereich kamen überwiegend zu Fuß oder mit dem Fahrrad (12 %), während 87 % auf das Auto zurückgriffen. Die Mehrzahl der Autofahrer kam aus den angrenzenden Gebieten, aber auch aus Fürth (2 Kunden), Erlangen (2) und Lauf/Pegnitz mit 14 Kunden. Der Einkauf in diesem

"Kaufmarkt" wurde zu 70 % nicht extern gekoppelt, dem mit Abstand höchsten Wert. Das mag daran liegen, daß neben einem Getränkemarkt, wie in Thon auch ein Baumarkt zu diesem Standort dazugehört. Das ist vermutlich auch der Grund dafür, daß samstags der Anteil der männlichen Kunden auf 50 % stieg gegenüber 16 % unter der Woche. Die Werte für die anderen Standorte hielten sich mit 25 bis 35 % Männeranteil die Waage. Die durchschnittliche Einkaufssumme für Lebensmittel war mit DM 162,-- die zweithöchste aller Standorte.

6.5. Einzugsbereiche und Entfernungen

Die Einzugsbereiche der "Kaufmärkte" waren in erster Linie auf das direkte Wohngebiet bezogen (vgl. Tabelle 1). Darüber hinaus legten die Kunden aber auch größere Distanzen als nötig zurück (vgl. Karte 7). Möglicherweise entsprachen die Einkaufsgewohnheiten noch der "place loyality" (*Golledge*, 1976) und hatten sich noch nicht den geänderten Rahmenbedingungen angepaßt ("switch and stay"). Andererseits könnten die Unterschiede in der Ausstattung oder der Erreichbarkeit den Ausschlag gegeben haben, in einem entfernteren "Kaufmarkt" einzukaufen. Bei der Ausstattung spielte die Enge der Verkaufsräume, z.B. bei dem Standort am Plärrer, oder das Vorhandensein eines Getränkemarktes eine Rolle. Die Erreichbarkeit drückte sich u.a. in dem Vorhandensein ebenerdiger Parkplätze aus. So wurde der Standort in der Sulzbacher Straße von einigen Verbrauchern deswegen nicht angefahren, weil hier in einer Tiefgarage geparkt werden mußte. Für Verbraucher ohne Pkw spielte die Anbindung an das öffentliche Verkehrsnetz eine Rolle. Das erklärt das Einzugsgebiet des Standortes Plärrer entlang der U-Bahn-Linien. Die dort einkaufenden Kunden kommen zu rund 30 % mit öffentlichen Verkehrsmitteln und legen dabei durchschnittlich 3,1 km zurück. Insgesamt zeigte sich, daß die Verbraucher, die mit einem Auto einkauften, durch eine Erhöhung ihres Zeitbudgets auch entferntere Standorte aufzusuchen bereit waren, um so ihre Zeit-Kosten-Mühe-Relation zu optimieren (vgl. Kap. 2.4.3., S. 35). Die durchschnittlichen Entfernungen der Pkw-Kunden schwankte zwischen 2,2 km in der Sulzbacherstraße und 4,3 km in Mögeldorf.

Tabelle 1: Die durchschnittlichen Entfernungen zwischen den Kaufmarkt-Standorten und den Wohngebieten der befragten Kunden

Standort	Entfernung insgesamt	Entfernung für Pkw-Kunden	Entfernung für öffentliche Verkehrsmittel	Entfernung zu Fuß bzw. mit dem Fahrrad
Mögeldorf	3,6 km (115)	4,3 km (96)	2,1 km (2)	720 m (17)
Thon	3,4 km (110)	3,5 km (93)	-	660 m (17)
Sulzbacherstr.	1,4 km (133)	2,2 km (58)	3,3 km (4)	600 m (71)
Plärrer	2,4 km (147)	4,2 km (12)	3,1 km (91)	550 m (44)

Quelle: *Dollhopf, Christine*: Der Kaufmarkt in Nürnberg. Diplomarbeit am Lehrstuhl für Wirtschafts- und Sozialgeographie, Nürnberg 1994, S. 43
Die Werte in Klammern geben die jeweiligen absoluten Probandenzahlen an.

Durch die unterschiedliche Ausstattung einzelner Filialen können individuelle Standortpräferenzen der Verbraucher auftreten (*Heinritz*, 1979b, 108). Ist der Konsument mit seiner Einkaufsstätte und seiner Versorgungssituation zufrieden, wird er keine neuen Verhaltensformen entwickeln (*Heinritz* 1979 b, 124), auch wenn sich beispielsweise der Wohnort ändert. Diese Verhaltensweise der "place loyality" zeigten auch "Kaufmarkt"-Kunden. Das läßt sich aus dem Einzugsgebiet der einzelnen Standorte schließen (vgl. Karte 7). Im Interview wurde nicht explizit danach gefragt.

Aufgrund der bevorzugten Lage der Verbrauchermärkte an der Ring- oder den Aus- und Einfallstraßen führt der Einkaufsverkehr, der nicht auf den nächstgelegenen Standort gerichtet ist, zu einer "internen Zirkulation": Es existieren mehr Verkehrsbewegungen in Form von einem Wechselpendeln auf der Ringstraße als auf den Ein- und Ausfallstraßen (*Holzner*, 1990, 469 f). Die "interne Zirkulation" der Außenstadt ist auf das Auto gerichtet und macht sich an der äußeren Ringstraße B4R und den autogerechten Einkaufsstätten mit großem ebenerdigen und kostenlosen Parkplätzen fest (vgl. Karte 7). Damit kommt der besseren Erreichbarkeit mit dem Auto eine wichtigere Rolle zu als der räumlichen Nähe. Letztlich ist auch der Aspekt der Gewohnheit zu berücksichtigen.

Mit zunehmender Entfernung zum Verrichtungsort nimmt die Bereitschaft zur Distanzüberwindung ab. Die Verrichtungswege werden mit steigender Entfernung auch bewußter wahrgenommen (*Kreth*, 1979, 277). *Klingbeil* (1978, 31 f) spricht in diesem Zusammenhang von "cognitive mapping", also der Übertragung subjektiver Vorstellungsbilder in eine Raumstruktur mittels eines konkreten Handlungsbezugs. Die Verfügbarkeit eines Autos für die tägliche Bedarfsdeckung wirkt aktionsraumerweiternd. Gleichzeitig nimmt die Ausrichtung auf mehrere Versorgungsstandorte zu (*Wehling*, 1979, 295). Ca. ein Drittel aller Kunden ist bereit, auch größere Entfernungen zu dem jeweiligen Standort zu akzeptieren (vgl. Karte 7).

Mehrpersonenhaushalte sind eher bereit, zur Befriedigung ihres mengenmäßig höheren Bedarfs weitere Einkaufswege auf sich zu nehmen. Damit steigt gleichzeitig die Bereitschaft, im großflächigem Einzelhandel einzukaufen (*Alles et al.*, 1984, 35). Ab einer Haushaltsgröße von drei Personen stieg der Anteil der wöchentlichen Großeinkäufe auf 50 %. Seltener wurde zu 26 % eingekauft, häufiger zu 24 %. Erst ab einer Haushaltsgröße von vier und mehr Personen stieg die Höhe der Ausgaben des einzelnen Einkaufs deutlich an.[27]

Je weiter der Standort des Verbrauchermarktes vom Wohnort entfernt war, desto seltener wurde dieser aufgesucht bei gleichzeitig steigenden Ausgaben pro Einkauf. Der statistische Zusammenhang lag bei Cramér's V = 0,24 (Irrtumswahrscheinlichkeit gegen 0). Das entspricht den Ergebnissen *Heinritz*s, der den gleichen Zusammenhang feststellt, ergänzt um das subjektive Distanzempfinden: Je geringer der Verbraucher die tatsächliche Entfernung einschätzt, d.h. unterschätzt, desto häufiger kauft er in diesem Standort in diesem Falle in einem Verbrauchermarkt ein (*Heinritz*, 1979 a, 315 ff).

Die "Kaufmärkte" spielten auch für die Versorgung von Haushalten, die nicht in Nürnberg ansässig waren, eine Rolle. Die Standorte Sulzbacher Straße und Mögeldorf im Ostteil der Stadt wurden von je 14 Kunden aus Lauf / Pegnitz aufgesucht. Daneben kamen je 2 aus Erlangen und Fürth. Diese Standorte werden aufgesucht, weil sie auf dem Weg zur Arbeit in Nürnberg liegen. Gleiches gilt für den am nördlichen Stadtrand liegenden "Kaufmarkt" in Thon: 20 Kunden kamen aus Erlangen, 16 aus Fürth und je 4 aus Lauf und Schwabach.[28] Sie kamen alle mit dem Auto. Der am

---

27 Im Gegensatz dazu stellt *Heckl* (1981, 235) eine proportionale Erhöhung der Ausgaben zur Haushaltsgröße fest.

28 Für Kunden aus Schwabach und Lauf/Pegnitz könnte der Arbeitsplatz auch in

südwestlichen Ende der Innenstadt liegende "Kaufmarkt" am Plärrer wurde nur von je 2 Verbrauchern aus Fürth und Schwabach aufgesucht. Nach Fürth besteht eine direkte U-Bahn-Verbindung. Für die Kunden aus Schwabach kann ebenso angenommen werden, daß für sie dieser Standort in irgendeiner Art und Weise auf dem Weg liegt bzw. der Einkauf extern gekoppelt werden kann.

6.6. Sonstige Untersuchungsergebnisse der Kundenbefragung

- Nachgefragte Warengruppen

An allen Standorten überwog der Anteil der weiblichen Kunden. Die soziodemographischen Strukturen stimmten mit denen der umliegenden Wohngebiete überein. Die "Kaufmarkt"-Kunden stellten einen Warenkorb zusammen, der zu 87 % sonstige Lebensmittel, 83 % Wurst- und Frischfleisch, 82 % Obst und Gemüse und 55 % Brot und Backwaren enthielt. Die Nachfrage nach Getränken lag in den Standorten Thon und Mögeldorf aufgrund der integrierten Getränkemärkte bei 56 bzw. 61 %. An der Unterteilung nach Warengruppen war zu ersehen, daß Brot- und Backwaren bzw. das tägliche frische Brötchen am ehesten in einer Bäckerei oder einer entsprechenden Verkaufsstelle gekauft wurden. Die Haushaltsbefragung bestätigte für diese Warengruppe auch die größte Einkaufshäufigkeit. Der wöchentliche oder noch seltenere Einkauf kann somit nur einen Teil des Bedarfs decken.

Die hohen Werte für Obst und Gemüse sowie Wurst- und Frischfleisch bestätigte das Konzept des "Kaufmarktes" der "gläsernen Fleischerei" sowie dem Bezug von regionalen Erzeugern und Bauern (vgl. Kap. 6.3., S. 101). Die Haushaltsbefragung bestätigte erstaunlicherweise die gleich hohen Werte der Einkaufshäufigkeit dieser beiden Warengruppen (vgl. Kap. 7.3.1., S. 134). Daraus läßt sich schließen, daß die Verbraucher zum einen Obst- und Gemüse genauso häufig verzehren wie Fleisch und Wurst und aufgrund der gleich hohen Einkaufshäufigkeit vermutlich auch die gleich hohen Ansprüche an Frische und Qualität stellen.

Tennenlohe liegen.

Tiefkühlkost wurde zu einem Drittel häufiger in den Standorten Mögeldorf und Thon nachgefragt, was deren Bedeutung für den wöchentlichen oder noch selteneren Groß- bzw. Vorratseinkauf unterstreicht.

- Einkaufsmotive

Die Kundenbefragungen wurden vor der Umstellung zum "Marktkauf" durchgeführt. Auf die Problematik der Sortimentsänderung wurde bereits hingewiesen (vgl. Kap. 6.3., S. 101). 56 % der 601 befragten "Kaufmarkt"-Kunden antworteten, daß das umfangreiche Sortiment der Grund für ihren Einkauf im "Kaufmarkt" sei. Die Kunden des innenstadtnahen Standortes Plärrer nannten diesen Grund dagegen nur zu 40 %. Dieser geringere Wert ist in Verbindung mit dem hohen Kopplungsgrad zu sehen, insbesondere auch in Bezug auf das Lebensmittelangebot des benachbarten "Lidl" und der ausländischen Obst- und Gemüseläden sowie Supermärkten. Dieses Ergebnis wird auch durch das Einkaufsverhalten der Bevölkerung der Innenstadt in den südwestlichen Distrikten bestätigt (vgl. Kap. 7.9., S. 234). Für die Kunden der anderen Standorte war das breite Sortiment zu über 60 % der wichtigste Grund, was für einen Einkauf "alles unter einem Dach" bzw. "one-stop-shopping" ohne Kopplung mit anderen Tätigkeiten oder Aktivitäten spricht (*Buch u.a.*, 1985, 5 f).

Als zweitwichtigster Grund wurde mit 48 % die Lage des jeweiligen "Kaufmarktes" genannt. Die Kunden des Standortes Sulzbacher Straße gaben diesen Grund sogar zu über 50 % an. Hier besteht ein Zusammenhang zu dem hohen Anteil an Fußgängern und Benutzern von Fahrrädern und damit auch zu Ausgaben unter 100 DM. Für über 80 % der unmotorisierten Kundschaft war die Lage des Standortes der wichtigste Einkaufsgrund, wogegen nur 35 % der anderen Verkehrsteilnehmer diesen Grund angaben.

Ein Drittel der Befragten zählten das Preisniveau auf. Während der Befragung wurde sogar häufig darauf hingewiesen, daß die Preise für Lebensmittel mit Ausnahme der Sonderangebote überteuert wären. Auch die mobileren Pkw-Benutzer erwähnten nur zu 36 % die Preise. Die Attraktivität eines breiten und tiefen Sortimentes, das letztlich das "one-stop-shopping" ermöglicht, überbietet anscheinend die Bedeutung niedriger Preise.

Parkplätze führten 20 % der Befragten auf. 36 % der motorisierten Kunden nannten die Parkmöglichkeiten. Dieser geringe Wert läßt darauf schließen, daß die großen kostenlosen Parkplätze als selbstverständlich erachtet werden und nicht mehr als eigenständiges Einkaufsmotiv in die Einkaufsstättenwahl einfließen.
12 % gaben den Arbeitsweg als Grund an. Am Standort Plärrer zählten mit 20 % die meisten Kunden diesen Grund auf. Arbeitnehmer, die mit den öffentlichen Verkehrsmitteln zur Arbeit fahren, können leicht am Verkehrsknotenpunkt Plärrer ihre Fahrt für Besorgungen unterbrechen.
15 % der Kunden im "Kaufmarkt" am Plärrer kauften ausschließlich wegen der guten Anbindung an das öffentliche Verkehrsnetz in diesem Standort ein. Das unterstreicht die Bedeutung eines eigenen Zugangs zu der U-Bahn und damit verbunden auch möglichst kurzer Wege zu den Haltepunkten (vgl. auch *Brandenburg*, 1985, 222).
Nur 1 % der Befragten führten gezielte Großeinkäufe im "Kaufmarkt" durch. Die 11 % der Kunden, die das Fleischangebot herausstellten, tätigten in dieser Warengruppe auch gezielte Großeinkäufe.

- Kopplungsaktivitäten

80 % der Fußgänger und Fahrradfahrer koppelten ihre Einkäufe nicht mit anderen Tätigkeiten. Das Gewicht der gekauften Waren läßt keine weiteren Aktionen zu, so daß der Einkauf als monofinaler Ausgang getätigt wird (*Brandenburg*, 1985, 240). 52 % der Benutzer öffentlicher Verkehrsmittel koppelten den Einkauf mit anderen Tätigkeiten. Dabei ist die Stellung des "Kaufmarktes" am Plärrer mit seinem hohen Anteil der U-Bahn-Benutzer, den 20 % Einkäufern auf dem Arbeitsweg und dem insgesamt hohen Kopplungsgrad zu berücksichtigen. Verbraucher, die für ihren Einkauf auf das Auto zurückgriffen, erledigten zu 46 % noch weitere Besorgungen. *Popp* (79, 306 ff) stellt fest, daß mit steigender Entfernung zwischen Wohnort und Funktionsstandort der Anteil der Personen steigt, die ihren Besuch in einem Verbrauchermarkt mit anderen Tätigkeiten verbinden.
Der im Frühjahr am Nordwestring eröffnete "Marktkauf" in der Kölner Straße bietet dem spezialisierten Facheinzelhandel aus dem non-food-Sektor Gewerbeflächen zur Miete an, um eine Attraktivitätssteigerung des eigenen Standortes durch die

Möglichkeiten externer Kopplung zu erreichen (*Klietz*, 1994, 1). Dieses Angebot nehmen der Fach-Einzelhandel und die Verbraucher an und damit steigt die Bedeutung bzw. Zentralität dieses Standortes gegenüber "einfachen" Standorten von Supermärkten. Diese Attraktivität können sich Wettbewerber zunutze machen, indem sie Standorte in der Nähe suchen bspw. "Lidl" am Plärrer (vgl. auch Kapitel 7.6.1., S. 203).

- Mobilität

Kunden, die einen Pkw zur Verfügung haben, werden tendenziell diesen auch für Einkaufsfahrten benutzen und nicht freiwillig auf die unbequemeren öffentlichen Verkehrsmittel wechseln (*Heinritz*, 1979b, 106). Damit ist auch zu erklären, daß Personen, die im Nahbereich wohnen, trotzdem das Auto für den Einkauf benutzen. Die Einkäufe können bequemer nach Hause transportiert werden. Vor allem bei schweren und sperrigen Gütern, wie bei Getränkekästen, spielt der Transport eine besondere Rolle (*Brandenburg*, 1985, 224). Das gilt insbesondere für die Standorte Mögeldorf und Thon, wo Getränkemärkte integriert sind.

Haushalte, die sowieso einen längeren Weg mit einem damit auch erhöhten Zeitaufwand zurückzulegen haben, neigen eher dazu, durch Rückgriff auf einen Pkw und Erhöhung des Zeitbudgets Zentren in anderen Stadtteilen aufzusuchen. Sie optimieren damit den individuellen Zwecknutzen (*Kreth*, 1979, 273). Das höhere Zeitbudget setzt sich dabei aus der relativ langen Anfahrt und dem eigentlichen Aufenthalt zusammen. Eine Verminderung der Einkaufshäufigkeit bei einer gleichzeitigen Zunahme von Großeinkäufen ist ein Zeichen für ein Einkaufsverhalten bei knappem Zeitbudget (*Kreth*, 1979, 276).

Die hohe Akzeptanz der öffentlichen Verkehrsmittel ist für den Standort Plärrer nicht nur mit der guten Anbindung an die U-Bahn zu erklären, sondern auch mit dem Umstand verbunden, daß kein größerer Parkraum in der unmittelbaren Nähe zur Verfügung steht.

Die durchschnittlichen Entfernungen, die mit dem Fahrrad oder zu Fuß zurückgelegt wurden, lagen für alle Standorte unter 800 m. Dabei schwankte die durchschnittliche Entfernung zwischen 552 m am Plärrer und 719 m in Mögeldorf.

Es läßt sich ein statistischer Zusammenhang beweisen zwischen der Einkaufshäufigkeit und der Verkehrsmittelnutzung (Cramér's V = 0,26) sowie der Einkaufshäufigkeit und den Ausgaben (Cramér's V = 0,24). Für den Standort Plärrer war dieser Wert noch höher. Bei dem Einkauf zu Fuß oder mit dem Fahrrad überwog mit 56 % eindeutig der Einkauf mehrmals die Woche, gefolgt von 35 % wöchentlichem Einkauf und 9 % noch seltener. Der Einkauf mit dem Auto erfolgte zu 50 % wöchentlich, zu 31 % seltener und zu 19 % mehrmals die Woche. 55 % derjenigen, die unter DM 50,-- pro Einkauf ausgaben, kauften mehrmals die Woche ein. Ab Einkaufssummen von 100,-- DM suchten über 80 % einmal pro Woche oder seltener einen "Kaufmarkt" auf. Anhand der Höhe der Ausgaben läßt sich ableiten, ob das aufgesuchte Geschäft eher der täglichen Nahversorgung oder der Vorratsversorgung mit Lebensmitteln dient (*Weichhart*, 1988, 34 ff): In den Standorten Mögeldorf und Thon wurden überwiegend größere Einkäufe bei geringerer Einkaufshäufigkeit getätigt. Die Standorte im erweiterten Innenstadtgürtel dienten dagegen auch der täglichen Nahversorgung.

- Weitere Ergebnisse

Für die Möglichkeiten der Lebensmittellagerung im Haushalt spielte der Keller die geringste Rolle, der, falls überhaupt vorhanden (45 %), meist nicht zum Aufbewahren von Lebensmitteln verwendet wurde. Über eine Speisekammer verfügten 16 % der befragten Haushalte. Die größte Bedeutung hatte die Tiefkühltruhe, die in 75 % der Haushalte vorhanden war, wobei die Plärrer-Kunden eine geringere Quote aufwiesen. Einen Kühlschrank gab es mit einer Ausnahme in jedem Haushalt.

21 % der befragten "Kaufmarkt"-Kunden gaben an, daß sie sich ausschließlich dort versorgten. Die anderen suchten zusätzlich andere Verbrauchermärkte (zu 3 %), Supermärkte und den Fach-Einzelhandel wie Bäckereien, Metzgereien usw. auf.

6.7. Zusammenfassung der Ergebnisse

Verbrauchermärkte[29] leisten einen wichtigen Beitrag zur Lebensmittelversorgung. Innerhalb des Stadtgebietes bilden sie C-Zentren aus. In Nürnberg gibt es zwei Unternehmen, "Meister" und "Kaufmarkt", den heutigen "Marktkauf", die mit Verbrauchermärkten vertreten sind. Der "Kaufmarkt" wurde als ursprünglich Nürnberger Unternehmen für die Kundenbefragung ausgewählt. Dessen Bedeutung insbesondere als Verbrauchermarkt wurde durch die Haushaltsbefragungen in den Untersuchungsgebieten bestätigt (vgl. Kap. 6.2., S. 100): Fast jeder zweite Haushalt kaufte mindestens eine Warenart dort ein und rund 19 % des gesamten Bedarfs an Lebensmitteln wurde im "Kaufmarkt" gedeckt. Der Anteil aller Nürnberger Verbrauchermärkte an der Versorgung mit Gütern des täglichen Bedarfs steigt für die Untersuchungsgebiete von 12 % für Brot und Backwaren über 22 % für Obst und Gemüse, 26 % Wurst und Fleischwaren und 34 % Getränke auf rund 35 % für sonstige Lebensmittel an (vgl. Tab. 24, S. 204). Verbrauchermärkte verbessern und erweitern erst einmal die Versorgungssituation. Die Verlagerung von Kaufkraftflüssen wirkt jedoch auf benachbarte Nebenzentren (*Hatzfeld* , 1984, 23). Der dortige Lebensmittel-Einzelhandel erfährt Umsatzeinbußen, die zu einer möglichen Geschäftsaufgabe führen können. Während für das Franken-Einkaufs-Zentrum diese Entwicklung bestätigt werden konnte (vgl. Kap. 5.5., S. 94 f) konnte das für die untersuchten Standorte der "Kaufmarkt"-Filialen nicht festgestellt werden. Im Gegenteil siedeln sich Discounter bevorzugt in der Nähe der Verbrauchermärkte an, um von deren Attraktivität zu profitieren (vgl. Kap. 7.6.1., S. 203). "Lidl" besitzt Standorte in Nachbarschaft zu den "Kaufmärkten" Plärrer, Thon und Sulzbacher Straße und "Aldi" in Mögeldorf. Die innerhalb der äußeren Ringstraße gelegenen Standorte Plärrer und Sulzbacher Straße weisen in der Nähe weitere Lebensmittelgeschäfte und anderen Einzelhandel auf. Außerhalb der Ringstraße können nur noch Discounter von einer Nachbarschaft profitieren (vgl. Karte 6), während sich selbständige Fachgeschäfte nicht mehr halten können. Hier scheint das nahräumliche Einzugsgebiet zu klein zu sein. Die Fachgeschäfte sind eher auf

---

29 Die Verbraucher unterscheiden nicht zwischen SB-Warenhaus und Verbrauchermarkt. "Kaufmärkte" sind streng genommen SB-Warenhäuser, werden aber hier der Kategorie der Verbrauchermärkte zugeordnet.

Laufkundschaft und somit auf Verbraucher angewiesen, die ihre Einkäufe extern koppeln, d.h. in verschiedenen Geschäften ihre Lebensmitteleinkäufe zu Fuß oder mit dem Fahrrad tätigen.
Die Verbrauchermärkte außerhalb der Ringstraße sind großflächig angelegt. Einkäufe können durch das "shop-in-the-shop-" System und eingemietetem Facheinzelhandel gekoppelt werden. Für Brot- und Backwaren handelt es sich in der Regel um filialisierte Pächter und für Wurst und Fleisch meist um selbständige Meisterbetriebe.[30]
In den großflächig und ebenerdig angelegten "Kaufmärkten" außerhalb der Ringstraße werden wöchentliche oder noch seltenere Vorratseinkäufe mit dem Auto getätigt. Die in das Stadtgebiet integrierten Standorte innerhalb der Ringstraße spielen auch für die nahräumliche Versorgung eine bedeutende Rolle. Das zeigt sich an den deutlich niedrigeren Einkaufssummen und damit einem häufigeren Einkauf zu Fuß oder mit dem Fahrrad. Die Anbindung an öffentliche Verkehrsmittel wird um so eher angenommen, je höherrangiger, d.h. schneller bei gleichzeitig höherer Taktfrequenz wie die U-Bahn, es ist und je leichter der Standort vom Haltepunkt aus zu erreichen ist. Der "Kaufmarkt" Plärrer ist an die U-Bahn-Linien mit einem direkten Zugang angeschlossen mit der entsprechenden Wirkung auf das Einzugsgebiet entlang der U-Bahn-Linien (vgl. Karte 7).

---

[30] Super- und Verbrauchermärkte verlagern so die Personalproblematik auf die eingemieteten Meisterbetriebe. Würden sie diese Abteilungen selbständig führen, bräuchten sie entsprechendes Fachpersonal, von deren Sach- und Fachkenntnis sowie ihrer Zuverlässigkeit das gesamte Warenangebot und die Attraktivität des Geschäfts maßgeblich beeinflußt wird. Unvorhergesehene Krankheiten und / oder Kündigungen könnten massive Auswirkungen haben.

7. Versorgung aus der Sicht der Verbraucher

Die Versorgung mit Lebensmitteln stellt ein grundlegendes Bedürfnis der Bevölkerung dar. Der Handel mit Gütern des täglichen Bedarfs, bzw. convenience goods, gehört zu den zentralen Diensten niederer Rangstufe. Die Deckung des Grundbedarfs kann bereits in den niederrangigsten Zentren oder sogar in Einzelgeschäften gedeckt werden. Die Theorie der zentralen Orte geht davon aus, daß höherrangige Zentren die Funktionen der niederrangigen subsumieren und darüber hinaus ein zusätzliches Angebot bieten. Somit kann die Stadt Nürnberg als Oberzentrum insgesamt eine vollständige Versorgung für Lebensmittel gewährleisten. Diese ist jedoch nicht für ein Oberzentrum spezifisch. Die vollständige Versorgung mit Gütern des täglichen Bedarfs wird innerstädtisch durch die verschiedenen Nebenzentren gewährleistet. Diese unterscheiden sich voneinander in Qualität und Quantität des Angebots. Zu höherrangigen Nebenzentren gehört ein Angebot von Spezialitäten. Eine Stadt ist damit kein homogenes Gebilde. Vielmehr gibt es Zentren der Versorgung, z.B. Stadtteilzentren, und Gebiete, die weniger gut oder schlecht versorgt sind.

7.1. Die Haushaltsbefragung der Stadt Nürnberg 1993

Das statistische Amt der Stadt Nürnberg führt alle Interview-Umfragen in einem zweifach geschichteten disproportionalen Klumpenauswahl-Verfahren durch. Die Stadt wird hierzu zum einen räumlich in 17 Gebiete unterteilt, damit die Erhebung regional ausgewogen ist und über das Stadtgebiet gleichmäßig streut. Zum anderen wird nach Baualtersklassen und Gebäudeart unterschieden, beispielsweise Mehrfamilienhäusern mit und ohne Sozialbindung. Die Erhebung wird deshalb disproportional durchgeführt, um zu verhindern, daß einzelne "Zellen" unter einer zulässigen Anzahl Fälle sinkt. Dieser Fehler wird über Gewichtungsfaktoren bei der Auswertung korrigiert, was natürlich Informationen über die Zusammensetzung der Grundgesamtheit voraussetzt. Schließlich wählt die Stadt Nürnberg das Klumpenverfahren aus praktischen Gründen. Dem Interviewer wird die Adresse des Hauses bzw. des Wohnblocks zugewiesen, in dem er so viele Befragungen durchführen kann, wie er Haushalte antrifft. Damit wird eine hohe Trefferquote und eine Minimierung der Wege erzielt.

Dem Verfasser war es möglich, in der *Wohnungs- und Haushaltsbefragung 1993* der Stadt Nürnberg Fragen zum Einkaufsverhalten einzubringen. Dabei konnte zwar die Versorgungssituation mit Lebensmitteln nur allgemein und damit oberflächlich erfaßt werden, weil der Umfang des Fragebogens begrenzt war und noch weitere Bereiche befragt werden sollten. Eine Auswertung dieser Daten wurde dem Verfasser aber seitens des statistischen Amtes der Stadt Nürnberg ermöglicht (Anhang, Kap. 3, S. 42 ff). Die Berücksichtigung der Adressen bei der Auswertung der Wohnungs- und Haushaltserhebung 1993 war aus Gründen des Datenschutzes nicht möglich, aber auch wegen dem verwendeten Klumpenverfahren nicht sinnvoll (vgl. Tabelle 2, S. 120).

In der Haushaltsbefragung 1993 der Stadt Nürnberg wurden im gesamten Stadtgebiet 12.605 Haushalte erfaßt. Obwohl die Interview-Methode angewandt wurde, fehlten auch bei allgemeinen Fragen zum Haushalt Angaben. Rund 1.000 (8 %) der Befragten gaben nicht die Haushaltsgröße und 760 (6 %) nicht ihr Geschlecht an! Bei den übrigen Fragen lag die Verweigerung bei über 30 %.

Die durchschnittliche Haushaltsgröße lag mit einer Standardabweichung von 1 bei knapp 2. Mit 4.760 (41 %) dominierten die Single-Haushalte, gefolgt von den 4.060 (35 %) Zwei-Personen-Haushalten. 1.510 (13 %) der Haushalte hatten 3 Mitglieder, 880 (7,6 %) 4 und 280 (2,4 %) 5 und mehr. 55 % der Befragten waren weiblich.

11,6 % vermißten innerhalb eines Umkreises von 1 km Läden oder Geschäfte. Innerhalb des erweiterten Innenstadtringes bis zur äußeren Ringstraße deckte sich das Vermissen von Läden und Geschäften größtenteils mit der starken Abnahme des Einzelhandels mit Lebensmitteln in diesen Distrikten (vgl. Kapitel 5.3., S. 80) bspw. die Kettelersiedlung (Distrikt 441). Die Ungleichverteilung des Besatzes mit Einzelhandel in Langwasser wurde im Norden beklagt (Distrikte 331 und 332). In Gebieten, wo es noch nie einen starken Besatz von Lebensmittelgeschäften gab wie im Distrikt 281, Wöhrder See Süd, war auch eine überdurchschnittliche Unzufriedenheit zu verzeichnen.

Tabelle 2: Anzahl der befragten und erreichten Haushalte

Gebiet	Distrikt	Wohnungsbestand 31.12.92	Anzahl der befragten Haushalte		Anzahl der befragten Adressen		Anzahl (%) der erreichten Haushalte	
			Stadt Nürnberg	eigene Erhebung	Stadt Nürnberg	eigene Erhebung	Stadt Nürnberg	eigene Erhebung
St. Lorenz	10	149	23	4	3	4	15,44	2,68
	11	457	11	18	6	15	2,41	3,94
	12	401	2	12	2	10	0,5	2,99
	13	100	0	5	0	5	0	5
	14	200	0	11	0	6	0	5,5
	15	49	0	3	0	1	0	6,12
	16	214	51	12	4	10	23,83	5,61
	17	198	9	9	2	8	4,55	4,55
	18	475	26	18	5	13	5,47	3,79
	19	707	21	29	3	16	2,97	4,1
Summe		**2.950**	**143**	**121**	**25**	**88**	**4,85**	**4,1**
St. Sebald	60	79	10	4	1	4	12,66	5,06
	61	249	0	11	0	7	0	4,42
	62	461	9	33	3	20	1,95	7,16
	63	701	31	28	6	17	4,42	3,99
	64	523	43	23	6	17	8,22	4,4
	65	723	25	38	4	19	3,46	5,26
	66	344	13	15	2	9	3,78	4,36
	67	549	19	31	3	16	3,46	5,65
	68	1.406	83	43	13	21	5,9	3,06
	69	906	34	30	5	18	3,75	3,31
Summe		**5.941**	**267**	**256**	**43**	**148**	**4,49**	**4,31**
Schniegling	710	1.059	60	54	16	42	5,67	5,1
	711	368	6	23	5	21	1,63	6,25
	701	817	34	33	8	23	4,16	4,04
Summe		**2.244**	**100**	**110**	**29**	**86**	**4,46**	**4,9**
Gartenstadt	451	927	40	41	20	41	4,31	4,42
	452	2.079	103	40	24	37	4,95	1,02
	453	996	48	40	28	40	4,82	4,02
Summe		**4.002**	**191**	**121**	**72**	**118**	**4,77**	**3,02**
Sündersbühl	200	287	13	4	2	4	4,53	1,39
	201	1.007	47	32	17	29	4,67	3,18
	202	2.923	103	42	15	34	3,52	1,44
	203	1.516	53	24	9	21	3,5	1,58
	210	331	6	8	1	7	1,81	2,42
	211	616	37	7	4	7	6,01	1,14
	212	1.509	26	23	6	21	1,72	1,52
	214	87	1	3	1	3	1,15	3,45
	600	472	24	11	7	8	5,09	2,33
	601	1.311	69	29	16	24	5,26	2,21
	620	501	11	17	9	16	2,2	3,39
	621	319	12	10	7	10	3,76	3,14
	622	1.054	45	39	25	35	4,27	3,7
Summe		**11.933**	**447**	**249**	**119**	**219**	**3,75**	**2,09**
Zerzabelshof	290	748	79	30	11	19	10,56	4,01
	291	977	35	66	14	57	3,58	6,76
	292	844	32	34	11	31	3,79	4,03
	951	1.770	104	78	25	64	5,88	4,41
	952	884	41	54	13	46	4,64	6,11
	953	1.041	39	73	33	66	3,75	7,01
Summe		**6.264**	**330**	**335**	**107**	**283**	**5,27**	**5,35**
Maxfeld	82	2.440	88	75	17	49	3,61	3,07
	260	2.369	124	57	17	45	5,23	2,41
	261	2.467	122	74	19	54	4,95	3
	800	837	38	44	12	37	4,54	5,26
	801	663	36	31	8	24	5,43	4,68
	830	362	20	16	10	15	5,53	4,42
	832	740	24	48	17	45	3,24	6,49
	833	386	14	16	11	15	3,63	4,15
Summe		**10.264**	**466**	**361**	**111**	**284**	**4,54**	**3,52**
Gesamtsumme		**43.598**	**1.974**	**1.553**	**506**	**1.226**	**4,53**	**3,56**

Quelle: Eigene Berechnung der Daten der "Wohnungs- und Haushaltserhebung 1993", Statistisches Amt der Stadt Nürnberg, Statistisches Jahrbuch 1993, S. 220 ff, Nürnberg 1993 und eigene Erhebung

Die Distrikte 290, Zerzabelshof West, 622, Sündersbühl Nord, und 451, Gartenstadt Ost, lagen in den später vertiefend zu untersuchenden Gebieten. In den Randlagen und den Eingemeindungen wurden auch verstärkt Läden und Geschäft vermißt. Überdurchschnittlich unzufrieden waren auch die Anrainer an den "Kaufmarkt" Thon im Distrikt 740 und die Anrainer an den damals noch nicht eröffneten "Marktkauf" Nordwestring im Distrikt 724.
65 % kauften in kleinen Fachgeschäften ein, 70 % in Supermärkten und 67 % in großen Verbrauchermärkten. Davon machten 90 % "manchmal" und "häufig" ihre Einkäufe in Supermärkten, während jeweils knapp 30 % sich "fast nie" in kleinen Fachgeschäften und in großen Verbrauchermärkten versorgten. Obwohl der Einkauf in großen Verbrauchermärkten häufiger angegeben wurde als der in Fachgeschäften, ließ sich hiervon keine Folgerung auf die tatsächliche Einkaufshäufigkeit ableiten, weil die subjektiv wahrgenommene Einkaufshäufigkeit auch von Art und Größe des Geschäftes abhängt, wie noch zu zeigen sein wird. Die Versorgung mit dem Vollsortiment ("alles unter einem Dach") eines Supermarktes schien aber eine herausragende Rolle zu spielen. 22 % der 12.600 Haushalte machten ihre Besorgungen unterwegs.

Die Frage 6 nach dem für den Einkauf verwendeten Verkehrsmittel wurde von 70 % beantwortet. Von diesen ging ein Drittel zu Fuß, 42 % benutzte das Auto, 18 % den öffentlichen Nahverkehr und 7,5 % das Fahrrad. Das Motorrad, Mofa etc. spielte keine Rolle.

7 % der Befragten fehlten Einkaufsmöglichkeiten in ihrer Wohngegend. Die Angaben deckten sich räumlich mit den Ergebnissen der Frage 4. Die schlechte Anbindung an das öffentliche Verkehrsnetz wurde nur von 3 % angegeben, vor allem in städtischen Randlagen und Eingemeindungen. Trotzdem nutzten diese 400 Haushalte zu 14 % den öffentlichen Nahverkehr, 61 % das Auto, 8 % das Fahrrad und nur 15 % gingen zu Fuß.

65 % gaben die Zahl der Autos im Haushalt an. Im Durchschnitt verfügte jeder Haushalt über ein Auto mit einer Standardabweichung von 0,7. Von den 21 %, die kein

eigenes Auto hatten, konnten 6 % für den Einkauf auf einen Pkw zurückgreifen. Setzte man die Anzahl Pkws mit der Verkehrsmittelwahl in Relation, erhielt man 7.716 gültige Fälle. Es ließ sich ein statistischer Zusammenhang zwischen dem Vorhandensein eines Autos und der Verkehrsmittelwahl nachweisen (Cramér's V = 0,23, Irrtumswahrscheinlichkeit tendiert gegen 0). Die Pkw-Nutzung nahm mit steigender Verfügbarkeit bis drei Autos pro Haushalt ständig zu und entsprechend die Nutzung der anderen Verkehrsmittel ab. Haushalte mit 4 Autos dagegen benutzten wieder deutlich öfter alternative Verkehrsmittel. Die Fahrradnutzung lag hier mit 11 % weit über dem Schnitt.

Es ist anzunehmen, daß Haushalte, die vier Autos finanzieren und unterhalten können, in der Regel der Oberschicht zuzurechnen sind. Die Nutzung des Pkws wird für deren Haushaltsmitglieder mit einem vergleichsweise geringeren Prestigewert verbunden sein. Man hat es nicht (mehr) nötig, mit dem Auto Eindruck zu machen. So wird eher auf das je nach Art der Tätigkeit bequemste und schnellste Verkehrsmittel zurückgegriffen.

Autofreie Haushalte gingen zu 50 % zu Fuß einkaufen und nutzten zu 37 % die öffentlichen Verkehrsmittel. Auf das Fahrrad wurde mit 7 % durchschnittlich oft zurückgegriffen.

Bei Kreuztabellierungen ergab sich ein Zusammenhang zwischen der Verkehrsmittelwahl und dem Einkauf in großen Verbrauchermärkten (Cramér's V = 0,18): Je häufiger man in einem Verbrauchermarkt einkaufte, desto eher wurde das Auto für die Besorgungen benutzt. Gleichzeitig stieg der Rückgriff auf öffentliche Verkehrsmittel, während der Einkauf zu Fuß oder mit dem Fahrrad abnahm.

Ein Zusammenhang zwischen der Verkehrsmittelwahl und dem Einkauf in Fachgeschäften oder Supermärkten ließ sich statistisch nicht belegen. Der Einkauf im Supermarkt wurde zum größten Teil zu Fuß oder mit dem Auto getätigt. Das Fahrrad wurde mit 7,6 % durchschnittlich oft genutzt.

Es war ein schwacher Zusammenhang zwischen der steigenden Zahl der verfügbaren Pkws und dem Einkauf in einem großen Verbrauchermarkt (Cramér's V = 0,1) vorhanden, während Zusammenhänge zum Einkauf in Supermärkten oder Fachgeschäften keine Aussage zuließen.

Als Ergebnis ist festzuhalten: Der größte Teil der Verbraucher versorgte sich in Super- und Verbrauchermärkten. Wenn diese Geschäfte weiter entfernt waren, wurde auf das Auto als Verkehrsmittel zurückgegriffen.

In der Wohnungs- und Haushaltserhebung 1989 der Stadt Nürnberg wurde ermittelt, daß öffentliche Verkehrsmittel zu über 20 %, das Auto zu über 40 % und das Fahrrad bei unter 10 % für den allgemeinen Einkauf benutzt wurden. Generell wurde festgestellt, daß die "Mobilität ohne Auto" mit zunehmender Entfernung zum Zentrum abnahm. Bis zu Entfernungen von 2 km wurde am häufigsten zu Fuß gegangen. Erst ab Entfernungen zwischen vier und sechs Kilometern erlangte das Auto und die öffentlichen Verkehrsmittel größere Bedeutung. Innerhalb von zwei Kilometern vom Wohnstandort liefen die meisten Befragten zu Fuß oder benutzten das Fahrrad, das bis zu 6 km Entfernung die größte Bedeutung hatte (*Stellwag*, 1990, 1 ff).

7.2. Gegenstand und Repräsentativität der eigenen Untersuchung

- Die Untersuchungsgebiete

Die Art der Versorgung bzw. das Einkaufsverhalten unterscheidet sich bei den Haushalten im ländlichen Raum oder in der Stadt. In dieser Arbeit sollen die ländlichen Eingemeindungen des Oberzentrums nicht betrachtet werden.
Aufgrund einer Vielzahl von Gesprächen, die der Verfasser mit Dr. Schirner, dem Leiter des statistischen Amtes Nürnberg, und Herrn Bodenschatz vom Stadtplanungsamt Nürnberg geführt hat, lag die Vermutung nahe, daß die Versorgung in den Stadtteilen Gartenstadt und Zerzabelshof schlecht sei. Weiter wurde dem Verfasser beigepflichtet, daß durch die ansteigenden Mietpreise in City-Lagen der Lebensmittel-

einzelhandel zunehmend verdrängt wird, was zu einer Verschlechterung der Versorgung führen könnte.

Die Untersuchung der Innenstadt sollte zeigen, ob es im Zentrum eines Oberzentrums Versorgungslücken mit Gütern des täglichen Bedarfs gäbe. Schniegling und die Gartenstadt sollten das Versorgungsverhalten in städtischen Randlagen darstellen. Die großflächigen Gebiete Zerzabelshof, Sündersbühl und Maxfeld wurden so gewählt, daß sie zum einen nah an das Zentrum heranreichten und von der Ringstraße als künstliche geographische Grenze[31] geteilt wurden. Damit faßten sie Gebiete aus dem erweiterten Innenstadtbereich bis zur B4R und Randlagen zusammen. In ihnen lagen Distrikte, die seitens des statistischen Amtes der Stadt Nürnberg als unterversorgt angenommen werden, nämlich Teile von der Gartenstadt, Zerzabelshof und Sündersbühl.

Zur Abgrenzung der näher zu untersuchenden Gebiete wurde die Einteilung in Distrikte der Stadt Nürnberg übernommen, um eine klare und nachvollziehbare räumliche Abgrenzung zu gewährleisten (vgl. Tabelle 3, S. 125).

Die objektive Versorgungslage wurde durch die Kartierung des entsprechenden Gebietes unter Einbezug der nächsten Geschäfte in den angrenzenden Gebieten erfaßt. Ob die dort ansässige Bevölkerung aber tatsächlich in diesen Geschäften einkauft, konnte man allein aufgrund der Kartierung nicht eindeutig feststellen. Folglich mußte man das tatsächliche Einkaufsverhalten durch eine Haushaltsbefragung erfassen.

---

31 Nach Klingbeil (1978, 60) würde eine künstliche geographische Grenze eine "capability constraint" darstellen (vgl. Kap. 2.2.1., S. 16).

Tabelle 3: Fläche, Wohnungsbestand und erreichte Haushalte

Name	Distrikt	Fläche in ha (brutto)	Wohnbevölkerung 31.12.92	Einwohnerdichte *	Wohnungsbestand 31.12.92	Haushaltsgröße 31.12.1992	verteilte Fragebögen	Rücklauf		Anzahl (%) der erfaßten Haushalte
								absolut	in %	
St. Lorenz	10	5,83	222	52	149	1,49	46	4	8,7	2,68
	11	8,38	716	123	457	1,57	144	18	12,5	3,94
	12	11,69	667	70	401	1,66	124	12	9,68	2,99
	13	6,49	151	29	100	1,51	30	5	16,67	5
	14	11,58	361	64	200	1,81	64	11	17,19	5,5
	15	3,87	92	26	49	1,88	22	3	13,64	6,12
	16	7,2	590	113	214	2,76	78	12	15,38	5,61
	17	7,95	519	82	198	2,62	90	9	10	4,55
	18	8,17	920	146	475	1,94	160	18	11,25	3,79
	19	13,07	1.256	174	707	1,78	190	29	15,26	4,1
Summe		**84,23**	**5.494**	65 **	**2.950**	**1,86**	**948**	**121**	**12,76**	**4,1**
St. Sebald	60	3,71	141	64	79	1,79	25	4	16	5,06
	61	3,56	832	320	249	3,34	90	11	12,22	4,42
	62	7,25	755	164	461	1,64	150	33	22	7,16
	63	6,34	1.173	286	701	1,67	200	28	14	3,99
	64	8,7	739	176	523	1,41	150	23	15,33	4,4
	65	6,18	1.108	235	723	1,53	200	38	19	5,26
	66	5,45	577	131	344	1,67	100	15	15	4,36
	67	11,08	852	100	549	1,55	170	31	18,24	5,65
	68	11,37	2.421	235	1.406	1,72	250	43	17,2	3,06
	69	10,86	1.579	181	906	1,74	190	30	15,79	3,31
Summe		**74,5**	**10.177**	137 **	**5.941**	**1,71**	**1.525**	**256**	**16,79**	**4,31**
Schniegling	710	49,67	2.561	64	1.059	2,42	350	54	15,43	5,1
	711	54,05	770	40	368	2,09	150	23	15,33	6,25
	701	42,79	1.866	51	817	2,28	200	33	16,5	4,04
Summe		**146,51**	**5.197**	35 **	**2.244**	**2,32**	**700**	**110**	**15,71**	**4,9**
Gartenstadt	451	48,29	1.975	49	927	2,13	233	41	17,6	4,42
	452	33,17	3.913	126	2.079	1,88	432	40	9,26	1,02
	453	34,58	2.025	71	996	2,03	235	40	17,02	4,02
Summe		**116,04**	**7.913**	68 **	**4.002**	**1,98**	**900**	**121**	**13,44**	**3,02**
Sündersbühl	200	21,53	665	38	287	2,32	57	4	7,02	1,39
	201	25,73	2.116	120	1.007	2,1	196	32	16,33	3,18
	202	29,61	6.216	229	2.923	2,13	586	42	7,17	1,44
	203	19,52	3.376	185	1.516	2,23	300	24	8	1,58
	210	18,37	818	67	331	2,47	66	8	12,12	2,42
	211	12,53	1.905	181	616	3,09	160	7	4,38	1,14
	212	27,98	2.809	122	1.509	1,86	300	23	7,67	1,52
	214	24,34	251	18	87	2,89	17	3	17,65	3,45
	600	81,13	842	11	472	1,78	93	11	11,83	2,33
	601	77,19	2.942	52	1.311	2,24	263	29	11,03	2,21
	620	30,77	1.066	40	501	2,13	101	17	16,83	3,39
	621	47,4	809	47	319	2,54	66	10	15,15	3,14
	622	62,31	2.516	52	1.054	2,39	214	39	18,22	3,7
Summe		**435,75**	**26.331**	60 **	**11.933**	**2,21**	**2.419**	**249**	**9,96**	**2,09**
Zerzabelshof	290	29,64	1.701	96	748	2,27	300	30	10	4,01
	291	35,97	2.002	62	977	2,05	430	66	15,35	6,76
	292	27,96	1.219	57	844	1,44	240	34	14,17	4,03
	951	39,38	3.191	88	1.770	1,8	690	78	11,3	4,41
	952	35,74	1.706	71	884	1,93	340	54	15,88	6,11
	953	64,94	2.201	44	1.041	2,11	500	73	14,6	7,01
Summe		**233,63**	**12.020**	51 **	**6.264**	**1,92**	**2.500**	**335**	**13,4**	**5,35**
Maxfeld	82	24,32	4.206	205	2.440	1,72	532	75	14,1	3,07
	260	24,27	4.151	191	2.369	1,75	522	57	10,92	2,41
	261	36,11	4.103	137	2.467	1,66	557	74	13,29	3
	800	29,52	1.783	71	837	2,13	228	44	19,3	5,26
	801	21,86	1.619	92	663	2,44	201	31	15,42	4,68
	830	40,34	1.005	28	362	2,78	114	16	14,04	4,42
	832	32,5	1.660	60	740	2,24	236	48	20,34	6,49
	833	20,3	814	49	386	2,11	110	16	14,55	4,15
Summe		**181,7**	**19.341**	106 **	**10.264**	**1,88**	**2.500**	**361**	**14,44**	**3,52**
Gesamtsumme		**1.272,36**	**86.473**	68 **	**43.598**	**1,98**	**11.492**	**1.553**	**13,51**	**3,56**
Stadt Nürnberg		18.578,25	500.198	27 **	238.525	2,1				

* Die Bevölkerungsdichte errechnet sich aus der Bevölkerung (Stand 1992) pro bebauter Fläche (netto) in ha (Stand 1987, aktuellere Daten waren nicht verfügbar) des Distrikts. Die Werte wurden abgerundet.

** gerundete Werte bezogen auf die Wohnbevölkerung (31.12.1992) gegenüber der gesamten (brutto) Fläche in ha des Gebietes

Quelle: Stadt Nürnberg: Statistisches Jahrbuch 1993, S. 220 ff, Nürnberg 1993 und eigene Erhebung

- Methodik der Befragung

Für die Haushaltsbefragung kamen prinzipiell drei Methoden in Frage: Das Interview per Telefon, das persönliche Interview oder die schriftliche Befragung.

Neben der (Datenschutz!) Problematik, Telefonnummern aus den entsprechenden Untersuchungsgebieten zu erhalten, erübrigte sich diese Methode nach einigen Testläufen mit einem vorgefertigten Fragebogen. Tagsüber erreichte man in etwa zu je einem Drittel einen Anrufbeantworter, niemanden oder nur eine Testperson. Im Verlaufe des Interviews stellte sich heraus, daß der Fragebogen zu lang war. Statt den veranschlagten fünf Minuten benötigte der Verfasser am Telefon mindestens zehn Minuten. Damit sank auch die Bereitschaft, weitere Fragen zu beantworten, was zu unvollständig ausgefüllten Fragebögen geführt hätte. Außerdem waren die Fragen anscheinend nicht immer klar genug formuliert bzw. wurden Rückfragen gestellt. Die persönliche Interviewtechnik wurde auch nicht weiter verfolgt, da ein Testlauf ergab, daß in den ausgesuchten Haushalten teilweise keiner da war und aufgrund der Länge des Fragebogens ebenfalls nicht die Vollständigkeit der Angaben garantiert werden konnte. Zudem wurde von der Stadt Nürnberg kurze Zeit zuvor eine Haushaltsbefragung durchgeführt, so daß der Wille gering war, schon wieder an einer Umfrage teilzunehmen.

Der Verfasser entschied sich für die schriftliche Befragung. Der Fragebogen wurde so gehalten, daß er beidseitig auf eine DIN A 4 Seite paßte und somit rein optisch nicht zu lang erschien. Die Mängel im Layout wurden dabei bewußt in Kauf genommen. Um die Bereitschaft zum Ausfüllen zu erhöhen, wurde ein Begleitschreiben von Prof. Dr. W. Ritter, Lehrstuhl für Wirtschafts- und Sozialgeographie der Universität Erlangen-Nürnberg, beigefügt. In diesem kurz gehaltenen Anschreiben wurde darauf hingewiesen, daß durch die Teilnahme die Chance der Verbesserung der persönlichen Lebensmittelversorgung möglich wäre. Zusätzlich wurde auf dem gleichen Anschreiben ein Gewinnspiel mit der Verlosung von Einkaufsgutscheinen angekündigt, um einen weiteren Anreiz zu geben. Der ausgefüllte Fragebogen konnte portofrei in einem beschrifteten Rückumschlag versandt werden. Obwohl der Rücklauf zwischen 10 und 17 % lag, konnte eine genügend absolute Stichprobengröße erreicht werden, um brauchbare und verallgemeinerbare Ergebnisse zu ermitteln (s. dazu auch S. 130).

- Der Fragebogen

Der Fragebogen beinhaltete dreizehn Fragen (vgl. Anhang). Der erste Teil bis Frage 6 bezog sich auf das Einkaufsverhalten, während die anschließenden Fragen allgemeine Haushaltsmerkmale erfaßte.

Gleich zu Beginn des Fragebogens wurde nach der subjektiven Einschätzung der Einkaufsmöglichkeiten im eigenen Stadtgebiet gefragt. Hier sollte eine Note auf einer Skala von 1 bis 6 angegeben werden. Damit ist diese **Frage 1** im strengen statistischen Sinn mit der Note als Rangmerkmal ordinalskaliert. Im weiteren wird insbesondere bei der Auswertung von einer standardisierten Intervallskala ausgegangen, wie auch bei anderen Marketing-Erhebungen üblich.

Die Anlehnung an die Schulnoten wurde deshalb gewählt, weil der Verfasser davon ausgehen konnte, daß das Notensystem allgemein bekannt ist und deshalb Irrtümer ausgeschlossen werden konnten. Die Ergebnisse bestätigten diese Annahme.

Im zweiten Teil dieser Frage sollten Gründe für eine eventuelle Unzufriedenheit angegeben werden. Ziel war die unvoreingenommene Ermittlung des subjektiven Eindrucks der individuellen Versorgungssituation mit Lebensmitteln gleich zu Beginn des Fragebogens.

Frage 2 war Kernstück der Befragung. Sie hatte eine komplexe und komplizierte Struktur und war untypisch für Fragebogenaktionen. Obwohl so an den Befragten hohe Anforderungen gestellt wurden, hat sich der Verfasser trotzdem für diese Art der Frage entschieden, auch wenn damit der Rücklauf möglicherweise geringer ausfiel. Es zeigte sich, daß fast alle, vor allem auch alte Leute, diese Frage ohne Probleme beantworten konnten.

Angaben über Einkaufsort, Häufigkeit, Tageszeit und Verkehrsmittelwahl zum Erreichen des angegebenen Geschäfts hatte diese Frage zum Ziel. Pro Warenart konnte der Befragte zwei Antworten anführen. Die Waren unterschieden sich nach Metzgereiartikeln, Bäckereiwaren, Obst und Gemüse, Getränken und sonstigen Lebensmitteln. Somit waren 40 einzelne Antworten möglich!

Obwohl in Frage 2 bereits Einkaufsorte von Supermarktartikeln beinhaltet waren, konnte man zusätzlich noch einen Verbrauchermarkt nennen (**Frage 3**).

Neben der Versorgung durch Aufsuchen eines Geschäftes gibt es die Möglichkeit, sich Waren ins Haus zu liefern. Es sollte die Warenart und die liefernde Firma aufgeführt werden (**Frage 4**).
Im weiteren sollte mit **Frage 5** ein möglicher Bedarf an weiteren Lieferleistungen im Lebensmittelbereich festgestellt werden. Bereits bei dem telefonischen Interview hatte sich jedoch gezeigt, daß der Befragte hierin die Gefahr sah, in Zukunft von Lieferanten belästigt zu werden. Entsprechend selten wurden hier Angaben gemacht. Zur Abrundung der Fragen 3 und 4 wurde diese Frage jedoch beibehalten.
Aufgrund der gewünschten Reihenfolge der Fragen und des eingeschränkten Platzes konnte **Frage 6** nur mit Seitenumbruch gestaltet werden. In Ergänzung zur Frage 2 erfaßte sie die Bedeutung, die der Einzelne bestimmten Einkaufsorten zumißt. Auf einer Intervallskala von 0 bis 100 % war nach der Wichtigkeit von Standorteigenschaften als quantitativ-stetiges Merkmal gefragt (*Ferschl*, 1985, S.19 ff). Die Unterfragen a, b und i sollten Hinweise über mögliche Kopplungen der Einkäufe mit anderen Aktivitäten geben, beispielsweise dem Arbeiten oder die Kombination mit anderen Einkäufen in der Nähe. Die Unterfragen d und e zielten auf die "Autofreundlichkeit" des Standortes ab, g und h auf die Auswahl und die Preise des Sortiments und f auf die Bedienung. Hier sollte die Bedeutung der sozialen Funktion Berücksichtigung finden. Neben der reinen Versorgung könnte auch die Kommunikation als sozialer Aspekt eine Rolle für die Geschäftswahl spielen. Letztlich konnten unter j sonstige Gründe angeführt werden.

Die sich anschließenden Fragen nach demographischen Faktoren des Haushalts ermöglichte Aussagen über die Repräsentativität der gesamten Stichprobe und der einzelnen Untersuchungsgebiete. Der Verfasser verglich diese Angaben mit von der Stadt Nürnberg erhobenen Daten der Haushaltsbefragung 1993 (vgl. Tabelle 2, S. 120). So konnten auch Kunden- bzw. Haushaltssegmentierungen durchgeführt werden (vgl. Kap. 7.8., S.221 ff).
Mit der Angabe der Personen, die die Lebensmittel für einen Haushalt einkaufen, konnte zum einen überprüft werden, ob derjenige, der den Fragebogen ausfüllt (Frage zum Schluß des Fragebogens), auch einkauft. Zum anderen waren Rückschlüsse auf

die Rollenverteilung innerhalb eines Haushalts in Bezug auf das Einkaufen möglich (**Frage 7**).

Die Haushaltsgröße (**Frage 8**) läßt eine Segmentierung in Einpersonen-, Mehrpersonenhaushalte mit und ohne Kinder zu.

Die Anzahl der erwerbstätigen Personen kann in Kombination mit den vorherigen Fragen Aussagen ermöglichen, ob beispielsweise überhaupt die Koppelung von Arbeiten und Versorgen eine Rolle spielt (**Frage 9**).

In den **Fragen 10** und **11** sollten Angaben zu dem Vorhandensein eines Pkw gemacht werden. Die Anzahl und vor allem die Verfügbarkeit eines Pkw zum (täglichen) Einkauf könnte in starkem Maße das Einkaufsverhalten beeinflussen. Der Pkw könnte die jeweilige einkaufende Person in die Lage versetzen, distanzunempfindlicher zu werden und Einkäufe öfter mit dem Auto zu tätigen.

Die Verfügbarkeit eines Autos und die Lagerungsmöglichkeiten (**Frage 12**) beschreiben die Ausstattung eines Haushalts. Sie können Aufschluß darüber geben, inwieweit größere Mengen an Lebensmitteln nachgefragt und gelagert werden können.

Obwohl die Selbsteinschätzung der wöchentlichen Einkaufszeit starken Schwankungen unterworfen ist, sollte mit **Frage 13** dem Aspekt der Zeit nochmals besonderes Gewicht verliehen werden.

Abschließend wurde noch nach Geschlecht und Alter gefragt. Fragen nach dem Einkommen oder auch nur nach Einkommensgruppen wurden vom Verfasser bewußt weggelassen, weil diese Angaben zum Großteil unvollständig oder nicht korrekt gemacht werden. Das statistische Amt der Stadt Nürnberg bestätigte diese Ansicht des Verfassers.

Die Fragebögen wurden vor dem Verteilen mit einem Straßencode gestempelt. So konnte von den zurückgesandten Fragebögen eindeutig das Gebiet und die Straße zugeordnet werden. Eine zusätzliche Markierung der Rückumschläge mit einem Farbpunkt ermöglichte eine Vorsortierung nach den sechs Untersuchungsgebieten. In einem Fall wurde die Code-Nummer und die Markierung am Rückumschlag ausgeschnitten, so daß dieser Fragebogen nicht räumlich zugeordnet und damit ausgewertet werden konnte. Bei Teilnehmern an dem Gewinnspiel wurde zusätzlich die

Hausnummer erfaßt. Die genaue Erfassung des Standortes des Haushaltes läßt eine eindeutige räumliche Zuordnung der Einkaufswege und Entfernungen zu und ist für die Aktionsraumforschung wesentlich. Die Namen der Gewinnspielteilnehmer wurden weder erfaßt noch gespeichert und sind entsprechend dem Datenschutz auch nicht im nachhinein zuordenbar.

- Repräsentativität der erhobenen Daten

Dem Verfasser waren im Gegensatz zur Stadt Nürnberg keine weiteren Informationen über die Grundgesamtheit bekannt als die veröffentlichten Daten und Untersuchungen des statistischen Amtes. Er stellte die Repräsentativität der selbst erhobenen Daten über eine gleichmäßige räumliche Verteilung sicher. Hierzu wurden die aktuellsten Daten zur Wohnbevölkerung aus dem Statistischen Jahrbuch 1993, Stand 31.12.1992, herangezogen. Für die ausgewählten Gebiete wurden die Distrikte mit ihrer Wohnbevölkerung festgestellt und der Wohnungsbestand gleich der Anzahl Haushalte angenommen (vgl. Tabelle 3). Die Fragebögen wurden entsprechend der dort wohnenden Bevölkerung über das Gebiet verteilt. Pro Untersuchungsgebiet sollten aber nicht mehr als 2.500 Fragebögen verteilt werden. Das führte in dem großen und bevölkerungsstarken Sündersbühl zu einem Verteilungsverhältnis von zwei Fragebögen auf 21 Personen bzw. erhielten 21 % der Haushalte einen Fragebogen. In Zerzabelshof bekam fast jeder fünfte Einwohner bzw. 40 % der Haushalte einen Fragebogen. Der Rücklauf der Fragebögen schwankte zwischen 16,79 % in St. Sebald und 9,96 % in Sündersbühl. In Zerzabelshof wurden prozentual zur Bevölkerung die meisten Fragebögen verteilt und mit 5,3 % entsprechend die meisten Haushalte erfaßt, während in Sündersbühl mit dem schlechtesten Verteilungsverhältnis nur 2,09 % der ansässigen Haushalte erreicht wurden. Insgesamt erhielten in allen Gebieten 26,5 % der Haushalte einen Fragebogen und bei einem Rücklauf von 13,4 % beinhaltet die Stichprobe 1.553 bzw. 3,56 % aller Haushalte der Untersuchungsgebiete. Es gab insgesamt nur drei nicht auswertbare Fragebögen, die keine Berücksichtigung fanden.

Über 17 % der Gesamtbevölkerung Nürnbergs wohnten in den untersuchten Gebieten. Auf ganz Nürnberg bezogen wurden 0,65 % aller Haushalte erfaßt, d.h. ein Haushalt dieser Stichprobe steht für 150 Haushalte ganz Nürnbergs bzw. für 28 Haushalte der untersuchten Gebiete.

Die Wohnungs- und Haushaltserhebung 1993 der Stadt Nürnberg erfaßte im ganzen Stadtgebiet 12.605 Haushalte, wovon 94 ohne Gebietszuordnung waren. Vergleicht man die Anzahl der erreichten Haushalte für die untersuchten Gebiete, so wurden 21 % mehr Haushalte befragt und damit 4,53 % der Haushalte erreicht (vgl. Tabelle 2). Aber aufgrund des Klumpenverfahrens (s.S. 109) wurden mit 506 weniger Adressen als halb so viele erfaßt als bei der Umfrage des Verfassers. In Schniegling und Zerzabelshof wurden mehr Haushalte erreicht als bei der städtischen Erhebung. Das Ergebnis in Sündersbühl war auf das schlechte Verteilungsverhältnis zurückzuführen, während in der Gartenstadt der Distrikt 452 auffiel. In diesem Gebiet gab es teilweise zehnstöckige Wohnblocks, die der städtischen Erhebungsmethode entgegenkommen: Hier wurden 103 Interviews durchgeführt, während der Verfasser 432 Fragebögen gleichmäßig in dem Distrikt verteilen ließ. Weil beide Erhebungen zeitlich eng zusammen lagen, war die Akzeptanz, an einer weiteren nicht offiziellen Umfrage teilzunehmen, mit 40 Rücksendungen, bzw. 9,26 %, die mit Abstand geringste in der Gartenstadt.

Betrachtet man die Zahl der nicht-erreichten Haushalte, so beträgt diese Quote für die städtische Erhebung etwa 95,5 % und für die des Verfassers 96,5 %. Aufgrund der unterschiedlichen Erhebungsmethoden wurden hier 2,8 % der Adressen erfaßt im Vergleich zu 1,16 % der städtischen Erhebung.

Vom Umfang und von der Verteilung der eigenen Befragung her kann man von einer vergleichbaren Repräsentativität ausgehen wie die der Wohnungs- und Haushaltserhebung 1993 der Stadt Nürnberg. Dabei wurde der gleichmäßigen Erfassung der Haushalte im Raum Rechnung getragen.

- Die Lebensmittelgeschäfte in den Untersuchungsgebieten

Um die Angebotsstruktur mit Lebensmitteln festzustellen, kartierte der Verfasser im Juli 1994 das gesamte Stadtgebiet. Er unterschied dabei in Bäckereien, Metzgereien, Obst- und Gemüseläden, Getränke und Supermärkte. Unter letzteren wurden vor allem die Filialketten wie "Aldi", "Lidl", "Tengelmann", "Edeka", "Spar", aber auch die

Verbrauchermärkte "Kaufmarkt" und "Meister" aufgeführt. Zusätzlich erfaßte der Verfasser alle Geschäfte , die ein zusätzliches Angebot an Lebensmitteln darstellten, wie Konditoreien, Fischgeschäfte, Kaffeeläden, Naturkostläden aber auch "sonstiger Lebensmitteleinzelhandel" wie Tante-Emma-Läden und "Asia-Shops" die ebenfalls ein Vollsortiment bieten. Ergänzend berücksichtigte der Verfasser Standorte von Drogerien und Reformhäusern, weil während der Kartierung auffiel, daß das Lebensmittelangebot in Nebenzentren durch sie häufig ergänzt wurde.

Abb. 12: Anzahl der Lebensmittelgeschäfte in den Untersuchungsgebieten 1970, 1987 und 1994

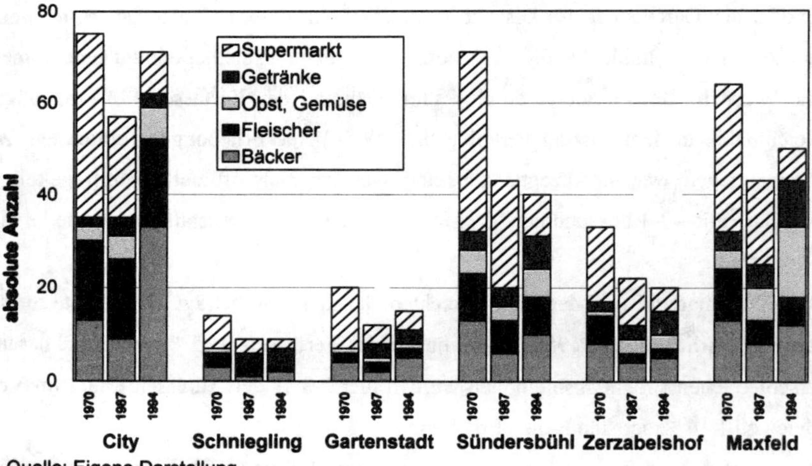

Quelle: Eigene Darstellung

In keinem der Untersuchungsgebiete konnte 1994 die Anzahl an Lebensmittelgeschäften von 1970 erreicht werden (vgl. Abb. 12). Maxfeld setzt sich aus Teilen der Stadtteile 0, 2 und 8 zusammen. Im Vergleich zur Abbildung 11 (vgl. Kap. 5.3., S. 80) zeigt sich, daß das Ansteigen der Zahl der Lebensmittelgeschäfte von 1987 zu 1994 in den Stadtteilen 0 und 8 die Abnahme im Stadtteil 2 überdeckt. Zerzabelshof liegt mit seinen Gebieten aus den Stadtteilen 2 und 9 im Trend ebenso wie Sündersbühl mit Teilen von 2 und 6. Die Gartenstadt gehört zu dem Stadtteil 4. Die Abnahme der Supermärkte im gesamten Stadtteil blieb in der Gartenstadt ab 1987 stabil , so daß durch die Zunahme der Bäcker eine Steigerung der Zahl der Lebensmittelgeschäfte insgesamt erfolgte. Die Landwirte des Stadtteils 7, die seit 1987 ein Gewerbe als Einzelhändler angemeldet haben, um Waren direkt vom Hof verkaufen zu können, sind zum Großteil nicht in Schniegling ansässig. Die Anteile der Geschäfte zueinander veränderte sich 1994 zu 1987 zwar, es war aber kein Anstieg in Schniegling zu verzeichnen. Die Innenstadt, die ausschließlich aus Gebieten des Stadtteils 0 besteht, liegt voll im Trend des gesamten Stadtteils.

7.3. Ergebnisse der gemeinsamen Auswertung aller Untersuchungsgebiete

Insgesamt kamen 1.553 Fragebögen bzw. Haushalte zur Auswertung. Aufgrund der Möglichkeit, Mehrfachantworten zu geben (Frage 2) konnten insgesamt unter Einschluß der Frage nach dem Verbrauchermarkt 17.000 Standorte von Lebensmittelgeschäften aufgeführt werden. Bei Vernachlässigung der Verbrauchermärkte verringerte sich die Zahl der möglichen Antworten bei der Auswertung der Einkaufshäufigkeit, dem Einkaufstag und der Verkehrsmittelwahl auf jeweils 15.500.
1.548 Haushalte nannten 397 Geschäfte bei 11.234 Antworten. Einzelne Bäckereien, Metzgereien, Getränke- sowie Obst - und Gemüseläden erhielten jeweils unter 1 % der Stimmen. Das spricht für deren Bedeutung der nahräumlichen Versorgung im direkten Wohnumfeld ohne grenzüberschreitenden Einzugsbereich. Eine Ausnahme bildete der "Hauptmarkt" in der Innenstadt, der von 2,4 % der Haushalte aufgesucht wurde. Rechnet man die Innenstadt heraus, so kamen 0,8 % (69) Besucher aus den übrigen Untersuchungsgebieten. Von den 321 (2,9 % der) Haushalten, die das Warenhaus "Karstadt" aufgeführt hatten, kamen 80 (0,9 %) aus den übrigen Untersuchungsgebieten. Das Ergebnis unterstreicht *Monheims* Aussage, daß das Sortiment und damit die internen Kopplungsmöglichkeiten maßgeblich die Attraktivität eines Standortes bestimmen (*Monheim*, 1991, 21). Aufgrund der häufigeren Nennung des "Karstadt" gegenüber dem "Hauptmarkt" läßt sich eine höhere Zentralität dieses Standortes außer für Obst und Gemüse ableiten. *Poschwattas* Feststellung, daß die Einkaufsreichweite nicht über den Mittelpunkt der Innenstadt hinausreicht, greift hier aus zweierlei

Gründen nicht (*Poschwatta*, 1978, 200): Zum einen bezieht er sich auf Innenstadtbewohner und deren räumliches Einkaufsverhalten. Im nördlichen St. Sebald wohnen doppelt so viele Einwohner und, obwohl sie eine größere Nähe zum "Hauptmarkt" hätten, suchten sie "Karstadt" zu über 20 % öfter auf. Zum anderen ist aufgrund der räumlichen Nähe der Standorte "Hauptmarkt" und "Karstadt" für Besucher aus anderen Stadtgebieten der Mittelpunkt der Innenstadt nicht ausschlaggebend Hier könnte die bessere Anbindung des "Karstadt" mit einem eigenen Zugang zur U-Bahn zumindest für Benutzer der öffentlichen Verkehrsmittel zu der höheren Attraktivität beitragen.
Nennungen häuften sich vor allem bei Verbrauchermärkten, die die C-Zentren der Stadt darstellen. Den "Kaufmarkt", der heutige "Marktkauf", suchten über 48 % der Verbraucher auf. Nur die Standorte Mögeldorf und Plärrer lagen in räumlicher Nähe zu den Untersuchungsgebieten Zerzabelshof bzw. der Innenstadt. Die befragten Haushalte deckten im "Kaufmarkt" ihren Bedarf an Lebensmitteln zu 19 %. Daneben spielten die "Meister"-Märkte in Schweinau, ein früherer "Kaufmarkt", mit 4 % (449 Nennungen) und Virnsberger Straße mit 3,7 % (412) eine Rolle. Andere Supermärkte hatten nur für die Versorgung im Nahbereich der einzelnen Untersuchungsgebiete Bedeutung. Das B-Zentrum Langwasser spielte mit 12 Nennungen (0,1 %) ebenso wie der Aufseßplatz mit dem Warenhaus "Horten" mit 13 Nennungen für die Versorgung der untersuchten Gebiete keine Rolle.

7.3.1. Einkaufshäufigkeit

44 % kauften wöchentlich ein, zu 34 % öfter und zu 22 % seltener (vgl. Abb. 13). Sie erwarben am häufigsten Brot- und Backwaren, gefolgt von Obst und Gemüse, Wurst- und Fleischwaren, sonstigen Lebensmitteln und Getränken. Die Einkaufshäufigkeit von Wurst- und Fleischwaren entsprach in etwa dem Durchschnitt, während die haltbaren Lebensmittel deutlich seltener nachgefragt und vermutlich auf Vorrat gekauft wurden. Geht man davon aus, daß die Einkaufshäufigkeit mit der Lagerbarkeit und somit mit der Frische der Waren zusammenhängt, würde der höchste Anspruch an

Brot- und Backwaren gestellt. Das ließe sich mit dem sprichwörtlichen "frischen Brötchen" auch bestätigen. Der Anspruch an Frische wäre für Obst- und Gemüse höher als bei Wurst- und Fleischwaren. Obst und Gemüse kann nur begrenzt gelagert und nur unter Qualitätsverlust eingefroren werden, was bei Fleisch nicht der Fall ist. In den gläsernen Metzgereien des "Kaufmarktes" und auch des "Marktkaufs" wird Fleisch in bereits eingeschweißten und damit leicht einzufrierenden Portionen verkauft.

Abb. 13: Die Einkaufshäufigkeit aller befragten Haushalte

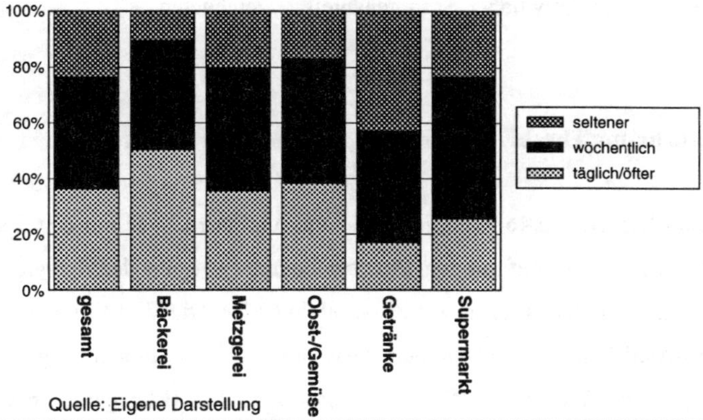

Quelle: Eigene Darstellung

Die Einkaufshäufigkeit war in den Bäckereien am zweithöchsten. Den höchsten Wert erzielte die Filialkette "Condi", die über die BVA zu der AVA gehört. Die Standorte der "Condi"-Märkte befinden sich fast ausschließlich in reinen Wohngebieten und übernehmen so die Funktion der nahräumlichen Versorgung. Das ist ein Hinweis auf die Abhängigkeit der Einkaufshäufigkeit von der Entfernung zu den Geschäften. Am dritthäufigsten wurden die Lebensmittelabteilungen der Warenhäuser aufgesucht. Die große Bedeutung der Lebensmittelabteilungen ist auf die Innenstadt als Untersuchungsgebiet zurückzuführen. In ihr wurde zum überwiegenden Teil zu Fuß eingekauft. Weil man zu Fuß nicht so viele Waren tragen kann, könnte ein Zusammenhang zwischen der Verkehrsmittelwahl, der Einkaufshäufigkeit und der Entfernung bestehen. Verbrauchermärkte und die "Kaufmärkte" wurden zu je über 50 % wöchentlich und zu je über 30 % noch seltener aufgesucht. Die geringste Einkaufshäufigkeit

wiesen Getränke im entsprechenden Fachhandel auf. Über 60 % der Haushalte gaben an, seltener als einmal die Woche Getränke einzukaufen.
Der statistische Zusammenhang zwischen der Art des aufgesuchten Einzelhandels und der Einkaufshäufigkeit schwankte zwischen Cramér's V = 0,16 für die zweite Angabe für Brot und Brötchen und 0,33 der ersten Angabe bei Getränken.[32] Fast alle Warengruppen wurden in den "Condi"-Märkten am häufigsten nachgefragt. Ausnahmen bildeten Geschäfte, die absolut selten genannt wurden, aber aufgrund ihres erweiterten Sortiments bspw. Getränke in einem Obst- und Gemüseladen und ihrer Nähe zum Verbraucher einen relativ hohen Stimmenanteil verzeichneten.

7.3.2. Verkehrsmittelwahl

Die Verbraucher kauften 46 % zu Fuß und zu beachtlichen 11 % mit dem Fahrrad ein (vgl. Abb. 14). Der Einkauf mit dem Pkw spielte mit 39 % eine deutlich größere Rolle als der Einkauf mit öffentlichen Verkehrsmitteln (4 %). Die Verkehrsmittelwahl hing mit der Einkaufshäufigkeit zusammen. Der statistische Zusammenhang lag für alle Warengruppen bei Werten zwischen (Cramér's V =) 0,12 (Metzgerei, erste Angabe) und 0,28 (Supermarkt, zweite Angabe) bei einer Irrtumswahrscheinlichkeit gegen 0. Je häufiger ein Produkt, beispielsweise Brötchen, nachgefragt wurde, desto eher ging man zu Fuß und desto seltener benutzte man das Auto. Die Getränke wurden am seltensten nachgefragt und zu 64 % mit dem Auto geholt, noch zu 28 % zu Fuß, nur zu 6,5 % mit dem Fahrrad und nur zu 2 % mit öffentlichen Verkehrsmitteln. Das Fahrrad spielte bereits ab der Versorgung mit Lebensmitteln aus dem Supermarkt mit über 11 % eine wichtige Rolle. Die Verkehrsmittelnutzung für die Versorgung mit Obst und Gemüse sowie Fleisch- und Wurstwaren war fast gleich.
Die "Condi"-Märkte und die Lebensmittelabteilungen der Warenhäuser wurden zu je über 77 % zu Fuß aufgesucht. Die Lebensmittelabteilungen erreichte man wegen der Fußgängerzone nur zu Fuß oder mit öffentlichen Verkehrsmitteln, deren Anteil fast 15 % betrug und mit Abstand der höchste Wert war. Die Filialen des "Condi" liegen in

---

[32] Aufgrund der Möglichkeit, zwei Standorte für jede Warenart anzugeben, konnte kein einzelner Wert errechnet werden.

Wohngebieten, so daß sich der Einkauf zu Fuß anbietet. Das Fahrrad oder das Auto wurde zu je 10 % genutzt. Die Haushalte suchten Metzgereien, Bäckereien sowie Obst- und Gemüsegeschäfte zu über 62 % zu Fuß auf. Das Fahrrad spielte mit 9 bis knapp 14 % ebenso eine Rolle. Noch über 50 % der Haushalte gingen zu Fuß in sonstigen Supermärkten Besorgungen machen. Das ist ebenfalls ein Hinweis auf deren Bedeutung für die nahräumliche Versorgung. Fast 40 % der Haushalte kauften mehrmals die Woche in diesen Geschäften ein. Hier gewann aber das Auto als Verkehrsmittel mit fast 30 % an Bedeutung. Am häufigsten, d.h. mit je über 75 %, wurde bei dem Einkauf in Verbrauchermärkten oder "Kaufmärkten" auf das Auto zurückgegriffen. Getränke wurden zu 68 % im Fachhandel mit dem Auto gekauft.

Abb. 14: Die Verkehrsmittelwahl aller befragten Haushalte

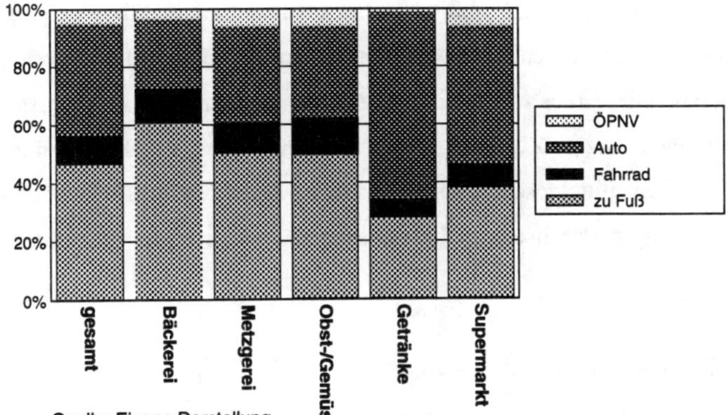

Quelle: Eigene Darstellung

Faßt man die Angaben der Einkaufsorte zusammen und ordnet die entsprechenden Fachgeschäfte zu, erhöht sich der statistische Zusammenhang deutlich. Der geringste Wert liegt nunmehr bei Cramér´s V = 0,26 für die zweite Angabe bei Obst und Gemüse und der höchste Wert mit 0,34 für die zweite Angabe bei Fleisch. Während Lebensmittelgeschäfte, die in Wohngebieten liegen, eher zu Fuß aufgesucht wurden, griffen die Haushalte für Einkäufe in weiter entfernt gelegenen Geschäften, wie den Verbrauchermärkten bzw. C-Zentren, auf das Auto zurück. Daneben zeigte sich, daß die Fachgeschäfte mit Ausnahme der Getränke, überwiegend zu Fuß aufgesucht wurden. So lassen sich aufgrund der Angabe der Haushalte, mit welchem Verkehrsmittel sie einkaufen, Rückschlüsse auf die Entfernung und die Lage der Lebensmittelgeschäfte ziehen. Das Beispiel der "Condi"-Märkte unterstreicht das (vgl. Kap. 7.6.1., S. 203).

Die Untersuchungen der einzelnen Gebiete ergaben, daß "unterversorgte " Räume vorhanden wären, wenn man die reine Gehentfernung zugrunde legen würde. Aufgrund der oben dargestellten Problematik der normativen Festlegung (vgl. Kap. 2.4.3., S. 35) wurden diese Ergebnisse nicht kartographisch dargestellt. Eine von allen Bevölkerungsgruppen leistbare Mobilität macht *Kreth* (1979, 271) an der Erreichbarkeit zu Fuß fest. Der Verfasser geht davon aus, daß jeder Haushalt über mindestens ein Fahrrad verfügt. Legt man die Reichweite per Fahrrad zugrunde, ergibt sich, daß es fast keine unterversorgten Räume gäbe (vgl. Kap. 8.).[33]
Mit einer Vergrößerung der Mobilität verbessert sich die objektive Versorgungslage. Das Auto ermöglicht, jeden Standort zu erreichen und auch große Warenmengen zu transportieren. Die Auto-Nutzer sind gegenüber den anderen Verkehrsteilnehmern eher bereit, auch längere Zeit im Auto zu verbringen, um die Distanzen zu dem gewünschten Lebensmittelgeschäft zu überwinden (*Kreth*, 1979, 277). Allerdings kann die Pkw-Nutzung dadurch eingeschränkt sein, daß nicht immer das Auto verfügbar ist.

Dem öffentlichen Verkehrsmitteln kommt nach *Bodenschatz* (1990, 35 f) eine besondere Stellung zu, da hier die Stadt Einfluß auf die Mobilität (-smöglichkeiten) distanzempfindlicher Bürger nehmen kann. Das vorhandene Netz der öffentlichen Verkehrsmittel zeige sich bislang als zu wenig flexibel, um hier ausgleichend einwirken zu können.
Die Ergebnisse dieser Untersuchung zeigen aber vielmehr, daß die öffentlichen Verkehrsmittel nur dann für den Einkauf genutzt werden, wenn die Anbindung optimal ist wie am Standort des "Kaufmarktes" Plärrer oder des "Karstadt" in der Innenstadt mit einem eigenen Zugang zur U-Bahn. Für die Lebensmittelversorgung spielen die

---

33 Dabei ist die Methodik der Bestimmung der Reichweite (vgl. Kap. 2.4.3., S. 35) unerheblich, weil in jedem Fall unterversorgte Räume durch die Erhöhung der Mobilität quasi nicht mehr auftreten.

öffentlichen Verkehrsmittel, von diesen Ausnahmen abgesehen, mit Abstand die geringste Rolle. Es wäre verfehlt, hier einen grundsätzlichen Ansatzpunkt zur Verbesserung der Versorgungssituation der Bürger zu sehen.

7.3.3. Einkaufszeit

Die Haushalte tätigten ihre Einkäufe mit 46 % am häufigsten vormittags und zu 36 % nachmittags (vgl. Abb. 15). Knapp 9 % gaben an, ausschließlich am langen Donnerstag und gut

9 % am Samstag einzukaufen. Brot- und Backwaren wurden zu 55 % vormittags und am seltensten am langen Donnerstag gekauft. Getränke wurden im Vergleich zu den anderen Warengruppen relativ am häufigsten am Samstag und dem langen Donnerstag nachgefragt und mit 35 % am seltensten vormittags. Die Verbraucher kauften nachmittags alle Warengruppen gleich oft.[34]

Abb. 15: Die Einkaufszeit aller befragten Haushalte

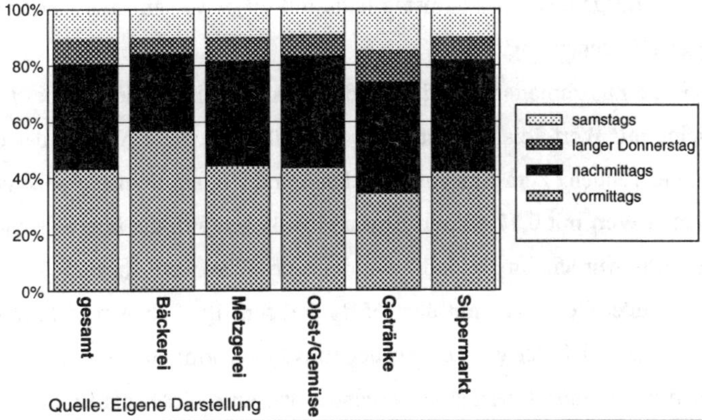

Quelle: Eigene Darstellung

Das Aufsuchen von Obst- und Gemüseläden sowie Metzgereien war von der Einkaufszeit, der -häufigkeit und der Verkehrsmittelwahl fast gleich (vgl. Abb. 15). Hier

34 Einige Haushalte gaben handschriftlich "werktags" an, ohne in "vormittags" bzw. "nachmittags" zu unterscheiden. Diese Angaben wurden gesondert erfaßt (s. Abb. 15).

scheint sich abzuzeichnen, daß die Verbraucher bezüglich diesen Warengruppen ein sehr ähnliches Verbraucherverhalten entwickelt haben. Auf mögliche Ursachen kann in diesem Rahmen nicht weiter eingegangen werden.
Auch bei der Einkaufszeit zeigte sich die besondere Stellung des "Condi": Seine Filialen wurden zu fast 75 % vormittags aufgesucht, während Bäckereien nur einen Wert von 60 % erreichten. Es folgten Metzgereien, sonstige Supermärkte und Obst- und Gemüsegeschäfte. In diesen Läden wurden zwischen knapp 45 und 50 % der Einkäufe vormittags getätigt. Die Einkäufe in den anderen Geschäften verteilten sich stärker über den Tag hinweg. In "Kaufmärkten" wurde zu 42 % vormittags, zu 32 % nachmittags, zu 14 % am langen Donnerstag und zu
11 % samstags eingekauft. Ein ähnliches Bild zeigte sich für die Verbrauchermärkte, wobei der Schwerpunkt auf dem nachmittäglichen Einkauf lag. Die größte Bedeutung des abendlichen Einkaufs war jedoch mit fast 20 % in den Lebensmittelabteilungen der Warenhäuser zu verzeichnen. Der Dienstleistungsabend wurde vorwiegend in höherrangigen Zentren ausgenutzt und zwar sowohl von der Seite des Einzelhandels aus wie auch von der der Kunden. Hier könnten auch weitergehende Kopplungsmöglichkeiten eine Rolle spielen. Im Rahmen dieser Fragebogenaktion wurde darauf aber nicht weiter eingegangen. Der Samstag hatte mit 20 % v.a. für den Getränkeeinkauf im Fachgeschäft Bedeutung.
Der statistische Zusammenhang zwischen der Einkaufszeit und der Art des Einzelhandels erreichte nur Werte bis Cramér's V = 0,18 für die zweite Angabe der Getränke. Hier war eine Tendenz zum Einkauf am Abend und v.a. am Samstag abzuleiten. Den zweithöchsten Wert mit 0,17 wiesen Brot und Brötchen auf, die überwiegend vormittags eingekauft wurden. Im "Condi" wurden alle Waren zu über 75 % vormittags nachgefragt, außer Getränken mit über 65 % und sonstige Lebensmitteln mit über 56 %. Das bestätigte, daß der größte Teil der Einkäufe vormittags erledigt wird. Wenn nahräumlich ein kleiner Supermarkt vorhanden ist, wird dieser als Einkaufsort wahrgenommen und es wird öfter, eher vormittags und zu Fuß eingekauft.

7.4. Die Nürnberger Innenstadt

7.4.1. Die Bedeutung der Innenstadt als Einkaufsort für Verbraucher aus umliegenden Städten

Der *Landesverband des Bayerischen Einzelhandels* führte im Zeitraum vom 7.9. bis 27.10.1993 eine "Analyse über die Veränderung des Verbraucherverhaltens beim Einkauf in der Nürnberger Innenstadt" durch, um die (negativen) Auswirkungen der verkehrsreduzierenden Schleifenlösung in der Innenstadt auf den Einzelhandel empirisch untermauern zu können. Die Erhebung der Daten wurde in 11 umliegenden Städten von Nürnberg durchgeführt und erfolgte mittels einer Passantenbefragung mit einem halbstrukturierten Fragebogen. In jedem Ort wurden 250 Interviews, also insgesamt 2.750, durchgeführt. Drei Viertel der Befragten waren Frauen, die zum überwiegenden Teil die Tätigkeit des Einkaufens wahrnehmen (*BBE*, 1993, 5 ff).
Die Nürnberger Innenstadt wurde in etwa je zur Hälfte mit dem Auto und den öffentlichen Verkehrsmitteln aus den umliegenden Städten erreicht. Bei der Nutzung des öffentlichen Nahverkehrs überwog der schienengebundene Verkehr, wobei die Straßenbahn für die überregionale Anbindung erwartungsgemäß keine Bedeutung hatte (*BBE*, 1993, 36).
Die Verbraucher versorgten sich überwiegend am Wohn- oder Arbeitsort mit Lebensmitteln. Fast ein Viertel der Befragten arbeitete in Nürnberg. Die 6,6 %, die Nürnberg als bevorzugten Ort für den Lebensmitteleinkauf nannten, gingen auch dort einer Beschäftigung nach, d.h. es fand eine Kopplung zwischen Arbeiten bzw. Arbeitsweg und Sich-Versorgen statt (*BBE*, 1993, 13).[35]
80 % der Befragten kauften nie Lebensmittel in der Nürnberger Innenstadt ein. Die Einkaufshäufigkeit der Lebensmittelkäufer verteilte sich auf 0,9 % täglich, 2,8 % wöchentlich, 3,3 % monatlich, 2 % vierteljährlich und 11 % seltener (*BBE*, 1993, 17).
Der Nürnberger "Hauptmarkt" mit seinen Marktständen böte als einzige Standortagglomeration ein so breites und tiefes Angebot mit Schwerpunkt Gemüse, aber auch ökologische Landbauprodukte, Milcherzeugnisse, Gewürze, etc., daß ein über den

[35] Es wurde keine Erhebung in Nürnberg durchgeführt.

Nahbereich hinausgehender Einzugsbereich und damit eine höhere Zentralität angenommen werden könnte. Die hochpreisigen Lebensmittelabteilungen der Warenhäuser erschienen dagegen wenig geeignet, den Grundbedarf zu decken.
Die allgemeine Attraktivität der Innenstadt ist nicht allein auf die Einkaufsfunktion zurückzuführen. Um sich auch in Zukunft von der Konkurrenz sonstiger Einkaufsstandorte wie Einkaufszentren oder Verbrauchermärkten abzugrenzen, bedarf es einer weiteren Attraktivitätssteigerung, wie bspw. durch den geplanten Augustinerhof westlich des Hauptmarktes (vgl. hierzu: *Monheim*, 1991, 13).

7.4.2. Demographische Struktur

Die Innenstadt von Nürnberg besteht aus dem nördlichen Teil St. Sebald und dem südlichen St. Lorenz mit den Distrikten 60 bis 69 und 10 bis 19 (vgl. Karte 8). Die Pegnitz stellt die Grenze zwischen diesen Gebieten dar. Die Innenstadt wird vollständig durch die Stadtmauer und die dahinter gelegene Ringstraße entlang des Stadtgrabens eingegrenzt, was die Anzahl und die Zugänglichkeit bestimmt.
St. Sebald ist mit bis zu 320 Einwohnern pro bebauten Hektar (Ew/bha)[36] des Distrikts doppelt so dicht bewohnt wie St. Lorenz. In St. Lorenz sind die westlichen Distrikte 19 (174 Ew/bha), 18 und 11 (123 Ew/bha) am dichtesten bewohnt, gefolgt von den südlichen 16 und 17. Das zentrale St. Lorenz mit den Distrikten 10 und 12 und den angrenzenden östlichen Distrikten 13, 14 und 15 haben die geringsten Einwohnerdichten zwischen 26 und 64 Ew/bha (vgl. Tab. 3, S. 125).

In St. Sebald sind das Burgviertel (Distrikt 64), das Universitätsviertel (Distrikt 67) und der "Hauptmarkt" (Distrikt 60) nach Bruttoflächen am geringsten bewohnt. Berücksichtigt man nur die bebauten Flächen, so bleibt Distrikt 60, "Hauptmarkt", mit 64 Ew/bha am geringsten bewohnt, gefolgt von der Universität und dem

[36] Die Angaben weichen von denen der Stadt Nürnberg (1993, 220 ff) ab, deren Bevölkerungsdichte die Bruttofläche zugrunde legt. Aussagekräftiger ist aber der Bezug zur bebauten Fläche. Die Daten der "Netto-" Flächen der Distrikte waren dem Verfasser über die Daten der Arbeitsstättenzählungen 1970 und 1987 zugänglich.

angrenzenden Distrikt 66 mit 131 Ew/bha. Es folgen die Gebiete 69 (Einwohnerdichte: 181), 62 (164) und 64 (176), sowie in deutlichem Abstand 68 und 65 mit je 235 Ew/bha. Die am dichtesten besiedelten Distrikte sind 63 mit 286 und 61 mit 320 Einwohnern (vgl. Tabelle 3, S. 125). Die zentralen Bereiche der Innenstadt und Distrikte mit großflächiger baulicher und funktionaler Bindung, wie Burg, Universität oder Behörden, bspw. das Bauamt im Distrikt 15, sind deutlich geringer bewohnt. Die Bevölkerungsdichte nimmt von Westen nach Osten und vom Rand zum Zentrum hin ab. Es erfolgte eine Verdrängung von Wohnraum durch Einzelhandel und Dienstleistungen, die zentrale Dienste des Oberzentrums anbieten.

In der Innenstadt überwiegt der Geschoßwohnungsbau mit einer gemischten Sozialstruktur[37], außer in den südlichen Distrikten 17 und 18 mit eher niedriger Sozialstruktur. Es dominieren große Wohngebäude, von denen jedes zehnte über 13 Wohnungen aufweist. Über 50 % der Haushalte sind Einpersonenhaushalte, die überwiegend aus den Altersgruppen der über 65jährigen und der 18 bis 34jährigen stammen. Es gibt etwa doppelt so viele Seniorenhaushalte wie Haushalte mit Kindern. Der durchschnittliche soziale Status der Bevölkerung ist aufgrund des hohen Anteils von Akademikern, Beamten und Personen mit Hochschulreife als hoch einzustufen (*Amt für Stadtforschung und Statistik,* 1/1991, 8).

7.4.3. Verkehrstechnische Infrastruktur und Anbindung

Zur Verkehrsberuhigung der Innenstadt wurden in mehreren Stufen Verkehrsschleifen eingeführt, die einen Durchgangsverkehr unmöglich machen. Parkmöglichkeiten bestehen v.a. in Verbindung mit den großen Warenhäusern "Karstadt", "Hertie" und "Kaufhof" sowie "Saturn"/"Wöhrl". Größere Parkplätze sind in der Nähe von Behörden, z.B. dem Bauamt im Distrikt 15, zu finden, während kleinere nur vereinzelt vorhanden sind.

Im zentralen Innenstadtbereich befindet sich eine Fußgängerzone vom Jakobsplatz im Südwesten über die Breite Gasse, Karolinenstraße und Kaiserstraße zur Königstraße

---

[37] Datenbasis für die soziodemographischen Strukturen der Stadt Nürnberg ist 1987.

bis zum "Hauptmarkt" und Rathausplatz. Die Fußgängerzone setzt sich mit der Kartäusergasse bei dem Germanischen Nationalmuseum in Richtung Süden fort und bildet mit der Unterführung unter dem Frauentorgraben und der Bahnlinie für Fußgänger die Verbindung zum Aufseßplatz. Fahrradfahrer haben das Recht, zu bestimmten Zeiten in der Fußgängerzone zu fahren. Sie müssen sich nicht an die Verkehrsregelung der Schleifenlösung halten.

Die U-Bahnlinie 2 tangiert die Innenstadt im Süden mit den Haltepunkten Plärrer, Opernhaus und Hauptbahnhof, sowie im Osten mit Wöhrder Wiese und Rathenauplatz. Die Linie 1 fährt von Fürth über den Plärrer unter der Lorenzer Altstadt mit den Haltepunkten Weißer Turm und Lorenzkirche zum Hauptbahnhof und über den Aufseßplatz nach Langwasser. Straßenbahnlinien verlaufen im westlichen und östlichen Graben. Die Buslinie 36 verbindet den Plärrer im Südwesten über Hallertor und Rathausplatz mit dem Rathenauplatz im Nordosten.

Durch den begrenzten Parkraum und den sternförmig zusammenlaufenden öffentlichen Nahverkehr überwiegt dessen Nutzung für Innenstadtbesucher aus Nürnberg mit 42 % vor den 32 %, die mit dem Auto kommen. Für Einkäufe im Binnenverkehr werden die öffentlichen Verkehrsmittel mit 54 % sogar doppelt so häufig benutzt wie das Auto mit 25 %. Arbeitswege werden ebenfalls überwiegend mit den öffentlichen Verkehrsmitteln zurückgelegt, wobei der Anteil der Autofahrer auf 39 % steigt. Im Freizeitverkehr sinkt die Bedeutung der öffentlichen Verkehrsmittel auf 21 % ab bei gleichzeitiger Steigerung der Fahrradnutzer auf 21 % *(Monheim,* 1991, 15).

Unterteilt man die Verkehrsmittelwahl der Innenstadtbesucher nach Alter und Geschlecht, so nutzen Männer den Pkw werktags mit 46 % und samstags mit 63 % am häufigsten. Sie kommen auch eher zu Fuß oder mit dem Zweirad in die Stadt. Frauen benutzen öffentliche Verkehrsmittel deutlich häufiger als Männer, vor allem die Altersgruppen bis 25 und über 50 Jahre. Am Samstag wird öfter auf das Auto zurückgegriffen (*Monheim*, 1991, 21).

7.4.4. Die Zentrenstruktur und Verteilung der Lebensmittelgeschäfte

Üblicherweise stellt die Innenstadt das A-Zentrum als innerstädtisches Zentrum höchster Ordnung dar. In ihr werden alle Funktionen angeboten, die für die Einordnung in die zwischenstädtische Zentrenhierarchie ausschlaggebend sind. Die in der Nürnberger Innenstadt vertretenen Dienstleistungen und Einzelhandel entsprechen auch denen eines Oberzentrums. Dabei wird die Innenstadt als Ganzes betrachtet, d.h. Ungleichverteilungen innerhalb der Struktur bleiben unberücksichtigt. Das Zentrum der Innenstadt läßt sich mit den Standorten "Hautmarkt" und "Karstadt" festlegen und soll als A-Zentrum bezeichnet werden. Obwohl der "Hauptmarkt" als Veranstaltungsort bspw. des Christkindlmarktes einen höheren überregionalen Bekanntheitsgrad besitzt, ist seine Bedeutung zur Deckung des täglichen Bedarfs maßgeblich mit den Obst und Gemüseständen verbunden. Dieser Markt wird bei Sonderveranstaltungen nach St. Lorenz in die Königstraße verlagert. Für alle Lebensmittel außer Obst und Gemüse besitzt "Karstadt" eine höhere Zentralität[38] als der "Hauptmarkt". Beide Standorte haben überregionale Bedeutung für die Lebensmittelversorgung. Es werden auch Spezialitäten in breiter und tiefer Auswahl angeboten. Ergänzt wird dieses Angebot durch die Lebensmittelabteilungen der Warenhäuser "Kaufhof" und "Hertie".[39]

193 Haushalte aus der Innenstadt kauften Obst und Gemüse auf dem "Hauptmarkt" ein (vgl. Tab. 4). Bei "Karstadt" wurden die Nennungen für "sonstige Lebensmittel" zugrunde gelegt, obwohl auch die anderen Warengruppen dort nachgefragt wurden. Die überregionale Bedeutung (s. Tab. 4, Spalte 4 "relative Anzahl der Nennungen") wurde aus der Anzahl der Nennungen bezogen auf die Einwohner des jeweiligen Distrikts, wo sich der Standort befindet, errechnet. Der hohe Wert für den "Hauptmarkt" ist auf die niedrige Wohnbevölkerung des Distrikts 60 (s. Tab. 3, S. 125) zurückzuführen. Deswegen wurden im Klammerwert alle angrenzenden Distrikte zusätzlich berücksichtigt.

---

38 In vorliegender Arbeit wird die Zentralität der Angebotsstandorte an der Attraktivität der Einkaufsstätte für den Konsumenten festgemacht (vgl. *Klingbeil*, 1977, 47). Grundlage ist die Anzahl der Nennungen eines Standortes.

39 Die Lebensmittelabteilungen von "Kaufhof" und "Hertie" werden durch eingemietete Unternehmen die von "Karstadt" in eigener Regie geführt. Es ist anzunehmen, daß "Karstadt" Lebensmittel zum Kerngeschäft zählt und entsprechend vermarktet. Das überregionale Einzugsgebiet spricht für den Erfolg dieser Strategie in Nürnberg.

Tabelle 4: Von den 377 Haushalten der Innenstadt aufgesuchte Nebenzentren

Nebenzentrum	Name	absolute Anzahl der Nennungen	relative Anzahl der Nennungen*
C-Zentrum	Marktkauf Plärrer	10 (N = 523)	außerhalb (1 km)
C-Zentrum	Meister Virnsberger Straße	10 (N = 523)	außerhalb (5 km)
C-Zentrum	Marktkauf Sulzbacherstraße	9 (N = 523)	außerhalb (2 km)
C-Zentrum	Marktkauf Thon	9 (N = 523)	außerhalb (3,5 km)
C-Zentrum	Marktkauf Mögeldorf	4 (N = 523)	außerhalb (5,5 km)
C-Zentrum	Metro Nord	3 (N = 523)	außerhalb (5 km)
C-Zentrum	Hörnlein Klein- Schwarzenlohe	2 (N = 523)	außerhalb (15 km)
C-Zentrum	Marktkauf Röthenbach	1 (N = 523)	außerhalb (5 km)
C-Zentrum	Metro Süd	1 (N = 523)	außerhalb (7 km)
D-Zentrum	Rollnerstraße (Minimal)	7 (N = 523)	außerhalb (1,1 km)
D-Zentrum	Bucherstraße (Metzgerei Wolf)	5 (N = 509)	außerhalb (1 km)
D-Zentrum	Stresemannplatz (Lidl, Rodi)	1 (N = 523)	außerhalb (1,8 km)
E-Zentrum	Kontumazgarten (HL-Markt)	4 (N = 523)	außerhalb (0,8 km)
E-Zentrum	Johannisstraße (Plus)	2 (N = 523)	außerhalb (1 km)
A-Zentrum **	Hauptmarkt	193 (N = 522)	4825 % (99 %) *
	Karstadt	41 (N = 523)	195 % *
D-Zentrum	(äußere) Königstraße (Aldi)	22 (N = 523)	147 % *
D-Zentrum	Innere Laufer Gasse (Plus)	69 (N = 523)	120 % *
D-Zentrum	Hertie (und Kaufhof)	20 (N = 523)	118 % *
D-Zentrum	Lorenzerstraße (Edeka)	10 (N = 523)	71 % *
D-Zentrum	Irrer-/Neutorstraße	27 (N = 533)	45 % *
D-Zentrum	Färberstraße (Metzgerei Gebhard)	4 (N = 429)	15 % *
E-Zentrum	Wunderburggasse	17 (N = 509)	40 % *

* bezogen auf die befragten Haushalte in dem jeweiligen Distrikte; in Klammern: bei zusätzlicher Berücksichtigung der angrenzenden Distrikte;
Außerhalb gelegene Zentren geben als Klammerwert die kürzeste Straßenentfernung von den ** - markierten Nebenzentren dieses Untersuchungsgebietes an

Quelle: Eigene Darstellung

Auf dem "Hauptmarkt" im St. Sebalder Distrikt 60 stehen viele Obst- und Gemüsestände und Stände für spezielleren Bedarf, wie Tee und Gewürze oder Waren aus ökologischem Landbau (vgl. Tab. 4). Angrenzend befinden sich ein "Rodi" und ein "Edeka", sowie fünf Bäckereien. Mit diesem und weiterem Angebot in Form von zwei Reformhäusern, einer Konditorei, einer Confiserie etc. besitzt dieses Nebenzentrum eine überregionale Versorgungsfunktion. Im westlichen Wohngebiet findet sich ein konzentrisches D-Zentrum im Kreuzungsbereich der Irrer- und Neutorstraße mit vier Lebensmittelgeschäften und östlich an der Inneren Laufer Gasse ein bandförmiges mit zwei Supermärkten, einem Bäcker und einer Drogerie.[40]

Standorthäufungen von Verkaufsstellen finden sich im weiteren Verlauf der (Äußeren) Laufer Gasse mit der Metzgerei "Förster" und der Bäckerei "Beck" sowie im U-Bahn-Bereich unter dem Rathenauplatz mit der Metzgerei "Braun" und Bäckerei "Wölfel". Im Wohngebiet des Distrikts 68 befinden sich ein Getränkeladen gegenüber einem "Türken", der neben dem Schwerpunkt Obst und Gemüse auch andere Lebensmittel anbietet. Aufgrund der Sortimentserweiterung faßte der Verfasser diese Standorte als E-Zentrum "Wunderburggasse" zusammen.
Für die Versorgung der Bevölkerung der Innenstadt dienen aber auch Geschäfte, die außerhalb liegen. So befindet sich in der Verlängerung der Laufer Gasse in der Sulzbacherstraße ein C-Zentrum mit einem "Kaufmarkt" im Osten des D-Zentrums Stresemannplatz mit drei Supermärkten.
Westlich des Neutors in der Johannisstraße befinden sich ein Plus und im Nordwesten der Burg ein Supermarkt am Neutorgraben, der durch eine Unterführung und einer Brücke von der Innenstadt aus zu erreichen ist. In der Bucherstraße schließt sich ein D-Zentrum an. Parallel zum Vestnertorgraben verläuft im Norden die Pirckheimerstraße mit einigen Lebensmittelgeschäften. Für die Innenstadtbewohner ist das D-Zentrum im Kreuzungsbereich zur Rollnerstraße von Bedeutung.
Die Bevölkerung in den stärksten bewohnten Distrikten 68 und 69 im Osten nördlich der Pegnitz hat insgesamt am stärksten um knapp 25 % abgenommen (*vgl.* grauunterlegte Angaben in Tab. 5).

---

40 Nach der Kartierung im Juli 1994 hat sich in der Inneren Laufer Gasse ein ausländisch geführter Obst- und Gemüseladen mit erweitertem Angebot als Imbiß neben der Verkaufsstelle der Bäckerei "Beck" angesiedelt. Dadurch wurde die Versorgung mit Obst und Gemüse dort deutlich verbessert. Ein Getränkeladen in der Langen Gasse (Distrikt 66) ist seit Jahren geschlossen.

Tabelle 5: Die Anzahl der Lebensmittelgeschäfte 1970, 1987 und 1994 in St. Sebald nach der Warenart **

Gebiet		St. Sebald										
Distrikt		**60**	**61**	**62**	**63**	**64**	**65**	**66**	**67**	**68**	**69**	Summe
Bevölkerung	1970	221	600	1.065	1.491	1.045	1.569	781	822	3.237	2.053	12.884
	1987	127	404	742	1.125	759	1.145	535	847	2.388	1.472	9.544
	1994	141	832	755	1.173	739	1.108	577	852	2.421	1.579	10.177
Bäckerei	1970			1	2		1			2	1	7
	1987			1	2		1			2	1	7
	1994	2	2		2		1	1	2	2	1	13
Fleischer	1970	1		1	2			1	1	1	1	8
	1987	1		1	2		1			1	2	8
	1994			1	1				1	1	2	6
Obst und Gemüse	1970											0
	1987	1		1						1		3
	1994	1		1						1		3
Getränke	1970		1									1
	1987									1	1	2
	1994				1					1		2
Supermarkt	1970	1	2	3	3	1	3	1	1	4	5	24
	1987	1	2		2		1			5		11
	1994	1	1							2		4
Summe	1970	2	3	5	7	1	4	2	2	7	7	40
	1987	3	2	3	6		3			10	3	30
	1994	4	3	2	4		1	1	3	7	3	28
absolute Zu-/Abnahme 1970/1994		2	0	-3	-3	-1	-3	-1	1	0	-4	-12
Geschäfte pro 1000 Einwohner	1970	9,05	5,01	4,69	4,69	0,96	2,55	2,56	2,43	2,16	3,41	3,1
	1987	23,62	4,95	4,04	5,33	0	2,62	0	0	4,19	2,04	3,14
	1994*	28,37	3,61	2,65	3,41	0	0,9	1,73	3,52	2,89	1,9	2,75
relative Zu-/Abnahme 1970/1994		+	-	-	-	-	-	-	+	+	-	+

* Geschäfte 1994 pro 1000 Einwohner 1992
** leere Felder bedeuten "keine Lebensmittelgeschäfte"

Quelle: Stadt Nürnberg: Statistisches Jahrbuch 1993, S. 31, Nürnberg 1993; eigene Auswertung der Betriebsstättenzählungen 1970 und 1987 und eigene Erhebung

Während 1994 im Vergleich zu 1970 im Distrikt 68 die Zahl der Lebensmittelgeschäfte gleich blieb, verschlechterte sich die Versorgungssituation in Distrikt 69 durch das Verschwinden sämtlicher Supermärkte. Eine Metzgerei kam 1987 neu hinzu. Statistisch hat sich die Versorgungslage im Distrikt 68 durch die Abnahme der Bevölkerung sogar verbessert. Dem Schließen der Hälfte der Supermärkte steht die Eröffnung eines Getränke- und gegenüber eines Obst- und Gemüseladens in der Wunderburggasse gegenüber. Aufgrund des Datenschutzes sind noch keine Informationen zum früheren Standort der geschlossenen Supermärkte zu erhalten, obwohl hier diese Maßnahmen sinnlos geworden sind.

In St. Lorenz gibt es ausschließlich Verkaufsstellen von Bäckern, die vor allem in der Fußgängerzone sehr dicht gestreut sind (vgl. Karte 8). Ihr Geschäftsziel ist es, einen

Imbiß zwischendurch für die Besucher der Innenstadt zu bieten und nicht die Grundversorgung zu gewährleisten. Viele Berufstätige suchen in der Mittagspause keine Kantine auf, sondern stillen ihren Hunger in einer Verkaufsstelle oder an einem Stand. Im starken Zuwachs der Verkaufsstellen der Bäckereien auf 20, aber auch zunehmend einiger Metzgereien (13), ist der Grund für das Steigen der Zahl der Lebensmittelgeschäfte in der Innenstadt zu sehen. Dem steht ein Abschmelzen der Supermärkte um 63 % auf 6 (1994) einschließlich der Lebensmittelabteilungen der Warenhäuser gegenüber (vgl. Tab. 6).

Tabelle 6: Die Anzahl der Lebensmittelgeschäfte 1970, 1987 und 1994 in St. Lorenz nach Warenart **

Gebiet		**St. Lorenz**										
Distrikt		**10**	**11**	**12**	**13**	**14**	**15**	**16**	**17**	**18**	**19**	Summe
Bevölkerung	1970	413	1.018	775	230	328	187	511	625	1.105	1.235	6.427
	1987	207	672	567	126	298	99	368	454	772	924	4.487
	1994	222	716	667	151	361	92	590	519	920	1.256	5.494
Bäckerei	1970	1		1		1		1		1	1	6
	1987	1		1								2
	1994	1	2	9	1	2	1	1	1	1	1	20
Fleischer	1970		1	1		2	2		1	1	1	9
	1987		2	1	1	2			1	2		9
	1994		1	2	2	2	1		2	3		13
Obst und Gemüse	1970		1				1				1	3
	1987			1						1		2
	1994			3						1		4
Getränke	1970									1		1
	1987									2		2
	1994									1		1
Supermarkt	1970		4	1		1	1	2	1	4	2	16
	1987	1	2	1	1	2	1	1		1	1	11
	1994	1	1	2		1	1					6
Summe	1970	1	6	3		4	4	3	2	7	5	34
	1987	2	4	4	2	4	1	1	1	6	1	26
	1994	2	4	16	3	5	3	1	3	6	1	45
absolute Zu-/Abnahme 1970/1994		1	-2	13	3	1	-1	-2	1	-1	- 4	9
Geschäfte pro 1000 Einwohner	1970	2,42	5,89	3,87	0	12,2	10,7	5,87	3,2	6,33	3,24	4,98
	1987	9,66	5,95	7,05	15,87	13,42	10,1	2,72	2,2	7,77	1,08	5,79
	1994*	9,01	5,59	23,99	19,87	13,85	32,61	3,39	7,71	5,43	0,8	8,19
relative Zu-/Abnahme 1970/1994		+	-	+	+	+	+	-	+	-	-	+

* Geschäfte 1994 pro 1000 Einwohner 1992

** leere Felder bedeuten "keine Lebensmittelgeschäfte"

<u>Quelle:</u> Stadt Nürnberg: Statistisches Jahrbuch 1993, S. 31, Nürnberg 1993; eigene Auswertung der Betriebsstättenzählungen 1970 und 1987 und eigene Erhebung

Im Juli 1994 gab es nur Obst- und Gemüsestände und mit der Metzgerei "Hülf" nur noch einen handwerklichen Betrieb am Rande der Fußgängerzone (vgl. Karte 8). Das

Supermarktangebot wird mit hoher Qualität und entsprechenden Preisen durch die Lebensmittelabteilungen der Warenhäuser abgedeckt. Das hochwertige Angebot und die überregionale Bedeutung des "Karstadt" und des "Hauptmarkt" genügen den Ansprüchen eines A-Zentrums in Bezug zur Grundversorgung. Die Standorte "Hertie" und "Kaufhof" im Bereich Breite Gasse / Pfannenschmiedgasse erhielten deutlich weniger Nennungen und werden als D-Zentren erfaßt (vgl. Tab. 4). Weitere bandförmige D-Zentren sind in der Lorenzer Straße im Distrikt 14, in der Färberstraße und in dem weiteren Verlauf der Königstraße Richtung Bahnhof. In der Bahnhofspassage ist ein weiteres E-Zentrum mit einem Bäcker, Metzger und seit neuestem einem Obst- und Gemüseladen entstanden. Im Südwesten grenzt das C-Zentrum Plärrer an. Neben einem "Kaufmarkt" befinden sich hier zwei Supermärkte und weitere Lebensmittelgeschäfte, wobei sich ein Obst- und Gemüseladen in der U-Bahn-Passage eingemietet hat. Weitere Versorgungsmöglichkeiten bietet der "Edeka" in der Fürther Straße und der "HL"-Markt im Kontumazgarten im Westen. Die kürzeste Entfernung vom Distrikt 17 (Sterntor) zum B-Zentrum Aufseßplatz in der Südstadt beträgt 600 m.

Die Abnahme der Supermärkte im Distrikt 11 hat nur ein Geschäft überstanden, das sich selbst als "Tante-Emma" - Laden bezeichnet und auf Nostalgie und Stammkundschaft baut (vgl. Tab. 6). In einem Radius von 500 m ist es das einzige Geschäft mit einem Supermarktangebot (vgl. Karte 8). Distrikt 12 mit der Breiten - und der Pfannenschmiedgasse hat den stärksten Zuwachs an Lebensmittelgeschäften zu verzeichnen aufgrund der verstärkten Ansiedlung von Verkaufsstellen der Bäckereien "Beck", "Stefansbeck", "Wölfel" und "Zwilling" (vgl. Tab. 6). Das Verschwinden der Supermärkte aus der Innenstadt wird durch die Lebensmittelabteilungen der Warenhäuser ausgeglichen. Die Überlegung liegt nahe, daß die Warenhäuser nach ihren positiven Erfahrungen mit Restaurantbetrieben als Erweiterung ihrer betriebseigenen Kantinen, die Lebensmittelabteilungen dazu nutzen, Kundschaft in das Haus zu holen. Das Schließen der Supermärkte in der Innenstadt führte zu einer räumlichen Angebotslükke. Das Füllen dieser Marktnische hatte den Vorteil, daß Verbraucher zum Lebensmitteleinkauf das Warenhaus aufsuchen mußten. Im Gegensatz zum Erlebniseinkauf ist die Versorgung mit Waren des täglichen Bedarfs zielgerichtet. Ein weit entfernter

Standort der Lebensmittelabteilungen von den Ausgängen bewirkt, daß die Kunden an möglichst vielen Abteilungen vorbei müssen und so zusätzliche Gelegenheitskäufe tätigen. Der Standort befindet sich aus transporttechnischen Gründen immer im Untergeschoß, weil so die Transportwege zur Warenauffüllung kleiner sind als im Obergeschoß. Außerdem sind Lebensmittel in der Regel relativ schwer und "Schnelldreher", v.a. im Vergleich zum Restaurantbetrieb. Um den Kunden den Einkauf zu erleichtern, bieten die Warenhäuser für Lebensmittel den kostenlosen Transportservice nach Hause (*BddW*, 7.12.1994, 7).

7.4.5. Besonderheiten bei der Beantwortung des Fragebogens

Die Bevölkerung in der Innenstadt war durchschnittlich zufrieden. Dabei wurden die Extremnoten 1 und 6 auffallend oft vergeben. Bei der Angabe des Einkaufsortes für Lebensmittel wurden teilweise mehr als die zwei möglichen angegeben. Aus auswertungstechnischen Gründen konnten aber nur die zwei erstgenannten Berücksichtigung finden. Dieses Problem entstand nur bei Bewohnern der Innenstadt. Das Versorgungsverhalten war nicht so strukturiert wie bei den Bewohnern anderer Stadtteile. Die Ursache könnte zum einen an einem subjektiv wahrgenommenen reichhaltigen Angebot liegen, das entsprechend breit auch genutzt wird. Zum anderen könnte eine Unzufriedenheit mit der Versorgungslage etwa aufgrund des höheren Preisniveaus dazu führen, daß Gelegenheiten zum Einkauf außerhalb der Innenstadt öfter wahrgenommen werden. Mit der Zeit könnte sich daraus ein fester Bestandteil des Aktionsraumes des Sich-Versorgens entwickeln. Viele Verbraucher nannten auch einen zusätzlich aufgesuchten Verbrauchermarkt. Neben Supermärkten zählten sie auch teilweise Drogerien auf. An Waren wurden in erster Linie Getränke und mit Abstand Tiefkühlkost ins Haus geliefert. Der Wunsch nach mehr Lieferung betraf v.a. schwer zu transportierende Waren. Daneben trat auch der Wunsch, frische Brötchen und Milch geliefert zu bekommen. Die Verbraucher gaben an, daß ihnen in einem Lebensmittelgeschäft Qualität, Sauberkeit bzw. Hygiene und Übersichtlichkeit besonders wichtig sind. Teilweise wurden die Einkäufe nicht mit dem Pkw getätigt, obwohl dauernd ein Auto zur

Verfügung stand. Das ist vermutlich auf die Innenstadtlage mit der stark eingeschränkten motorisierten Mobilität zurückzuführen. Die Versorgungsrichtung bei Einkäufen mit dem Pkw verläuft aus dem Zentrum zu den C-Zentren (Verbrauchermärkte oder SB-Warenhäuser). Problematisch ist die Rückkehr, weil die wenigen Parkplätze für Anwohner dann alle besetzt sein können. Die Schnittstelle des Versorgens "Heimtransport" zu "Lagerung im Haushalt" beinhaltet hier Streßmomente.

7.4.6. Ergebnisse der Haushaltsbefragung

In der Innenstadt beteiligten sich 377 Haushalte an der Befragung. Bei drei fehlenden Fällen wurden 2.719 Antworten auf die Frage gegeben, wo die Verbraucher Lebensmittel kaufen und welche Verbrauchermärkte sie aufsuchen. Die häufigsten Nennungen konnten mit Abstand Verbrauchermärkte, Warenhäuser und Supermärkte verzeichnen. Der "Hauptmarkt" mit seinen zahlreichen Obst- und Gemüse-Ständen war vor allem für diese Warengruppe von herausragender Bedeutung. Tee- und Gewürzstände oder Lebensmittel aus ökologischem Landbau direkt vom Erzeuger (Bauer Sippel aus dem Knoblauchsland) erweitern die Angebotsvielfalt und verleihen dem "Hauptmarkt" eine überregionale Bedeutung für die Versorgung mit Lebensmitteln. Angaben der befragten Haushalte der anderen Untersuchungsgebiete bestätigen das. Auf ein mögliches unterschiedliches Einkaufsverhalten zur Gesamtstichprobe wird im Anschluß an die aufgesuchten Geschäfte eingegangen.

- Die aufgesuchten Lebensmittelgeschäfte

In die Tabelle 7 sind nur Geschäfte eingegangen, die explizit mit Namen genannt wurden. Wurde aber nur "Kaufmarkt" oder "Bäcker Beck" angegeben, konnten diese Angaben keinem einzelnem Standort zugeordnet werden. Insgesamt, d.h. bei 2.719 Antworten, kauften 17,7 % in einem "Kaufmarkt" ein. Die größte Bedeutung erlangte dabei die Warengruppen "sonstige Lebensmittel" mit 22,7 % und "Getränke" mit 34,1 % der Stimmen. Zur Deckung des Bedarfs an Brot und Backwaren (N=533) spielte der "Kaufmarkt" dagegen für die Bewohner der Innenstadt keine Rolle. 20 % führten an,

Tabelle 7: Innenstadt - die häufigsten vier Einkaufsorte, verwendete Verkehrsmittel, Einkaufszeit und Einkaufshäufigkeit (377 Haushalte, Mehrfachantworten)
Angaben in Prozent der jeweiligen Nennungen (N)

	die häufigsten vier Einkaufsorte	verwendetes Verkehrsmittel	Einkaufszeit	Einkaufs-häufigkeit
Brot und Brötchen (71 Geschäfte)	N= 533	N= 540	N= 531	N= 543
	Karstadt **6,9 %**	zu Fuß **88,5 %**	vormittags **50,0 %**	tägl./öfters **60,0 %**
	Stefansbeck P **5,8 %**	Fahrrad **3,3 %**	nachmittags **35,9 %**	wöchentlich **30,8 %**
	Pabst **5,1 %**	PKW **6,3 %**	abends (Do.) **6,6 %**	seltener **9,2 %**
	Entner Sieb.Z.**4,1 %**	ÖPNV **1,9 %**	samstags **7,5 %**	
Wurst- und Fleischwaren (57 Geschäfte)	N= 509	N= 568	N= 562	N= 570
	Karstadt **16,3 %**	zu Fuß **75,6 %**	vormittags **37,3 %**	tägl./öfters **34,4 %**
	Rodi Hptm. **5,9 %**	Fahrrad **4,9 %**	nachmittags **41,1 %**	wöchentlich **40,7 %**
	Edeka Hptm. **5,7 %**	PKW **15,8 %**	abends (Do.) **9,7 %**	seltener **24,7 %**
	Schmidt **5,5 %**	ÖPNV **3,7 %**	samstags **12,0 %**	nie **0,2 %**
Obst und Gemüse (45 Geschäfte)	N= 552	N= 568	N= 562	N= 570
	Hauptmarkt **35,0 %**	zu Fuß **75,7 %**	vormittags **36,3 %**	tägl./öfters **41,1 %**
	Karstadt **9,6 %**	Fahrrad **6,3 %**	nachmittags **44,0 %**	wöchentlich **43,2 %**
	Plus Lauf.G. **5,3 %**	PKW **14,1 %**	abends (Do.) **9,1 %**	seltener **15,8 %**
	Hertie **4,2 %**	ÖPNV **3,9 %**	samstags **10,7 %**	
Getränke (59 Geschäfte)	N= 429	N= 436	N= 427	N= 438
	Plus Lauf.G. **8,2 %**	zu Fuß **48,2 0%**	vormittags **28,9 %**	tägl./öfters **21,5 %**
	Rodi Hptm. **7,5 %**	Fahrrad **5,7 %**	nachmittags **44,4 %**	wöchentlich **33,8 %**
	Wunderbg G. **4,0 %**	PKW **44,0 %**	abends (Do.)**12,4 %**	seltener **44,7 %**
	Hertie **3,7 %**	ÖPNV **2,1 %**	samstags **14,3 %**	
sonstige Lebensmittel (Supermarkt-angebot) (51 Geschäfte)	N= 523	N= 533	N= 521	N= 531
	Plus Lauf.G.**13,2 %**	zu Fuß **62,5 %**	vormittags **36,3 %**	tägl./öfters **30,9 %**
	Edeka Hptm. **9,4 %**	Fahrrad **6,6 %**	nachmittags **43,4 %**	wöchentlich **42,7 %**
	Rodi Hptm. **9,2 %**	PKW **26,1 %**	abends (Do.) **9,8 %**	seltener **26,4 %**
	Karstadt **7,8 %**	ÖPNV **4,9 %**	samstags **10,6 %**	
gesamt (alle Warengruppen und Verbrauchermärkte) (170 Geschäfte)	N= 2719	N= 2590	N= 2548	N= 2596
	Karstadt **8,9 %**	zu Fuß **71,0 %**	vormittags **38,1 %**	tägl./öfters **38,3 %**
	Hauptmarkt **7,5 %**	Fahrrad **5,4 %**	nachmittags **41,6 %**	wöchentlich **38,4 %**
	Plus Lauf.G. **5,6 %**	PKW **20,3 %**	abends (Do.) **9,4 %**	seltener **23,2 %**
	Rodi Hptm. **5,3 %**	ÖPNV **3,3 %**	samstags **10,9 %**	nie **0,0 %**

Rundungsfehler sind möglich

Quelle: Eigene Darstellung

in einer der acht "Beck"-Verkaufsstellen Brot etc. einzukaufen. Es folgten der "Stefansbeck" mit 7,7 %, "Entner" mit 5,4 %, die "Hofpfisterei" mit 3,8 % und "Düll" mit 2,5 %. Bäckereien im allgemeinen gaben 10,7 % der Haushalte an. Über zwei Drittel (68,8 %) kauften ihr Brot im Fachgeschäft ein.
34,9 % deckten ihren Bedarf an Wurst- und Fleischwaren im Fachgeschäft (N = 509). Neben der Metzgerei "Schmidt" wurden v.a. die Verkaufsstellen der Metzgerei "Walk" mit 4,3 %, "Fiehl" mit 3,7 %, "Hülf" mit 3,2 % und "Förster" mit 2,2 % aufgesucht.

Die handwerklichen Betriebe haben in der Innenstadt seit 1970 deutlich abgenommen. Junge, innovative Unternehmen haben erkannt, daß durch die Ausdünnung der Standorte Nischen frei geworden sind, die man mit Verkaufsstellen besetzen kann. So erfolgte sehr oft ein direkter Übergang von der Aufgabe eines handwerklichen Betriebes und der Eröffnung einer Verkaufsstelle in den gleichen Räumen. Diese Verkaufsstellen bestehen aus einem Verkaufsraum, evtl. mit Stehimbiß, die mehrmals, in der Regel dreimal täglich vom Handwerksbetrieb beliefert werden. Der Standort des Handwerksbetriebes ist entweder ererbt oder bewußt außerhalb der Innenstadt oder Stadt gewählt worden. Die örtliche Trennung zwischen Produktion und Verkauf ermöglichte "teure" Standorte in der Innenstadt aufgrund des höheren Umsatzes pro Fläche zu realisieren.
Der Anteil der Fachgeschäfte betrug bei Obst und Gemüse (N = 552) 43,4 %. Für Getränke (N = 429) lag der Wert bei 22,6 %. Den größten Anteil hatten die Verkaufsstellen von "Fristo" mit 5,9 %. Der insgesamt geringe Anteil der Fachgeschäfte läßt sich auf die geringe Anzahl in der Innenstadt zurückführen.
Tabelle 4 führt die aufgesuchten Nebenzentren der Bevölkerung der Innenstadt auf. Fast jeder zehnte Haushalt deckt den Bedarf an sonstigen Lebensmitteln in einem "Kaufmarkt". Die absolute Anzahl der Nennungen (vgl. Tab. 4, S. 146) richtete sich dabei nach dem Geschäft des Zentrums, das am häufigsten aufgesucht wurde. Dabei war meist das Supermarktangebot ausschlaggebend. Für den "Hauptmarkt" überwogen die Nennungen für Obst- und Gemüse. Wegen der geringen Bevölkerungsdichte des Distrikts 60 wurden ergänzend alle angrenzenden Gebiete zur Beurteilung

herangezogen (siehe Klammerwert): Fast jeder Haushalt aus St. Sebald außer den östlichen Randgebieten versorgte sich auf dem "Hauptmarkt" mit Obst und Gemüse. Überregionale Bedeutung[41] hatten daneben die Standorte "Karstadt", "Aldi", "Plus" und "Hertie". Die Haushaltsbefragungen in den übrigen Stadtgebieten bestätigten die Einstufung des "Karstadt" als Teil des A-Zentrums mit überregionaler Bedeutung. Für ihn und die D-Zentren wurden ausschließlich die Angaben für sonstige Lebensmittel berücksichtigt, obwohl "Karstadt" beispielsweise für Wurst- und Fleischwaren eine höhere Zentralität aufwies.[42] Fast der Hälfte der befragten Haushalte suchte die kleineren Nebenzentren in den Wohngebieten auf. Damit wurde ihre Bedeutung für die nahräumliche Versorgung bestätigt. Eine Ausnahme bildete das monostrukturierte D-Zentrum Färberstraße, das zum Großteil Metzgereien beinhaltet. Bis 1987 gab es nur zwei Metzgereien. Bis zur Kartierung 1994 siedelte sich eine weitere Metzgerei und ein "Wurst- und Fleischimbiß" "Skolik" (vgl. Karte 8) an. Diese Standortagglomeration führt zu einem breiten und tiefen Angebot. Je ein Haushalt aus Zerzabelshof und der Gartenstadt gaben an, hier ihren Bedarf an Fleisch und Wurst zu decken. Das ist ein Zeichen dafür, daß durch die Ansiedlung mehrerer Anbieter (auch) einer Warengruppe die Attraktivität dieses Nebenzentrums insgesamt steigt und überregionale Bedeutung erlangen könnte. Letzteres ist sicherlich noch nicht eingetreten. In wie weit diese Struktur stabil ist, bleibt abzuwarten. Die Bedeutung der Bäckereien und des Gemüsestands an der Ecke zum Frauentorgraben konnte nicht ermittelt werden, weil die Angaben zu allgemein waren, beispielsweise "Gemüsestand", "Türke", "Zwilling" etc..

Kein Haushalt der Innenstadt suchte ein B-Zentrum, Aufseßplatz oder Franken-Einkaufs-Zentrum, auf. Neben dem "Meister" Kleinreuth bei Schwabach kauften die Verbraucher am häufigsten im "Kaufmarkt" am Plärrer ein. Dabei erhielt der benachbarte Standort des "Lidl" 9 Stimmen. Während sich ein Drittel der "Lidl"-Kunden nicht im "Kaufmarkt" versorgten, deckten die anderen ihren Bedarf, v.a. an Fleisch,

---

41 Unter überregionaler Bedeutung soll in diesem Zusammenhang verstanden werden: Das Geschäft wurde öfter genannt als es befragte Haushalte in diesem Distrikt gab.

42 Der Wert dieser "relativen Anzahl der Nennungen" (vgl. Tab. 4, S. 146) soll als Vergleichsbasis dienen. Der Verfasser leitet davon die relative Bedeutung bzw. Zentralität ab. Bei einem Vergleich von Nebenzentren ist so eine Bewertung in "höhere" oder "niedrigere" Zentralität möglich (s. Fußnote 39).

auch dort. Haushalte in den nordwestlichen und westlichen Gebieten fragten ihren Bedarf an Lebensmitteln teilweise außerhalb der Innenstadt in den nächstgelegenen D- und E-Zentren nach. Die Bewohner orientieren sich für Versorgungseinkäufe aus der Innenstadt hinaus. Je nach verfügbaren und benutztem Verkehrsmittel wurden D- oder E-Zentren zu Fuß bzw. mit dem Fahrrad oder C-Zentren mit dem Auto aufgesucht.
Auch für die anderen Untersuchungsgebiete wird gezeigt werden, daß die B-Zentren keine größere Bedeutung für die Lebensmittelversorgung besitzen als C-Zentren. Während die Innenstadt auf ein sehr breites und tiefes Angebot einschließlich Spezialitäten verweisen kann, wird die Attraktivität der B-Zentren eher durch Einzelhandel des mittelfristigen Bedarfs und zusätzlicher Dienstleistungen geprägt. Für die Lebensmittelversorgung sind die B-Zentren im Vergleich zu den Verbrauchermärkten eher unattraktiv. Am Aufseßplatz könnte die Lebensmittelabteilung des Warenhauses "Horten" hervorgehoben werden. Das weitere Angebot wird aber wie in Langwasser durch Lebensmittelketten, filialisierte Bäckereien, Metzgereien und einigen Obst- und Gemüseständen geprägt. Damit unterscheiden sie sich nicht von größeren D-Zentren, die in der Regel nicht so weit entfernt sind wie die B-Zentren. Die Verbrauchermärkte ermöglichen dagegen den bequemeren Versorgungseinkauf "alles unter einem Dach" mit dem Auto. Für die Versorgungsfunktion sind sie deutlich attraktiver als die B-Zentren (vgl. Kap. 7.5. , 7.6. und 7.6.1.).
Nach Abschluß der Kartierung wurden ab September 1994 neue "türkische" Gemüseläden in der Inneren Laufer Gasse, Distrikt 66, und in der Karl-Grillenberger Straße, Distrikt 19, eröffnet. Nachdem auch der in der Nähe liegende Frankenladen sein Angebot an Getränken deutlich ausgeweitet hat, ist der neue Obst- und Gemüseladen ein Zeichen für die wachsende Nachfrage an Lebensmitteln in diesem Gebiet. Dort wurden mehrere Wohnhäuser mit größtenteils sozialer Bindung fertiggestellt. Hier könnte ein ähnliches Nebenzentrum entstehen wie im Wohngebiet bei der Wunderburggasse im Distrikt 68.
Die Wahl der Verkehrsmittel für Lebensmitteleinkäufe der Innenstadtbevölkerung ist aufgrund der Fußgängerzone stark auf den Einkauf zu Fuß gerichtet. Im Vergleich zu den anderen Untersuchungsgebieten wurden sämtliche Lebensmittel, also auch Getränke, im Schnitt doppelt so oft zu Fuß gekauft. Daß der Verzicht auf ein

Verkehrsmittel nicht aus einem ökologischen Bewußtsein heraus entsprang, zeigte die geringe Bedeutung der Fahrradnutzung von nur 5 %. Zum einen war das Fahrradfahren im Erhebungszeitraum in der Fußgängerzone noch verboten. Zum anderen ist nur der Weg entlang der Pegnitz ebenerdig. Ansonsten zwingen die Steigungen Richtung Süden aber vor allem Richtung Norden zum Burgberg, Maxtor oder auch Rathenauplatz zum Schieben des Fahrrads. Teilweise griffen Haushalte für den Heimtransport der Lebensmittel auf die öffentlichen Verkehrsmittel zurück, um die eingekauften Waren nicht die Steigungen hinauf tragen zu müssen. Das traf v.a. auf Wohnorte entlang der Buslinien 46 und 47 zu. Sonst spielten die öffentlichen Verkehrsmittel die gleiche geringe Rolle wie in den anderen Gebieten. Aufgrund der Innenstadtlage wurde auf das Auto nur für Einkäufe außerhalb in den C-Zentren mit Ausnahme des "Kaufmarkts" am Plärrer zurückgegriffen. Deswegen war der Wert von 20 % nur halb so hoch wie im Schnitt.

Die selteneren Vorratseinkäufe in den C-Zentren wurden überwiegend mit dem Auto getätigt. In diesem Zusammenhang wurde die Parkplatzsituation kritisiert: Nach dem Einkauf sind auch für Anwohner reservierte Parkplätze oft besetzt, so daß der Transport der Waren vom Auto in die Wohnung zusätzlich belastet.

Die Einkaufszeiten und -häufigkeiten entsprachen in etwa den Werten der Gesamtstichprobe. Trotzdem war eine Tendenz zum Einkauf am Dienstleistungsabend und am Samstag zu erkennen (vgl. auch Kap. 7.8.4.). Daß der Donnerstagabend keine größere Bedeutung hat, könnte damit erklärt werden, daß der kurzfristige Bedarf noch abends gedeckt werden kann. Die Geschäfte in der Innenstadt haben meistens bis 18.30 Uhr geöffnet. Der Vormittag hat geringe Bedeutung. Obst und Gemüse, Getränke sowie sonstige Lebensmittel wurden etwas häufiger nachgefragt.

7.5. Die weiteren Untersuchungsgebiete

Die Untersuchungen der folgenden fünf Gebiete lehnt sich an das Arbeitsschema der Innenstadt an. Es erfolgt eine räumliche Abgrenzung und eine soziodemographische Beschreibung. Die verkehrstechnische Integration in die Stadt gibt Informationen über die Entfernungen und Erreichbarkeit der angrenzenden Nebenzentren und den weiter entfernten höherrangigen C-Zentren oder der Innenstadt. Mit der Verteilung der Lebensmittelgeschäfte unter Mitberücksichtigung der angrenzenden Gebiete erfolgt eine Einstufung der Nebenzentren innerhalb der Untersuchungsgebiete. Die Ergebnisse der Haushaltsbefragung beschränken sich hier auf die komplexe Frage 2 des Fragebogens. Es werden die aufgesuchten Lebensmittelgeschäfte ermittelt. Daneben wird die Einkaufshäufigkeit, die Tageszeit des Einkaufs und die Verkehrsmittelwahl für den Einkauf beschrieben und mit den Werten der Gesamtstichprobe verglichen. Weitere Auswertungen des Fragebogens folgen nach der regionalen Betrachtung (vgl. Kap. 7.6., S. 202, und folgende Kapitel).

7.5.1. Schniegling

Das Untersuchungsgebiet Schniegling umfaßt die Distrikte 700, 701, 710 und 711. Es liegt am westlichen Rand Nürnbergs nördlich der Pegnitz und grenzt im Westen an Fürth (Poppenreuth) und im Norden an das Knoblauchsland an (vgl. Karte 9). Im Osten bildet der Nordwestring, die B4R, die Grenze. Die Gebiete 710 und 711 umfassen den alten Dorfkern von Schniegling. Distrikt 701 grenzt im Norden an Wetzendorf an. Es handelt sich dabei um ein neues Wohngebiet ohne Einzelhandel. Der Westfriedhof, Distrikt 700, wird im folgenden nicht weiter betrachtet.

Die Bevölkerungsdichte schwankt zwischen 40 Ew/bha (Einwohner pro bebauter Fläche in Hektar) im Distrikt 711 und 64 Ew/bha im Distrikt 710 (vgl. Tab. 3, S. 125).
Die soziodemographische Struktur von Schniegling ist gemischt. Im Distrikt 710 und 711 überwiegt eine deutlich jüngere Bausubstanz als in der Innenstadt. Der Anteil der

Ein- und Zweifamilienhäuser erreicht 80 %, so daß Schniegling nicht mehr zum verdichteten Bereich gezählt wird. Während im Distrikt 710 noch 30 % der Wohnungen eine Ofenheizung haben, sind es in 711 nur noch 20 %. Die gemischte Sozialstruktur in 710 ist durch den hohen Anteil an Erwerbslosen, Arbeitern, Ausländern und Empfängern von Arbeitslosengeld, Arbeitslosenhilfe oder Sozialhilfe geprägt. Die Altersstruktur ist mit dem Verhältnis 0,8 Seniorenhaus- halte zu einem Haushalt mit Kind jung. Distrikt 711 verzeichnet eine gehobene Sozialstruktur v.a. durch einen hohen Akademikeranteil. Die Zahl der Haushalte mit Kindern ist deutlich geringer als im Distrikt 710 und im Verhältnis zu den der über 65jährigen niedriger. Die Altersgruppe der 35- bis 64 jährigen überwiegt. Das Neubaugebiet 701 zeichnet sich neben dem hohen Anteil neuer Bebauung durch die gehobene Sozialstruktur aus. Es überwiegen junge Haushalte mit Kindern. Seniorenhaushalte stellen hier mit 10 % die geringste Altersgruppe dar (*Amt für Stadtforschung und Statistik*, 1/1991, 8f).

Durch die Ausdehnung der Stadt sind frühere Dörfer in das Stadtgebiet eingewachsen. Der Stadtrand weist so neben Industrie- und Neubaugebieten alte Dorfkerne auf. Sie werden durch die Einzelhandelsstruktur alteingesessener Anbieter geprägt. Inzwischen haben auch filialisierte Bäckereien und Lebensmittelketten diese Nebenzentren als Standorte entdeckt. So ist im alten Dorfkern von Schniegling die Bäckerei "Entner" und "Fristo" (Getränke) mit je einer Verkaufsstelle vertreten. "Plus" und "Norma" eröffneten ihre Filialen an der nördlich des alten Dorfkerns verlaufenden Brettergartenstraße, die von Pendlern von und nach Nürnberg bzw. Fürth oft benutzt wird. So wird das Einzugsgebiet Schniegling durch die dort einkaufenden Pendler erweitert. Die alten Dorfkerne wandeln sich. Alteingesessene Betriebe geben auf.[43] Diese frei gewordenen Standorte werden durch bereits in der Stadt vertretene Unternehmen besetzt. Der alte Baubestand erlaubt es den verbliebenen Anbietern, Nebenfunktionen wie Läger unterzubringen. Das gilt insbesondere für Landwirte. Das Einrichten von Verkaufsräumen auf den Bauernhöfen mit Gewerbeschein führte im Norden von Nürnberg zum "Knoblauchslandeffekt" (vgl. Karte 5). Das Angebot an selbst

---

[43] Die Gründe sind v.a. in der fehlenden Nachfolgeschaft in der eigenen Familie zu suchen. Eine gut bezahlte Arbeit mit 37,5-Stunden-Woche in der Stadt scheint attraktiver zu sein als ein Beruf eines selbständigen Handwerkers oder Händlers in einem (ehemaligen) Dorf mit vollem unternehmerischen Risiko.

angebautem Gemüse wird teilweise durch Getränke ergänzt, die leicht lagerbar, aber flächenintensiv sind. Die Gemüsebauern von Schniegling (vgl. Karte 9) bieten jedoch keine Getränke an.

Schniegling ist mit den Buslinien 38 und 39 an das öffentliche Verkehrsnetz angebunden. Sie verlaufen durch das Untersuchungsgebiet und ermöglichen über die Umsteigepunkte Maximilianstraße und Stadtgrenze, jeweils zur U-Bahn-Linie 1 Fürth - Nürnberger Innenstadt - Langwasser, sowie Westfriedhof zur Straßenbahnlinie 6 - Richtung Innenstadt - die Anbindung an die Zentren Fürth und Nürnberg. Die Supermärkte "Plus" und "Norma" in der Brettergartenstraße liegen direkt bei einer Haltestelle der Buslinie 39.

Tabelle 8: Von den 110 Haushalten in Schniegling aufgesuchte Nebenzentren

Nebenzentrum	Name	absolute Anzahl der Nennungen	relative Anzahl der Nennungen*
A-Zentrum	Innenstadt (Karstadt)	3 (N = 166)	außerhalb (4 km)
C-Zentrum	Marktkauf Thon	34 (N = 166)	außerhalb (3 km)
C-Zentrum	Meister Virnsberger Straße	17 (N = 166)	außerhalb (4,5 km)
C-Zentrum	Marktkauf Plärrer	3 (N = 166)	außerhalb (5 km)
C-Zentrum	Metro Nord	2 (N = 166)	außerhalb (4,5 km)
E-Zentrum	HL-Markt Schnieglinger Straße	19 (N = 166)	außerhalb (1,9 km)
E-Zentrum	Lidl Schnieglinger Straße	14 (N = 166)	außerhalb (2,3 km)
D-Zentrum **	Schnieglinger-/Holsteinerstraße	31 (N = 154)	57 % *
D-Zentrum	Brettergartenstraße (Plus)	32 (N = 166)	42 % *

* bezogen auf die befragten Haushalte in dem jeweiligen Distrikte; in Klammern: bei zusätzlicher Berücksichtigung der angrenzenden Distrikte;
Außerhalb gelegene Zentren geben als Klammerwert die kürzeste Straßenentfernung von den ** - markierten Nebenzentren dieses Untersuchungsgebietes an

Quelle: Eigene Darstellung

In den dörflichen Randgebieten Nürnbergs überwiegen bandförmige Zentren entlang den ehemaligen Hauptstraßen, die meistens den Namen der Siedlung tragen. In Schniegling findet sich ein D-Zentrum in der Schnieglinger Straße bis zur Post an der Kreuzung zur Holsteiner Straße (vgl. Tab. 8). Ein weiteres D-Zentrum befindet sich mit den zwei Supermärkten "Norma" und "Plus" in der Brettergartenstraße, 300 m von dem genannten Kreuzungspunkt entfernt.

Die Bevölkerung hat in Schniegling 1970 zu 1994 zugenommen (vgl. Tab. 9). Im zentralen Distrikt 710 nahmen die Geschäfte absolut um sechs ab, vor allem durch das Schließen von fünf Supermärkten. Es eröffnete ein neuer Obst- und Gemüseladen und es kam eine neue Bäckerei hinzu, vermutlich die Verkaufsstelle der Bäckerei "Entner".[44]

Tabelle 9: Anzahl der Lebensmittelgeschäfte 1970, 1987 und 1994 in Schniegling nach Warenart **

Gebiet		Schniegling			
Distrikt		701	710	711	Summe
Bevölkerung	1970	1.215	**2.486**	794	4.495
	1987	1.725	**2.091**	740	4.556
	1994	1.866	**2.561**	770	5.197
Bäckerei	1970		3		3
	1987		1		1
	1994		2		2
Fleischer	1970		3		3
	1987		2		2
	1994		2		2
Obst und Gemüse	1970		1		1
	1987				
	1994		1		1
Getränke	1970				
	1987		3		3
	1994	1	1	2	4
Supermarkt	1970		**6**	1	7
	1987		**3**		3
	1994		**1**	1	2
Summe	1970		**13**	1	14
	1987		**9**		9
	1994	1	**7**	3	11
absolute Zu-/Abnahme 1970/1994		1	**-6**	2	-3
Geschäfte pro 1000 Einwohner	1970	0	5,23	1,26	4,27
	1987	0	4,3	4,3	1,98
	1994*	0,54	2,73	3,9	2,12
relative Zu-/Abnahme 1970/1994		+	-	+	-

* Geschäfte 1994 pro 1000 Einwohner 1992
** leere Felder bedeuten "keine Lebensmittelgeschäfte"

Quelle: Stadt Nürnberg: Statistisches Jahrbuch 1993, S. 31, Nürnberg 1993; eigene Auswertung der Betriebsstättenzählungen 1970 und 1987 und eigene Erhebung

[44] Die Daten der Stadt Nürnberg 1970 und 1987 erlauben keine adressengenaue und damit eindeutige Zuordnung.

Das Angebot an Getränkeläden wurde durch die Tankstellen "Aral" und "BP" an der Schnieglinger Straße erweitert, wird aber nur äußerst selten wahrgenommen. Eine Erklärungsmöglichkeit wäre, daß hier eine Kopplung der Tätigkeit "Tanken" und "Getränkeeinkauf" stattfindet, die im Bewußtsein der Verbraucher nicht als "Sich-Versorgen" sondern als "Tanken" wahr genommen und entsprechend nicht im Fragebogen angegeben wurde.
Die Entfernungen zu den höchstrangigen Zentren betragen 4 km zum "Hauptmarkt" und 3,8 km zur Fürther Innenstadt. Das C-Zentrum "Marktkauf" am Nordwestring ist 2,5 km entfernt, der "Kaufmarkt" in Thon direkt 3 km und über die äußere Ringstraße B4R 4,5 km sowie der "Meister" 3,5 km. Das für die nahräumliche Versorgung wichtige D-Zentrum in der Schnieglingerstraße Ecke Johannisstraße ist 2,3 km entfernt und das auf dem Weg liegende E-Zentrum mit dem "HL"-Markt an der B4R 1,9 km (vgl. Tab. 8).
Für die Versorgung der Haushalte in Schniegling haben die außerhalb gelegenen Nebenzentren "Kaufmarkt" Thon und "HL"-Markt in der Schnieglinger Straße eine besondere Bedeutung (vgl. Tab. 10). Das C-Zentrum "Marktkauf" am Nordwestring war im Erhebungszeitraum noch nicht eröffnet.
57,8 % der Schnieglinger Haushalte kauften ihr Brot in Fachgeschäften. Die am häufigsten aufgesuchten Bäckereien hatten ihren Standort im zentralen D-Zentrum im Kreuzungsbereich Schnieglinger zur Holsteiner Straße bzw. in direkter Nachbarschaft dazu. Hier befinden sich auch die am meisten genannten Metzgereien.
Der Fachgeschäftsanteil lag bei Wurst- und Fleischwaren bei 44,3 %. Für das gesamte Untersuchungsgebiet hatte jedoch der "Kaufmarkt" Thon mit Ausnahme der Brot- und Backwaren dir größte Bedeutung. Zum einen bietet er als nächstgelegenes C-Zentrum die Möglichkeit des autogerechten Groß- bzw. Vorratseinkaufs. Zum anderen ist im Distrikt 701, Wetzendorf Süd, außer einer Tankstelle mit "Getränkeshop", kein Lebensmittelgeschäft vorhanden. Die großen Entfernungen zwingen bei einem Einkauf größerer Mengen auf Transportmittel zurückzugreifen. Aufgrund der langen Wege zu den Haltestellen und der Wartezeiten sind öffentliche Verkehrsmittel unattraktiv, so daß man auf ein Auto zurückgreift und entsprechend autogerechte Einkaufsstandorte aufsucht. Die großen Entfernungen führten auch hier zu einer Abnahme der

Tabelle 10: Schniegling - die häufigsten vier Einkaufsorte, verwendete Verkehrsmittel, Einkaufszeit und Einkaufshäufigkeit (110 Haushalte, Mehrfachantworten)
Angaben in Prozent der jeweiligen Nennungen (N)

	die häufigsten vier Einkaufsorte	verwendetes Verkehrsmittel	Einkaufszeit	Einkaufs-häufigkeit
Brot und Brötchen (30 Geschäfte)	N= 154	N= 157	N= 157	N= 157
	Entner **20,1 %**	zu Fuß **43,9 %**	vormittags **54,8 %**	tägl./öfters **44,6 %**
	Scholz **12,3 %**	Fahrrad **10,8 %**	nachmittags **25,5 %**	wöchentlich **40,8 %**
	KM Thon **12,3 %**	PKW **42,0 %**	abends (Do.) **7,0 %**	seltener **14,6 %**
	HL Schniegl. **9,1 %**	ÖPNV **3,2 %**	samstags **12,7 %**	
Wurst- und Fleischwaren (29 Geschäfte)	N= 164	N= 171	N= 171	N= 171
	KM Thon **17,5 %**	zu Fuß **40,4 %**	vormittags **45,6 %**	tägl./öfters **27,5 %**
	Krön **17,1 %**	Fahrrad **8,2 %**	nachmittags **30,4 %**	wöchentlich **52 %**
	Stirnweiß **15,2 %**	PKW **46,8 %**	abends (Do.) **12,9 %**	seltener **20,5 %**
	HL Schnieg. **10,4 %**	ÖPNV **4,7 %**	samstags **11,1 %**	
Obst und Gemüse (22 Geschäfte)	N= 165	N= 169	N=169	N= 169
	KM Thon **19,4 %**	zu Fuß **32,0 %**	vormittags **48,5 %**	tägl./öfters **39,1 %**
	Plus Brett. **18,8 %**	Fahrrad **11,8 %**	nachmittags **32,0 %**	wöchentlich **47,3 %**
	Norma Bret. **12,1 %**	PKW **50,9 %**	abends (Do.) **13,0 %**	seltener **13,6 %**
	HL Schniegl. **9,7 %**	ÖPNV **5,3 %**	samstags **6,5 %**	
Getränke (21 Geschäfte)	N= 137	N= 136	N= 136	N= 136
	KM Thon **22,6 %**	zu Fuß **14,0 %**	vormittags **32,4 %**	tägl./öfters **13,2 %**
	Fristo **15,3 %**	Fahrrad **3,7 %**	nachmittags **33,1 %**	wöchentlich **44,9 %**
	Berschinski **10,9 %**	PKW **81,6 %**	abends (Do.) **14,0 %**	seltener **41,9 %**
	Plus Brett. **11,7 %**	ÖPNV **0,7 %**	samstags **20,6 %**	
sonstige Lebensmittel (Supermarkt-angebot) (15 Geschäfte)	N= 166	N= 166	N= 166	N= 166
	KM Thon **20, 5 %**	zu Fuß **27,1 %**	vormittags **39,8 %**	tägl./öfters **25,9 %**
	Plus Brett. **19,3 %**	Fahrrad **10,2 %**	nachmittags **39,2 %**	wöchentlich **50,0 %**
	Norma Bret. **17,5 %**	PKW **59,0 %**	abends (Do.) **11,4 %**	seltener **24,1 %**
	HL Schnieg. **11,4 %**	ÖPNV **3,6 %**	samstags **9,6 %**	
gesamt (alle Warengruppen und Verbrauchermärkte) (61 Geschäfte)	N= 840	N= 799	N= 799	N= 799
	KM Thon **19,3 %**	zu Fuß **32,0 %**	vormittags **44,6 %**	tägl./öfters **30,5 %**
	Plus Brett. **10,7 %**	Fahrrad **9,1 %**	nachmittags **32,0 %**	wöchentlich **47,2 %**
	HL Schniegl. **9,2 %**	PKW **55,2 %**	abends (Do.) **11,6 %**	seltener **22,3 %**
	Norm Brett. **8,8 %**	ÖPNV **3,6 %**	samstags **11,8 %**	

Rundungsfehler sind möglich

Quelle: Eigene Darstellung

Einkaufshäufigkeit. V.a. die Haushalte in Wetzendorf Süd zeigten eine Tendenz zum wöchentlichen Einkauf mit dem Auto.
20 % der Haushalte erwarben Obst- und Gemüse direkt bei dem Erzeuger im nördlich angrenzenden Knoblauchsland. Weitere 3 % kauften in Obst- und Gemüseläden oder beim "Türken" ein. Keiner nannte den "Hauptmarkt", wogegen "Karstadt" von drei Haushalten angegeben wurde. Getränke fragten 30,5 % im Fachgeschäft nach, größtenteils aufgeteilt auf den im zentralen D-Zentrum liegenden "Fristo" und den im nördlich angrenzenden Distrikt 722 liegenden "Berschinski". Mit sonstigen Lebensmitteln versorgten sich die Verbraucher ausschließlich in den Supermärkten (vgl. Tab. 10).
Die Nebenzentren in Schniegling haben keine überregionale Bedeutung. Ihre Einzugsbereiche sind auf die direkt angrenzenden Siedlungsgebiete beschränkt (vgl. Tab. 8). Die B-Zentren der Stadt Nürnberg spielten für die Versorgung mit Lebensmitteln der Schnieglinger Haushalte keine Rolle.
Die dortigen Haushalte griffen im Vergleich am häufigsten auf das Auto zurück (vgl. Tab. 10). Unterteilt man das Gebiet in den alten Dorfkern mit Erweiterungen, Distrikte 710 und 711, sowie Wetzendorf Süd, Distrikt 701, so ist die Einkaufsrichtung der Fußgänger in Schniegling auf die am nächsten gelegenen D-Zentren gerichtet. Diese Standorte wurden mehrmals die Woche aufgesucht. Für den Einkauf in einem Verbrauchermarkt wurde zu 92 % auf das Auto zurückgegriffen. Mit 93 % war dieser Wert für die Haushalte aus Wetzendorf Süd etwa gleich hoch. Die Einkaufsrichtung zu Fuß war jedoch nicht auf die D-Zentren von Schniegling gerichtet, sondern nach Osten zu den E-Zentren "HL"-Markt, "Lidl" und die Fachgeschäfte des dortigen Wohngebietes. Trotz der großen Entfernung legte man diese Distanzen zu 65 % zu Fuß und zu 15 % mit dem Fahrrad zurück. Obwohl Wetzendorf Süd über quasi kein Lebensmittelgeschäft verfügt und damit die zurückzulegenden Distanzen größer sind, waren die dort wohnenden Haushalte mit ihrer Versorgungslage zufriedener als die Haushalte aus Schniegling. Dabei ließ sich weder eine Abhängigkeit von dem Einkaufsverhalten oder der Lage der einzelnen Haushalte herstellen. In der Tendenz waren jedoch diejenigen aus Wetzendorf Süd unzufriedener, die in Verbrauchermärkten

einkauften. Diejenigen, die sich in den östlich gelegenen Nebenzentren zu Fuß versorgten, waren mit ihrer Versorgungslage zufriedener.

Das ist ein Hinweis darauf, daß die Zufriedenheit mit einer bestimmten Situation, wie hier der Versorgung mit Lebensmitteln, von einer Vielzahl anderer Komponenten beeinflußt wird, die man nicht nachvollziehen kann. Ein Hinweis mag sein, daß Familien, die in ein relativ junges Wohngebiet wie Wetzendorf-Süd ziehen, sich der dortigen Situation in Bezug auf Einkaufsmöglichkeiten bewußt sind. Für ihre Wohnstandortentscheidung waren andere Gründe ausschlaggebend. In diesem Sinne empfinden sie die großen Entfernungen zu den E-Zentren als nicht so weit (vgl. auch *Monheim* 1985). Andererseits erleben alteingesessene Haushalte in Schniegling die Veränderung ihres Dorfes und das Verschwinden der alten Geschäfte negativ. Auch wenn sich die objektive Versorgungslage durch Neueröffnungen nicht verschlechtert hat, so ist man doch unzufriedener.

Neben der häufigen Nutzung des Autos, die auch zu der stärksten Tendenz zum wöchentlichen Einkauf im Vergleich zu allen anderen Untersuchungsgebieten führte, wurde für den Einkauf von Obst und Gemüse am häufigsten auf das Fahrrad zurückgegriffen (vgl. Tab. 10). Vermutlich verbindet man den Einkauf bei dem Bauern auf dem Land mit einer kleinen "Fahrradtour". Im Unterschied zu Wurst- und Fleischwaren wurde Obst und Gemüse auch häufiger und eher werktags nachgefragt. Das seltene Einkaufen dieser Warengruppe am Samstag ist damit zu erklären, daß dann der Bauer entweder gar nicht oder auf dem Markt verkauft, so der "Bio-Bauer" Sippel, der von drei Haushalten angegeben wurde .

Ansonsten stimmten die Einkaufshäufigkeiten, die Einkaufszeiten und die verwendeten Verkehrsmittel sowie ihre Relationen mit denen der Gesamtheit in etwa überein (vgl. Tab. 10 und Abb. 14 - 16, S. 137 ff).

7.5.2. Gartenstadt

Die Gartenstadt mit den Distrikten 451, 452 und 453 zählt zu den städtischen Randgebieten. Die Westgrenze bildet der alte Ludwig-Kanal, im Osten die Saarbrückener-

und im Norden die Julius-Loßmann- und Minervastraße (siehe Karte 10). Nördlich der Minervastraße beginnt das Industriegebiet Gibitzenhof und nordöstlich der Julius-Loßmannstraße schließt sich der Südfriedhof und dahinter der Rangierbahnhof an. Im Osten grenzen die Distrikte 442 Falkenheim und anschließend 441 Kettelersiedlung an, die teilweise auch als zur Gartenstadt gehörend betrachtet werden, aber vom Verfasser hier nicht in die Haushaltsbefragung einbezogen wurden.

Es überwiegt eine lockere Bebauung mit überwiegend Mehrfamilienhäusern mit den charakteristischen Gärten. Distrikt 452 weist stellenweise eine intensive Bebauung mit mehrstöckigen Häusern auf. Das spiegelt sich in der hohen Bevölkerungsdichte von 126 Ew/bha wieder im Vergleich zu 71 und 49 Ew/bha in den Distrikten 453 und 451. Die Wohndichte ist damit immer noch deutlich höher als in der angrenzenden Kettelersiedlung oder Falkenheim.

In den Gebieten 453 und 452 ist eine eher niedrige Sozialstruktur vertreten. Das zeigt sich auch in dem hohen Anteil an Sozialwohnungen. Im Distrikt 452 ist der Anteil der Senioren mit 27,3 % im Vergleich zum Stadtdurchschnitt von 17,5 % am höchsten, gefolgt von 24,4 und 21,0 % in den Distrikten 451 und 453. Distrikt 453 wird mit der Kettelersiedlung und Falkenheim zusammen zur Außenstadt mit lockerer Bebauung und gehobener Sozialstruktur gezählt. Neben dem hohen Akademikeranteil überwiegen Haushalte der Altersgruppe 35-64 Jahre, deren Kinder außer Haus sind. Dadurch sind Haushalte mit Kindern auch geringer vertreten (*Amt für Stadtforschung und Statistik*, 1/1991, 8f).

Für den Individualverkehr bestehen gute Verkehrsverbindungen in nördlicher Richtung über die Katzwanger Straße zur Frankenstraße sowie über die Minervastraße zum Dianaplatz und in Richtung Innenstadt. In östlicher Richtung gelangt man über die Trierer Straße zum Franken-Einkaufs-Zentrum in Langwasser und in südwestlicher Richtung nach Eibach. Der Anschluß an öffentliche Verkehrsmittel ist durch die Straßenbahnlinie 8 und vier Buslinien gegeben, welche das Untersuchungsgebiet mit den Nebenzentren rund um die Frankenstraße, am Aufseßplatz, Dianaplatz, Eibach und Röthenbach sowie mit dem Frankeneinkaufszentrum direkt verbinden. Die Innenstadt kann nur mit Umsteigen bspw. am Plärrer oder an der Frankenstraße in die U-

Bahn-Linie 1 erreicht werden, wenn man sich einen Fußmarsch vom Plärrer oder vom Hauptbahnhof ersparen möchte.

Tabelle 11: Anzahl der Lebensmittelgeschäfte 1970, 1987 und 1994 in der Gartenstadt nach Warenart **

Gebiet		Gartenstadt			
Distrikt		451	452	453	Summe
Bevölkerung	1970	2.348	4.575	2.485	9.408
	1987	2.036	3.825	2.094	7.955
	1994	1.975	3.913	2.025	7.913
Bäckerei	1970	2	2		4
	1987	1	1		2
	1994	2	2	1	5
Fleischer	1970	1	1		2
	1987	1	1		2
	1994	1	1		2
Obst und Gemüse	1970		1		1
	1987	1			1
	1994		1		1
Getränke	1970				0
	1987	1	1	1	3
	1994	1	1	1	3
Supermarkt	1970	4	1	8	13
	1987		2	2	4
	1994		2	2	4
Summe	1970	7	5	8	20
	1987	4	5	3	12
	1994	4	7	4	15
absolute Zu-/Abnahme 1970/1994		-3	2	-4	-5
Geschäfte pro 1000 Einwohner	1970	2,98	1,09	3,22	2,83
	1987	1,96	1,31	1,43	1,51
	1994*	2,03	1,79	1,96	1,9
relative Zu-/Abnahme 1970/1994		-	+	-	-

* Geschäfte 1994 pro 1000 Einwohner 1992
** leere Felder bedeuten "keine Lebensmittelgeschäfte"

Quelle: Stadt Nürnberg: Statistisches Jahrbuch 1993, S. 31, Nürnberg 1993; eigene Auswertung der Betriebsstättenzählungen 1970 und 1987 und eigene Erhebung

In der Gartenstadt nahm die Bevölkerung von 1970 bis 1987 um 15 % ab (vgl. Tab. 3, S. 125). Danach blieb sie in etwa stabil. Im Distrikt 453 ging die Zahl der Lebensmittelgeschäfte v.a. durch das Schließen von sechs Supermärkten im Zeitraum bis 1987 um die Hälfte zurück (vgl. Tab. 11). Die Abnahme konnte durch das Eröffnen eines

Bäckers natürlich nicht ausgeglichen werden. 1970 bis 1994 nahm die Anzahl der Geschäfte bezogen auf 1.000 Einwohner um 40 % auf rund 2 ab.

Im Kreuzungsbereich Saarbrückener zur Julius Loßmann Straße befindet sich ein D-Zentrum unter Einbezug des "Edeka"-Marktes (vgl. Tab. 12). Das zweite D-Zentrum liegt im Distrikt 453 an der Katzwanger Straße mit dem "HL"-Markt und nebenan "Gemüse-Hecht". Die Geschäfte in der Mitte des Distrikts 452 bilden ein E-Zentrum aus. Sie grenzen direkt aneinander. Hier ist die Kopplung mit 73 % zwischen der Bäkkerei "Entner" und der Metzgerei "Nägelein" am höchsten. Eine Kopplung mit dem Getränkeeinkauf dagegen wurde nur von 15 % der Einkäufer bestätigt. Die Verbraucher sind anscheinend wenig gewillt, den Einkauf von schweren und sperrigen Getränken zu koppeln. 43 % der "HL"-Kunden kauften anschließend in dem benachbarten Gemüseladen ein. Die Kopplung könnte hier höher sein. Möglicherweise ist der "HL"-Markt billiger oder ein Teil der Käufer bevorzugt, alles unter einem Dach zu kaufen.

Die Entfernungen zu den wichtigsten Zentren vom Mittelpunkt des Distrikts 452 betragen 6 km zum "Hauptmarkt", 4 km zum Aufseßplatz und 5 km zum Franken-Zentrum in Langwasser (vgl. Tab. 12). Während die B-Zentren mit jeweils einem Besucher geringe Bedeutung hatten, wurde das weiter entfernte A-Zentrum mit dem "Hauptmarkt" von 2 Verbrauchern aus der Gartenstadt aufgesucht. Die Bewohner der Gartenstadt suchten neun verschiedene C-Zentren auf. Als Verbrauchermarkt führten 10 Konsumenten den 5 km entfernten "Kaufmarkt" am Plärrer an, 6 den in Röthenbach (5 km), 2 den in Mögeldorf (10 km) und einer den "Kaufmarkt" in der Sulzbacher Straße (8 km). Neben der Tendenz, daß näher gelegene Standorte bei gleichem Sortiment bevorzugt wurden, zeigte sich, daß es anscheinend individuelle Gründe gibt, einen weiter entfernten Standort aufzusuchen. Das könnte die bessere Erreichbarkeit ohne Umsteigen sein (Straßenbahnlinie 8 hat einen Haltepunkt in der Nähe des "Kaufmarktes" in der Sulzbacher Straße) oder ein attraktives Zusatzangebot wie der Baumarkt am Standort in Mögeldorf. Der von "Meister" übernommene Standort in Schweinau ist 4 km entfernt und wurde nur von einem Haushalt aufgesucht,[45] während der 7 km entfernte Standort der zweiten "Meister"-Filiale in der

[45] Die Datenerhebung erfolgte vor der Übernahme durch den "Meister".

Virnsbergerstraße (vgl. Karte 7) von 14 Personen erwähnt wurde. Hier könnte eine Verlagerung zugunsten des Standortes in Schweinau durch die Sortimentsanpassung erfolgen. Die Entfernungen zu den sonst noch aufgeführten C-Zentren betragen 4 km zur "Metro" in Eibach (1 Nennung), 12 km zu dem "HUMA"-Markt in Schwabach (6 Nennungen) und 14 km zu "Hörnlein" in Klein-Schwarzenlohe (12 Nennungen). Die nächsten D-Zentren an der Frankenstraße und dem Dianaplatz im Norden sind jeweils 3 km entfernt und spielten für die Versorgung der Gartenstadt keine Rolle. Ein beliebtes Fachgeschäft war mit 10 Nennungen der "Getränke-Terminal" in der Heisterstraße westlich des Dianaplatzes, der mit dem benachbarten "Norma" ein D-Zentrum bildet. Ein weiterer beliebter Einzelstandort war der auf dem Weg zum "Meister" in Schweinau liegende Obst- und Gemüseladen "Schell" mit 4 Nennungen.

Tabelle 12: Von den 121 Haushalten in der Gartenstadt aufgesuchte Nebenzentren

Nebenzentrum	**Name**	**absolute Anzahl der Nennungen**	**relative Anzahl der Nennungen***
A-Zentrum	Innenstadt (Hauptmarkt)	2 (N = 118)	außerhalb (6 km)
B-Zentrum	Aufseßplatz (Horten)	1 (N = 176)	außerhalb (4 km)
B-Zentrum	Franken-Einkaufs-Zentrum	1 (N = 154)	außerhalb (5 km)
C-Zentrum	Meister Virnsberger Straße	14 (N = 176)	außerhalb (7 km)
C-Zentrum	Hörnlein, Klein-Schwarzenlohe	12 (N = 176)	außerhalb (8,5 km)
C-Zentrum	HUMA, Schwabach	6 (N = 176)	außerhalb (10 km)
C-Zentrum	Marktkauf Röthenbach	6 (N = 176)	außerhalb (5 km)
C-Zentrum	Marktkauf Plärrer	10 (N = 797)	außerhalb (5 km)
C-Zentrum	Marktkauf Mögeldorf	2 (N = 176)	außerhalb (10 km)
C-Zentrum	Marktkauf Sulzbacher Straße	1 (N = 176)	außerhalb (8 km)
C-Zentrum	Metro Süd	1 (N = 176)	außerhalb (3 km)
C-Zentrum	Meister Schweinau	1 (N = 176)	außerhalb (4,5 km)
D-Zentrum	Getränke-Terminal	10 (N = 126)	außerhalb (3 km)
E-Zentrum	Schießplatz (Condi)	4 (N = 176)	außerhalb (1 km)
D-Zentrum	Minerva/Katzwangerstraße (HL)	35 (N = 176)	44 % *
D-Zentrum	Saarbrück./J.Loßm. Str. (Woitinek)	27 (N = 154)	66 % (33 %) *
E-Zentrum **	S. Heyden Straße (Fristo)	11 (N = 126)	28 % *
E-Zentrum	Finkenbrunn (Condi)	23 (N = 176)	29 % *

* bezogen auf die befragten Haushalte in dem jeweiligen Distrikte; in Klammern: bei zusätzlicher Berücksichtigung der angrenzenden Distrikte;
Außerhalb gelegene Zentren geben als Klammerwert die kürzeste Straßenentfernung von den ** - markierten Nebenzentren dieses Untersuchungsgebietes an

Quelle: Eigene Darstellung

Kein Nebenzentrum der Gartenstadt hatte überregionale Bedeutung (vgl. Tab. 12). Im "HL"-Markt kaufte fast jeder zweite Haushalt aus den Distrikten 452 und 453 ein und im "Condi", Finkenbrunn, fast jeder dritte. Im zentralen Wohngebiet des Distriktes 452 liegt ein D-Zentrum an der S. Heydenstraße, das in diesem Gebiet von fast jedem dritten Haushalt aufgesucht wurde. Die Einkaufsrichtungen orientierten sich zu den Nebenzentren dieser Distrikte hin, während die Bewohner des Distrikts 451 auch im benachbarten Falkenheim im "Condi" und in den Metzgereien "Walter" und "Csallner" ihren Bedarf deckten.

Ohne Berücksichtigung des "Edeka" im D-Zentrum Ecke Saarbrückener- / J. Loßmannstraße und dem ausschließlichen Einzugsgebiet des Distrikts 451 kauften 66 % der Haushalte dort ein. Das Hinzunehmen des benachbarten "Edeka" führt zu einem D-Zentrum mit größerem Einzugsgebiet. Dadurch reduzierte sich die relative Zahl der Nennungen (bezogen auf die Zahl aller dort befragten Haushalte) auf 33 % (vgl. Tab. 12).

Aufgrund der zentralen Lage der drei Getränkeläden in den jeweiligen Distrikten waren die zurückzulegenden Entfernungen für den Getränkeeinkauf für die einzelnen Haushalte am geringsten. 37,3 % der Verbraucher fragten Getränke im Fachgeschäft nach. Rund 19 % des Getränkebedarfs wurde durch "Fristo" und weitere 8 % durch den "Getränke-Terminal" abgedeckt (vgl. Tab. 13).

Der Marktanteil des Facheinzelhandels betrug bei Brot und Brötchen 44,3 %. An fünfter Stelle der meistgenannten Einkaufsorte lag "Entner" mit 5,8 % im D-Zentrum S. Heydenstraße. Wegen der geringen Zahl Metzgereien hatten die Fachgeschäfte nur einen Anteil von knapp 20 %. Fleisch- und Wurstwaren wurden überwiegend in den Supermärkten oder in den außerhalb gelegenen Nebenzentren eingekauft. 29,5 % der Befragten suchten Obst- und Gemüseläden auf. Zwei Haushalte gaben an, auf dem "Hauptmarkt" diese Waren zu kaufen, und ein Haushalt "Karstadt". Trotz der großen Entfernung zu den außerhalb gelegenen Verbrauchermärkten versorgten sich dort über 40 %. Von diesen suchten fast die Hälfte eine Filiale des "Kaufmarkts", des heutigen "Marktkaufs", auf.

Tabelle 13: Gartenstadt - die häufigsten vier Einkaufsorte, verwendete Verkehrsmittel, Einkaufszeit und Einkaufshäufigkeit (121 Haushalte, Mehrfachantworten), Angaben in Prozent der jeweiligen Nennungen (N)

	die häufigsten vier Einkaufsorte	verwendetes Verkehrsmittel	Einkaufszeit	Einkaufshäufigkeit
Brot und Brötchen	N= 154	N= 154	N= 154	N= 154
	HL Minerva **20,1 %**	zu Fuß **60,4 %**	vormittags **63,0 %**	tägl./öfters **61,0 %**
(29 Geschäfte)	Woitinek **17,5 %**	Fahrrad **11,0 %**	nachmittags **27,9 %**	wöchentlich **34,4 %**
	Condi Fink. **10,4 %**	PKW **24,7 %**	abends (Do.) **3,9 %**	seltener **4,5 %**
	Landmann **9,7 %**	ÖPNV **3,9 %**	samstags **5,2 %**	
Wurst- und Fleischwaren	N= 172	N= 172	N= 172	N= 172
	HL Minerva **22,1 %**	zu Fuß **49,4 %**	vormittags **57,0 %**	tägl./öfters **54,1 %**
(30 Geschäfte)	Condi Fink. **16,9 %**	Fahrrad **9,9 %**	nachmittags **32,6 %**	wöchentlich **31,4 %**
	Edeka **10,5 %**	PKW **34,3 %**	abends (Do.) **7,0 %**	seltener **14,5 %**
	Nägelein **5,2 %**	ÖPNV **6,4 %**	samstags **3,5 %**	
Obst und Gemüse	N= 118	N= 171	N= 171	N= 171
	Hecht **16,9 %**	zu Fuß **50,9 %**	vormittags **57,9 %**	tägl./öfters **47,4 %**
(25 Geschäfte)	Condi Fink. **16,9 %**	Fahrrad **11,7 %**	nachmittags **33,9 %**	wöchentlich **42,1 %**
	Edeka **9,3 %**	PKW **32,2 %**	abends (Do.) **5,8 %**	seltener **10,5 %**
	HL Minerva **11,9 %**	ÖPNV **5,3 %**	samstags **2,3 %**	
Getränke	N= 126	N= 126	N= 129	N= 126
	Fristo N. **10,3 %**	zu Fuß **22,2 %**	vormittags **37,3 %**	tägl./öfters **14,7 %**
(21 Geschäfte)	Meister V. **7,9 %**	Fahrrad **4,8 %**	nachmittags **33,3 %**	wöchentlich **40,3 %**
	Fristo S.H. **8,7 %**	PKW **71,1 %**	abends (Do.) **14,3 %**	seltener **44,2 %**
	Condi Fink. **7,9 %**	ÖPNV **1,6 %**	samstags **15,1 %**	nie **0,8 %**
	Terminal **7,9 %**			
sonstige Lebensmittel	N= 176	N= 177	N= 177	N= 177
(Supermarkt-	HL Minerva **19,9 %**	zu Fuß **33,9 %**	vormittags **49,7 %**	tägl./öfters **29,9 %**
angebot)	Condi Fink. **13,1 %**	Fahrrad **10,2 %**	nachmittags **34,5 %**	wöchentlich **41,8 %**
(21 Geschäfte)	Norma **10,2 %**	PKW **51,4 %**	abends (Do.) **6,8 %**	seltener **28,2 %**
	Edeka **8,0 %**	ÖPNV **4,5 %**	samstags **9,0 %**	
	Meister V. **8,0 %**			
gesamt	N= 797	N= 800	N= 803	N= 800
(alle Warengrup-	HL Minerva **16,2 %**	zu Fuß **44,1 %**	vormittags **53,6 %**	tägl./öfters **42,3 %**
pen und Verbrau-	Condi Fink. **12,3 %**	Fahrrad **9,8 %**	nachmittags **32,5 %**	wöchentlich **38,0 %**
chermärkte)	Edeka **6,6 %**	PKW **41,6 %**	abends (Do.) **7,3 %**	seltener **19,6 %**
(66 Geschäfte)	Meister V. **4,9 %**	ÖPNV **4,5 %**	samstags **6,6 %**	nie **0,1 %**

Rundungsfehler sind möglich

Quelle: Eigene Darstellung

Die objektive Versorgungslage der Haushalte in den peripheren Lagen der Gartenstadt ist schlechter, weil hier größere Entfernungen zurückzulegen sind als in den anderen Untersuchungsgebieten. Das trifft v.a. auf den nordwestlichen Bereich des Distrikts 453 und den südlichen Bereich des Distrikts 451 zu (vgl. Karte 10). Diese objektive Schlechterstellung aufgrund der Lage spiegelte sich aber nicht in der Zufriedenheit wider: Die unzufriedenen Haushalte waren über die ganze Gartenstadt gleichmäßig verteilt und auch in benachbarten Lagen zu Nebenzentren zu finden. Auf die verschiedenen Gründe einer Unzufriedenheit wird in Kapitel 7.9., S. 219, ausführlich eingegangen.

Der geringe Anteil der Fachgeschäfte, insbesondere der Metzgereien, ist auf ihre geringe Zahl in der Gartenstadt zurückzuführen (vgl. Tab. 11). Außerdem war das Angebot an Wurst- und Fleischwaren sowie Brot und Brötchen in den "Condi"- und "HL"-Märkten in Abgrenzung zu "Aldi", "Lidl", "Norma" oder "Plus", qualitativ so gut, daß die Verbraucher durchaus auch dort ihren Bedarf deckten. Diese Märkte verfügten teilweise über Frischfleischtheken und eingemietete Verkaufsstellen von Bäckereien.

Die verwendeten Verkehrsmittel zum Einkauf stimmten mit der Gesamtstichprobe nahezu überein. Auffallend war, daß Getränke aber auch sonstige Lebensmittel seltener zu Fuß eingekauft wurden (vgl. Tab. 13). Obgleich die Entfernungen zu den Getränkeläden insgesamt die geringsten waren, griff man wegen dem hohen Gewicht und der Sperrigkeit doch lieber auf das Auto zurück. Wenn der Haushalt für Einkäufe sowieso das Auto benutzt, ist auch das Aufsuchen außerhalb gelegener Nebenzentren zur Minimierung der Zeit-Kosten-Mühe-Relation naheliegend (vgl. *Heinritz*, 1979b, 107 f). Obwohl die Gartenstadt ein Wohngebiet mit wenig befahrenen Straßen ist, nutzten nur knapp 10 % das Fahrrad für den Einkauf. Die Ursache könnte neben dem Fehlen von Fahrradwegen sein, daß die Entfernungen für den Heimtransport der Lebensmittel als so weit empfunden werden, daß ein Autoeinkauf gerechtfertigt erscheint. Die Einkaufshäufigkeit lag über dem Durchschnitt. Damit scheint man das Auto auch für Einkäufe im Nahbereich und nicht nur für wöchentliche Versorgungseinkäufe zu benutzen. Während Getränke und sonstige Lebensmittel die gleiche Einkaufshäufigkeit aufwiesen wie die Gesamtstichprobe, wurden Bäckereien, Metzgereien sowie Obst- und Gemüseläden deutlich öfter aufgesucht. Die Einkaufszeiten deckten sich mit der Gesamtstichprobe (vgl. Kap. 7.3., S. 133 ff). Auch für die Haushalte der Gartenstadt waren sie für Obst und Gemüse sowie Fleisch- und Wurstwaren sehr ähnlich.

7.5.3. Sündersbühl

Das Untersuchungsgebiet Sündersbühl umfaßt neben den Distrikten 210 bis 214 und 620 bis 623 St. Leonhard mit den Distrikten 200 bis 204 und die östlichen Distrikte 600 und 601 von Großreuth b. Schw. (bei Schwabach). Im folgenden umfaßt Sündersbühl alle genannten Distrikte einschließlich St. Leonhard (vgl. Tab. 14). In den fast unbesiedelten Gebieten 204 (Müllverbrennungsanlage und Schlachthof), 213 (Westpark) und 623 (Großmarkt / Gaismannshof) wurden keine Haushaltsbefragungen durchgeführt.

Sündersbühl liegt im Südwesten der Stadt innerhalb eines Gleisdreiecks der Regionallinien nach Fürth im Norden und Ansbach im Süden sowie der Ringbahn des Güterverkehrs im Osten. Das Untersuchungsgebiet umfaßt sowohl Gebiete des erweiterten Innenstadtrings östlich der Ringstraße B4R sowie Stadtrandgebiete im Westen (vgl. Karte 11).

Die Bevölkerungsdichte ist im zentralen Distrikt (202) von St. Leonhard mit 229 Ew/bha höher als die Bevölkerungsdichte des Distrikts 130 des B-Zentrums Aufseßplatz mit 227 Ew/bha. Während die angrenzenden Distrikte um den Aufseßplatz aber allesamt über 200 Ew/bha aufweisen, nimmt die Bevölkerungsdichte in den Distrikten 203 mit 185 Ew/bha über 181 Ew/bha in 211, 122 Ew/bha in 212 bis 120 Ew/bha im Distrikt 201 ab (vgl. Tab. 3, S. 125). Das Gebiet 200 mit teilweise großflächigem Einzelhandel des aperiodischen Bedarfs an der im Süden angrenzenden Bahnlinie ist mit einer Bevölkerungsdichte von 38 Ew/bha dünn bewohnt wie auch der Distrikt 214 mit 18 Ew/bha am Frankenschnellweg, wo ebenfalls großflächige Gewerbebetriebe wie BMW zu finden sind. Westlich der B4R schwankt die Bevölkerungsdichte zwischen 40 Ew/bha im Distrikt 620 und 52 Ew/bha im Distrikt 622. Im Gebiet 600 sind als großflächige Gewerbebetriebe der Bayerische Rundfunk und der Technische

Überwachungsverein vertreten, so daß hier die Bevölkerungsdichte lediglich 11 Ew/bha aufweist.

Tabelle 14: Die Anzahl der Lebensmittelgeschäfte 1970, 1987 und 1994 in Sündersbühl nach Warenart **

Gebiet		Sündersbühl													
Distrikt		**200**	**201**	**202**	**203**	**210**	**211**	**212**	**214**	**600**	**601**	**620**	**621**	**622**	**Summe**
Bevölkerung	1970	666	2.403	7.716	3.729	940	1.587	4.296	271	1.303	1.954	1.362	746	2.813	29.786
	1987	588	2.019	6.115	3.101	771	1.723	2.927	166	842	2.735	1.003	721	2.514	25.225
	1994	665	2.116	6.216	3.376	818	1.905	2.809	251	842	2.942	1.066	809	2.516	26.331
Bäckerei	1970			3	4	1	1		1		1	1		1	13
	1987			3	1							1		1	6
	1994			4	1	1		1				1	1	1	10
Fleischer	1970		1	3	3						1	2			10
	1987		1	2			1				1	2			7
	1994		1	4			1				1	1			8
Obst und Gemüse	1970	1			2		1				1				5
	1987				1		1				1				3
	1994			2	2	1	1								6
Getränke	1970		1			1		1						1	4
	1987		1		2		1								4
	1994		1	1			1				2			2	7
Supermarkt	1970	1	3	7	6	2	4	1		2	3	4	1	5	39
	1987		4	3	5	2	3	1			2	1		2	23
	1994		3	2	1		1	1				1			9
Summe	1970	2	5	13	15	4	6	2	1	2	6	7	1	7	71
	1987		6	8	9	2	6	1			4	4		3	43
	1994		5	13	4	2	4	2			3	3	1	3	40
absolute Zu-/Abnahme 1970/1994		-2	0	0	-11	-2	-2	0	-1	-2	-3	-4	0	-4	-31
Geschäfte pro 1000 Einwohner	1970	3,01	2,08	1,68	4,02	4,26	3,78	0,47	3,69	1,53	3,07	5,14	1,34	2,49	2,83
	1987	0	2,97	1,31	2,9	2,59	3,48	0,34	0	0	1,46	3,99	0	1,19	1,7
	1994*	0	2,36	2,09	1,18	2,44	2,1	0,71	0	0	1,02	2,81	1,24	1,19	1,52
relative Zu-/Abnahme 1970/1994		-	+	+	-	-	-	+	-	-	-	-	-	-	-

* Geschäfte 1994 pro 1000 Einwohner 1992
** leere Felder bedeuten "keine Lebensmittelgeschäfte"

Quelle: Stadt Nürnberg: Statistisches Jahrbuch 1993, S. 31, Nürnberg 1993; eigene Auswertung der Betriebsstättenzählungen 1970 und 1987 und eigene Erhebung

Östlich der Ringstraße überwiegt der verdichtete Geschoßwohnungsbau mit niedriger Sozialstruktur. Mehr als die Hälfte der Gebäude stammen aus der Vorkriegszeit und haben dementsprechend eine mangelhafte Ausstattung der Wohnungen mit Sanitäranlagen und Zentralheizungen. Es überwiegen große Wohngebäude mit durchschnittlich 10 Wohneinheiten mit niedrigem Mietpreis je qm. Die Sozialstruktur wird geprägt durch den hohen Ausländeranteil und den hohen Anteil an Arbeitern, Erwerbslosen und Empfängern von öffentlichen Geldern oder Arbeitslosengeld. Der Anteil der

Haushalte mit Kindern liegt über dem städtischen Durchschnitt (*Amt für Stadtforschung und Statistik*, 1/1991, 8f).

Im Westen der B4R herrscht eine lockere Bebauung mit jüngerer Bausubstanz und eine gehobene Sozialstruktur vor. In der Altersstruktur überwiegen die 35- bis 64jährigen und in der Sozialstruktur die Akademiker. Der Anteil der Ausländer, Arbeiter usw. ist deutlich geringer. Der Distrikt 622 ähnelt in Bebauung und Sozialstruktur dem Distrikt 451 der Gartenstadt (*Amt für Stadtforschung und Statistik*, 1/1991, 8f).

Die Regionallinien der Bahn haben keine Bedeutung für die Nutzung des öffentlichen Nahverkehrs. Durch das zentrale St. Leonhard, Distrikt 202, verläuft die U-Bahn-Linie 2, die Röthenbach über den Plärrer mit Schoppershof und nach dem Ausbau mit dem Leipziger Platz verbindet. Im Untersuchungsgebiet sind die zwei Haltepunkte Rothenburger Straße im Kreuzungsbereich zum Frankenschnellweg und St. Leonhard in der Höhe der Leopoldstraße. Die U-Bahn-Station Rothenburger Straße ist gleichzeitig Busbahnhof für die Linie 34 zum nördlichen Friedrich-Ebert-Platz und für die Linien, die entlang der Rothenburger und der Wallenstein Straße die westlichen Gebiete anbinden. Auf der Ringstraße B4R fährt die Linie 35, die Röthenbach mit dem D-Zentrum Maximilianstraße mit U-Bahn-Anschluß zur Innenstadt und mit Thon verbindet. Linie 38 verbindet das westlich gelegene Kleinreuth bei Schwabach über die Leyher mit der Maximilianstraße.

In Sündersbühl gibt es zehn Nebenzentren (vgl. Tab. 15). Drei davon liegen in der Nähe des verkehrsberuhigten Bereichs der Schweinauer Straße mit dem U-Bahn-Anschluß St. Leonhard der Linie 2. Das eine D-Zentrum umfaßt den "HL"-Markt mit den umliegenden Bäckereien und einer Metzgerei. Die südlich gelegene Standortagglomeration zwischen der Metzgerei "Moser" und dem Getränkeladen bildet mit den zwei Bäckereien ebenfalls ein D-Zentrum aus. Im verkehrsberuhigten Bereich befindet sich mit dem griechischen Obst- und Gemüseladen und den zwei Metzgereien ein E-Zentrum. Der Verfasser will diese nicht zu einem Nebenzentrum höherer Ordnung zusammenfassen, weil aufgrund der Entfernungen zwischen den einzelnen Standorten eine Kopplung nicht statt fand und auszuschließen war.

Tabelle 15: Von den 249 Haushalten in Sündersbühl aufgesuchte Nebenzentren			
Nebenzentrum	**Name**	**absolute Anzahl der Nennungen**	**relative Anzahl der Nennungen***
C-Zentrum	Meister, Virnsbergerstraße	44 (N = 364)	außerhalb (1,5 km)
C-Zentrum	Marktkauf Plärrer	18 (N = 364)	außerhalb (1,5 km)
C-Zentrum	Marktkauf Röthenbach	5 (N = 364)	außerhalb (2,5 km)
C-Zentrum	Marktkauf am Nordwestring	4 (N = 364)	außerhalb (3,5 km)
C-Zentrum	Marktkauf Mögeldorf	1 (N = 364)	außerhalb (7,5 km)
C-Zentrum	Metro Nord	1 (N = 364)	außerhalb (7,5 km)
D-Zentrum	Leyherstraße (Aldi)	20 (N = 364)	außerhalb (2,5 km)
D-Zentrum	Maximilianstraße ("Türke")	1 (N = 318)	außerhalb (1,8 km)
E-Zentrum	Adam-Klein-Straße (Edeka)	3 (N = 364)	außerhalb (2,5 km)
C-Zentrum	Meister Schweinau (ehem. Kaufmarkt)	114 (N = 364)	475 % (163 %) *
D-Zentrum **	Wallensteinstraße (Nachtrab)	45 (N = 346)	74 % (63 %) *
D-Zentrum	äuß. Rothenburgerstr. (Stefansbeck)	32 (N = 346)	70 % (46 %) *
D-Zentrum **	Leonhardstraße (HL)	31 (N = 364)	74 % *
D-Zentrum	südl. Schweinauer Str. (Kronberg)	18 (N = 346)	43 % *
D-Zentrum	inn. Rothenburgerstr. (Plus)	16 (N = 364)	33 % *
D-Zentrum	mitt. Rothenburgerstraße (Entner)	15 (N = 346)	65 % *
E-Zentrum	Gustav-Adolf-Straße (Norma)	15 (N = 364)	35 % *
E-Zentrum	Georgstraße (Norma)	7 (N = 364)	17 % *
E-Zentrum	nördl. Schweinauer Str. (Tartler)	6 (N = 378)	14 % *
* bezogen auf die befragten Haushalte in dem jeweiligen Distrikte; in Klammern: bei zusätzlicher Berücksichtigung der angrenzenden Distrikte; Außerhalb gelegene Zentren geben als Klammerwert die kürzeste Straßenentfernung von den ** - markierten Nebenzentren dieses Untersuchungsgebietes an			
Quelle: Eigene Darstellung			

Die Ergebnisse bestätigten, daß diese Geschäfte keine überregionale Bedeutung haben. Zwischen Schwabacher Straße und Bahnlinie schließt sich das C-Zentrum des ehemaligen "Kaufmarktes" und heutigen "Meister" Schweinau an. Zwei weitere D-Zentren befinden sich an der Von-der-Tann-Straße zwischen den Kreuzungsbereichen der Rothenburger und der Wallensteinstraße. Letzteres umfaßt je zwei Supermärkte, Metzgereien, Bäckereien und einen Gemüseladen. Von geringerer Bedeutung ist das D-Zentrum an der Rothenburgerstraße mit einem sehr kleinen "Edeka" und drei Fachgeschäften. Im südlichen Verlauf der Von-der-Tann-Straße schließt sich der Einzelstandort eines "Norma" an. Hierbei handelt es sich, wie auch bei dem zweiten

Standort des "Norma" in diesem Untersuchungsgebiet, um ein E-Zentrum. Das dritte E-Zentrum befindet sich in der nördlichen Schweinauer Straße. Zwei weitere D-Zentren befinden sich im Distrikt 211 an der Rothenburger Straße und im Wohngebiet des Distrikts 212.

Wichtige Nebenzentren außerhalb sind die C-Zentren des "Meisters" in der Virnsbergerstraße, Distrikt 630, im Westen und des "Kaufmarkts" am Plärrer, Distrikt 040, im Nordosten mit U-Bahn-Anschluß (vgl. Karte 12). Die Haushalte suchten diese auch am häufigsten auf. Die anderen Standorte des "Kaufmarkts" spielten dagegen eine untergeordnete Rolle. Bemerkenswert war jedoch, daß fünf Haushalte den ebenfalls an die U-Bahn angeschlossenen "Kaufmarkt" in Röthenbach aufsuchten und damit eine Einkaufsrichtung weg vom Zentrum, bzw. von der Innenstadt, einschlugen. Bereits vier Haushalte gaben den erst vor kurzem eröffneten "Marktkauf" am Nordwestring an.[46]

Für die Versorgung der Bevölkerung in den nördlichen Gebieten sind die Lebensmittelgeschäfte im angrenzenden Gostenhof von Bedeutung. Über eine Fußgängerbrücke gelangen die Bewohner des Distrikts 622 zu dem großen Edeka-Markt bei dem Kauf- und Versandhaus "Quelle". Dieser Standort wurde von drei Haushalten angegeben. Eine andere Möglichkeit ist, der Ringstraße zur Fürtherstraße zu folgen (vgl. Karte 11). Im Kreuzungsbereich, U-Bahn-Haltepunkt Maximilianstraße, befindet sich ein D-Zentrum mit dem Standort eines "Spar"-Supermarktes und eines türkischen Obst- und Gemüseladens (eine Nennung). Im davon südlich gelegenen Distrikt 640 liegt ein E-Zentrum mit dem Standort eines "Aldi" mit Parkplatz. Diese Zentren sind über die Buslinie 35 angeschlossen. Weitere Lebensmittelgeschäfte insbesondere Fachgeschäfte in Gostenhof wurden in Karte 11 nicht weiter aufgenommen. Ein Haushalt gab an, in einer Metzgerei in der Adam-Klein-Straße einzukaufen. Das weist auf die Bedeutung der dortigen Lebensmittelgeschäfte für die Versorgung der Bevölkerung im nordwestlichen Sündersbühl hin. Im weiteren Verlauf der Leyher Straße Richtung Westen nach Fürth ist ein D-Zentrum mit einem "Aldi" und der Metzgerei "Lutz". Dieses nahegelegene D-Zentrum wird von 20 Haushalten aufgesucht und hat damit

---

46 Die Erhebung in Sündersbühl erfolgte ca. einen Monat nach der Eröffnung des "Marktkaufs" und auch nach der Befragung in Schniegling, der Innenstadt und der Gartenstadt.

für die Bevölkerung in Sündersbühl eine größere Bedeutung als das C-Zentrum Plärrer. Auch hier verläuft die Einkaufsrichtung entgegengesetzt zur Innenstadt.

Der herausragende Einkaufsstandort in Sündersbühl ist der "Kaufmarkt" im südlichen Distrikt 203 (vgl. Tab. 15, Tab. 16 und Karte 12). Als C-Zentrum hat er überregionale Bedeutung. Setzt man die Zahl der Nennungen in Relation zu den befragten Haushalten aller angrenzenden Distrikte, so betrug der Wert immer noch deutlich über 100 %. Auch nach der Übernahme durch den "Meister" und der damit verbundenen Änderung des Sortiments ist davon auszugehen, daß dieser Standort in der Nähe der Wohngebiete von St. Leonhard seine Bedeutung für die Bevölkerung behalten und der Einzugsbereich in etwa gleich bleiben dürfte. Außer Brot und Brötchen kauften über ein Drittel aller befragten Haushalte sämtliche Warengruppen in einem der beiden "Meister"-Filialen ein. Für Getränke stieg der Wert auf über 50 %. Die Einzugsgebiete der drei C-Zentren stellt Karte 12 für Haushalte dar, die sonstige Lebensmittel ausschließlich dort einkauften. Der "Kaufmarkt" Plärrer wurde von Verbrauchern aus den relativ nahen Distrikten 210 und 211 aufgesucht, die über den Haltepunkt Rothenburger Straße mit der U-Bahn Einkaufen fahren könnten. Bewohner des Distrikts 622 nördlich der Leyher Straße können mit den öffentlichen Verkehrsmitteln entweder über die Maximilian- / Fürtherstraße oder Rothenburger Straße zum Plärrer gelangen. Während sich das Einzugsgebiet des westlichen Standorts des "Meisters" in der Virnsberger Straße mit der Ringstraße als künstliche geographische Grenze im Osten und der Bahnlinie im Norden abgrenzen läßt, reicht das Einzugsgebiet des ehemaligen "Kaufmarkts" in Schweinau deutlich weiter. Die Haushalte in Distrikt 622 verhielten sich indifferent in Bezug auf die Wahl des Verbrauchermarktes. Hier scheinen persönliche Präferenzen, "place loyality", oder die Ausstattung des Haushalts mit einem Auto und dessen Verfügbarkeit eine Rolle zu spielen. Auch nach der Übernahme des "Kaufmarkts" durch "Meister" suchten immer noch einige Verbraucher, v.a. aus den Distrikten 600 und 601, diesen auf, obwohl der andere Standort näher wäre. Möglicherweise haben neben der Gewohnheit, die Anbindung an das öffentliche Verkehrsnetz und v.a. die Kopplungsmöglichkeiten im Distrikt 202 Bedeutung.

Die Bäckerei "Nachtrab" wurde am häufigsten von den Geschäften des großen D-Zentrums an der Wallensteinstraße genannt (vgl. Tab. 15). Die Supermärkte "Spar" und "Rodi" erhielten 12 bzw. 13 Stimmen und der Gemüseladen und die Metzgerei jeweils 11. In dem benachbarten D-Zentrum an der Rothenburgerstraße ist der kleine "Edeka" bedeutungslos. Die Eigentümer sind Rentner und haben auf Drängen der Stammkundschaft, ebenfalls überwiegend alte Leute, ihr Geschäft wieder aufgemacht, aber nur vormittags geöffnet. Die zwei benachbarten Fachgeschäfte "Stefansbeck" und Metzgerei "Meiler" sind gut und ansprechend ausgebaut und vereinigten jeweils 32 Stimmen auf sich (vgl. Tab. 16).

Hier ist von einem hohen Kopplungsgrad auszugehen. Der Getränkeladen auf der anderen Straßenseite wurde elfmal genannt. Die Nebenzentren dieser Kreuzungsbereiche sind für die gesamten umliegenden Wohngebiete wichtig. Jeder zweite bzw. drei von vier Haushalten kaufte dort ein. Hinzu kommt der "Norma"-Standort an der Gustav-Adolf-Straße, der von
35 % der angrenzenden Haushalte aufgesucht wurde. Die Zentren im zentralen St. Leonhard, Distrikt 202, spielten trotz der Nähe zum C-Zentrum "Meister" Schweinau eine wichtige Rolle. Möglicherweise wird deren Bedeutung durch die zentrale Lage im Wohngebiet in einem verkehrsberuhigten Bereich und dem künstlichen Hindernis der Schwabacher Straße als Abgrenzung zum Verbrauchermarkt gestärkt. Drei von vier Befragten gaben an, im "HL" einzukaufen, wobei der benachbarte Bäcker "Nachtrab" von 29 Haushalten aufgesucht wurde. Dieser Bäcker scheint bei der Bevölkerung von Sündersbühl recht beliebt zu sein, weil dessen Filiale auch im D-Zentrum Wallensteinstraße die meisten Stimmen erhielt. Das südlicher gelegene Nebenzentrum in der Schweinauer Straße verdankte seine Bedeutung v.a. der Bäckerei "Kronberg" mit 18 und der Metzgerei "Moser" mit 16 Nennungen. Schließlich kaufte im "Norma" in der Georgstraße fast jeder fünfte Haushalt dieses Distrikts ein.

Tabelle 16: Sündersbühl - die häufigsten vier Einkaufsorte, verwendete Verkehrsmittel, Einkaufszeit und Einkaufshäufigkeit (249Haushalte, Mehrfachantworten), Angaben in Prozent der jeweiligen Nennungen (N)

	die häufigsten vier Einkaufsorte	verwendetes Verkehrsmittel	Einkaufszeit	Einkaufshäufigkeit
Brot und Brötchen	N= 346	N= 346	N= 346	N= 346
	Meister S. **13 %**	zu Fuß **58,4 %**	vormittags **56,1 %**	tägl./öfters **40,2 %**
(36 Geschäfte)	Nachtrab vdT. **13 %**	Fahrrad **11,8 %**	nachmittags **32,9 %**	wöchentlich **46,8 %**
	Stefansbeck **9,2 %**	PKW **24,0 %**	abends (Do.) **4,9 %**	seltener **12,7 %**
	Nachtrab G. **8,4 %**	ÖPNV **5,8 %**	samstags **6,1 %**	nie **0,3 %**
Wurst- und Fleischwaren	N= 378	N= 378	N= 378	N= 378
	Meister S. **23,8 %**	zu Fuß **45,0 %**	vormittags **49,7 %**	tägl./öfters **28,3 %**
(36 Geschäfte)	Meister V. **10,1 %**	Fahrrad **9,0 %**	nachmittags **33,6 %**	wöchentlich **53,4 %**
	Wunder **8,7 %**	PKW **36,0 %**	abends (Do.) **9,5 %**	seltener **18,3 %**
	Meiler **8,5 %**	ÖPNV **10,1 %**	samstags **7,1 %**	
Obst und Gemüse	N= 318	N= 367	N= 367	N= 367
	Meister S. **25,5 %**	zu Fuß **42,2 %**	vormittags **43,9 %**	tägl./öfters **29,7 %**
(31 Geschäfte)	Schell **12,6 %**	Fahrrad **10,9 %**	nachmittags **42,5 %**	wöchentlich **57,5 %**
	Meister V. **11,3 %**	PKW **39,5 %**	abends (Do.) **9,0 %**	seltener **12,8 %**
	Aldi Leyher. **8,5 %**	ÖPNV **7,4 %**	samstags **4,6 %**	
Getränke	N= 278	N= 288	N= 288	N= 288
(26 Geschäfte)	Meister S. **36,7 %**	zu Fuß **23,6 %**	vormittags **38,5 %**	tägl./öfters **11,8 %**
	Meister V. **14,7 %**	Fahrrad **5,9 %**	nachmittags **40,6 %**	wöchentlich **42,7 %**
	Fristo R. **7,9 %**	PKW **67,4 %**	abends (Do.) **10,8 %**	seltener **45,5 %**
	HL Leopold. **4,7 %**	ÖPNV **3,1 %**	samstags **10,1 %**	
sonstige Lebensmittel (Supermarktangebot) (22 Geschäfte)	N= 364	N= 362	N= 363	N= 363
	Meister S. **31,3 %**	zu Fuß **32,6 %**	vormittags **44,9 %**	tägl./öfters **17,4 %**
	Meister V. **12,1 %**	Fahrrad **10,2 %**	nachmittags **39,1 %**	wöchentlich **57,6 %**
	HL Leopold **8,5 %**	PKW **48,4 %**	abends (Do.) **8,8 %**	seltener **25,1 %**
	Aldi Leyher. **8,2 %**	ÖPNV **8,8 %**	samstags **7,2 %**	
gesamt (alle Warengruppen und Verbrauchermärkte) (83 Geschäfte)	N= 1765	N= 1741	N= 1742	N= 1742
	Meister S. **24,9 %**	zu Fuß **41,0 %**	vormittags **46,9 %**	tägl./öfters **25,9 %**
	Meister V. **11,0 %**	Fahrrad **9,7 %**	nachmittags **37,7 %**	wöchentlich **52,1 %**
	Aldi Leyher. **4,6 %**	PKW **42,1 %**	abends (Do.) **8,6 %**	seltener **21,9 %**
	HL Leopold. **4,4 %**	ÖPNV **7,2 %**	samstags **6,9 %**	nie **0,1 %**

Rundungsfehler sind möglich

Quelle: Eigene Darstellung

Jeder dritte Haushalt der beiden angrenzenden Distrikte versorgte sich im "Plus" im D-Zentrum der östlichen Rothenburger Straße. Der etwas entferntere "Fristo" hatte dabei eine höhere Zentralität mit 22 Nennungen. Er verfügt über Parkplätze vor der Filiale und hat in einem Umkreis von 500 m keinen anderen Getränkeladen als Konkurrenten (vgl. Karte 11). Das D-Zentrum im Wohngebiet des Distrikts 212 besteht aus einem geplanten nahräumlichen Versorgungszentrum mit einem "Condi" und einer Verkaufsstelle der Bäckerei "Entner" als Vertreter der Lebensmittelgeschäfte neben anderem Einzelhandel. Während "Entner" von 15 Haushalten angegeben wurde, kauften im "Condi" nur 7 ein.

Fast 60 % der Bevölkerung von Sündersbühl fragten Brot und Brötchen im Fachgeschäft nach. Ein Drittel davon kaufte in den zwei Filialen der Bäckerei "Nachtrab" ein. 5,2 % der Haushalte zählten "Stefansbeck" und "Kronberg" auf, gefolgt von "Entner" mit 4,6 % und "Gögelein" mit 4,3 % der Stimmen. Aufgrund der vielen Metzgereien war hier der Fachgeschäftsanteil mit 42,4 % doppelt so hoch wie in der Gartenstadt und in etwa gleich hoch wie in Schniegling. Ein Drittel entfiel zu gleichen Teilen auf die beiden benachbarten Metzgereien "Meiler", Rothenburgerstraße, und "Wunder", Von-der-Tann-Straße. Der Fachgeschäftsanteil für Obst und Gemüse lag bei 26,7 %. Die Verbraucher versorgten sich zu einem Drittel mit diesen Waren in den beiden Filialen des "Meister" und verbanden, insbesondere beim wöchentlichen Einkauf, dies mit dem Einkauf der sonstigen Lebensmittel. Obwohl auch die ausländischen Obst- und Gemüseläden angenommen wurden, kauften die Verbraucher zu über 2/3 in den deutschen Geschäften "Schell", 40 Nennungen, und "Heidinger", 17 Nennungen, ein. Das mag daran liegen, daß die ausländische Bevölkerung aufgrund des komplexen Fragebogens bei der Haushaltsbefragung stark unterrepräsentiert war, wodurch das Gesamtergebnis jedoch nicht beeinträchtigt wird. Ähnlich wie in Gostenhof spiegeln die ausländisch geführten Obst- und Gemüseläden das Verhältnis der Nationalitäten wider, die als Kundschaft in "ihrem" Obst- und Gemüseladen einkaufen. Das Sortiment ist entsprechend um nationale Spezialitäten erweitert.

Der Marktanteil der Fachgeschäfte der Warengruppe Getränke machte rund 20 % aus. Drei von vier Haushalten suchten dabei einen "Fristo" auf, dessen Filialen sich autogerecht an der Rothenburgerstraße und im Wohngebiet des Distrikts 201 befinden.

Der geringe Fachgeschäftsanteil ist hier auf die starke Rolle der "Meister"-Filialen zurückzuführen, die über 50 % des Getränkebedarfs deckten. Neben dem günstigen Preis im Verbrauchermarkt spielte die gute Erreichbarkeit mit dem Auto (67,4 %) eine Rolle. Getränke wurden am häufigsten am Donnerstagabend und samstags eingekauft.

Im Vergleich zu allen anderen Untersuchungsgebieten benutzten die Verbraucher die öffentlichen Verkehrsmittel am relativ häufigsten. Hier spielte der gute U-Bahn-Anschluß mit direkter Verbindung zu den C-Zentren "Kaufmarkt" Plärrer und Röthenbach mit ihren Frischfleischtheken eine Rolle. Aber auch Haushalte aus dem nördlichen Sündersbühl griffen auf den Bus zurück, um die weit entfernte Maximilianstraße oder Gostenhof West zu erreichen und das Eingekaufte nach Hause zu transportieren. Besonders bei Fleisch- und Wurstwaren wurden die öffentlichen Verkehrsmittel gegenüber dem Fahrrad bevorzugt. Die Entfernungen zu den Geschäften waren entweder noch zu Fuß zu erreichen oder so weit, daß auf das Auto zurückgegriffen wurde. Das dürfte der Grund für die im Vergleich leicht unterdurchschnittliche Bedeutung des Fahrrads sein. Mit einem weiteren Ausbau der Fahrradwege, v.a. in Richtung Westen zum C-Zentrum "Meister" und D-Zentrum "Aldi", könnte die Nutzung des Fahrrads attraktiver werden.
Die Einkaufszeiten ähnelten der Gesamtstichprobe (vgl. Kap. 7.3., S. 133 ff). Ähnlichkeiten zwischen der Nachfrage nach Wurst- und Fleischwaren sowie Obst und Gemüse ließen sich in Sündersbühl nicht feststellen. Für alle Warengruppen außer Brot und Brötchen war eine starke Tendenz zum wöchentlichen Einkauf nachweisbar, wobei Getränke eher noch seltener und Brot und Brötchen eher häufiger gekauft wurden.

7.5.4. Zerzabelshof

Das Untersuchungsgebiet Zerzabelshof liegt im Südosten Nürnbergs und umfaßt die Distrikte 290 bis 292 und 951 bis 953. Der sich im Osten anschließende Distrikt 950, Tiergarten, wird nicht weiter behandelt. Zerzabelshof wird in etwa eingegrenzt von der Bahnlinie R4 Richtung Laufamholz im Norden und der Linie R5 Richtung Feucht im Westen und Süden. Im Norden verläuft die Grenze südlicher im Grüngürtel vom Zeltnerschloß zu den Sportanlagen von Zerzabelshof und Mögeldorf. Im Osten grenzt das Gebiet an den Sebalder Reichswald.

Das Untersuchungsgebiet umfaßt mit dem Bezirk 29 sowohl den östlichen Teil des erweiterten Innenstadtgürtels wie auch mit dem Bezirk 95 Teile der östlichen Außenstadt (*Statistisches Jahrbuch* 1993, S. 58 f).

Westlich der Passauer Straße, der Äußeren Ringstraße B4R, schwankt die Bevölkerungsdichte zwischen 57 Ew/bha im Distrikt 292 und 96 Ew/bha im Distrikt 290. Östlich der Ringstraße ist die Bevölkerungsdichte mit 44 Ew/bha im Distrikt 953 bis 88 Ew/bha in 951 etwas geringer, obwohl hier 40 % mehr Menschen als im Bezirk 29 leben (vgl. Tab. 3, S. 125).

Die Distrikte 292 und 951 weisen überwiegend Geschoßwohnungsbau mit gemischter Sozialstruktur auf. Im Vergleich zur Innenstadt herrscht hier eine lockerere und niedrigere Bebauung mit ca. 23 % Ein-/ Zweifamilienhäusern und 25 % Gebäuden mit drei bis sechs Wohnungen vor. Im Distrikt 951 sind auch einige Wohnblocks ähnlich dem Distrikt 452 der Gartenstadt vorhanden. Es überwiegen Einpersonenhaushalte, wobei die meisten der Altersgruppe über 65 zugeordnet werden können. Haushalte mit Kindern sind seltener. Der durchschnittliche soziale Status der Bevölkerung ist zwar als hoch einzustufen, aber aufgrund der hohen Erwerbslosenquote und der Zahl der Arbeitslosengeld- und Sozialhilfeempfänger, v.a. der Senioren, ist die Sozialstruktur insgesamt gemischt (*Amt für Stadtforschung und Statistik*, 1/1991, 7f). Die Distrikte 290, 291, 952 und 953 weisen ebenfalls eine lockere Bebauung auf, aber mit einer gehobenen Sozialstruktur, ähnlich dem Distrikt 451 der Gartenstadt oder Falkenheim (442).

Zerzabelshof ist gut in das Straßennetz integriert (vgl. Karte 13). Über die Regensburger- und Valznerweiherstraße gelangt man in die Innenstadt, die Entfernung beträgt knapp 5 km, oder zum ca. 3,5 km entfernten Aufseßplatz (vgl. Tab. 17). Richtung Südosten erreicht man über die Regensburgerstraße nach über 7 km das Frankeneinkaufszentrum. Die durch Zerzabelshof verlaufende Ringstraße stellt die Verbindung zur Südstadt und Nordstadt her. Nördlich der Bahnlinie R4 gelangt man über die Ostend- und Laufamholzstraße Richtung Osten zum "Kaufmarkt" Mögeldorf oder in Richtung Westen in die Innenstadt. Dem knapp 4 km entfernten "Kaufmarkt" in Mögeldorf erreicht man auch über die Siedlerstraße im Norden.

Tabelle 17: Die Anzahl der Lebensmittelgeschäfte 1970, 1987 und 1994 in Zerzabelshof nach Warenart **

Gebiet		Zerzabelshof						
Distrikt		**290**	**291**	**292**	**951**	**952**	**953**	**Summe**
Bevölke-rung	1970	1.187	2.147	1.265	3.742	1.902	2.958	13.201
	1987	1.389	1.969	1.143	3.233	1.584	2.305	11.623
	1994	1.701	2.002	1.219	3.191	1.706	2.201	12.020
Bäckerei	1970	2	1		2	2	1	8
	1987	1			2	1		4
	1994	1			2	1	1	5
Fleischer	1970	1	1		3		1	6
	1987	1			1			2
	1994	1			1			2
Obst und Gemüse	1970			1				1
	1987			1	1	1		3
Getränke	1970		1		1			2
	1987			1	2			3
	1994		1		3		1	5
Super-markt	1970	1	2	1	6	4	2	16
	1987		1		5	2	2	10
	1994				4		1	5
Summe	1970	4	5	2	12	6	4	33
	1987	2	1	2	11	4	2	22
	1994	2	2		11	1	4	20
absolute Zu-/Ab- nahme 1970/1994		-2	-3	-2	-1	-5	0	-13
Geschäfte pro 1000 Einwohner	1970	3,37	2,33	1,58	3,21	3,15	1,35	2,5
	1987	1,44	0,51	1,75	3,4	2,53	0,87	1,89
	1994*	1,18	1,01	0	3,45	0,59	1,82	1,66
relative Zu-/Ab-nahme 1970/1994		-	-	-	+	-	+	-

* Geschäfte 1994 pro 1000 Einwohner 1992
** leere Felder bedeuten "keine Lebensmittelgeschäfte"

Quelle: Stadt Nürnberg: Statistisches Jahrbuch 1993, S. 31, Nürnberg 1993; eigene Auswertung der Betriebsstättenzählungen 1970 und 1987 und eigene Erhebung

Für die nahräumliche Versorgung spielen die Regionalbahnen R4 und R5 keine Rolle. Es gibt die Haltepunkte "Ostring" in der Nähe des "Plus" (Nr. 30) im Norden, "Dutzendteich" bei dem Naturkostladen (Nr. 23) sowie "Gleißhammer" zwischen der Metzgerei "Mai" (Nr. 9) und dem erst im Sommer eröffneten "Tengelmann" (Nr. 27) im Distrikt 100 (vgl. Karte 13). Dieser integrierte Standort wurde für "Tengelmann" interessant durch die bauliche Aufwertung und Sanierung des gesamten Gebietes (Distrikt 100) und der Ansiedlung weiterer Dienstleistungen wie Arztpraxen und einer

Apotheke in demselben Gebäude. Die Haushaltsbefragung erfolgte vor der Eröffnung dieser Betriebe.

Buslinie 65 bindet im Westen das D-Zentrum Frankenstraße und das C-Zentrum Röthenbach an, die für die Versorgung jedoch keine Rolle spielen. Die Linien 43 und 44 verbinden die Standorte des Einzelhandels innerhalb Zerzabelhofs und stellen eine Verbindung über das westlich gelegene St. Peter zur Innenstadt bis zum Hauptbahnhof her. Im Norden bindet Linie 65 das Nebenzentrum Mögeldorf an, wo weitere öffentliche Verkehrsmittel u.a. zum C-Zentrum "Kaufmarkt" Mögeldorf fahren. Fast die Hälfte aller Haushalte in Zerzabelshof suchten dieses C-Zentrum auf (vgl. Tab. 17).

Dieser "Kaufmarkt" vereinigte mit deutlichem Abstand mehr Nennungen auf sich als jeder andere Standort eines Lebensmittelgeschäfts. Die B-Zentren und die Innenstadt waren für die Versorgung der Bevölkerung von Zerzabelshof von größerer Bedeutung: Acht Haushalte gaben das Franken-Einkaufs-Zentrum als "Verbrauchermarkt" an und einer als "Supermarkt". Zwei Nennungen erhielt der Aufseßplatz. Der "Hauptmarkt" wurde zur Deckung des Bedarfs an Obst- und Gemüse zwanzigmal genannt, während "Karstadt" für sonstige Lebensmittel nur zwei Stimmen erhielt. Für die Versorgung der Bevölkerung sind die angrenzenden Nebenzentren niederer Ordnung von Bedeutung. Im nördlich angrenzenden Mögeldorf, Distrikt 930, befindet sich ein "Plus" und der Getränkeladen "Werner". Das Fachgeschäft wurde fünfmal häufiger genannt als der Supermarkt. Trotz der benachbarten Lage mit einem Parkplatz vor dem "Plus" gab nur ein Haushalt an, in diesem "Plus" auch sonstige Lebensmittel einzukaufen. Das läßt vermuten, daß der Getränkeladen gezielt angefahren wird und fast keine Kopplung der Einkäufe stattfindet.

Die Lebensmittelgeschäfte haben in Zerzabelshof deutlich abgenommen (vgl. Tab. 17). Während die Gesamtzahl in Distrikt 953 konstant blieb, war im benachbarten Distrikt 952 die deutlichste Abnahme zu verzeichnen. Es waren v.a. die Supermärkte betroffen.

Ein für die Versorgung der Distrikte 290 und 291 westlich der Bahnlinie wichtiges D-Zentrum liegt im östlichen St. Peter bandförmig an der Scharrerstraße zwischen Velburgerstraße mit dem Standort des "Edeka" bis zu dem Beginn der Zerzabelshofer Straße (Distrikte 100 und 101). Mit acht Nennungen hatte der Standort des "Edeka" besondere Bedeutung. Sein Angebot wies eine gute Qualität und Frische der Waren auf. Als selbständig geführter Einzelhandel machte er einen aufgeräumteren, übersichtlicheren sowie saubereren Eindruck als der nächstgelegene "Condi" in der Velburgerstraße, der nur von einem Haushalt aufgesucht wurde. Im weiteren Verlauf der Zerzabelshofer Straße befindet sich der neue Standort eines "Tengelmann". Die Einkaufsrichtung der Bevölkerung, die westlich der Bahnlinie wohnt, orientierte sich zum Teil in Richtung Innenstadt zu diesen D- und E-Zentren. Der "Condi" in der Velburgerstraße ist von den westlichen Teilen des Distrikts 292 bequem durch eine Unterführung zu Fuß zu erreichen. Die Bedeutung der Fachgeschäfte nahm von der Bäckerei "Imhof", 19 Nennungen, über die Metzgerei "Mai", 16, und den etwas abseits gelegenen Getränkemarkt und "Türken" ab. Die Unterführung zwischen den Distrikten 290 und 291 unter der Bahnlinie und unter der Ringstraße zum Aussigerplatz, Standort des "Norma", verkürzt die Entfernung zum Zentrum von Zerzabelshof (vgl. Karte 13). Die Bevölkerung im nördlichen Teil des Distrikts orientierte sich dadurch in Richtung Aussigerplatz, so daß sie im "Tengelmann" in der Zerzabelshofer Hauptstraße einkaufte. Dabei suchte sie v.a. auch den Facheinzelhandel im D-Zentrum Valznerweiher- / Zerzabelshofer Hauptstraße auf. Mit dem neuen Standort des "Tengelmann" könnte eine Änderung der Einkaufsrichtung zu diesem Standort erfolgen ("switch and stay" nach *Golledge*, 1976). Aufgrund der Attraktivität des Facheinzelhandels in Zerzabelshof ist in der Tendenz aber eher von einer "place loyality" auszugehen, weil die Verbraucher, die Zerzabelshof aufsuchten, ihre Einkäufe koppelten. Die ersten Haushalte, die ihre Einkaufsgewohnheiten ändern könnten, sind die, die im Sinne eines "learning" Prozesses, diesen Standort wahrnehmen und in ihre "mental map" (*Heuwinkel*, 1981, 35) aufnehmen. Die Verbraucher, die im "Edeka" einkaufen, kommen an dem auf dem Weg liegenden neuen Standort des "Tengelmann" vorbei und könnten nach einem Testkauf ihre Einkaufsgewohnheiten ändern ("switch and stay").

Die Haushalte östlich der Bahnlinie orientierten sich in Richtung des bandförmigen Zerzabelshofer Zentrums im Distrikt 951 mit den Standorten der Supermärkte "Norma", "Tengelmann" und "Plus". Jeweils 2/3 der Haushalte kauften in diesen Nebenzentren ein. Der Standort des "Norma" erreichte die relativ größte Bedeutung aufgrund seiner zentralen Lage mit nur einem Distrikt als Einzugsgebiet und der guten Erreichbarkeit durch die Unterführung unter der Ringstraße. Absolut die größte Bedeutung in Zerzabelshof hatte "Tengelmann", gefolgt von der Bäckerei "Kalb", die qualitativ gute und preiswerte Waren anbietet, sowie "Plus". Im südlichsten D-Zentrum erhielt nach der Bäckerei "Kalb" die benachbarte Metzgerei "Billner" 70 Stimmen. Feinkost "Kaeser" wurde 19 mal und der benachbarte "Achim´s" Gemüseladen 41 mal genannt (vgl. Karte 13 und Tab. 18). Während man hier von einer hohen externen Kopplung zwischen Bäckerei und Metzgerei ausgehen kann (wie am Beispiel "Nägelein" / "Entner" durch eine separate Befragung in der Gartenstadt bewiesen wurde) erfolgte am Standort der Metzgerei "Oechler" eine interne Kopplung: Zehn Haushalte und damit knapp ein Drittel der Kunden gaben an, hier auch ihr Brot einzukaufen. Die Entfernung zu den nächsten Bäckereien und die Erweiterung des Sortiments der Metzgerei lassen die Verbraucher sich hier mit diesen Lebensmitteln versorgen.

Der südliche Distrikt 953 weist zwei E-Zentren auf. Neben dem zentral im Wohngebiet liegenden "Condi", den 34 % der Haushalte aufsuchten, hat der Getränkeladen "Fristo" mit der benachbarten Bäckerei "Zwilling" in der Waldluststraße größere Bedeutung (vgl. Tab. 18). Der Verfasser will bezüglich des Standortes "Fristo" nicht von überregionaler Bedeutung sprechen. So wurden alle Angaben, im "Fristo" Getränke einzukaufen, diesem Standort zugeordnet. Aufgrund der guten Ausstattung Zerzabelshofs mit Getränkeläden und im Hinblick darauf, daß der "Kaufmarkt" in Mögeldorf ebenfalls über einen Getränkehandel verfügt, ist davon auszugehen, daß die "Fristo"-Filiale nur regionale Bedeutung für die angrenzenden Distrikte haben kann. Wie alle "Fristo"-Filialen ist auch dieser gut mit dem Auto zu erreichen. 45 % der Haushalte im Distrikt 953 kauften in der benachbarten Bäckerei "Zwilling" ein. Das läßt aber keinen Rückschluß auf die Kundenzahl des "Fristo" zu, weil die Kopplung zwischen Getränke- und Brot- bzw. Brötchenkauf sehr gering ist (vgl. Kapitel 7.5.2., S. 165). Das nahräumliche Einzugsgebiet dieses E-Zentrums wird durch die Unterführung unter der Ringstraße um den östlichen Teil des Distrikts 292 erweitert.

Tabelle 18: Von den 335 Haushalten in Zerzabelshof aufgesuchte Nebenzentren

Nebenzentrum	Name	absolute Anzahl der Nennungen	relative Anzahl der Nennungen*
A-Zentrum	Innenstadt (Hauptmarkt)	20 (N = 373)	außerhalb (5 km)
B-Zentrum	Franken-Einkaufs-Zentrum	9 (N = 2395)	außerhalb (7 km)
B-Zentrum	Aufseßplatz (Horten)	2 (N = 508)	außerhalb (3,5 km)
C-Zentrum	Marktkauf Mögeldorf	148 (N = 508)	außerhalb (3,8 km)
C-Zentrum	Marktkauf Thon	1 (N = 508)	außerhalb (7 km)
D-Zentrum	Passauer Str., Dis 930 (Werner)	10 (N = 396)	außerhalb (1,1 km)
D-Zentrum	Scharrer-/Velburgerstr. (Edeka)	8 (N = 508)	außerhalb (1,5 km)
E-Zentrum	Zerzabelsh. Str., Dis 100, (Tengelm.)	12 (N = 508)	außerhalb (1 km)
E-Zentrum	Velburgerstraße (Condi)	1 (N = 508)	außerhalb (1,8 km)
D-Zentrum	Zerzab. Hptstr. Mitte (Tengelmann)	92 (N = 508)	70 % *
D-Zentrum **	Valznerw.- / Zerzab. Hptstr. (Kalb)	88 (N = 486)	67 % (43 %) *
D-Zentrum	Zerzab. Hptstr. Nord (Plus)	88 (N = 508)	67 % *
D-Zentrum	Fallrohr- / Passauer Str. (Hiller)	6 (N = 396)	8 % (4 %) *
E-Zentrum	Waldluststraße (Fristo)	80 (N = 396)	110 % *
E-Zentrum	Aussigerplatz (Norma)	67 (N = 508)	86 % *
E-Zentrum	Schedelstraße, Dis 953, (Condi)	25 (N = 508)	34 % *
E-Zentrum	Zerzabelsh. Str., Dis 290 (Imhof)	19 (N = 486)	63 % (30 %) *
E-Zentrum	Fallrohrstr. Ost (Ebner)	12 (N = 486)	15 % *
E-Zentrum	Zerzabelsh. Str., Dis 292 (Getränke)	9 (N = 396)	26 % (14 %) *

* bezogen auf die befragten Haushalte in dem jeweiligen Distrikte; in Klammern: bei zusätzlicher Berücksichtigung der angrenzenden Distrikte;
Außerhalb gelegene Zentren geben als Klammerwert die kürzeste Straßenentfernung von den ** - markierten Nebenzentren dieses Untersuchungsgebietes an

Quelle: Eigene Darstellung

Der Anteil der Fachgeschäfte für Brot und Brötchen betrug 57,5 %. Nach den Bäckereien "Kalb" und "Zwilling" folgen "Reinwald" (6,2 %), "Imhof" (3,9 %), "Ebner" (2,5 %) und die Metzgerei "Oechler" mit 2,1 % der Stimmen. Den fünf Bäckereien in Zerzabelshof stehen nur drei Metzgereien gegenüber. Entsprechend niedrig war der Marktanteil der Fachgeschäfte für Wurst- und Fleischwaren mit 36,6 %, von dem diese drei Metzgereien 2/3 auf sich vereinigten.

Die Haushalte nannten den "Kaufmarkt" in Mögeldorf und die "Tengelmann"-Filiale in Zerzabelshof am häufigsten als Einkaufsort (vgl. Tab. 19). Eine Ausnahme bildete der Anteil von über 20 % des "Fristo" in der Warengruppe Getränke. "Fristo"

vereinigte damit über die Hälfte des Anteils der Fachgeschäfte von 39,3 % auf sich. Die anderen Geschäfte waren mit maximal 2,5 % ("Werner") von deutlich geringerer Bedeutung.
Die zweite Ausnahme bildete die Warengruppe Brot und Brötchen: Die Bäckerei "Kalb" hatte den größten Anteil und die "Tengelmann"-Filiale größere Bedeutung als der "Kaufmarkt". Das unterstreicht, daß diese Warengruppe am ehesten wohnungsnah eingekauft wird. Zu dieser Aussage paßt auch das Kaufen von Brot und Brötchen in der Metzgerei "Oechler".

34 % der Haushalte kauften ihr Obst und Gemüse im Fachgeschäft ein. Davon wurde über die Hälfte in den drei zentralen Obst- und Gemüseläden nachgefragt. Der "Hauptmarkt" hatte mit 5,4 % der Stimmen die viertgrößte Bedeutung. Dreimal wurde der "Bio-Bauer" Sippel genannt, der zweimal die Woche einen Stand auf dem "Hauptmarkt" hat.
Die Bevölkerung von Zerzabelshof griff überdurchschnittlich oft auf das Fahrrad und das Auto zurück zu Lasten des Einkaufs zu Fuß (vgl. Tab. 19). Mit öffentlichen Verkehrsmitteln wurde, mit der üblichen Ausnahme der Getränke, zu 5 bis 6 % eingekauft. Der Rückgriff auf das Auto stand im Zusammenhang mit der größeren Tendenz zum wöchentlichen Einkauf und dem häufig aufgesuchten "Kaufmarkt" Mögeldorf. Die vielen Unterführungen in Zerzabelshof wirken distanzverkürzend und machen für Fußgänger und Fahrradfahrer von der Straßenführung und Ampelanlagen unabhängig. Viele Haushalte beklagten die große Entfernung zu den Geschäften von Zerzabelshof. Um diese Distanz schneller zu überwinden und durch die Unterführungen abzukürzen, nutzten viele das Fahrrad zum Einkaufen.
Obst- und Gemüse wurde etwas häufiger als Fleisch- und Wurstwaren nachgefragt, wobei der Samstag als Einkaufstag geringere Bedeutung hatte.

Tabelle 19: Zerzabelshof - die häufigsten vier Einkaufsorte, verwendete Verkehrsmittel, Einkaufszeit und Einkaufshäufigkeit (335 Haushalte, Mehrfachantworten), Angaben in Prozent der jeweiligen Nennungen (N)

	die häufigsten vier Einkaufsorte	verwendetes Verkehrsmittel	Einkaufszeit	Einkaufshäufigkeit
Brot und Brötchen (43 Geschäfte)	N= 486	N= 485	N= 474	N= 487
	Kalb **18,1 %**	zu Fuß **45,2 %**	vormittags **59,0 %**	tägl./öfters **43,5 %**
	Tengelmann **14,4 %**	Fahrrad **15,3 %**	nachmittags **26,3 %**	wöchentlich **44,4 %**
	KM Mögeld. **12,1 %**	PKW **34,6 %**	abends (Do.) **5,7 %**	seltener **11,9 %**
	Zwilling **6,8 %**	ÖPNV **4,9 %**	samstags **9,1 %**	nie **0,2 %**
Wurst- und Fleischwaren (36 Geschäfte)	N= 513	N= 512	N= 503	N= 512
	KM Mögeld. **24,4 %**	zu Fuß **39,8 %**	vormittags **50,8 %**	tägl./öfters **34,4 %**
	Tengelmann **17,8 %**	Fahrrad **11,9 %**	nachmittags **31,9 %**	wöchentlich **46,1 %**
	Billner **13,6 %**	PKW **42,2 %**	abends (Do.) **8,2 %**	seltener **19,5 %**
	Oechler **6,4 %**	ÖPNV **6,1 %**	samstags **9,1 %**	
Obst und Gemüse (26 Geschäfte)	N= 373	N= 497	N= 483	N= 497
	KM Mögeld. **21,4 %**	zu Fuß **37,0 %**	vormittags **53,2 %**	tägl./öfters **37,4 %**
	Tengelmann **13,4 %**	Fahrrad **16,1 %**	nachmittags **32,7 %**	wöchentlich **48,3 %**
	Achim **11,0 %**	PKW **41,0 %**	abends (Do.) **8,7 %**	seltener **14,3 %**
	Toni **6,7 %**	ÖPNV **5,8 %**	samstags **5,4 %**	
Getränke (24 Geschäfte)	N= 396	N= 391	N= 376	N= 390
	KM Mögeld. **29,0 %**	zu Fuß **15,9 %**	vormittags **38,3 %**	tägl./öfters **10,8 %**
	Fristo **20,2 %**	Fahrrad **6,4 %**	nachmittags **37,5 %**	wöchentlich **40,3 %**
	Tengelmann **10,6 %**	PKW **74,9 %**	abends (Do.) **9,3 %**	seltener **49,0 %**
	Plus Z. **6,1 %**	ÖPNV **2,8 %**	samstags **14,9 %**	
sonstige Lebensmittel (Supermarktangebot) (24 Geschäfte)	N= 508	N= 504	N= 490	N= 503
	KM Mögeld. **29,1 %**	zu Fuß **27,0 %**	vormittags **46,1 %**	tägl./öfters **28,4 %**
	Tengelmann **18,1 %**	Fahrrad **14,7 %**	nachmittags **34,7 %**	wöchentlich **44,1 %**
	Plus Z. **17,3 %**	PKW **52,4 %**	abends (Do.) **10,8 %**	seltener **27,2 %**
	Norma **13,2 %**	ÖPNV **6,0 %**	samstags **8,4 %**	nie **0,2 %**
gesamt (alle Warengruppen und Verbrauchermärkte) (89 Geschäfte)	N= 2395	N= 2389	N= 2326	N= 2389
	KM Mögeld. **24,3 %**	zu Fuß **33,7 %**	vormittags **49,9 %**	tägl./öfters **31,8 %**
	Tengelmann **16,0 %**	Fahrrad **13,1 %**	nachmittags **32,4 %**	wöchentlich **44,8 %**
	Plus Z. **6,3 %**	PKW **47,9 %**	abends (Do.) **8,5 %**	seltener **23,3 %**
	Norma **5,2 %**	ÖPNV **5,2 %**	samstags **9,1 %**	nie **0,0 %**

Rundungsfehler sind möglich

Quelle: Eigene Darstellung

7.5.5. Maxfeld

Das Untersuchungsgebiet Nord bzw. Maxfeld erstreckt sich an den Innenstadtbezirk 67 anschließend keilförmig in Richtung Norden bis Ziegelstein (vgl. Karte 14). Im Westen wird das Gebiet begrenzt durch die Rollnerstraße, im Norden durch den Volkspark Marienberg, Distrikt 831, und die Marienbergstraße sowie im Osten durch die Bayreuther- und Ziegelsteinstraße. Der hier verwendete Name Maxfeld bzw. Nord umfaßt neben dem Stadtpark (Maxfeld i.e.S., Distrikt 262) die Distrikte 260, 261 und 801, die östlichen Gebiete von den Gärten h.d.V. (*Anmerkung des Verfassers*: hinter der Veste) mit dem Distrikt 82, die östlichen Gebiete von Großreuth h.d.V. mit den Distrikten 800 und 832 sowie die westlichen Distrikte von Herrenhütte 832 und 833. Der Stadt- und der Marienbergpark werden im folgenden nicht weiter behandelt.
Die Bevölkerungsdichte nimmt von Süden nach Norden ab. Während im Distrikt 82 noch 205 Ew/bha wohnen, sind es im Distrikt 260 noch 191 Ew/bha, in 261 137 Ew/bha, in 801 92 Ew/bha, in 800 71 Ew/bha in 832 60 Ew/bha und im Distrikt 833 49 Ew/bha. Der im Norden angrenzende Distrikt 850 weist nur noch 28 Ew/bha aus (vgl. Tab. 3, S. 125). Im Stadtpark ist die Bevölkerungsdichte von 108 Ew/bha auf das am nördlichen Rand befindliche Altenheim und dortige Wohnblocks zurückzuführen. Westlich der Rollnerstraße steigt die Bevölkerungsdichte vom Distrikt 81 mit 184 Ew/bha auf 215 Ew/bha im Distrikt 252, um dann wieder abzunehmen. Östlich der Bayreuther Straße ist die höchste Bevölkerungsdichte im Distrikt 811 mit dem Leipziger Platz (119 Ew/bha) und im südlichen Distrikt 810 mit 96 Ew/bha. In 820, nördlich der Ringbahn, wohnen nur 29 Ew/bha. Es grenzt der zu Ziegelstein gehörige Distrikt 840 mit einer Einwohnerdichte von 73 Ew/bha an.
Der nördlich erweiterte Innenstadtgürtel bis zum Nordring ist überwiegend dicht mit mehrstöckigen Wohnhäusern bebaut. Die Baustruktur und die gemischte Sozialstruktur entsprechen etwa denen der Innenstadt. Die nördlich der Ringstraße gelegenen Gebiete weisen eine zunehmend lockere Bebauung und eine gehobenere Sozialstruktur auf ähnlich dem Distrikt 451 der Gartenstadt. Eine Ausnahme bildet der Distrikt 830, der sich durch einen hohen Anteil an neuer Bebauung und an kinderreichen Familien

auszeichnet, ähnlich dem Distrikt 701 östlich von Schniegling (*Amt für Stadtforschung und Statistik*, 1/1991, 7f).
Die Integration in das Straßenverkehrsnetz ist gut. Über die Rollner- und Bayreuther Straße erreicht man die Innenstadt (vgl. Karte 14). Die Entfernung vom Schillerplatz zum "Hauptmarkt" beträgt 1,3 km (vgl. Tab. 20). Der Nordring und die Kilianstraße stellen die Verbindung zu nordwestlichen Stadtteilen und den 4 km entfernten Standorten des "Marktkauf" am Nordwestring sowie des "Kaufmarkts" in Thon her. Richtung Osten erreicht man über die Äußere Ringstraße B4R den "Kaufmarkt" in Mögeldorf. Eine direktere Verbindung östlich der Ringstraße verkürzt die Entfernung zwischen Leipziger Platz und dem "Kaufmarkt" in Mögeldorf auf unter 4 km. Im Süden vom Untersuchungsgebiet gelangt man über die Pirckheimerstraße zum Friedrich-Ebert-Platz.
Die Anbindung an das öffentliche Verkehrsnetz wird sich mit der Erweiterung der U-Bahn-Linie 2 vom Rathenauplatz über den Leipziger Platz verbessern. Damit wären die C-Zentren Plärrer und Röthenbach ohne Umsteigen zu erreichen. Die Straßenbahnlinie 3 endet in Ziegelstein und verläuft auf der Ziegelsteiner- und Bayreuther Straße über den Rathenauplatz und Hauptbahnhof in die Südstadt. Die Linie 9 biegt über den Hauptbahnhof und den Rathenauplatz kommend in die Pirckheimerstraße ab und fährt über den Friedrich-Ebert-Platz nach Thon. In die Innenstadt gelangt man mit der Buslinie 36 vom Rathenauplatz über den Rathausplatz Richtung Plärrer. Die Linien 46 und 47 verbinden den "Hauptmarkt" über die Löbleinstraße mit Großreuth h.d.V., den Distrikten 800 und 830. Den Leipziger Platz verbindet über den Nordring die Linie 45 mit Thon und über den Ostring mit Mögeldorf. Weitere Buslinien, beispielsweise die Verbindung Hauptbahnhof zum Flughafen entlang der Bayreuther Straße, spielen für die nahräumliche Versorgung oder auch die Zentrenanbindung keine Rolle.
Insgesamt hat die Zahl der Lebensmittelgeschäfte abgenommen (vgl. Tab. 21). Neben den Metzgereien, deren Zahl sich fast halbiert hat, haben die Supermärkte um fast 80 % von 32 auf 7 abgenommen. Am stärksten von der Abnahme waren die Distrikte 260 und 261 betroffen. Daneben konnte aber auch eine Zunahme von Lebensmittelgeschäften in den Distrikten 82 und 830 verzeichnet werden. Auch in dem Distrikt 82

reduzierte sich die Zahl der Supermärkte deutlich von 6 auf 1. Im Zeitraum zwischen 1987 und 1994 wurden drei Supermärkte geschlossen, zwei davon an der Pirckheimerstraße ("Aldi" und "Edeka"). Durch die Zunahme des Fachhandels , v.a. Obst- und Gemüsegeschäfte, Bäckereien und Getränkeläden hat die Gesamtzahl insgesamt zugenommen. Die Zunahme im Distrikt 830, der an das Knoblauchsland angrenzt, ist durch die Gewerbeanmeldungen der Landwirte zu erklären, die teilweise auch Getränke verkaufen.

Tabelle 20: Von den 361 Haushalten in Maxfeld aufgesuchte Nebenzentren

Nebenzentrum	Name	absolute Anzahl der Nennungen	relative Anzahl der Nennungen*
A-Zentrum	Innenstadt (Hauptmarkt)	37 (N = 560)	außerhalb (1,3 km)
C-Zentrum	Marktkauf Sulzbacher Straße	30 (N = 504)	außerhalb (2 km)
C-Zentrum	Marktkauf in Thon	25 (N 0 504)	außerhalb (4 km)
C-Zentrum	Marktkauf Mögeldorf	7 (N = 504)	außerhalb (3,8 km)
C-Zentrum	Meister Virnsberger Straße	7 (N = 504)	außerhalb (8,5 km)
C-Zentrum	Metro Nord	7 (N = 504)	außerhalb (5,5 km)
C-Zentrum	Marktkauf am Plärrer	1 (N = 504)	außerhalb (2,5 km)
D-Zentrum	Rollnerstraße Nord (Comet)	46 (N = 504)	außerhalb (1 km)
D-Zentrum	Nordring / Rollnerstraße (Minimal)	21 (N = 504)	außerhalb (0,8 km)
D-Zentrum	Pirckheimer- / Kaulbacherstr. (Lidl)	6 (N = 504)	außerhalb (0,8 km)
E-Zentrum	Pirckh.- / Friedrichstr. (Tengelm.)	6 (N = 504)	außerhalb (0,6 km)
E-Zentrum	Marienbergstr.-/Ziegelstein (Edeka)	1 (N = 504)	außerhalb (1,1 km)
D-Zentrum	Rollnerstraße Süd (Minimal)	31 (N = 504)	41 % (23 %) *
D-Zentrum **	Lepiziger Platz Nord (Norma)	21 (N = 504)	44 % *
D-Zentrum **	Schillerplatz (Edeka)	19 (N = 504)	33 % *
D-Zentrum	Leipziger Platz Süd (Plus)	11 (N = 504)	35 % *
E-Zentrum	Stadtpark Mitte, Dis 260 (Albert)	32 (N = 519)	56 % (24 %) *
E-Zentrum	Innere Bayreuther Str. (Popp)	30 (N = 554)	40 % *
E-Zentrum	Löbleinstraße Nord, Dis 261 (Plus)	27 (N = 504)	36 % *
E-Zentrum	Stadtpark Nord / Tellstr. (Edeka)	15 (N = 504)	20 % *
E-Zentrum	Rollnerstr. Mitte, Dis 260 (Plus)	12 (N = 504)	21 % *

* bezogen auf die befragten Haushalte in dem jeweiligen Distrikte; in Klammern: bei zusätzlicher Berücksichtigung der angrenzenden Distrikte;
Außerhalb gelegene Zentren geben als Klammerwert die kürzeste Straßenentfernung von den ** - markierten Nebenzentren dieses Untersuchungsgebietes an

Quelle: Eigene Darstellung

Die Innenstadt spielt insbesondere für die Versorgung mit Obst und Gemüse eine bedeutende Rolle, obwohl viele Obst- und Gemüseläden und -stände ihren Standort in Maxfeld haben. 37 Haushalte gaben an, auf dem "Hauptmarkt" diese Waren zu kaufen (vgl. Tab. 20 und Tab. 22). Von allen 2.718 Nennungen erhielt der "Hauptmarkt" mit 46 Stimmen mehr als "Karstadt" mit 25. Zehn Haushalte kauften Wurst- und Fleischwaren im "Karstadt" ein. Die B-Zentren sowie die südlich von Nürnberg liegenden C-Zentren "HUMA" in Schwabach und "Hörnlein" in Klein-Schwarzenlohe wurden überhaupt nicht genannt.

Tabelle 21: Die Anzahl der Lebensmittelgeschäfte 1970, 1987 und 1994 in Maxfeld nach Warenart **

Gebiet		**Maxfeld**								
Distrikt		**82**	**260**	**261**	**800**	**801**	**830**	**832**	**833**	**Summe**
Bevölkerung	1970	5.040	5.133	4.105	2.182	1.722	695	1.699	1.023	16.559
	1987	4.047	3.963	4.144	1.747	1.523	869	1.798	837	18.928
	1994	4.206	4.151	4.103	1.783	1.619	1.005	1.660	814	19.341
Bäckerei	1970	2	7	1		2			1	13
	1987	2	5						1	8
	1994	5	5						2	12
Fleischer	1970	2	4	2		1			2	11
	1987	2	2	1						5
	1994	1	2	1				1	1	6
Obst und Gemüse	1970	1	1	2						4
	1987	2	3	1		1				7
	1994	4	5			1	3	1	1	15
Getränke	1970		1	1	1		1			4
	1987	1	2		2					5
	1994	2	3	1	2		2			10
Supermarkt	1970	6	12	3	4	1		3	3	32
	1987	4	5	4	1	1		2	1	18
	1994	1	2	1		1		2		7
Summe	1970	11	25	9	5	4	1	4	6	65
	1987	11	17	6	3	2		2	2	43
	1994	13	17	3	2	2	5	3	4	49
absolute Zu-/Abnahme 1970/1994		2	-8	-6	-3	-2	4	-1	-2	-16
Geschäfte pro 1000 Einwohner	1970	2,18	4,87	2,19	2,29	2,32	1,44	2,35	5,87	3,93
	1987	2,72	4,29	1,45	1,72	1,31	0	1,11	2,39	2,27
	1994*	3,09	4,1	0,73	1,12	1,24	4,98	1,81	4,91	2,53
relative Zu-/Abnahme 1970/1994		+	-	-	-	-	+	-	-	-

* Geschäfte 1994 pro 1000 Einwohner 1992
** leere Felder bedeuten "keine Lebensmittelgeschäfte"

Quelle: Stadt Nürnberg: Statistisches Jahrbuch 1993, S. 31, Nürnberg 1993; eigene Auswertung der Betriebsstättenzählungen 1970 und 1987 und eigene Erhebung

Tabelle 22: Maxfeld - die häufigsten vier Einkaufsorte, verwendete Verkehrsmittel, Einkaufszeit und Einkaufshäufigkeit (361 Haushalte, Mehrfachantworten), Angaben in Prozent der jeweiligen Nennungen (N)

	die häufigsten vier Einkaufsorte	verwendetes Verkehrsmittel	Einkaufszeit	Einkaufs-häufigkeit
Brot und Brötchen	N= 519	N= 527	N= 526	N= 527
	Edeka Stadtp. **8,1 %**	zu Fuß **56,4 %**	vormittags **56,3 %**	tägl./öfters **49,7 %**
(76 Geschäfte)	Tengelm. K. **6,7 %**	Fahrrad **16,1 %**	nachmittags **31,0 %**	wöchentlich **41,2 %**
	Albert **6,2 %**	PKW **25,2 %**	abends (Do.) **4,2 %**	seltener **9,1 %**
	Schwarz **5,0 %**	ÖPNV **2,3 %**	samstags **8,6 %**	
	Comet **5,0 %**			
Wurst- und Fleischwaren	N= 554	N= 554	N= 552	N= 555
	Comet **8,3 %**	zu Fuß **43,7 %**	vormittags **49,8 %**	tägl./öfters **34,4 %**
(60 Geschäfte)	Edeka Stadtp. **7,9 %**	Fahrrad **15,9 %**	nachmittags **35,7 %**	wöchentlich **47,2 %**
	Tengelm. K. **5,8 %**	PKW **36,5 %**	abends (Do.) **6,2 %**	seltener **18,4 %**
	Popp **5,4 %**	ÖPNV **4,0 %**	samstags **8,3 %**	
Obst und Gemüse	N= 560	N= 564	N= 561	N= 564
	Comet **7,3 %**	zu Fuß **44,1 %**	vormittags **48,1 %**	tägl./öfters **37,9 %**
(54 Geschäfte)	Hauptmarkt **6,6 %**	Fahrrad **19,0 %**	nachmittags **35,5 %**	wöchentlich **50,2 %**
	Parkstr. **4,8 %**	PKW **32,3 %**	abends (Do.) **5,9 %**	seltener **11,9 %**
	Edeka Stadtp. **4,6 %**	ÖPNV **4,6 %**	samstags **10,5 %**	
	Tengelm. K. **4,6 %**			
	KM Sulzb. **4,6 %**			
Getränke	N= 439	N= 438	N= 436	N= 439
	Comet **9,6 %**	zu Fuß **26,7 %**	vormittags **35,8 %**	tägl./öfters **19,6 %**
(47 Geschäfte)	KM Thon **5,2 %**	Fahrrad **9,1 %**	nachmittags **37,6 %**	wöchentlich **37,8 %**
	Fristo Löbl. **4,6 %**	PKW **63,7 %**	abends (Do.) **11,7 %**	seltener **42,6 %**
	Fuhr **4,1 %**	ÖPNV **0,5 %**	samstags **14,9 %**	
sonstige Lebensmittel	N= 504	N= 503	N= 502	N= 503
(Supermarkt-	Comet **9,1 %**	zu Fuß **35,2 %**	vormittags **43,6 %**	tägl./öfters **28,6 %**
angebot)	Minimal R. **6,2 %**	Fahrrad **14,7 %**	nachmittags **38,6 %**	wöchentlich **46,7 %**
(42 Geschäfte)	KM Sulzb. **6,0 %**	PKW **46,5 %**	abends (Do.) **8,8 %**	seltener **24,7 %**
	Plus N. **5,4 %**	ÖPNV **3,6 %**	samstags **9,0 %**	
gesamt	N= 2718	N= 2586	N= 2577	N= 2588
(alle Warengrup-	Comet **7,4 %**	zu Fuß **41,8 %**	vormittags **47,2 %**	tägl./öfters **34,7 %**
pen und Verbrau-	Edeka Stadtp. **4,9 %**	Fahrrad **15,2 %**	nachmittags **35,6 %**	wöchentlich **44,9 %**
chermärkte)	KM Sulzb. **4,8 %**	PKW **39,8 %**	abends (Do.) **7,1 %**	seltener **20,4 %**
(135 Geschäfte)	Tengelm. K. **4,5 %**	ÖPNV **3,1 %**	samstags **10,1 %**	

Rundungsfehler sind möglich

Quelle: Eigene Darstellung

Wenn weiter entfernte höherrangige Nebenzentren über die Ringstraße aufgesucht wurden, reichte die Einkaufsreichweite im Norden bis Buch zur "Metro" und noch bis in die westliche und östliche Außenstadt mit den C-Zentren "Meister" in Kleinreuth b. Schw. und "Kaufmarkt" in Mögeldorf, aber nicht weiter südlich. War die Einkaufsrichtung auf das Zentrum gerichtet, reichte der Einzugsbereich nicht über die zentralen Standorte "Hauptmarkt" und "Karstadt" hinaus, mit Ausnahme von je einem Haushalt, der im "Kaufhof" bzw. im "Kaufmarkt" Plärrer einkaufte.

Die westlich angrenzenden Nebenzentren an der Pirckheimerstraße und die Stände am Koberger Platz im Distrikt 252 wurden überwiegend zu Fuß oder mit dem Fahrrad aufgesucht. Die nördlicheren D-Zentren an der Rollnerstraße mit eigenem Parkplatz wurden dagegen vorwiegend mit dem Auto angefahren. Zur Innenstadt hin nimmt die Bevölkerungsdichte zu und der Platz wird damit zunehmend knapp und teuer. Große Parkflächen sind deswegen für den Einzelhandel nur in Richtung Stadtrand zu realisieren. Die schlechtere Pkw - Erreichbarkeit der Standorte zur Innenstadt hin bewirkte, daß die Verbraucher (gezwungener Maßen) auf das Auto zum Einkaufen verzichteten.

Die Nebenzentren innerhalb dieses großflächigen Untersuchungsgebietes hatten ausschließlich nahräumliche Bedeutung (vgl. Tab. 20). Aufgrund der acht Supermärkte im Untersuchungsgebiet sowie der sieben in unmittelbarer Umgebung, verteilte sich die Nachfrage entsprechend breit. Die objektive Versorgungslage ist als entsprechend gut zu beurteilen. Nördlich der Bahnlinie erfolgte eine Orientierung in Richtung des D-Zentrums Leipziger Platz Nord mit den Standorten des "Norma" und "Tengelmann", die über eigene Parkplätze verfügen. 21 bzw. 18 Haushalte gaben an, hier ihre sonstigen Lebensmittel einzukaufen. Von allen 2.718 Nennungen der Standorte der Geschäfte einschließlich der Angabe von Verbrauchermärkten erhielt dieser "Tengelmann" 121 (entspricht 4,5 % aller abgegebenen Stimmen), "Norma" 48 und der benachbarte "Aldi" 33 Stimmen. Die Haushalte in den südlich an die Bahnlinie grenzenden Distrikten orientierten sich in Richtung Leipziger Platz Süd mit den Standorten "Plus" und "Spar". Mit dem Anschluß an die U-Bahn-Linie 2 erfährt der Leipziger Platz (vgl. auch Karte 6) eine Aufwertung. Diese dürfte noch größer ausfallen, wenn die Geschäfte nördlich der Bahnlinie mit einer Unterführung angebunden werden

würden. Durch die Erweiterung des Einzugsgebietes entlang der U-Bahn-Strecke erlangt der Leipziger Platz überregionale Bedeutung. Eine Bestimmung der Zentralität war über die Anzahl der Nennungen problematisch, weil sich die Stimmen auf die fünf dort ansässigen Supermärkte verteilten und damit nicht die Stimmenanzahl von einem Verbrauchermarkt wie dem "Kaufmarkt" erreicht werden konnte.
Die Bevölkerung aus den westlichen Teilen der Distrikte 800 und 261 orientierte sich zu den D-Zentren "Comet" und "Minimal" in der nördlichen Rollnerstraße. Der in Distrikt 260 zentral gelegene Schillerplatz weist mehrere Obst- und Gemüsestände von Bauern auf (vgl. Karte 14). Daneben gibt es in der Bismarckstraße eins der insgesamt fünf Fischgeschäft Nürnbergs; drei weiter befinden sich in der Innenstadt. Die zum "Edeka" gegenüberliegende Metzgerei "Witsch" wurde von 20 Haushalten aufgesucht. Je ein Drittel der in diesem Distrikt wohnenden Bevölkerung kaufte in dem "Edeka" und in dieser Metzgerei ein, was aber keine direkten Rückschlüsse auf ein etwaiges Kopplungsverhalten zuläßt. Die Bedeutung der Bäckerei "Prechtel" in der Löbleinstraße ist aufgrund der insgesamt fünf Bäckereien in diesem Distrikt geringer. Allein die Bäckerei "Albert" im E-Zentrum Stadtpark Mitte wurde von 32 Haushalten genannt und hatte damit die meisten Kunden dieses Nebenzentrums.
Die Metzgerei "Popp" im Distrikt 82 erhielt 30 Stimmen. Mit der benachbarten Bäkkerei und dem festen Gemüsestand "Kaplan" auf der anderen Straßenseite bilden sie das E-Zentrum Innere Bayreuther Straße mit dem U-Bahn-Haltepunkt Rennweg (vgl. Tab. 20). Die Bevölkerung in diesem Distrikt ist mit ihrer Versorgungslage deswegen unzufriedener, weil hier die Standorte eines "Aldi" und eines "Edeka" in der Pirckheimerstraße geschlossen wurden. Damit verlängerten sich die Wege zu einem Supermarkt. Neben dem "Minimal" in der südlichen Rollnerstraße wird der "Kaufmarkt" in der Sulzbacherstraße ersatzweise aufgesucht.
Knapp die Hälfte des Bedarfs an Brot und Brötchen wurde in Fachgeschäften gedeckt. Dieser vergleichsweise geringe Wert ist darauf zurückzuführen, daß in Gebieten, wo kein Bäcker ansässig war, in den Brotabteilungen oder eingemieteten Verkaufsstellen ("shop-in-the-shop-System") der entsprechenden Supermärkte eingekauft wurde. In dieser Warengruppe erhielten die drei am häufigsten genannten Supermärkte knapp 20 % der Stimmen.

Die Ausdünnung der Standorte der Metzgereien führte nach der Gartenstadt zum geringsten Anteil der Fachgeschäfte mit 25,8 %. Die Haushalte führten als den häufigsten Einkaufsort die gleichen Supermärkte an wie für Brot und Brötchen. Für Obst und Gemüse und insgesamt gewann der "Kaufmarkt" in der Sulzbacher Straße an Bedeutung. Die Fachhandelsquote war mit 38 % für Obst und Gemüse nach der Innenstadt die zweithöchste, wobei der "Hauptmarkt" am zweithäufigsten genannt wurde (vgl. Tab. 22). Daneben erhielt der Laden in der Parkstraße 27 Nennungen, "Beneder" in der Pirckheimer Straße 22 und der "Frischehans" in der Ziegelsteinstraße 20 Stimmen. Die Zunahme der Getränkeläden ist zum einen mit der Eröffnung von fünf "Fristo"-Filialen zu erklären. 13,8 % der Haushalte kauften in einem dieser Filialen ihre Getränke. Zum anderen haben einige Bauern im Distrikt 830 ihr Angebot an selbst angebautem Obst und Gemüse um Getränke erweitert. Getränke sind unproblematisch zu lagern und auf den Bauernhöfen ist genügend Fläche vorhanden. Der Anteil der Fachgeschäfte lag mit 30,5 % bei dem gleichen Wert wie in Schniegling.
Die Nutzung des Fahrrads war in Maxfeld mit Abstand am höchsten (vgl. Tab. 22 und Abb. 14, S. 139). Sogar Getränke wurden zu über 9 % mit dem Fahrrad eingekauft. Der lange Donnerstag spielte gegenüber dem Durchschnitt eine geringere Rolle (vgl. Kap. 7.3.3., S. 139). Außerhalb der A-, B- und C-Zentren wurde selten von der Möglichkeit Gebrauch gemacht, die Öffnungszeiten am Donnerstag zu verlängern. Getränke bildeten mit fast 12 % Einkauf am Dienstleistungsabend eine Ausnahme. Die Einkaufszeiten für Wurst- und Fleischwaren sowie Obst und Gemüse waren werktags fast gleich. Die Warengruppe Obst und Gemüse wurde häufiger samstags und seltener am Donnerstagabend eingekauft. Insgesamt wurde sie entsprechend dem Durchschnitt häufiger gekauft als Fleisch- und Wurstwaren. Neben der problematischen Lagerung bieten die vielen Obst- und Gemüseläden die Möglichkeit, öfter frisch einzukaufen. Fleisch kann man durch Einfrieren aufbewahren und geräucherte Wurstwaren längere Zeit aufheben. Die geringere Zahl der Metzgereien und die Möglichkeit des Vorratseinkaufs, insbesondere von Fleisch, bewirkten eine Tendenz zum selteneren Einkauf. Getränke wurden etwas öfter als im Durchschnitt aller Untersuchungsgebiete eingekauft, was u.a. auf die hohe Zahl der Getränkeläden und der Supermärkte mit Getränkeabteilung zurückgeführt werden könnte (vgl. Kap. 7.3., S. 133 ff).

7.5.6. Die objektive Versorgungssituation in den Untersuchungsgebieten

Zusammenfassend kann man die objektive Versorgungssituation der untersuchten Stadtteile wie folgt beurteilen:
Die Innenstadt ist gut mit Lebensmitteln versorgt. Das Angebot im zentralen St. Lorenz besitzt die größte Tiefe und Breite, ist aber mit einem hohen Preisniveau verbunden. In der Innenstadt gibt es aber auch Gebiete, wo nur wenige oder gar keine Lebensmittelgeschäfte vorhanden sind wie das östliche oder westliche St. Sebald.[47] Die hohen Preise und das erzwungene Einkaufen zu Fuß aufgrund der Fußgängerzone bewirken eine Tendenz zu Versorgungseinkäufen mit dem Auto in den außerhalb gelegenen C-Zentren. Wenn ein Auto nicht verfügbar ist, wird auch mit dem Fahrrad oder zu Fuß in näher gelegenen D- und E-Zentren außerhalb eingekauft (Karte 8).
Für Schniegling erfüllt der alte Dorfkern als Nebenzentrum die nahräumliche Versorgungsfunktion wie früher. Außerhalb des Dorfkerns an der Durchgangsstraße Brettergartenstraße haben sich zwei Supermärkte angesiedelt, die das Angebot erweitern (Karte 9). Die Bevölkerung im Neubaugebiet Wetzendorf-Süd orientiert sich zu den östlichen Nebenzentren Richtung Innenstadt. Durch die Eröffnung des "Marktkaufs" am Nordwestring, Kölner Straße, wird eine Verschiebung der Einkaufsrichtung zugunsten dieses neuen C-Zentrums entlang der Ringstraße nach Norden erfolgen.
Die durchschnittliche Entfernung zu den Lebensmittelgeschäften ist in der Gartenstadt im Vergleich zu den anderen Untersuchungsgebieten am größten. Wegen der gleichmäßigen räumlichen Verteilung der Geschäfte kann man die Versorgung als noch ausreichend bezeichnen (Karte 10). Es gibt mehrere Nebenzentren und Fachgeschäfte. Verbraucher, die in den Randgebieten wohnen, müssen wegen der größeren Distanzen längere Wege in Kauf nehmen. Eine Orientierung außerhalb der Untersuchungsgebiete erfolgte nur bei Bedarf nach einer höheren Qualität und/oder Auswahl der Waren.
Sündersbühl weist mehrere Nebenzentren auf (Karte 11). Diese konzentrieren sich im zentralen St. Leonhard in Höhe der U-Bahn-Station und im Kreuzungsbereich der vier Bezirke 20, 21,60 und 62 äußere Ringstraße / Wallensteinstraße. Es sind drei

---

47 Auf räumliche Versorgungslücken wird in Kap. 8.2. eingegangen.

Verbrauchermärkte in Sündersbühl und der unmittelbaren Umgebung vorhanden. Das Einzugsgebiet des "Meister" in der Virnsberger Straße westlich von Sündersbühl reicht in etwa bis zur Ringstraße (Karte 12). Das des "Kaufmarkts" Schweinau, ein heutiger "Meister", reicht dagegen über die Ringstraße hinaus. Die Bevölkerung orientiert sich eher in Richtung des gewachsenen Zentrums St. Leonhard und diesem Verbrauchermarkt, weil hier die Möglichkeiten der externen Kopplung am größten sind. Der Einkauf auf dem Weg zur Arbeit fällt nicht besonders ins Gewicht. Der "Kaufmarkt" am Plärrer wurde nicht so oft genannt. Dieser Standort wird überwiegend mit öffentlichen Verkehrsmitteln aufgesucht. Mit Ausnahme der Umgebung des Kreuzungsbereichs äußere Ring- / Wallensteinstraße sind die Gebiete außerhalb der Ringstraße deutlich schlechter versorgt. Auch die Wohngebiete südlich des Frankenschnellwegs weisen deutliche Defizite auf. Das zeigt sich u.a. an den weiten Einkaufswegen der Kunden aus dem Gebiet nördlich der Leyher Straße. Sie müssen große Distanzen weit über 1.000 m überwinden und orientieren sich teilweise zu Nebenzentren nördlich des Frankenschnellwegs in Gostenhof. Die künstliche geographische Grenze (capability constraint, vgl. Kap. 2.2.1., S. 16 f) von Frankenschnellweg und Bahnlinie wirkt auch innerhalb des Rings wegverlängernd.

Zerzabelshof weist wie Schniegling einen alten Siedlungskern auf. Hier ist der Besatz mit Einzelhandel am größten. Die Lebensmittel-Fachgeschäfte haben eine sehr gute Qualität und bestimmen maßgeblich die Attraktivität der Nebenzentren (vgl. Tab. 18, S. 188). Die vielen Unterführungen wirken wegverkürzend und verringern den Versorgungsaufwand der Haushalte, die westlich der Ringstraße wohnen (Karte 13). Das Lebensmittelangebot wird durch den "Kaufmarkt" Mögeldorf erweitert, der nördlich dieses Untersuchungsgebietes liegt. Westlich von Zerzabelshof eröffnete bei gleichzeitiger baulicher Aufwertung dieses Viertels durch Sanierungsmaßnahmen ein "Tengelmann". Das verbesserte die bis dahin schlechteste Versorgungssituation der Distrikte 290 und 292 im Vergleich zum restlichen Zerzabelshof deutlich. Der alte Siedlungskern führt zu einer besseren Versorgung außerhalb der Ringstraße. Das breite und tiefe Angebot bei guter Qualität und günstigem Preis führen zu einer Orientierung auf die dortigen Nebenzentren hin. Auch Haushalte, die weiter westlich Richtung Innenstadt bzw. in St. Peter wohnen, suchen Zerzabelshof auf.

Innerhalb der Ringstraße sind die Maxfelder Haushalte sehr gut versorgt (Karte 14). Nördlich davon gibt es außer Getränkeläden und Gemüsebauern keine Lebensmittelgeschäfte. Auch wenn westlich der Supermarkt "Comet" liegt und östlich die Nebenzentren Leipziger Platz Süd und Nord angrenzen, sind doch die zurückzulegenden Distanzen mit Abstand größer als innerhalb der Ringstraße. Die deutlich schlechtere Versorgung der Wohngebiete außerhalb der Ringstraße ist auf das Wachstum des Stadtgebietes ohne Integration von Dorfstrukturen wie Schniegling oder Zerzabelshof mit altem Einzelhandelsbesatz zurückzuführen. Auf mögliche Ansätze der Stadtplanung zur Verbesserung der Versorgungslage wird in Kap. 8.3. eingegangen.
Der Stadtrand weist neben Industrie- und Neubaugebieten alte Dorfkerne auf (vgl. S. 159). Der alteingesessene Einzelhandel erfüllt neben der Versorgung weitere Nebenfunktionen (vgl. Kap. 4, S. 62). Die Attraktivität dieser Nebenzentren wird maßgeblich von Fachgeschäften geprägt. Die Identifikation (*Koch*, 1978, 213) der Bevölkerung mit ihrem Stadtteil führt zu einer Orientierung auf dieses Zentrum hin. Das gilt neben Versorgungstätigkeiten bspw. auch für Freizeitaktivitäten. Dieses Verhalten ist umso ausgeprägter, je entwickelter die Einzelhandelsstruktur ist. Die Orientierung auf das Nebenzentrum im ehemaligen Ortskern ist in Zerzabelshof auffälliger als in Schniegling. Filialisierte Fachgeschäfte und Lebensmittelketten eröffnen zunehmend auch Zweigstellen in diesen Nebenzentren. Wenn im Stadtrand alte Siedlungsstrukturen mit alteingesessenem Einzelhandel integriert sind, ist die Versorgungssituation auch außerhalb der Ringstraße gut. Demgegenüber weisen Neubaugebiete am Stadtrand i.d.R. keinen Einzelhandel auf.

Im folgenden werden Auswertungen des Datenmaterials ohne regionale Differenzierung vorgenommen. Nur dort, wo deutliche Unterschiede auftreten, wird auf Besonderheiten hingewiesen. Nach der gesonderten Betrachtung der einzelnen Geschäftstypen (Kap. 7.6.) und einer allgemeinen Beschreibung der Haushalte (Kap. 7.7.) werden einzelne Personengruppen mit ihrem Einkaufsverhalten untersucht (Kap. 7.8.), und es wird auf deren Zufriedenheit mit ihrer Versorgung eingegangen (Kap. 7.9.). Der allgemeine Zusammenhang zwischen der objektiven Versorgungslage und wie sie subjektiv wahrgenommen wird erfolgt in Kap. 8.2..

7.6. Die Verteilung der Nachfrage auf die einzelnen Geschäftstypen

Der Anteil der Fachgeschäfte war für die Bäckereien mit knapp 60 % am größten (vgl. Tab. 23). In den Warengruppen Obst und Gemüse sowie Wurst und Fleisch machten die Fachgeschäfte jeweils ein gutes Drittel aus, für Getränke knapp 30 %. Zwischen 30 und 40 % des Bedarfs an diesen Waren wurden von den Verbrauchern in Supermärkten gedeckt. Der Anteil der Verbrauchermärkte, den C-Zentren, steigt von 12,4 % bei Brot und Brötchen auf 34 % bei Getränken. Die befragten Haushalte gaben auf die Frage, wo sie sonstige Lebensmittel einkaufen, Super- und Verbrauchermärkte an. 40 % der Verbraucher nannten explizit einen Verbrauchermarkt. Hier zeigte sich, daß für die Konsumenten die Abgrenzung zwischen Super- und Verbrauchermarkt nicht verständlich ist, weil fast ein Drittel hier kleinere Supermärkte aufführten.

Tabelle 23: Die Marktanteile der aufgesuchten Geschäftstypen nach Warengruppen *

	Warengruppe					
	Brot und Brötchen (N=2192)	Wurst und Fleisch (N=2290)	Getränke (N=1816)	Obst und Gemüse (N=2133)	sonstige Lebensmittel	
					Supermarkt (N=2241)	Verbraucher-markt (N=620)
Fachgeschäft	56,3 %	33,5 %	29,4 %	36,7 %	0	0
Supermarkt	28,4 %	38,4 %	35,7 %	40 %	63,9 %	32,8 %
Verbrauchermarkt	12,4 %	26,4 %	34 %	22,5 %	34,9 %	66,7 %
sonstige	2,9 %	1,7 %	0,9 %	0,8 %	1,2 %	0,5 %

* 1553 befragte Haushalte; Mehrfachantworten waren außer für Verbrauchermärkte möglich

Quelle: Eigene Darstellung

Verbrauchermärkte haben für Güter des täglichen Bedarfs eine überregionale Reichweite. Das gleiche gilt für das A-Zentrum Innenstadt. Die Attraktivität ist hier jedoch auf das breite und tiefe Angebot auch von Spezialitäten zurückzuführen (vgl. Kap. 6.7., S. 116 f). In dieser Untersuchung zeigte sich, daß die B-Zentren Aufseßplatz und Franken-Einkaufs-Zentrum keine überregionale Bedeutung für die Versorgung mit Lebensmitteln besitzen. Ihre Attraktivität beruht auf den vielen Geschäften des mittelfristigen Bedarfs und differenzierter Dienstleistungen. Bei der ausschließlichen Berücksichtigung der Breite und Tiefe des Lebensmittelangebots müßte eine Einstufung als D-Zentrum erfolgen.[48] Das Angebot wird jedoch durch Reformhäuser, Drogerien und Stände erweitert. Obwohl zumindest das Franken-Einkaufs-Zentrum gut mit dem Auto zu erreichen ist, liegt es im Vergleich zu den C-Zentren vom Stadtgebiet und der äußeren Ringstraße relativ weit weg (vgl. Karte 6). Das Erfüllen von Nebenfunktionen wie die soziale Interaktionsfunktion oder die Möglichkeit der externen Kopplung veranlassen die Verbraucher trotzdem nicht, die B-Zentren für Versorgungseinkäufe aufzusuchen. Diese tätigen sie bevorzugt in C-Zentren. Die Standorte der Verbrauchermärkte befinden sich an den äußeren Ring- oder wichtigen Aus- bzw. Einfallstraßen (vgl. Karte 7). Neben dem Nahbereich erstreckt sich ihr Einzugsgebiet überregional bis in die Innenstadt und die städtischen Randgebiete. Auch Pendler aus anderen Städten tätigen dort Versorgungseinkäufe (s.S. 102). Das Einzugsgebiet reicht aber in der Regel nicht über die Innenstadt und die nächsten Standorte von Verbrauchermärkten entlang der Ringstraße hinaus (vgl. Karten 7 und 12).

7.6.1. Super- und Verbrauchermärkte

Fast jeder zweite Haushalt (48%) versorgte sich mit mindestens einer Warenart in einer der sechs Filialen des "Kaufmarktes", des heutigen "Marktkaufs".[49] Die Marktposition der AVA-Gruppe wird zusätzlich durch ihre Beteiligung an der BVA und damit an den "Condi"- und "Comet"-Märkten gestärkt.

Tabelle 24 zeigt, welche Warengruppen in den angegebenen Super- und Verbrauchermärkten nachgefragt wurden. Neben den von den Haushalten genannten Standorten wurden auch die Anzahl aller im Stadtgebiet vorhandenen Filialen aufgeführt. Alle Verbrauchermärkte wurden auch aufgesucht. Die einzelnen Lebensmittelketten waren unterschiedlich stark in den Untersuchungsgebieten vertreten. Das liefert einen ersten Erklärungsansatz für eine Abweichung der genannten zur vorhandenen Zahl der Filialen.

---

48 Aufgrund der in Kap. 5.4.2., S. 80 ff, dargelegten Gründe möchte der Verfasser aber weiterhin von B-Zentren sprechen.

49 Die Werte aus Tab. 24 sind für den "Kaufmarkt" (und andere) über die einzelnen Warengruppen nicht einfach addierbar, weil Verbraucher den Bedarf mehrerer Waren teilweise an einem Einkaufsort decken.

Von "Aldi" wurden mehr Standorte aufgesucht, als in oder in der Nähe der Untersuchungsgebiete vertreten waren. Im Vergleich zu "Lidl" zeigt sich ein größerer Marktanteil. Drei der fünf "Lidl"-Standorte sind in der Nähe von Verbrauchermärkten. Die "Aldi"-Filialen weisen zunehmend ebenerdige Parkplätze auf.

Tabelle 24: Die aufgesuchten Super- und Verbrauchermärkte nach Warengruppen *

Name	Anzahl der Filialen		Warengruppe **					
	ge-nannt	insg.	Brot und Brötchen (N=2192)	Wurst und Fleisch (N=2290)	Getränke (N=1816)	Obst und Gemüse (N=2133)	sonstige Lebensmittel: Super-markt (N=2241)	sonstige Lebensmittel: Verbrau-chermarkt (N=620)
Kaufmarkt	6	6	191 (8,7)	440 (19,2)	402 (22,1)	340 (15,9)	534 (23,8)	261 (42,1)
Meister S.	1	1	45 (2,1)	90 (3,9)	102 (5,6)	81 (3,8)	115 (5,1)	16 (2,6)
Meister V.	1	1	33 (1,5)	64 (2,8)	81 (4,5)	52 (2,4)	99 (4,4)	83 (13,4)
Metro Süd	1	1						15 (2,4)
Metro Nord	1	1						16 (2,6)
HUMA	1	1						9 (1,5)
Karstadt	1	2	44 (2,0)	112 (4,9)		62 (2,9)	51 (2,3)	37 (6,0)
Hertie	1	1		24 (1,0)		25 (1,2)	23 (1,0)	
Norma	10	35	69 (3,2)	36 (1,5)	73 (4,1)	100 (4,7)	218 (9,7)	27 (4,4)
Plus	10	31	42 (1,9)	32 (1,4)	119 (6,5)	110 (5,2)	277 (12,4)	21 (3,4)
Edeka	8	23	80 (3,6)	136 (5,9)	46 (2,6)	91 (4,3)	121 (5,4)	4 (0,7)
Condi	4	17	30 (1,3)	70 (3,1)	33 (1,8)	45 (2,1)	65 (2,9)	1 (0,2)
HL-Markt	6	13	57 (2,6)	78 (3,4)	34 (1,8)	51 (2,5)	93 (4,2)	11 (1,8)
Aldi	8	12	30 (1,3)	18 (0,8)	43 (2,3)	69 (3,2)	132 (5,9)	45 (7,3)
Tengelmann	4	11	126 (5,7)	161 (7,0)	85 (4,7)	104 (4,9)	148 (6,6)	16 (2,6)
Spar	3	11	24 (1,2)	32 (1,4)	12 (0,7)	16 (0,8)	24 (1,1)	2 (0,4)
Rodi	3	9		31 (1,3)	45 (2,6)	25 (1,1)	62 (2,8)	7 (1,2)
Minimal	4	5	33 (1,5)	71 (3,1)	52 (3,0)	61 (2,9)	80 (3,6)	8 (1,3)
Lidl	4	5			10 (0,6)	8 (0,4)	39 (1,7)	4 (0,7)
Comet	1	5	26 (1,2)	48 (2,1)	47 (2,6)	45 (2,1)	53 (2,4)	3 (0,5)
Summe	**78**	**191**	**830 (37,9)**	**1.443 (63,0)**	**1.184 (65,2)**	**1.285 (60,2)**	**2.134 (95,2)**	**586 (94,5)**

* 1553 befragte Haushalte; Mehrfachantworten waren außer für Verbrauchermärkte möglich.
** Absolute Zahl der Nennungen; die geklammerten Werte entsprechen den Prozentangaben

Quelle: Eigene Darstellung

Die Märkte von "Minimal", "Tengelmann", "Edeka" und "HL" sind in der Regel durch große Verkaufsflächen mit einem breiten und tiefen Lebensmittelangebot sowie Frischwarentheken gekennzeichnet. Diese Standorte sind nicht von dem Rückgang der Supermärkte bis 400 qm betroffen (vgl. Kap. 5.3., S. 80). Ihr Angebot wird von den Verbrauchern auch entsprechend angenommen. "Minimal" war v.a. in Maxfeld (vgl. Karte 14) mit zwei Filialen relativ stark vertreten.
Von "Plus" und "Norma" wurden genauso viele Filialen aufgesucht. "Plus" wurde für Getränke, Obst und Gemüse sowie sonstige Lebensmittel bedeutend öfter genannt. Nur Brot und Brötchen wurden im "Norma" öfter nachgefragt, weil es hier die Möglichkeit gibt, frisches Brot in den eingemieteten Verkaufsstellen von Bäckereien zu kaufen. "Plus" hingegen vermietet bzw. verpachtet keine Verkaufsflächen.

"Spar" ist in den D-Zentren Leipziger Platz Süd (Maxfeld), Fallrohr- (Zerzabelshof) und Wallensteinstraße (Sündersbühl; vgl. Karten 11, 13 und 14) mit großflächigen Supermärkten vertreten. Die geringe Zahl der Nennungen verwundert, weil alle genannten Standorte in den Untersuchungsgebieten bzw. in unmittelbarer Nähe liegen. Dieses Ergebnis läßt sich nicht mit fragetechnischen Gründen erklären. Vielmehr scheinen die Verbraucher das bisherige "Spar"-Konzept im Vergleich zur Konkurrenz nicht so anzunehmen.

Der Marktanteil des "Kaufmarktes" bezüglich den einzelnen Warengruppen steigt von knapp 9 % bei Brot und Brötchen auf über 22 % bei Getränken. Die Standorte Plärrer und Mögeldorf liegen in unmittelbarer Nähe zu den Untersuchungsgebieten Innenstadt bzw. Zerzabelshof. Der Standort der ehemaligen "Kaufmarkt"-Filiale, des heutigen "Meister" (Meister S.), in Schweinau befindet sich im Untersuchungsgebiet Sündersbühl. Für die einzelnen Warengruppen besetzte er mindestens den sechsten Rang der am häufigsten aufgesuchten Standorte in Sündersbühl. Der außerhalb der Untersuchungsgebiete gelegene zweite Standort des "Meister" in der Virnsberger Straße hatte v.a. als Verbrauchermarkt mit über 13 % aller Nennungen herausragende Bedeutung. Die "Metro"-Großmärkte und "HUMA" in Schwabach hatten nur in der Gruppe der

Verbrauchermärkte eine erwähnenswerte Bedeutung von über 1 % der Stimmen erlangt. "Hörnlein" in Klein-Schwarzenlohe erhielt unter 1 %.

Die Lebensmittelabteilung des Warenhauses "Karstadt" in der Innenstadt wurde mit Abstand am ehesten von den Verbrauchern angenommen. 6 % gaben Karstadt sogar als Verbrauchermarkt an. Die Zentralität dieses Standortes für Lebensmittel zeigte sich mit Werten über 2 % mit Ausnahme der Getränke. Das Lebensmittelangebot des "Karstadt" weist sich durch ein sehr tiefes und breites Sortiment aus. Neben dem Angebot von Spezialitäten an Frische-Theken kann der Verbraucher einen frisch zubereiteten hochwertigen Imbiß einnehmen. Die hohe Qualität der Produkte und die Atmosphäre des Erlebniseinkaufs sind mit einem hohen Preisniveau verbunden. Der "Hauptmarkt" spielte nur für die Versorgung mit Obst und Gemüse mit fast 12 % Stimmenanteil eine herausragende Rolle (vgl. Kap. 7.6.4., Tab. 28). In dieser Warengruppe konnte "Karstadt" immerhin auf fast 3 % Anteil verweisen und "Hertie" auf 1,2 %.

"Norma" ist mit 35 Filialen im gesamten Stadtgebiet am stärksten vertreten gefolgt von "Plus" mit 31 Filialen. Die Bedeutung des "Norma" ist für Brot und Brötchen und als "Verbrauchermarkt" höher als die des "Plus", der v.a. als "Supermarkt" für die Deckung des Bedarfs an sonstigen Lebensmitteln nach dem "Kaufmarkt" mit 12,4 % die zweitwichtigste Rolle spielte. Bis zu acht Filialen von "Edeka" und "Aldi" suchten die Verbraucher auf. "Edeka" hatte in allen Warengruppen des Facheinzelhandels die größere Bedeutung. Das Angebot dieser Warengruppen stellt höhere Ansprüche an Qualität und Frische. Die Unternehmensphilosophie eines Billiganbieters wie "Aldi" zielt in eine andere Richtung. Entsprechend hatte er als Super- und Verbrauchermarkt größere Bedeutung. Vier Filialen sind entweder in oder in der Nähe der Untersuchungsgebiete. Der "Lidl" als weiterer Billig-Discounter hat nicht die Bedeutung wie "Aldi", obwohl fast alle Filialen aufgesucht wurden. Je ein Standort liegt dabei in unmittelbarer Nachbarschaft zum "Kaufmarkt" am Plärrer und zum "Kaufmarkt" in der Sulzbacher Straße.

Sowohl "Aldi" als auch "Lidl" weisen auffällig oft Standorte in der Nähe oder auf dem Weg zu Verbrauchermärkten auf. So hat "Aldi" beispielsweise eine Filiale gegenüber dem "Kaufmarkt" in Thon und in der Nähe des "Kaufmarkts" in Mögeldorf. Am auffälligsten ist der Standort einer Filiale gerade außerhalb der Stadtgrenze in Richtung Klein-Schwarzenlohe, d.h. ohne Auflagen der Stadt Nürnberg berücksichtigen zu müssen. Sie liegt auf dem Weg zum Verbrauchermarkt "Hörnlein" mitten im Wald. Alle diese Standorte verfügen über einen eigenen ebenerdigen Parkplatz und sind gut mit dem Auto zu erreichen. Die Wahl dieser Standorte läßt den Schluß zu, daß diese Standortentscheidungen unter Berücksichtigung des "mind-mapping" der Verbraucher erfolgte (*Heuwinkel*, 1981, 35; vgl. Kap. 2.2.3., S. 20 f). Somit rückt die Information der Adresse eines Standortes in den Hintergrund. Vielmehr ist das Wissen um den im räumlichen Bewußtsein der Verbraucher verankerten Standort ausschlaggebend. Wenn jemand einen Standort zur Verrichtung einer bestimmten Tätigkeit aufsucht, so nimmt er auf dem Weg bevorzugt solche Eindrücke auf, die in einem Zusammenhang mit dem Zweck seiner "Reise" stehen. Geht eine Hausfrau einkaufen, so werden ihr andere Geschäfte auf dem Weg auffallen, in die sie dann ein anderes Mal einkaufen gehen könnte. Ändert sie daraufhin ihr Tätigkeitsmuster, hat sich ihr Einkaufsverhalten entsprechend geändert ("switch and stay"; *Golledge*, 1976). Umgekehrt werden Standorte nicht wahrgenommen, wenn sie nicht (mehr) auf dem Weg liegen. Die "Condi"-Märkte liegen zum Großteil direkt in Wohngebieten und spielen dort für die nahräumliche Versorgung eine große Rolle. Das Einzugsgebiet ist dementsprechend nur auf das direkte Wohnumfeld begrenzt. In den Untersuchungen hat sich ergeben, daß ein solcher Standort mit etwa einem Drittel der ansässigen Haushalte als Kunden rechnen kann. Laufkundschaft oder Kunden, die diesen Standort "unterwegs entdecken", kann man ausschließen.

Standorte der Verbrauchermärkte haben den Vorteil, daß sie wegen ihrer geringen Anzahl und der großen Attraktivität aufgrund des tiefen, breiten und zusätzlichen Angebots sowie der intensiv betriebenen Werbung leichter in das räumliche Bewußtsein der Verbraucher aufgenommen werden. Neben Zeitungsbeilagen gibt der frühere "Kaufmarkt" und heutige "Marktkauf" eine eigene Zeitung, den Marktspiegel, heraus, die kostenlos an alle Haushalte verteilt wird. Das ist sicher auch Mitgrund für den hohen Bekanntheitsgrad und den hohen Marktanteil dieses Unternehmens. Daneben werden Umbenennungen, Umstrukturierungen oder Neugründungen zusätzlich intensiv beworben. Unternehmen, die nicht über diese Attraktivität verfügen, sondern aufgrund ihrer Unternehmens-Philosophie eine bestimmte Käuferschicht anvisieren, z.B. die Discounter die Preis-Sensiblen, können über eine entsprechende Standortwahl von der Attraktivität eines Verbrauchermarktes profitieren. Die Kartierung hat das bestätigt. Ein ähnlicher Effekt geht von dem Einzugsbereich von Stadtteil- bzw. Versorgungszentren aus und kann zu einer entsprechenden Standortagglomeration wie am Guttenbergplatz in der Südstadt oder dem Leipziger Platz führen.

Die Bedeutung des "Tengelmann" ist v.a. auf die herausragende Bedeutung im Untersuchungsgebiet Zerzabelshof zurückzuführen. Das gleiche gilt für die Filialen von "Minimal" und "Comet", deren Standorte an der Westgrenze des Untersuchungsgebietes Maxfeld liegen. Der außerhalb gelegene "HL"-Markt in der Schnieglinger Straße hat große Bedeutung für Schniegling, während die anderen Supermärkte für die Untersuchungsgebiete eine untergeordnete Rolle spielen. Die Filialen des "Spar" liegen zwar in Sündersbühl, in Zerzabelshof sowie am Leipziger Platz Süd östlich von Maxfeld, wurden aber nur relativ selten von den befragten Haushalten angegeben.

Mit Ausnahme von "Condi" suchen die Filialisten Standorte außerhalb von Wohngebieten aus, die in irgendeiner Art und Weise attraktiv sind. Attraktivität bedeutet, daß ein Kunde diesen Ort bereits möglichst oft aufsucht, am besten mit dem Ziel, sich hier mit Lebensmitteln zu versorgen, weil damit der Konsument für das Wahrnehmen neuer Angebotsstrukturen sensibilisiert ist. Standorte in der Nachbarschaft von Konkurrenten sind damit attraktiv. Neben der Ansiedlung in der Nähe oder auf dem Weg zu C-Zentren führt das zur Bildung von D-Zentren mit mehreren Supermärkten und Lebensmittelgeschäften. Dafür gibt es eine Fülle von Beispielen wie "Plus" und "Norma" in Schniegling, "Spar" und "Rodi" in Sündersbühl, "Norma" und "Tengelmann" in Zerzabelshof, "Norma", "Tengelmann" und "Aldi" am Leipziger Platz Nord oder "Plus" und "Spar" am Leipziger Platz Süd in Maxfeld.

In der Innenstadt können sich trotz der hohen Ladenmieten seit Jahren der "Rodi" und "Edeka" am Hauptmarkt halten. Diese Standorte rechnen sich durch die exklusive Lage und den Einzugsbereich des "Hauptmarktes". Die Attraktivität dieser Nebenzentren hängt von der Anzahl und der Qualität der vorhandenen Lebensmittelgeschäfte ab. Das ist auch der Grund, warum Filialen nicht als erstes Lebensmittelgeschäft in neuen Wohngebieten eröffnet werden. Man kann nur äußerst ungenaue Zeitangaben machen, wann ein solcher Standort von den Verbrauchern angenommen worden sein wird und sich die Versorgungsstrukturen der Verbraucher geändert haben. Weil das ein langwieriger Prozeß sein kann, ist das Risiko in einem neuen Wohngebiet eine Filiale zu eröffnen ungleich höher als in der Nachbarschaft eines Konkurrenten. Das Franken-Einkaufs-Zentrum wurde von den Verbrauchern erst angenommen, nachdem sich dort eine Vielzahl von Geschäften angesiedelt hatte. Neben drei Supermärkten, mehreren Bäckereien und Metzgereien sowie weiterem, auch großflächigem Einzelhandel hat sich dort ein "Karstadt" niedergelassen. Dieser geplante Ansiedlungsprozeß ist jedoch die Ausnahme. Bei einer nicht-subventionierten Standortwahl ist auffallend, daß Konkurrenzlagen aus den genannten Gründen bevorzugt werden. Ein weiteres eindrucksvolles Beispiel liefern die Billig-Discounter "Aldi", "Norma" und "Lidl", die in direkter Nachbarschaft am Guttenbergplatz südlich des Hauptbahnhofes im Distrikt 130, Südstadt, je eine Filiale haben.

Der Kostenvorteil der Lebensmittelketten ist u.a. darauf zurückzuführen, daß sie die herkömmliche Logistikkette Erzeuger/Lebensmittelindustrie - Großhandel - Einzelhandel - Verbraucher verkürzt haben auf Lebensmittelindustrie - großer Einzelhandel (Ketten) - Verbraucher. Dabei wird die bisherige Funktion des Großhandels vom Einzelhandel übernommen, der diesbezüglich eine ausgefeilte Logistik entwickelt hat. Die Kostenvorteile durch das Wegfallen einer Logistikstufe wird an den Verbraucher weitergegeben, was wiederum auf den nicht organisierten kleinen Einzelhandel, der die Waren noch über den Großhandel bezieht, einen enormen Kostendruck ausübt und diesen u.U. verdrängen kann. Den Ketten entstehen die Kostenvorteile dort, wo sie aufgrund ihrer Logistik Handelsfunktionen übernehmen. Für handwerklich erzeugte Frischwaren wie Teig- und Backwaren sowie Fleisch- und Wurstwaren gilt dies nur eingeschränkt, weil hier traditionell die logistische Kette Erzeuger - Handwerksbetrieb - Verbraucher war. Hier ist bei weitem nicht ein solches Kosteneinsparungspotential für den großen Einzelhandel vorhanden, der, um frische Waren anzubieten, auf das Handwerk angewiesen ist. Im Sinne einer Konzentration des Einzelhandels auf sein Kerngeschäft erfolgt deshalb einer Vermietung oder Verpachtung von Verkaufsflächen an Metzger und/oder Bäcker innerhalb der Verkaufsräume des Handels. Andererseits war hier auch die Möglichkeit gegeben für innovative, engagierte Handwerker wie Bäcker und Metzger, die Produktion an kostengünstige Standorte auszulagern, nämlich in das Umland zu gehen, und in der Stadt bzw. dem Ballungsraum Nürnberg-Fürth-Erlangen eine Vielzahl von Verkaufsstellen einzurichten. Durch die Konzentration der Produktion einerseits und der Steigerung des Absatzes andererseits konnten hier ebenfalls Kostenvorteile realisiert werden, die zu Filialnetzen bei Bäckereien geführt haben. Erste Ansätze sind bei den Metzgereien festzustellen.

7.6.2. Bäckereien

Bei der vom Verfasser durchgeführten Kartierung wurden 307 Bäckereien und Verkaufsstellen erfaßt (vgl. Tab. 25). Von den Fachgeschäften weisen die Bäckereien mit Abstand den höchsten Filialisierungsgrad auf. Acht Bäckereien sind mit zehn oder mehr Verkaufsstellen vertreten, angeführt von "Entner" mit 20 Verkaufsstellen. Die am häufigsten genannte Bäckerei "Beck" hat 14 Verkaufsstellen v.a. in der Innenstadt aber zunehmend auch in anderen Nebenzentren. Der Abstand der Standorte beträgt teilweise unter 100 m. Viele der anderen Bäckereien verwendeten ebenfalls "Beck" oder "Bäck" in ihrem Firmennamen wie die Bäckerei "Schmitt", die sich "Zwilling" bzw. "Zwillingsbeck" nennt. Das veranlaßte den ursprünglichen "Beck" schließlich, das eigene Firmenlogo vom Schriftzug und der Farbe her abzuändern und sich so optisch abzugrenzen. Während fast alle die Farben gelb und braun verwenden und ein geschwungener Schriftzug dominiert, zeigt sich Beck nun in geradem rosa Logo.[50]

---

[50] Die Informationen wurden vom Verfasser am 29. April 1993 durch ein einstündiges halbstrukturiertes Interview in der Tennenloher Zentrale des "Beck" gewonnen.

Tabelle 25: Bäckereien, 307 Geschäfte und Verkaufsstellen im gesamten Stadtgebiet, 2192 Nennungen

Name	absolute Zahl der Nennungen, N=2192	relativer Stimmenanteil	Anzahl der Filialen	aufgesuchte Zahl der Filialen
Entner	93	4,2	20	8
Beck	123	5,6	14	7
Zwilling	36	1,6	13	1
Albert	32	1,6	13	1
Stefansbäck	84	3,8	10	5
Feihl	31	1,3	10	5
Düll	25	1,2	7	3
Hofpfisterei	39	1,7	4	3
Walzel	48	2,2	3	2
Prechtel	31	1,4	3	2
Woitinek	27	1,2	3	1
Nachtrab	74	3,4	2	2
Kalb	88	4	1	1
Pabst	28	1,3	1	1
Schwarz	27	1,2	1	1
Weber	22	1	1	1
Schaudeck	21	1	1	1
Summe	**829**	**37,7**	**107**	**45**

Quelle: Eigene Darstellung

Die Bäckerei "Beck" ist ein Beispiel eines jungen, innovativen Bäckers, der nach der Übernahme des väterlichen Betriebes in Tennenlohe zwischen Erlangen und Nürnberg seinen zentralen Backbetrieb aufbaute. Mit der Zeit wurden immer mehr Verkaufsstellen, bevorzugt in Innenstadtlagen, eröffnet, die dreimal täglich mit frischen Waren beliefert werden. Diese Standorte sind meistens mit einem genehmigungsfreien Stehcafé und einem kleinen Backofen ausgestattet. Letzterer soll für Backstuben-Atmosphäre sorgen und "ofenfrische" Waren wie Croissants ermöglichen. Das Sortiment wurde seit 1994 um selbst hergestellte Bio-Brote und -Backwaren erweitert. Das wird allerdings im Verkauf nicht deutlich genug hervorgehoben und deshalb vom Kunden kaum wahrgenommen. So erfolgte ein weiterer Schritt zu einem qualitativ hochwertigen aber auch hochpreisigen Angebot mit Café-Atmosphäre. Die Rückmeldung der Filialnachfrage in die Zentrale scheint aber verbesserungswürdig. Es ärgert

die Verbraucher, wenn sie bereits 30 Minuten vor Geschäftsschluß vor leeren Regalen stehen. Ab 1996 will Beck eine zweite Vertriebsschiene im Billigpreis-Segment einrichten, die optisch nicht dem Unternehmen zuordenbar sein soll.
Mit Ausnahme der Münchener "Hofpfisterei" sind die Filialbetriebe mit unter zehn Verkaufsstellen meist ausschließlich in dem Stadtteil des Hauptbetriebes ansässig. Die Eröffnungen der Verkaufsstellen erfolgen in der Nähe des elterlichen Betriebes und unterliegen so einer starken räumlichen Konzentration. Die Ausbreitungsrichtung zielt auf die Innenstadt hin. So weist die Bäckerei "Düll" aus der Mathildenstraße, nördlich des "Kaufmarkts" Sulzbacher Straße, mit einer Ausnahme Verkaufsstellen bis in die nördliche Innenstadt mit der Bergstraße und Stöpselgasse auf.

Tabelle 26: Weitere, nicht genannte Bäckereien mit drei und mehr Verkaufsstellen

Niederndorfer Beck	12
Wölfel	10
Kalchreuther Beck	6
Fischer	6
Karg	5
Witte	4
Lutz	3
Brunner	4
Gabsteiger	3
Heckel	3
Imhof	3
H Karg	3
Summe	**62**

Quelle: Eigene Darstellung

Einige Einzelbäckereien wurden sehr oft von den befragten Haushalten aufgesucht. Sie weisen sich durch ein qualitativ hochwertiges Angebot bei gleichzeitig günstigem Preis aus. Verbraucher scheinen gewillt zu sein, statt eines näher liegenden "schlechteren" eher einen weiter entfernteren "besseren" Bäcker aufzusuchen, insbesondere wenn hier die Einkäufe mit anderen Tätigkeiten wie dem weiteren Lebensmitteleinkauf gekoppelt werden können. Damit ist die Attraktivität der Bäckerei "Kalb" in

Zerzabelshof zu erklären, die die Bedeutung des gesamten Nebenzentrums bestimmt. Tabelle 26 gibt einen Überblick über die weiteren Bäckereien, die in Nürnberg drei und mehr Verkaufsstellen besitzen, aber von den befragten Haushalten nicht genannt wurden.

7.6.3. Metzgereien

Der Filialisierungsgrad ist bei Metzgereien deutlich geringer (vgl. Tab. 27). Die Metzgerei "Walk" weist mit vier die meisten Verkaufsstellen auf, gefolgt von der Metzgerei "Braun" und "Scharf" mit jeweils drei. Daneben gibt es neun Geschäfte mit einer zweiten Verkaufsstelle. Der Filialisierung scheinen hier durch Hygienebestimmungen bezüglich dem Verkauf von verderblichen, nicht abgepackten Waren Grenzen gesetzt zu sein. Diese Bestimmungen umgehen die zwei "Fränkischen Räucherläden" in der Innenstadt, die ausschließlich verpackte bzw. geräucherte und damit nicht-verderbliche Wurst-Spezialitäten verkaufen. Diese kleinen Verkaufsstellen in der Innenstadt sind auf den reinen Verkauf konzentriert, um den Quadratmeter-Umsatz zu erzielen, der diese teuren Innenstadtstandorte rechtfertigt.

Tabelle 27: Metzgereien, 164 Geschäfte im gesamten Stadtgebiet, 2290 Nennungen

Name	absolute Zahl der Nennungen, N=2290	relativer Stimmenanteil	Anzahl der Filialen	aufgesuchte Zahl der Filialen
Billner	70	3,1	1	1
Meiler	33	1,4	1	1
Popp	31	1,4	1	1
Schmidt	29	1,3	1	1
Stirnweiß	25	1,1	1	1
Wunder	34	1,5	1	1
Krön	29	1,3	1	1
Oechsler	33	1,4	1	1
Walk	32	1,4	4	3
Summe	**316**	**13,9**	**12**	**11**

Quelle: Eigene Darstellung

Die Inhaber der Metzgereien "Braun" und "Walk" haben anscheinend den hohen Kopplungsgrad zwischen Brötchen und Wurst erkannt. Neben der allgemeinen Versorgung mit Wurst und Fleisch wird hier eine Imbiß-Funktion für den Hunger zwischendurch angeboten. Beide Metzgereien sind meistens in der unmittelbaren Nachbarschaft der Bäckerei "Wölfel" zu finden, die gleichsam von dieser Kopplung profitiert. Während "Walk" v.a. in der Königstraße in der Innenstadt vertreten ist, findet man die drei Verkaufsstellen der Metzgerei "Braun" in den U-Bahn-Passagen Hauptbahnhof, Lorenzkirche und Rathenauplatz.

Bei den 164 Metzgereien im Stadtgebiet überwiegen die Einzelstandorte. Für die am häufigsten genannten Geschäfte trifft das gleiche zu wie für die beliebten Bäckereien. Die hohe Kopplung dieser beiden Warengruppen zeigt sich zum einen extern zwischen der jeweils meistgenannten Bäckerei "Kalb" und Metzgerei "Billner" im D-Zentrum Valznerweiher- / Zerzabelshofer Hauptstraße und intern bei der Metzgerei "Oechler", die durch eine entsprechende Angebotserweiterung für das angrenzende Wohngebiet der bedeutendste Standort zur Versorgung mit Brot und Brötchen ist.

7.6.4. Obst- und Gemüseläden

In der Warengruppe Obst und Gemüse gibt es nur "Schell" als Betrieb mit mehreren Verkaufsstellen (vgl. Tab. 28). Die drei Standorte in der Südstadt sind verkehrsgünstig gelegen und verfügen über eine große Verkaufsfläche. Das Angebot zeichnet sich durch Vielfalt, Frische und Qualität aus. Von den 182 Geschäften werden 55 von Ausländern geführt; davon sind 51 Türken. 30 Bauern haben ein Gewerbe angemeldet, damit sie ihre selbst erzeugten Produkte ab Hof oder auf dem Markt verkaufen können. Das Angebot an Obst und Gemüse wird deutlich durch die 18 Stände vor allem im Innenstadtbereich verbessert. Die Waren der Händler auf dem Hauptmarkt und an den weiteren Ständen in der Fußgängerzone sind im Vergleich zu den Ständen der Bauern aus dem Knoblauchsland teurer.

Nach der Kartierung im Juli 1994 war eine weitere Zunahme der Obst- und Gemüseläden festzustellen. Dabei handelt es sich ausschließlich um ausländisch geführte

Geschäfte. Deutsche Händler scheinen immer weniger bereit zu sein, einen Obst- und Gemüseladen aufzumachen oder zu übernehmen. Den größten Ausschlag gibt die Arbeitszeit, die von der Öffnung des Großmarktes bis zum Ladenschluß reicht. In ausländischen Familien hilft, wie früher auch in deutschen üblich, die ganze Familie mit, so daß diese Belastung sich auf mehrere Familienmitglieder verteilt. Die Händler auf dem Hauptmarkt sind ebenfalls zum Großteil Ausländer.

Tabelle 28: Obst und Gemüse, 182 Geschäfte und Stände im gesamten Stadtgebiet, 2133 Nennungen

Name	absolute Zahl der Nennungen, N=2133	relativer Stimmenanteil	Anzahl der Filialen	aufgesuchte Zahl der Filialen
Hauptmarkt	252	11,8		
"Parkstraße"	27	1,3	1	1
Achim	41	1,9	1	1
Beneder	23	1,1	1	1
Schell	44	2,1	3	2
Toni	25	1,2	1	1
Elsbergen	30	1,4	1	1
Summe	**442**	**20,8**	**8**	**7**

Quelle: Eigene Darstellung

Hier bestätigt sich die Theorie der Spiralbewegung nach *Agergard*. Die früheren Obst- und Gemüseläden haben durch Nachfolgeprobleme, aber auch durch die zunehmende Konkurrenz der Supermärkte und Filialisten, stark abgenommen. Seit 1970 vollzieht sich eine Ausdünnung und Konzentration der Standorte der Supermärkte. Die Straffung des Sortiments bei vielen Filialisten führte zu einer Verkleinerung des Angebots an Obst und Gemüse oder eine Reduzierung auf wenige Produkte wie Kartoffeln und Zwiebeln, die, wie bei "Aldi", teilweise nur saisonal angeboten werden. Das Angebot entsprach immer seltener den Ansprüchen des Verbrauchers in Bezug auf Qualität, Frische und Vielfalt. Einige Anbieter, wie die Vorgänger des "Marktkauf", die "EWS"-Supermärkte und späteren "Kaufmärkte", setzten dagegen ganz bewußt auf das Angebot von regional angebautem Obst und Gemüse (vgl. Kap. 6.3., S. 101 ff). Das hat neben der gläsernen Metzgerei zu dem Erfolg des "Kaufmarktes" beigetragen. Hierbei handelte es sich aber um wenige Standorte im Stadtgebiet, so daß die

Entfernungen zu einem Einkaufsort mit dem gewünschten breiten und tiefen Angebot bei möglichst günstigem Preis sehr groß waren.
In dieser Zeit entstanden die ersten ausländisch geführten Obst- und Gemüseläden. Dabei läßt sich nicht mehr feststellen, ob eine Art Nachbarschaftsladen der erste Schritt war, in dem Spezialitäten der entsprechenden Volksgruppe importiert und weiterverkauft wurden oder ob der Einstieg gleich mit Obst und Gemüse erfolgte. Diese Läden wurden fast ausschließlich in den Wohngebieten mit überwiegendem Ausländeranteil eröffnet. Das nahräumliche Einzugsgebiet bestand zum Großteil aus Kundschaft gleicher Nationalität, so daß keine Sprachprobleme vorhanden waren und zusätzlich die soziale Funktion i.S. von Kommunikation erfüllt wurde. Die Standortwahl erfolgte meist aufgrund des Wohnsitzes der Familie. Damit wurden Standorte realisiert, die nach betriebswirtschaftlichem Kalkül "unmöglich" wären. Diese haben sich aber wegen der sofort vorhandenen Stammkundschaft gehalten wie der griechische Laden in der Sündersbühlstraße hinter dem Schlachthof, Distrikt 203. Außerdem half bzw. hilft die gesamte Familie mit. Das Beispiel machte Schule, so daß mittlerweile auch Standorte in Geschäftslagen, z.B. in der Inneren Laufer Gasse in St. Sebald, realisiert werden. Außerdem vergrößerte sich die Kundschaft durch Deutsche. Das teilweise kleine Angebot an frischem und billigem Obst und Gemüse in der Nähe überwog das "Sprachproblem". Mittlerweile hat sich der Begriff des "Türken" als Obst- und Gemüseladen mit der ihm eigenen Vielfalt, Qualität und Frische eingebürgert. Die Entwicklung geht derzeit in Richtung größerer Geschäftseinheiten bis hin zu Supermärkten v.a. wieder in den Gebieten mit einem hohen Ausländeranteil wie Gostenhof.

7.6.5 Getränkeläden und Spezialitätengeschäfte

Der Filialisierungsgrad in der Warengruppe der Getränke ist geprägt von den 40 Filialen des "Fristo" im Stadtgebiet. Damit deckt er fast 14 % der gesamten Nachfrage. Daneben gibt es noch fünf Geschäfte mit einer zweiten bzw. dritten Verkaufsstelle. Es gibt viele Getränkelieferanten ohne eigene Verkaufsräume. Die Bestellung erfolgt telefonisch, und die Getränke werden dann ins Haus geliefert. Es gibt mindestens zwölf Tankstellen, die eigene "Shops" haben. Insbesondere bieten sie Getränke an, haben aber mittlerweile ihr Sortiment vergrößert. Der Grund liegt in der Überlegung, daß der Kauf der schwer zu tragenden Getränke mit dem Tankvorgang gekoppelt und das Auto gleich beladen werden kann. "Fristo" hat das erkannt und unterhält in dem regionalen Tankstellennetz von "Supol" Getränkeläden. Dabei werden die Getränke über den Tankstellenwart abgerechnet. Falls der Verbraucher öfter Getränke in Tankstellen kauft, so ist ihm das jedoch nicht als "Versorgung mit Lebensmitteln", sondern als "Tanken" bewußt, was dazu führte, daß Tankstellen in den Fragebögen sehr selten angegeben wurden (vgl. Kap. 7.5.1., S. 158 ff). *Kulke* (1994, 187) kam in einer Untersuchung u.a. von Tankstellenshops zu dem bestätigenden Ergebnis, daß sie keine kleinräumige Versorgungsfunktion erfüllen,.

Das Prinzip des autogerechten Getränkeeinkaufs perfektioniert der "Getränke-Terminal": Man fährt praktisch mit dem Auto in die Verkaufsräume hinein. Die Konzession als Getränkeautomat (!) ermöglicht ihm Öffnungszeiten von 24 Stunden täglich. Personal ist nur zum Auffüllen mit neuen Getränkekisten und der Entnahme des Leerguts notwendig. Der "Getränke-Terminal" befindet sich in der Heisterstraße im Industriegebiet Werderau neben einem "Norma" und ist über die südliche Ringstraße leicht mit dem Auto zu erreichen.

Für die Versorgung mit Lebensmitteln spielen noch weitere Geschäfte eine ergänzende Rolle, die nicht den fünf Warenkategorien zugeordnet werden konnten: So gab es zum Zeitpunkt der Kartierung 98 Geschäfte, die sonstige oder spezielle Lebensmittel anboten wie Konditoreien oder Kaffee-Geschäfte. Weiterhin gab es 54 Drogerien, 11 Naturkostläden, 5 Fischgeschäfte, 23 Reformhäuser und 26 Geschäfte für Gemischtwaren, die u.a. auch ein Angebot an Lebensmitteln führten.

7.7. Allgemeine Merkmale der Haushalte

In Tabelle 29 sind die sonstigen Angaben der befragten Haushalte zusammengefaßt. Die soziodemographischen Strukturen stimmten in etwa mit der räumlichen Gliederung Nürnbergs nach sozialstrukturellen Merkmalen überein (*Stadt Nürnberg*, 1/1991, 4 ff). Das Durchschnittsalter der Befragten war in der Innenstadt am geringsten. Hier überwogen mit 46 % die Einpersonenhaushalte v.a. der beiden Altersgruppen zwischen 18 und 44. Das höchste Durchschnittsalter zeigte sich in der Gartenstadt. Im Schnitt hatten hier die Haushalte die meisten Mitglieder und nach Schniegling die meisten Kinder. Das Alter korrelierte mit der Anzahl der Haushaltsmitglieder (Cramér's V = 0,28). Die Ein- und Zweipersonenhaushalte machten bei den bis zu 25-jährigen 80 % aus, bei den 25 bis 44- jährigen 60 %, bei den 45 bis 64-jährigen 66 % und bei den Rentnern stieg der Wert auf 92 %.

Der Anteil der Single-Haushalte war bei den bis 25-jährigen erwartungsgemäß mit 41 % am höchsten, gefolgt von den Rentnern mit 32 %, den 25 bis 44-jährigen mit 30 % und den 45 bis 64-jährigen mit nur 16 %.

Zwei Drittel der Fragebögen wurden von Frauen ausgefüllt. Das könnte ein Indiz dafür sein, daß diejenige Person im Haushalt die Fragen beantwortete, die die Funktion des Versorgens auch übernimmt. Bei der Haushaltsbefragung der Stadt Nürnberg lag dagegen das Verhältnis männlich zu weiblich bei 45 zu 55. Die Single-Haushalte waren in der städtischen Umfrage stärker und alle anderen Haushaltsgrößen schwächer vertreten. Die Anzahl der Pkws stimmte auch für die einzelnen Untersuchungsgebiete überein. Wenn das Auto täglich zur Verfügung stand, wurde es auch eher zum Einkaufen genutzt. Die Bevölkerung in der Innenstadt kaufte am häufigsten zu Fuß ein und die aus Schniegling am häufigsten mit dem Auto. Das Fahrrad wurde am meisten von den Verbrauchern aus der Gartenstadt benutzt, gefolgt von Zerzabelshof mit 10 %. Auf die öffentlichen Verkehrsmittel wurde mit 20 % am häufigsten in Sündersbühl zurückgegriffen.

In der städtischen Haushaltsbefragung gaben 16 % der Schnieglinger an, daß sie in einem Umkreis von 1 km ein Lebensmittelgeschäft vermissen. Das könnte an dem Fehlen jeglichen Einzelhandels in Wetzendorf Süd, Distrikt 701 liegen.

Tabelle 29: Soziodemographische und weitere Angaben der Haushalte		Innenstadt N=377	Schniegling N=110	Gartenstadt N=121	Sündersbühl N=249	Zerzabelshof N=335	Maxfeld N=361	gesamt N=1553
Alter aller Haushaltsmitglieder *	bis 6	6 %	14 %	17 %	9 %	11 %	12 %	10 %
	6 - 17	8 %	24 %	19 %	14 %	16 %	14 %	14 %
	18 - 24	21 %	17 %	19 %	12 %	18 %	14 %	17 %
	25 - 44	55 %	57 %	34 %	54 %	49 %	48 %	51 %
	45 - 65	24 %	44 %	48 %	32 %	42 %	33 %	36 %
	über 65	14 %	23 %	32 %	24 %	27 %	27 %	23 %
	des Befragten	40	45	50,9	47	47,4	47	45,5
Geschlecht	männlich	38 %	37 %	30 %	44 %	31 %	27 %	34 %
	weiblich	62 %	63 %	70 %	56 %	69 %	74 %	66 %
Heimlieferung		15 %	14 %	28 %	18 %	28 %	20 %	20 %
Mehrlieferungen gewünscht		22 %	14 %	15 %	14 %	13 %	18 %	17 %
Anzahl Pkw´s	0	33 %	9 %	14 %	16 %	10 %	20 %	19 %
	1	58 %	61 %	65 %	67 %	61 %	55 %	60 %
	2	10 %	28 %	20 %	15 %	26 %	22 %	19 %
	3	0,3 %	1 %	0 %	2 %	4 %	3 %	2 %
	4 und mehr	0 %	1 %	1 %	0 %	0,3 %	0 %	0,2 %
Pkw-Verfügbarkeit	täglich	56 %	76 %	67 %	71 %	77 %	72 %	69 %
	wochenende	2 %	6 %	3 %	3 %	2 %	1 %	3 %
	gelegentlich	15 %	9 %	16 %	13 %	14 %	9 %	13 %
	nie	28 %	8 %	14 %	13 %	7 %	18 %	16 %
Haushaltsgröße	1	46 %	21 %	14 %	24 %	19 %	28 %	28 %
	2	39 %	38 %	46 %	47 %	46 %	43 %	43 %
	3	9 %	16 %	22 %	15 %	18 %	16 %	15 %
	4	5 %	21 %	12 %	12 %	12 %	10 %	10 %
	5 und mehr	2 %	5 %	5 %	4 %	5 %	4 %	4 %
Anzahl der arbeitenden Personen	0	31 %	23 %	31 %	27 %	29 %	35 %	30 %
	1	48 %	39 %	34 %	42 %	43 %	39 %	42 %
	2	19 %	35 %	31 %	28 %	26 %	25 %	25 %
	3 und mehr	3 %	4 %	4 %	4 %	2 %	2 %	3 %
Lagerungsmöglichkeiten	Keller	42 %	74 %	84 %	71 %	77 %	70 %	66 %
	Kühlschrank	99 %	99 %	99 %	99 %	99 %	99 %	99 %
	Speisekammer	19 %	32 %	16 %	22 %	20 %	20 %	21 %
	Tiefkühltruhe	40 %	71 %	84 %	70 %	74 %	64 %	63 %

* Die Summe beträgt jeweils über 100%, weil die Anzahl der Haushaltsmitglieder größer als die der Haushalte ist. Rundungsfehler sind möglich.

Quelle: Eigene Darstellung

12 % aller Befragten vermißten ein Lebensmittelgeschäft in einem Umkreis von 1 km. 22 % der Verbraucher kauften "unterwegs" ein. Auf die Einkaufshäufigkeit in den einzelnen Geschäftstypen wurde bereits eingegangen (vgl. Kapitel 7.3.1., S. 134).

Die entsprechenden Angaben für die einzelnen Untersuchungsgebiete spiegeln das Vorhandensein und die Entfernungen zu den entsprechenden Geschäften wider. Damit decken sich diese Angaben mit der Kartierung und den selbst erhobenen Daten.
In der Nähe des Wohnstandortes wurden allgemein zu 7 % fehlende Einkaufsmöglichkeiten beanstandet und zu 3 % die schlechte Anbindung an die öffentlichen Verkehrsmittel, v.a. in Schniegling.
Die Fragen zur Versorgung mit Lebensmitteln machten nur einen sehr kleinen Teil der Haushaltsbefragung 1993 der Stadt Nürnberg aus. Es muß berücksichtigt werden, daß die Weigerung, auf Fragen zu antworten, bis zu 56 % betrug und im Schnitt bei ca. 30 % lag. Die Fragestellung richtete sich meistens auf allgemeine Einkaufsstätten und nur teilweise ausschließlich auf Lebensmittel. So ist das Abweichen einiger Angaben von der selbst erhobenen Stichprobe zu erklären.

Im Schnitt ließen sich 20 % der Haushalte Waren ins Haus liefern (vgl. Tab. 29). Weitere 17 % wünschten sich Lieferungen bzw. Mehrlieferungen, auf die weiter unten näher eingegangen wird. Die Frage nach Mehrlieferungen wurde nur zögernd beantwortet, weil die Verbraucher die Gefahr sahen, daß sie in Zukunft mit entsprechendem Werbematerial oder Vertreterbesuchen konfrontiert würden.

Bis auf 10 Haushalte verfügten alle über einen Kühlschrank. Mit Ausnahme der innerstädtischen Haushalte gaben über 70 % der Befragten einen Keller an. Speisekammern waren im Schnitt in jedem fünften Haushalt vorhanden. In der Gartenstadt war der Anteil der Keller und der Gefriertruhen am höchsten und in der Innenstadt am geringsten. Dieses Ergebnis ist auf die Bau- und Wohnstruktur dieser Gebiete zurückzuführen.[51]

---

51 Die Bau- und Wohnstruktur fließen in die soziodemographischen Faktoren mit ein. Diese sind in den Kapiteln 7.4.2., S. 132, und 7.5. ff, S. 145 ff, für die Untersuchungsgebiete beschrieben.

7.8. Das Einkaufsverhalten ausgesuchter Personengruppen

7.8.1. Faktoren für die Wahl der Einkaufsstätte

Für die Wahl der Geschäfte können eine Reihe von Gründen ausschlaggebend sein. Die befragten Haushalte sollten von einer Skala von 0 bis 100 die Wichtigkeit bestimmter Faktoren bewerten.[52] Für alle Haushaltsgruppen waren einige Gründe für die Geschäftswahl ähnlich wichtig. Alle Haushalte hielten in erster Linie die Nähe der Geschäfte zum Wohnort für am wichtigsten. Es folgten die Auswahl, die billigen Preise und an vierter Stelle die freundliche Bedienung in gleicher Reihenfolge. Bei allen Gruppen spielte die Nähe der Geschäfte zum Arbeitsplatz die geringste Rolle.
In Abbildung 16 (S. 222) stellt der schwarze Balken den Median dar, d.h. je die Hälfte der Beobachtungen liegen über bzw. unter diesem Wert (*SPSS*, 1993, 187). Innerhalb des Kastens liegen 50 % der Fälle zwischen dem 25. und 75. Perzentil. Die sonstigen beobachteten Werte werden eingeteilt in Extremwerte (*), Ausreißer (o) und größte bzw. kleinste Werte, die aufgrund ihrer "Nähe" zum Median keine Ausreißer sind (*SPSS*, 1993, 203).
Insgesamt, d.h. bei Betrachtung aller Haushalte, war die Erreichbarkeit mit dem Auto wichtiger als weitere Geschäfte in der Nähe des Lebensmittelladens. Die Bedeutung des Parkplatzangebots nahm aber insgesamt einen noch geringeren Stellenwert ein, lag aber noch vor dem Arbeitsweg und der Nähe zum Arbeitsplatz.
Wenn die Befragten angeben, daß sie in der Nähe der Arbeit oder auf dem Weg dorthin einkaufen, entspricht das einer Kopplung der Tätigkeiten Arbeiten und Versorgen. Wenn jedoch Werte nahe Null angegeben werden, kann man davon ausgehen, daß die Kopplung dieser Tätigkeiten keine Rolle spielt.
Diese Angaben streuten für die einzelnen Untersuchungsgebiete am meisten. In der Gartenstadt lag der Median für beide Angaben bei 0, während in der Innenstadt der Wert für die Arbeitsplatznähe 40 und unterwegs 60 betrug. Die Verbraucher bewegten sich hier überdurchschnittlich oft zu Fuß oder mit öffentlichen Verkehrsmitteln. Sie

---

52 Die folgenden Auswertungen beziehen sich auf die Frage 6 des Fragebogens. Es zeigte sich, daß es für die einzelnen Untersuchungsgebiete und Personengruppen deutliche Unterschiede gab.

versorgten sich mit Lebensmitteln auf dem Weg, aber das fast immer in der Nähe der Wohnung. Für Sündersbühl und Zerzabelshof lag der Median für den Arbeitsweg mit 20 und 25 unter dem Durchschnitt. Bezüglich der Nähe zum Arbeitsplatz entsprach für Schniegling der Wert des Medians fast dem der Innenstadt.

Abb. 16: Gründe für die Geschäftswahl

Quelle: Eigene Darstellung

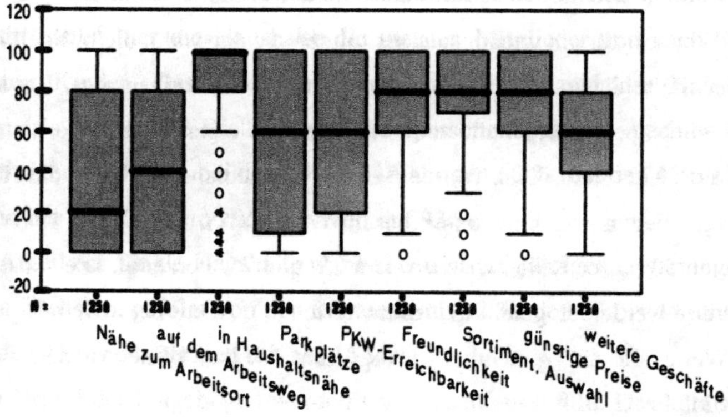

Die Bedeutung des Einkaufs von Lebensmitteln auf dem Weg zur Arbeit oder in der Nähe der Arbeitsstelle und damit die Kopplung der Tätigkeiten Arbeiten und Versorgen spielte eine untergeordnete Rolle. Dagegen wurde von fast allen Befragten angegeben, daß ihnen die Nähe der Lebensmittelgeschäfte zum Wohnort besonders wichtig sei. Der Median für alle Untersuchungsgebiete lag zwischen 95 und 100 mit der geringsten Streuung der einzelnen Werte, außer für Schniegling mit einem Wert von 80 .

Unter der Annahme, daß viele Verbraucher mit dem Auto einkaufen würden, wurde nach der Bedeutung des Parkplatzes und der guten Erreichbarkeit gefragt. Für fast alle Untersuchungsgebiete befand sich der Median bei einem Wert von 80. Die Bevölkerung der Innenstadt kaufte zum Großteil zu Fuß ein. Entsprechend lag hier der Median bei 20. Den Verbrauchern in der Gartenstadt sind die Parkplätze nicht so wichtig

(Median = 60). Die gute Erreichbarkeit mit dem Auto hielten die Befragten aus Maxfeld für nicht so wichtig wie der Durchschnitt (Median = 60).
Die Verbraucher maßen der Auswahl, den billigen Preisen und einer freundlichen Bedienung in allen Untersuchungsgebieten die zweithöchste Bedeutung bei. Die Werte streuten auch geringer. Einzige Ausnahme sind die Verbraucher aus der Innenstadt, die auf die freundliche Bedienung einen nicht so großen Wert legten (Median = 70).
Mit einem Median von 60 und geringer Streuung war das Vorhandensein weiteren Einzelhandels am Einkaufsort für die Verbraucher relativ wichtig. Obwohl nicht ausschließlich Lebensmittelgeschäfte damit gemeint waren, ließ sich aus den Antworten erkennen, daß eine hohe externe Kopplung zwischen den einzelnen Warengruppen stattfand. Das zeigte sich explizit an dem gekoppelten Aufsuchen von Metzgereien und Bäckereien. Für Schniegling betrug der Median 80.
Die aufgesuchten Nebenzentren bieten durch die vielen Lebensmittelgeschäfte einen hohen externen Kopplungsgrad. Das bietet auch der neueröffnete "Marktkauf" am Nordwestring durch das Vermieten von Gewerbeflächen an Konzessionäre aus dem Nicht-Lebensmittelsektor. Die Kopplung wird zwar nicht bei jedem Einkaufsweg wahrgenommen, aber allein die Möglichkeit, dies zu können, erhöht die Versorgungsqualität der Verbraucher und unterstreicht die Bedeutung von Versorgungszentren.
Die Haushalte unterschieden sich u.a. durch das Alter ihrer Mitglieder oder der Anzahl Erwerbstätiger. Im folgenden sollen Rentnerhaushalte, Haushalte mit Kleinkindern, d.h. bis zu 6 Jahren, und sonstige Haushalte unterschieden werden. Des weiteren werden Haushalte betrachtet, in denen mindestens einer erwerbstätig ist und solche, in denen keiner arbeitet. Bei den Auswertungen ist zu berücksichtigen, daß es natürlich Überschneidungen zwischen nicht (mehr) erwerbstätigen Personen und Rentnern gibt. Wenn größere Ergebnisabweichungen auftreten, wird darauf hingewiesen.

20 %, d.h. 315, der insgesamt 1.553 befragten Haushalte gaben an, Lebensmittel ins Haus geliefert zu bekommen. Von diesen Haushalten wünschten sich 24 % (75) weitere Lieferungen. Über 50 % aller Lieferungen (162) betrafen Getränke. 77mal wurde Tiefkühlkost angeführt, die sich in etwa 2 : 1 auf die Lieferanten "bofrost" und "Eismann" verteilt. Eier wurden in 30 Fällen geliefert und Obst und Gemüse bzw.

Kartoffeln 21mal. Zu über 50 % (elfmal) wurde dabei der Demeter-Bauernhof Hemhofen genannt, wobei die Haushalte mit Kleinkindern mit 7 Nennungen den größten Anteil hatten. Weitere Nennungen entfielen auf sonstige Lebensmittel, Fertiggerichte und Fleisch.
Insgesamt äußerten 257, d.h. 17 %, aller Haushalte den Wunsch nach weiteren Lebensmittellieferungen, wobei teilweise mehrere Angaben gemacht wurden. Am häufigsten nannten 32 % (81) der Haushalte Getränke, gefolgt von 20 % (51) Brot, 13 % (34) Obst und Gemüse, 11 % (27) Milch sowie zu 10 % (25) insbesondere schwere und 9 % (22) sämtliche Lebensmittel. Der Wunsch nach der Lieferung von frischen Brötchen wurde 23mal (9 %) angegeben. Der Wunsch vieler Haushalte nach der morgendlichen Lieferung von frischen Brötchen in Kombination mit Milch erinnert an ehemalige Service-Leistungen in Deutschland vor dem zweiten Weltkrieg oder an Lieferdienste in England. Außerdem wurde Tiefkühlkost sechsmal und Fleisch viermal genannt.
Auf Lieferungen wird bei der anschließenden Untersuchung nach Personengruppen nochmals kurz eingegangen.

7.8.2. Das Einkaufsverhalten der Rentner

Bei einer genaueren Analyse der Haushalte der über 65-jährigen ergab sich, daß diese größere Distanzen zu Fuß zurücklegten als andere Haushalte. So suchten sie auch benachbarte C-Zentren zu Fuß auf. Teilweise benutzten sie dann auch das Fahrrad oder griffen auf öffentliche Verkehrsmittel zurück.
Rentner verfügen über ein größeres Zeitbudget als die anderen Verbraucher. Wenn jemand einen weiter entfernten Standort aufsucht als notwendig, muß diesem Mehraufwand ein Nutzen gegenüberstehen, der aber sehr individuell empfunden werden kann. Für die einen sind billige Preise ausschlaggebend, für andere Qualität, Frische, freundliche Bedienung, Auswahl etc.. Außerdem kann der Einkauf mit einem Nebennutzen verbunden sein, beispielsweise der Kommunikation als Form der sozialen Interaktionsfunktion, der Wohlfahrtsfunktion oder der persönlichen Funktion. Auch eine

Art der Freizeitfunktion wie Erlebniseinkauf oder Spaziergang könnte als Nebennutzen in Frage kommen. Für die Altersgruppe über 65 sind die zurückgelegten Entfernungen mit diesen möglichen Nebennutzen zu erklären, wobei es nicht möglich ist zu sagen, was letztlich den Ausschlag für die Wahl der Einkaufsstätte gibt.
Daß die Rentner mehr Zeit für den Lebensmitteleinkauf haben, wurde durch den Zusammenhang von Cramér's V = 0,399 zwischen Alter und Einkaufszeit bestätigt (Irrtumswahrscheinlichkeit gegen 0) Für alle Haushalte lag Cramér's V bei 0,27. In den Untersuchungsgebieten streuten diese Werte. In Maxfeld lag der Wert sogar bei 0,5 für ein 99 % Vertrauensintervall und in der Gartenstadt bei 0,7 für 95 %. Das größere Zeitbudget der Rentner für den Einkauf bewirkt zum einen eine Tendenz zum Einkauf an Vor- oder Nachmittagen unter der Woche. Zum anderen sind sie mit der Versorgung mit Lebensmitteln zufriedener, weil sie den Einkauf ohne Zeitdruck tätigen können. Eine Ausnahme bilden die Rentner, die aufgrund von Gebrechlichkeit oder Behinderung den Einkauf (und anderes) nicht mehr selbst erledigen können.

In unserer Untersuchung fanden sich 363 Haushalte mit einem oder mehr Mitgliedern, die über 65 Jahre alt waren. Für die Rentner rangierte die Bedeutung der Erreichbarkeit mit dem Auto gefolgt von dem Parkplatzangebot erst an fünfter und sechster Stelle. Größere Versorgungseinkäufe wurden seltener, dafür aber mit dem Auto durchgeführt. Bei dem Kauf größerer Mengen oder schwererer Waren wie Getränken ist diese Gruppe im besonderen darauf angewiesen, möglichst nicht tragen zu müssen. In Verbrauchermärkten kann man mit dem Einkaufswagen bis zum Auto fahren und muß die Lebensmittel nur noch in den Kofferraum heben. Sonstiger Einzelhandel spielte für Großeinkäufe eine vergleichsweise geringe Rolle. Die Nähe zum Arbeitsplatz und der Einkauf auf dem Weg zur Arbeit hatte für Rentner erwartungsgemäß überhaupt keine Bedeutung.
62 % der Rentnerhaushalte deckten ihren Bedarf an sämtlichen Lebensmitteln in Supermärkten. Bei regelmäßigem Aufsuchen bestimmter Filialen entwickelt sich auch zwischen Kunden und den Angestellten eines Supermarktes eine persönliche Beziehung. Dabei ist aber die Größe, d.h. die Verkaufsfläche, von Bedeutung. Rentner bevorzugten kleinere Supermärkte wie den "Condi", die überschaubarer und nicht so

anonym wie Verbrauchermärkte sind. Letztere wurden von den Rentnern im Vergleich zu den anderen Haushaltsgruppen am seltensten angefahren. In den aufgesuchten Supermärkten wurde der gesamte Lebensmittelbedarf gedeckt, insbesondere auch Getränke, so daß im entsprechenden Facheinzelhandel nur noch knapp 3 % eingekauft wurde.
Die Rentner suchten zu 54 % die Lebensmittelgeschäfte zu Fuß auf. Auf das Auto wurde mit 30 % mit Abstand am seltensten zurückgegriffen, während der Einkauf mit den öffentlichen Verkehrsmitteln mit rund 8 % im Vergleich zu den anderen Haushalten die relativ größte Bedeutung hatte. Mit zunehmendem Alter nimmt in der Regel die körperliche Leistungsfähigkeit ab, so daß Einkaufsfahrten per Fahrrad nur noch zu knapp 9 % getätigt wurden. Dieser Wert lag unter dem Gesamtdurchschnitt.
Rentner kauften mit deutlichem Abstand am öftesten ein. Die durchschnittliche Einkaufsdauer betrug 4,1 Stunden pro Woche und war fast so hoch wie die der Haushalte mit Kleinkindern und deutlich über dem Wert der sonstigen Haushalte. 52 % der über 65jährigen benötigten zwischen 3 und 6 Stunden für ihre Einkäufe, 22 % mehr und 26 % weniger.
Rentner haben genügend Zeit für die Versorgung. Daher sind die teilweise täglichen Einkaufsgänge eine "willkommene" Abwechslung, um den Tag mit verschiedenen Tätigkeiten sinnvoll auszufüllen. So legten Rentner gerne auch größere Strecken zu Fuß zurück, um in einem bestimmten Geschäft einzukaufen. 78 % aller Einkäufe wurden vormittags erledigt. Der Samstag oder der Donnerstagabend spielten für die Versorgung der Rentner keine Rolle.

Es scheint einen Zusammenhang zu geben zwischen dem Zeitbudget und dem bevorzugten Einkaufszeitraum der Haushalte. Unterliegen Haushalte keinen zeitlichen Restriktionen, so wird der Vormittag zum Einkaufen bevorzugt. Diese Einkäufe werden in erster Linie zu Fuß getätigt. Fehlt der Zeitdruck, so ist es unnötig, auf Verkehrsmittel zurückzugreifen. Zum anderen ist der Unterhalt eines Autos mit einem nicht unerheblichen finanziellen Aufwand verbunden, der für Nicht-Erwerbstätige oft nicht mehr tragbar ist. Rentner sind zur Zeit noch geringer motorisiert als der Durchschnitt der Bevölkerung (*Tietz und Rothhaar, 1991*, 113). Öffentliche Verkehrsmittel ermöglichen zwar die Überwindung größerer Distanzen, sind aber aufgrund von Fahrtakt, Entfernung zu den Haltestellen oder Gedränge nicht bequem und mit zusätzlichen Kosten verbunden.

Um die allgemeinen Ergebnisse zu spezifizieren, soll beispielhaft an den Waren Brot und Brötchen sowie sonstiger Lebensmittel ein unterschiedliches Einkaufsverhalten herausgearbeitet werden. Brot und Brötchen wurden im allgemeinen häufiger und nahräumlich nachgefragt, während sonstige Lebensmittel auch in weiter entfernten Geschäften unter Rückgriff auf Verkehrsmittel, dafür aber seltener gekauft wurden. Sonstige Lebensmittel sind auch ohne Probleme lagerbar, während die Frische und damit die Qualität von Backwaren durch zu langes Lagern deutlich abnimmt.

Zwei Drittel aller Rentner kauften ihre Brötchen zu Fuß ein und zu über 45 % auch sonstige Lebensmittel. Außerdem griffen sie mit Abstand am häufigsten auf öffentliche Verkehrsmittel zurück und am seltensten auf den Pkw, um diese Waren einzukaufen. 81 % der Backwaren und knapp 75 % der sonstigen Lebensmittel fragten sie vormittags nach. Letztere kauften sie zu rund 30 % mehrmals die Woche ein. Trotzdem war auch hier eine Tendenz zum wöchentlichen Einkauf mit 45 % festzustellen, der aber im Vergleich den geringsten Wert darstellte.

Rund 30 % (108) der Rentner ließen sich Waren ins Haus liefern. Insgesamt wünschten sich 12 % (44) weitere Lieferungen, wobei 18 % (19) der bereits belieferten Haushalte weitere Lieferungen anführten. 81 der belieferten Rentner wurden mit Getränken, 20 mit Tiefkühlkost und 4 mit Eiern beliefert. Ein Lieferwunsch bestand sechsmal nach allen Lebensmitteln und je dreimal nach Obst und Gemüse sowie nach Brot. Außerdem wurden Milch, Fleisch und Waschmittel genannt. Ein Verbraucher wünschte sich wegen seiner Gebrechlichkeit eine vollständige Versorgung mit Lebensmitteln.[53] Diese Haushaltsgruppe wies also den größten Anteil Hauslieferungen auf. Es dominierten deutlich die Getränke, die aufgrund des hohen Gewichts und der Sperrigkeit schwieriger zu transportieren sind und im Vergleich die größte körperliche Anstrengung erfordern.

Lieferungen von Tiefkühlkost wurden deutlich seltener in Anspruch genommen. Der Transport dieser Waren vom Geschäft nach Hause sollte aber möglichst kurz sein, um

---

53 Dieser Dienst ist eine Serviceleistung, die unter Einschränkung von "Essen auf Rädern" abgedeckt wird.

ein Auftauen zu vermeiden. Um sich diesem Zeitdruck nicht aussetzen zu müssen, überläßt man den Transport Spezialfirmen wie "bofrost" oder "Eismann", die die Waren nach Bestellung in Kühltransportern zum Haushalt bringen.

7.8.3. Haushalte mit Kleinkindern

Haushalte mit Kleinkindern sind eine weitere Gruppe mit abweichendem Verhalten und wie Rentner von Unterversorgung potentiell stärker betroffen. Diese 161 Haushalte nannten die Gründe für die Geschäftswahl in der gleichen Reihenfolge wie die Rentner. Dabei war aber die Wichtigkeit der einzelnen Gründe größer. So lag bspw. der Median für die Nähe zum Wohnort bei 100 im Vergleich zu 90 bei den Rentnern. Das Einkaufen auf dem Weg zur Arbeit und in der Nähe des Arbeitsplatzes spielte eine größere Rolle. Aufgrund des größeren Mengenbedarfs an Lebensmitteln wurden Versorgungseinkäufe mit dem Auto durchgeführt.

Mit 48 % hatten Einkäufe mit dem Auto den größten Anteil gefolgt von Einkäufen zu Fuß mit 44 %. Das Fahrrad und die öffentlichen Verkehrsmitteln hatten die geringste Bedeutung im Vergleich zu den anderen Untersuchungsgruppen. Die Ablehnung dieser Verkehrsmittel beruht auf deren Umständlichkeit, wenn Kinder mitgenommen werden müssen. Fahrräder werden mit einem Kind zusehends wackelig und es können weniger Waren wegen des Wegfalls des Gepäckträgers transportiert werden. Außerdem kann kein Kinderwagen mitgeführt werden, um sich schneller in den Lebensmittelgeschäften bewegen zu können. Die Benutzung öffentlicher Verkehrsmittel ist mit Kinderwagen beschwerlich und, wenn volle Einkaufstaschen hinzukommen, ohne fremde Hilfe nicht mehr zu bewerkstelligen. Dieses Ergebnis wird durch die Verkehrsmittelwahl für den Einkauf von Brot und Brötchen sowie sonstiger Lebensmittel unterstrichen.

Haushalte mit Kleinkindern kauften mit 46 % am häufigsten einmal pro Woche ein. Für sonstige Lebensmittel stieg dieser Wert sogar auf über 48 %. Brot und Brötchen wurden im Vergleich zu den anderen Haushaltsgruppen mit 54 % noch am häufigsten mehrmals die Woche gekauft. Diese Einkaufsgänge wurden zu knapp 63 % zu Fuß und zu 28 % mit dem Auto erledigt, während die sonstigen Lebensmittel zu 53 % mit dem Auto und nur zu 39 % zu Fuß getätigt wurden. 62 % fragten Brot und Brötchen vormittags nach und zu 29 % nachmittags. Der Samstag spielte mit rund 6 % eine Rolle.

Anhand des Einkaufsverhaltens der Haushalte mit Kleinkindern läßt sich ableiten, daß es zum einen eine Tendenz zum wöchentlichen Versorgungseinkauf gibt, unter den auch Backwaren fallen, die bspw. durch Einfrieren länger haltbar sind. Diese wöchentlichen Versorgungskäufe wurden zu über 23 % in Verbrauchermärkten oder in Filialen des "Kaufmarkts" mit dem Auto getätigt.

Die funktionale Trennung der Tätigkeiten der einzelnen Haushaltsmitglieder (vgl. Abb. 4, S. 26) ermöglicht der nicht berufstätigen Frau, auf dem Weg zum Kindergarten einen Bäcker aufzusuchen und sich mit frischen Brötchen bzw. einem zweiten Frühstück zu versorgen. Diese Haushaltsgruppe sucht auch samstags den Bäcker noch am häufigsten auf. Das könnte man so erklären, daß am Samstag zum eigentlichen Frühstück frische Brötchen gegessen werden.

Diese Ergebnisse bestätigen, daß für viele Hausfrauen die Wohnung zentraler Standort ist, an dem sie sich die meiste Zeit aufhalten. Die Einteilung ihres Tagesablaufs richten sie in der Regel nach den Zeitplänen anderer Haushaltsmitglieder und den Öffnungszeiten von Schulen und Kindergärten. Um bei gegebenen Raum- und Zeitstrukturen alle Aktionen durchführen zu können, werden Tätigkeiten gekoppelt und Wege kombiniert (*Klingbeil*, 1978, 133).

88 % der Haushalte mit Kleinkindern kauften sonstige Lebensmittel werktags ein, mit einer leichten Bevorzugung des Vormittags. Der Samstag und der Donnerstagabend spielten mit jeweils knapp 6 % eine durchschnittliche Rolle. Der Samstag gewann an Bedeutung für den Getränkeeinkauf, der von dieser Haushaltsgruppe am häufigsten im Fachgeschäft getätigt wurde. Diese Haushalte haben einen insgesamt höheren Bedarf an Getränken. Außerdem ist nur natriumarmes Wasser für die Zubereitung von Säuglingsnahrung zu empfehlen. Dieses qualitativ hochwertige Wasser gibt es in der Regel nicht in Supermärkten.

Knapp 53 % der Haushalte mit Kleinkindern kauften generell in Supermärkten ein. Obwohl das im Vergleich der geringste Wert ist, wird daraus ersichtlich, welche

Bedeutung diese Geschäfte für die Versorgung der Bevölkerung haben. Diese Standorte wurden teilweise auch zu Fuß aufgesucht. Die wöchentliche Einkaufsdauer war mit 4,3 Stunden am höchsten. 63 % der Haushalte benötigten zwischen 3 und 6 Stunden. Die restlichen teilten sich in etwa gleichmäßig auf eine kürzere oder längere Einkaufsdauer auf.

Gut 22 % (36) dieser Haushalte ließen sich Lebensmittel ins Haus liefern. Als Waren wurden zehnmal tiefgefrorene Lebensmittel, neunmal Obst und Gemüse aus ökologischem Anbau und Kartoffeln sowie je achtmal Getränke und Eier genannt. 7 Haushalte gaben an, Obst und Gemüse von dem Demeter-Landgut Hemhofen zu beziehen. 39 bzw. 24 % der Haushalte mit Kleinkindern wünschten sich weitere Lieferungen, wovon 12 bereits beliefert wurden. Letztere führten sechsmal Milch, viermal Brot und Brötchen, dreimal Gemüse und einmal allgemein Lebensmittel an. Der Anteil der belieferten Haushalte mit Kleinkindern lag leicht über dem Durchschnitt von 20 %.

Auffallend war der hohe Anteil derjenigen, die sich ökologische Waren ins Haus liefern ließen. Bei der Ernährung von Kleinkindern wird auf gesunde und möglichst schadstofffreie Lebensmittel großen Wert gelegt. Dieser hohe Qualitätsanspruch zeigt sich bei diesen Haushalten auch in der hohen Bedeutung der Fachgeschäfte für die Lebensmittelversorgung.

Diese Untersuchung bestätigt, daß Hausfrauen mit Kindern und insbesondere Alleinerziehende in größerem Maße Tätigkeiten koppeln und Wege kombinieren. Berücksichtigt man, daß die Einkaufshäufigkeit neben der individuellen Entscheidung, wann wieviel eingekauft wird, maßgeblich auch von dem Vorhandensein von Lebensmittelgeschäften in der Nähe abhängt, läßt das einen Rückschluß auf geringere Entfernungen zwischen Wohnort und Geschäft zu. Haushalte mit Kleinkindern kauften häufiger Lebensmittel ein. Neben dem Anspruch an Frische und Qualität der Waren für die Ernährung der Kinder bedeutet das, daß die Wohnstandorte in der Regel näher zu Lebensmittelgeschäften liegen [54].

Die Ergebnisse zeigen aber weiter, daß Alleinerziehende oder Hausfrauen mit Kindern nicht unzufriedener sind als der Durchschnitt (vgl. Kapitel 7.9.). Nur die

---

54 *Stein* (1991, 146) weist nach, daß die Wohnstandorte Alleinerziehender näher zu Versorgungseinrichtungen liegen. Diese zentraleren Wohnstandorte sind mit Durchschnittsmieten verbunden, die bis zu 33 % über dem Mittel aller Haushalte liegen.

Polarisierung gibt einen Hinweis darauf, daß vermutlich aufgrund des Wohnstandortes und damit der Möglichkeit der kurzfristigen bzw. häufigeren Bedarfsdeckung die Beurteilungen so extrem ausfallen. Eine abgesicherte Aussage für Alleinerziehende war aufgrund der geringen Fallzahl von 14 bezogen auf alle 1.553 Haushalten nicht möglich.

7.8.4. sonstige Haushalte

Die 1.031 sonstigen Haushalte, die nicht in die Gruppen Rentner oder Kleinkinder fallen, hielten das Vorhandensein weiterer Geschäfte und das Einkaufen auf dem Arbeitsweg für wichtiger als die Erreichbarkeit der Geschäfte mit dem Auto oder das Parkplatzangebot. Rund 30 % der Haushalte dieser Gruppe wohnten in der Innenstadt, was diese Verschiebung der Gründe der Einkaufsstättenwahl erklärt. Damit ist auch die relativ größte Bedeutung der Lebensmittelabteilungen der Warenhäuser und des Obst- und Gemüsefachhandels dieser Haushaltsgruppe zu erklären. Die Einkaufsdauer betrug im Durchschnitt 3,3 Stunden. 50 % benötigten zwischen 3 und 6 Stunden und knapp 39 % weniger als drei Stunden.
Obwohl fast ein Drittel dieser Haushaltsgruppe in der Innenstadt wohnte, wurde am seltensten zu Fuß eingekauft und zwar sowohl insgesamt wie auch Brot und Brötchen oder sonstige Lebensmittel. Der Anteil der Haushalte, die mit dem Fahrrad einkauften, ist mit bis zu 13 % für sonstige Lebensmittel im Vergleich der höchste. Die Einkaufshäufigkeit verschob sich zugunsten des wöchentlichen oder noch selteneren Einkaufs. Im Vergleich traf das auch auf Brot und Brötchen zu, obwohl hier noch mit 48 % der häufigere Einkauf überwog. Die Einkaufszeit wurde zu Lasten des Vormittags (34 %) auf Samstag (12 %), Donnerstagabend (11 %) und den Nachmittag (41 %) verlegt. Die Bedeutung des Dienstleistungsabend sank zwar für Brot und Brötchen auf knapp 8 %, war im Vergleich aber immer noch am größten. Sonstige Lebensmittel wurden mit rund 32 % im Vergleich zu den anderen Haushaltsgruppen am seltensten vormittags nachgefragt.

17 % (171) dieser Haushalte ließen sich beliefern und weitere 17 % (174) wünschten eine Belieferung. 26 % (44) der bereits belieferten Haushalte gaben den Wunsch nach weiteren Lieferungen an..

7.8.5. Erwerbstätige Haushalte

In diesem und dem folgenden Kapitel werden die Haushalte in erwerbstätige und nicht-erwerbstätige unterschieden. Die 1.078 Haushalte, in denen mindestens eine Person erwerbstätig war, gewichteten die Gründe für die Einkaufsstättenwahl genauso wie Haushalte mit Kleinkindern. Lediglich die Bedeutung des Einkaufs auf dem Arbeitsweg und in der Nähe des Arbeitsplatzes erreichte mit einem Median von 60 bzw. 40 eine um jeweils 20 Punkte größere Bedeutung. Fachgeschäfte und Verbrauchermärkte wurden von dieser Haushaltsgruppe zur Deckung des gesamten Bedarfs an Lebensmitteln häufiger aufgesucht als von nicht erwerbstätigen Haushalten.
Das vergleichsweise höhere Einkommen wird zum einen dazu eingesetzt, die Mobilität durch das Unterhalten eines eigenen Pkws zu erhöhen. Zum anderen wird der Bedarf nach Lebensmitteln durch qualitativ höherwertige Produkte gedeckt, wenn Fachgeschäfte häufiger aufgesucht werden. Das entspricht *Agergards* (1985, 66) Feststellung, daß mit einem höheren Einkommen die Nachfrage nach qualitativ höherwertigen Produkten zunimmt.
Erwerbstätige Haushalte nutzten den Donnerstagabend und den Samstag zu 11 bzw. 12 % zum Einkaufen im Vergleich zu rund 2 % der nicht-erwerbstätigen. Von allen Haushaltsgruppen ist das der höchste Wert knapp über dem der sonstigen Haushalte. Der Vormittag hatte gegenüber dem Nachmittag geringere Bedeutung, außer für Brot und Brötchen, die auch seltener abends gekauft wurden. Die Einkaufshäufigkeit tendierte zum wöchentlichen und noch selteneren Einkauf. Während sonstige Lebensmittel eher noch seltener eingekauft wurden, entsprach die Einkaufshäufigkeit der Brot und Brötchen in etwa der der nicht erwerbstätigen Haushalte. Die Einkäufe wurden zu je 42 % mit dem Auto oder zu Fuß erledigt. Das Fahrrad spielte mit 12 % eine wichtigere Rolle als die öffentlichen Verkehrsmittel mit nur 4 %. Während bei dem Einkauf

von Brot und Brötchen mit 58 % der Einkauf zu Fuß überwog, wurde hier jedoch am häufigsten auf das Fahrrad mit 12 % zurückgegriffen. Das Auto wurde mit 27 % auch relativ häufig genutzt. Die Bedeutung des Pkws stieg für den Einkauf sonstiger Lebensmittel auf 50 % an.

Erwerbstätige Haushalte haben für den Einkauf ein geringeres Zeitbudget. Sofern keine Arbeitsteilung der einzelnen Haushaltsmitglieder stattfindet, bleiben für die Versorgung nur der Samstag und der Donnerstagabend, um ohne größeren Zeitdruck einzukaufen.

Auch Familien, in denen die funktionale Trennung der einzelnen Tätigkeiten vollzogen wurde, nutzten diese Zeiten für den wöchentlichen Versorgungseinkauf mit dem Auto. Die häufige Nutzung des Fahrrads war ein Hinweis auf die zusätzliche Versorgung im Nahbereich. Diese Einkäufe wurden mehrmals die Woche durchgeführt. Ein weiterer Hinweis auf ein knappes Zeitbudget war das Verschieben der Einkaufszeit zugunsten des Nachmittags. Die durchschnittliche Einkaufsdauer betrug 3,6 Stunden. 54 % benötigten zwischen 3 und 6 Stunden und ein Drittel weniger als drei Stunden in der Woche.

7.8.6. Nicht erwerbstätige Haushalte

Der Einkauf auf dem Arbeitsweg oder in der Nähe des Arbeitsplatzes spielte für die 463 Haushalte ohne erwerbstätige Personen, d.h. v.a. Rentner, Studenten und Arbeitslose, keine Rolle. 65 % dieser Haushaltsgruppe machen Rentner aus. Insgesamt ändert sich aber die Tendenz der Aussagen nicht, wenn man aus dieser Haushaltsgruppe die Rentner herausrechnet. Die Erreichbarkeit mit dem Auto und das Parkplatzangebot verlor an Bedeutung zugunsten weiteren Einzelhandels in der Nähe des Lebensmittelgeschäftes. Das Vorhalten eines Autos ist für den Haushalt mit einer finanziellen Belastung verbunden, die Nicht-Erwerbstätige aufgrund des fehlenden Einkommens oder geringerer Ersatzleistungen nur vereinzelt erbringen können. Erwerbstätige Haushalte sind dagegen in der Regel mit einem Pkw ausgestattet.

Die nicht erwerbstätigen Haushalte bevorzugten eindeutig den Vormittag, um sich zu versorgen. Brot und Brötchen wurden zu 75 % vormittags gekauft, sonstige Lebensmittel zu 66 % und alle Warengruppen insgesamt zu 69 %. Der Nachmittag wurde für 20 bis 28 % der Einkäufe genutzt. Der Samstag und der Donnerstagabend spielten mit zusammen 5 % keine Rolle. Diese Haushalte kauften Lebensmittel zu 57 % zu Fuß ein. Auf die einzelnen Warengruppen bezogen schwankte dieser Wert zwischen 71 % für Brot und Brötchen sowie 50 % für sonstige Lebensmittel. Letztere wurden zu über 12 % auch mit dem Fahrrad eingekauft. Der relativ häufige Rückgriff auf öffentliche Verkehrsmittel ließ sich mit dem hohen Anteil der Rentner erklären.

Im Vergleich zu den erwerbstätigen Haushalten fragten die nicht-erwerbstätigen Lebensmittel häufiger nach. Schloß man die Rentner bei dieser Betrachtung aus, ergab sich eine ähnliche Einkaufshäufigkeit wie die der erwerbstätigen Haushalte. Die Einkaufsdauer lag ebenfalls bei 3,6 Stunden in der Woche, wobei ein Drittel unter 3 Stunden benötigte und 47 % zwischen 3 und 6 Stunden.

Über 62 % dieser Haushalte deckten ihren Bedarf an Lebensmitteln in Supermärkten. Dieser Wert änderte sich nicht durch Ausklammern der Rentner. Auch die Bedeutung des "Condi" als Vertreter dieser Art der "kleineren" Supermärkte behielt ein größeres Gewicht für die Versorgung als für erwerbstätige Haushalte. Unter der Kategorie der Supermärkte sind auch Discounter und Billiganbieter zusammengefaßt. Die größere Preissensibilität dieser Haushaltsgruppe zeigte sich in dem verstärkten Aufsuchen dieser Betriebsformen.

7.9. Zufriedenheit der Verbraucher mit ihrer Lebensmittelversorgung

Zwischen der Zufriedenheit der Haushalte und den Distrikten als Raumeinteilung wurde ein statistischer Zusammenhang von Cramér mit V = 0,22 bei einer Irrtumswahrscheinlichkeit gegen 0 festgestellt. Es bestand kein Zusammenhang zwischen der Wohnstandortlage der Haushalte und damit der Entfernung zu den Nebenzentren und der Zufriedenheit. Vielmehr waren die zufriedenen und unzufriedenen Haushalte gleichmäßig über die einzelnen Untersuchungsgebiete verteilt.

Im ersten Moment verwundert dieses Ergebnis, weil angenommen werden konnte, daß weiter entfernte Haushalte in der Tendenz unzufriedener wären. Es zeigte sich jedoch, daß man unterscheiden muß und nicht vorschnell ein Urteil nur aufgrund des Wohnstandortes abgeben kann. Ein Wechsel der Wohnung wird dann vollzogen, wenn die neue Wohnung Vorteile bietet bspw. eine größere Wohnfläche hat oder der Erwerb von Eigentum damit verbunden ist. Vor allem in Neubaugebieten wie Wetzendorf-Süd im Untersuchungsgebiet Schniegling (vgl. Kap. 7.5.1., S. 158 f) wissen die dort hinziehenden Familien, daß im Nahbereich kein Einzelhandel vorhanden ist. Das wird aber nicht grundsätzlich als störend empfunden. Die Situation ändert sich bei alteingesessenen Familien. Änderungen der Einzelhandelsstruktur, die teilweise, aber nicht zwingend, zu einer Verschlechterung der Versorgung führen können, werden als störend wahrgenommen und führen zu Unzufriedenheit.
Die gleichmäßige Verteilung der zufriedenen und unzufriedenen Haushalte über die Fläche läßt den Rückschluß zu, daß die Versorgungssituation subjektiv sehr unterschiedlich empfunden wird. Um die Gründe für eine Unzufriedenheit zu ermitteln, sollten die Haushalte entsprechende Angaben machen.
In Gebieten ohne Lebensmittelgeschäfte wurde das Fehlen auch als Grund für die Unzufriedenheit genannt. Die Befragten erwähnten hier Wege, Entfernung, Angebot i.S. von Anzahl von Lebensmittelgeschäften. Ebenso wurde das Fehlen einzelner Fachgeschäfte bemängelt. In objektiv gut versorgten Gebieten wurden dagegen Preise, Angebotstiefe und -breite, Qualität, Frische etc. kritisiert.
Die Begründung für die Unzufriedenheit erklärt das subjektive Empfinden der objektiven Versorgungslage in den entsprechenden Gebieten. Man könnte annehmen, daß verstärkt dort unzufriedene Haushalte anzutreffen sind, wo eine Unterversorgung vorliegt. Das trifft in dieser Untersuchung aber nur auf Gebiete außerhalb der Ringstraße zu, die nicht über einen alten Dorfkern verfügen. Beispiele hierfür wären (vgl. Tab. 30) die Distrikte 800 und 801 in Maxfeld sowie 600 bis 622 in Sündersbühl. Daneben spielen aber die soziale Schicht des Haushalts wie in den Distrikten 17 und 18 der Innenstadt oder eine Veränderung bzw. das Verschwinden der bisherigen Lebensmittelgeschäfte wie in Distrikt 82 in Maxfeld eine wichtige Rolle. Für die Gartenstadt ist der Aspekt der beschränkten Auswahlmöglichkeit hervorzuheben. Wenn die dortigen

Verbraucher das nächstgelegene Geschäft nicht aufsuchen wollen, müssen sie deutlich größere Entfernungen zurücklegen. Für bestimmte Warenarten wie Obst und Gemüse oder Wurst und Fleisch läßt sich so eine Unterversorgung ableiten (s. Karte 10 und vgl. Kap. 8.2., S. 251).

Die durchschnittliche Zufriedenheit betrug 2,8 bei einer Standardabweichung von 1,5. Der Median (vgl. Kap. 7.8., S. 221) pro Distrikt lag zwischen den Werten 2 und 3. Extrembewertungen der einzelnen Distrikte wurden nur in der südlichen Innenstadt, St. Lorenz, und Sündersbühl erteilt.

Insgesamt am unzufriedensten war die Bevölkerung in der Gartenstadt mit einer Durchschnittsnote von 3,2, gefolgt von Sündersbühl, der Innenstadt, Schniegling, Maxfeld und Zerzabelshof mit 2,5 und der geringsten Streuung mit 1,3 (vgl. Tab. 30). Die objektive Versorgungssituation der Untersuchungsgebiete ist in Kapitel 7.5.6. beschrieben (s.S. 199).

Tabelle 30: Die Zufriedenheit der Bevölkerung nach Untersuchungsgebieten *

Name	Distrikt	Fallzahl (N =)	Durch-schnitts-note	Standard-abwei-chung	"zufrieden" (Note 1 - 2,4)	"unentschie-den" (Note 2,5 - 3,9)	"unzufrieden" (Note 4,0 - 6)
St. Lorenz	10 - 19	117	3,1	1,5	36 %	27 %	38 %
St. Sebald	60 - 69	252	2,6	1,4	57 %	19 %	24 %
Schnieg-ling	701	33	2,7	1,3	55 %	27 %	18 %
	710, 711	77	2,8	1	42 %	36 %	22 %
Garten-stadt	452	40	3	1,3	45 %	18 %	38 %
	451, 453	81	3,3	1,5	33 %	30 %	37 %
Sünders-bühl	200 - 214	141	2,5	1,2	59 %	23 %	18 %
	600 - 622	106	3,2	1,7	43 %	14 %	43 %
Zerzabels-hof	290 - 292	129	2,7	1,2	50 %	27 %	23 %
	951 - 953	203	2,3	1,1	64 %	23 %	13 %
Maxfeld	82	74	3,1	1,4	32 %	30 %	38 %
	260, 261	128	2,2	1,1	70 %	20 %	10 %
	800, 801	74	2,6	1,4	60 %	18 %	23 %
	830 - 833	77	2,4	1,2	60 %	29 %	12 %

* Rundungsfehler sind möglich

Quelle: Eigene Darstellung

In St. Lorenz liegen die zwei Supermärkte "Aldi" und "Edeka" am östlichen Rand und die Lebensmittelabteilungen der Warenhäuser "Karstadt", "Kaufhof" und "Hertie" im Zentrum (vgl. auch Karte 8). Die Bevölkerung nimmt zum Westen hin zu. Die hohe Unzufriedenheit von 3,1 begründeten die Verbraucher v.a. mit den hohen Preisen in der Innenstadt. Außerdem wären die Auswahl begrenzt und die Entfernungen zu groß. Der Median lag für die Verbraucher aus den südlichen Distrikten 17 und 18 bei der Note 4. Die soziale Schicht des Haushalts spielt für das Empfinden der Versorgungssituation eine erhebliche Rolle. Diese beiden Distrikte weisen eine niedrigere Sozialstruktur als alle anderen Distrikte der Innenstadt auf (*Amt für Stadtforschung und Statistik*, 1/1991, S. 7 f und 12 f). Verbraucher mit niedrigem oder keinem Einkommen sind vermutlich distanz- und preisempfindlicher. Der nächstgelegene Discounter "Lidl" liegt neben dem "Kaufmarkt" am Plärrer. Die Entfernung dorthin empfinden diese Verbraucher aber als zu weit, um mit ihrer Versorgungssituation zufrieden zu sein.

In den südöstlichen Distrikten 15 und 16 lag er bei 3,5 und 1,5, obwohl die Versorgungssituation durch das D-Zentrum Lorenzerstraße objektiv sehr gut ist. Im Distrikt 10, u.a. Standort des "Karstadt", wurde der Median mit 1,75 ermittelt.

Obwohl viele Haushalte aus St. Sebald ebenfalls die Entfernung bemängelten, die aufgrund der Steigung zur Burg, zum Maxfeld und zum Rathenauplatz noch mehr ins Gewicht fällt, waren sie doch deutlich zufriedener, was vermutlich auf die Verteilung der D- und E-Zentren zurückzuführen ist. Im Distrikt 60, Hauptmarkt, lag der Median bei der Note 1.

In Schniegling war die Zufriedenheit im alten Dorfkern etwas geringer als im Wohngebiet Wetzendorf Süd, Distrikt 701. Die Streuung der Noten war in diesem Gebiet am niedrigsten. In der Gartenstadt hatten die unzufriedenen Haushalte den höchsten Anteil (vgl. Tab. 30).

In den großflächigen Untersuchungsgebieten Sündersbühl, Zerzabelshof und Maxfeld zeigte sich, daß die Verbraucher in den Distrikten zufriedener waren, in denen es ein oder mehrere Nebenzentren gab (vgl. Karten 9 bis 11). Die Einkaufsrichtung war zum Großteil auch auf diese Zentren gerichtet. In Sündersbühl ist die Bevölkerung, die außerhalb der Ringstraße wohnte, unzufriedener, weil die beiden nahräumlich bedeutenden Nebenzentren innerhalb der Ringstraße liegen. Die zur Versorgung zurückzulegenden Distanzen sind hier am größten. Der Median für die Distrikte 622 und 621 lag bei den Noten 4,5 und fast 5. Für den Distrikt 214, der zwar innerhalb der Ringstraße, aber dennoch von den umliegenden Zentren am weitesten entfernt war, wurde der Median bei der Note 5 ermittelt.

In Zerzabelshof war es umgekehrt. Das zentrale Nebenzentrum lag im alten Ortsteil Zerzabelshof außerhalb der Ringstraße. Die Bevölkerung, die westlich der Ringstraße wohnte, war mit geringerer Streuung überdurchschnittlich zufrieden, obwohl die Entfernung zum Nebenzentrum vergleichsweise hoch war. Neben der Angebotsvielfalt an Lebensmittelgeschäften ist die gute Erreichbarkeit ausschlaggebend. Die vielen Unterführungen ermöglichen ein vom Straßenverkehr unabhängiges Einkaufen zu Fuß oder mit dem Fahrrad.

Die Unzufriedenheit im Distrikt 82 von Maxfeld ließ sich mit der Schließung der letzten drei Supermärkte stichhaltig begründen. Die Haushalte orientierten sich zum "Minimal" in der Rollnerstraße und zum "Kaufmarkt" in der Sulzbacher Straße (vgl. Karte 14). Diese Entfernungen wurden auch von Rentnern zu Fuß zurückgelegt. Die höchste Zufriedenheit mit einer sehr geringen Streuung war in den Distrikten 260 und 261 vorhanden (vgl. Tab. 23). Die hohe Zahl von Nebenzentren, auch in den angrenzenden Distrikten, dürfte hier ausschlaggebend gewesen sein. Die Bewohner der Distrikte südlich der Bahnlinie waren aufgrund der Entfernungen zu den Nebenzentren am westlichen und östlichen Rand unzufriedener, aber immer noch überdurchschnittlich zufrieden. Die Haushalte nördlich der Bahnlinie waren wegen der nahen Nebenzentren und den Lebensmittelgeschäften entlang der Ziegelsteiner Straße wieder zufriedener. Der Einkauf wurde in der Regel mit dem Auto durchgeführt.

Es ließ sich kein statistischer Zusammenhang zwischen dem Vorhandensein oder der Verfügbarkeit eines Autos und der Zufriedenheit mit der Versorgungssituation belegen. Die Befragten sind jedoch zufriedener, wenn sie zu Fuß oder mit dem Fahrrad einkaufen können (vgl. Tab. 31).

Tabelle 31: Die Zufriedenheit in Bezug zum verwendeten Verkehrsmittel *							
Einkauf der Waren	Verkehrs-mittel	Fallzahl (N =)	Durch-schnitts-note	Standard-abwei-chung	"zufrieden" (Note 1 - 2,4)	"unentschie-den" (Note 2,5 - 3,9)	"unzufrieden" (Note 4,0 - 6)
sonstige Lebens-mittel	zu Fuß	655	2,5	1,3	55 %	24 %	21 %
	Fahrrad	193	2,5	1,3	59 %	21 %	20 %
	Auto	757	2,7	1,3	51 %	24 %	26 %
Brot und Bröt-chen	zu Fuß	1.053	2,6	1,3	54 %	23 %	23 %
	Fahrrad	216	2,5	1,3	60 %	21 %	19 %
	Auto	433	2,8	1,4	49 %	23 %	28 %
* Rundungsfehler sind möglich							
Quelle: Eigene Darstellung							

Die mit dem Fahrrad einkaufenden Verbraucher waren am zufriedensten. Während der Einkauf zu Fuß nur im engeren Nahbereich durchgeführt wird, ermöglicht das Fahrrad, auch größere Distanzen zurückzulegen sowie mehr Waren zu transportieren, die man dann nicht tragen muß, sondern auf dem Gepäckträger oder am Lenker hängend befördern kann. Daneben ist man auch von öffentlichen Verkehrsmitteln unabhängig und muß nicht auf das eigene Auto zurückgreifen, das evtl. nicht immer verfügbar ist. Außerdem besteht für Fahrradfahrer die Möglichkeit, Fußgängerbrücken und -wege zu benutzen, die Distanzen teilweise erheblich verkürzen. Insgesamt wird die individuelle Reichweite bei gleichem Zeitbudget ohne zusätzliche Kosten deutlich erhöht.

Unterscheidet man die Haushalte der Größe nach, so waren die Dreipersonenhaushalte am zufriedensten (vgl. Tab. 32). Bei ihnen erfolgt bereits eine Arbeitsteilung der Haushaltsmitglieder im traditionellen Sinn, d.h. daß die Frau als Hausfrau u.a. die Versorgung des Haushalts mit Lebensmitteln übernimmt. Eine Doppelbelastung in Form von einer außerhäuslichen Erwerbstätigkeit ist dann nicht vorhanden. Allerdings steigt die Belastung bei mehreren Kindern aufgrund der Aufsicht, aber auch durch den größeren Mengenbedarf. Eine Doppelbelastung ist auch bei Singles gegeben, weil hier die Daseinsgrundfunktionen Arbeiten bzw. Ausbildung und das Sich-Versorgen von nur einer Person wahrgenommen werden. Im Vergleich zum Durchschnitt waren sie unzufriedener. Unter Einschränkungen gilt das auch für Zweipersonenhaushalte, wenn beide arbeiten. Es gab 218 Haushalte mit Kindern, davon 14 Alleinerziehende. Auch diese Haushalte waren mit 2,7 durchschnittlich zufrieden mit der gleichen Standardabweichung von 1,4. Nur bei den Alleinerziehenden und den zehn Familien mit vier Kindern erfolgte bei den Angaben eine Polarisierung zu Extremnoten. Sie waren entweder sehr zufrieden oder ganz unzufrieden, wobei insgesamt die zufriedenen Haushalte überwogen.

Tabelle 32: Die Zufriedenheit in Bezug zur Haushaltsgröße *

Haushaltsgröße	Fallzahl (N =)	Durchschnittsnote	Standardabweichung	"zufrieden" (Note 1 - 2,4)	"unentschieden" (Note 2,5 - 3,9)	"unzufrieden" (Note 4,0 - 6)
Single	429	2,8	1,3	49 %	27 %	25 %
2 Personen	659	2,7	1,4	53 %	24 %	23 %
3 Personen	225	2,6	1,3	58 %	17 %	25 %
über 4 Pers	210	2,7	1,4	54 %	21 %	25 %

* Rundungsfehler sind möglich

Quelle: Eigene Darstellung

Es bestand eine statistische Beziehung von Cramér's V = 0,24 und einer Irrtumswahrscheinlichkeit gegen 0 zwischen der Zufriedenheit und dem Alter der Person, die den Fragebogen beantwortet hatte (vgl. Tab. 33). Die 45 bis 65-jährigen sind am zufriedensten, gefolgt von den 25- und den 26 bis 44-jährigen. Das Schlußlicht bildeten die Rentner. Weil aber die Durchschnittsnoten bei praktisch gleicher Streuung in dem engen Bereich zwischen 2,6 und 2,8 lagen und von den "Unentschiedenen" beeinflußt wurden, kann man nicht die Aussage treffen, daß Rentner im Schnitt unzufriedener seien. So sind auch die Unterschiede zwischen der Durchschnittsnote und den Notengruppen zu erklären. Die Ergebnisse für die einzelnen Untersuchungsgebiete zeigte vielmehr, daß der Zusammenhang auf Werte bis (Cramér's V =) 0,7 in der Gartenstadt und Schniegling steigt bei Irrtumswahrscheinlichkeiten unter 5 % bis gegen 0. In der Gartenstadt waren in den Altersklassen bis 44 Jahre doppelt so viele unzufriedene wie zufriedene Haushalte. In der Altersstufe der 45 bis 64-jährigen überwogen die zufriedenen mit über 50 % und bei den Rentnern noch von 20 %. Stellte man die zufriedenen und die unzufriedenen Haushalte nach Altersklassen gegenüber, so dominierten

die zufriedenen der bis 25-jährigen um 57 %, der 26 bis 44-jährigen um 122 %, der 45 bis 64-jährigen um 185 % und der Rentner um 86 %.
Es läßt sich festhalten, daß die Zufriedenheit mit der Lebensmittelversorgung mit Zunahme des Alters stieg. Die Zufriedenheit nahm zwar ab dem Rentenalter wieder ab, war aber immer noch deutlich höher als die der bis 25-jährigen (vgl. Tab. 33). Für das Untersuchungsgebiet Innenstadt konnten keine signifikanten Ergebnisse ermittelt werden.

Tabelle 33: Die Zufriedenheit in Bezug zum Alter der Befragten *

Alter	Fallzahl (N =)	Durch-schnittsnote	Standardab-weichung	"zufrieden" (Note 1 - 2,4)	"unentschieden" (Note 2,5 - 3,9)	"unzufrieden" (Note 4,0 - 6)
über 65	299	2,8	1,4	49 %	26 %	26 %
45 - 65	400	2,6	1,4	61 %	17 %	22 %
26 - 44	630	2,7	1,4	53 %	24 %	24 %
18 - 25	185	2,7	1,3	43 %	29 %	28 %

* Rundungsfehler sind möglich

Quelle: Eigene Darstellung

7.10. Ergänzende Versorgungsmöglichkeiten

7.10.1. Heimlieferung und Lebensmitteleinkaufsservice

Wenn Haushalte sich Waren ins Haus liefern lassen, handelt es sich meistens um die schweren und sperrigen Getränke. Der Verbraucher ist bereit, den Service der Lieferung bis in den Keller bei gleichzeitiger Rücknahme des Lehrguts in Anspruch zu nehmen und zu honorieren. Bei der Belieferung von Tiefkühlwaren fällt für den Haushalt das Risiko des Auf- oder Antauens der Lebensmittel weg. Dadurch, daß die Waren ins Haus gebracht werden, entfällt auch hier der Transport, wobei es sich hier zwar um empfindliche, aber nicht unbedingt schwere und sperrige Lebensmittel handelt. Diesen Lieferservice bieten die Spezialfirmen "bofrost" und "Eismann" an. Getränke und Tiefkühlwaren haben gemeinsam, daß sie ohne Probleme über längere Zeit gelagert werden können. So entfällt für den Haushalt die Gefahr, daß diese Lebens-

mittel verderben. Mögliche Fehlkäufe in Art oder Menge können so über die Zeit ausgeglichen werden. Die Bestellungen erfolgen für beide Warengruppen in der Regel bei Bedarf telefonisch.
Eine Weiterentwicklung des Direktverkaufs praktiziert das Landgut Schloß Hemhofen, das dem Verbraucher ein Abonnement für ökologisch angebaute Erzeugnisse anbietet. Dieser Bauernhof beliefert Haushalte mit Obst und/oder Gemüse sowie Eiern, Brot und Getreide. Der Verbraucher wählt zwischen verschiedenen Sortimentspaketen aus, die dann wöchentlich geliefert werden. Die Kosten für das Abo schwanken zwischen DM 15,-- und DM 39,-- pro Woche, die im Voraus per Lastschrift (nach der ersten Lieferung) vom Konto des Kunden abgebucht werden. Mittlerweile bietet auch die "Gemüse-Kiste" aus Schwabach ein solches Abonnement zu den gleichen Bedingungen für die Nürnberger Haushalte an.
"Essen auf Rädern" ist dagegen ein sozialer Dienst und spielt für die allgemeine Versorgung mit Lebensmitteln keine Rolle.

Der Telefoneinkauf bietet die Möglichkeit, sämtliche Lebensmittel per Katalog telefonisch zu bestellen, die dann zu einer bestimmten Zeit ins Haus geliefert werden. *Freud* untersuchte 1989 anhand von vier Anbietern im Bundesgebiet, ob es sich dabei um eine erfolgversprechende Strategie handelt (*Freud*, 1989, 37 ff). Diese Unternehmen gibt es heute nicht mehr. Die Gewinnschwelle wurde aufgrund eines zu geringen Umsatzes nicht erreicht. Im Durchschnitt setzte sich die Kundschaft zur Hälfte aus Rentnern zusammen, die selten und dann wenig bestellten. Teilweise mußten sie an eine Bestellung telefonisch erinnert werden. Die Zielgruppe der Singles und Haushalte, wo alle Mitglieder erwerbstätig sind, konnte trotz deren knappen Zeitbudgets und Werbemaßnahmen nicht erreicht werden.
In Nürnberg hatten 3 % aller Haushalte den Wunsch geäußert, alle und v.a. schwere Lebensmittel geliefert zu bekommen. Das scheint für einen Einkaufsservice ein zu kleines Marktpotential zu sein, als das sich diese Idee über längere Zeit wirtschaftlich umsetzen ließe. Heimlieferung und Lebensmitteleinkaufs-Service sind derzeit nur in Marktsegmenten vertreten und haben für die Grundversorgung nur ergänzende Bedeutung.

7.10.2. Märkte, Stände und mobile Verkaufsstellen

Die mit Abstand größte Bedeutung hat der Hauptmarkt in der Nürnberger Innenstadt (vgl. Kapitel 7.4.4., S. 145). Dieser Markt ist eine ständige Einrichtung und findet jeden Werktag statt. Bei Veranstaltungen wie dem Christkindlmarkt oder dem Ostermarkt weichen die Stände in die Königstraße Richtung "Karstadt" aus. Es dominieren professionelle Händler, meistens italienischer oder türkischer Herkunft. An bestimmten Tagen sind auch ein oder zwei Stände von Landwirten aus dem Knoblauchsland zu finden, die deutlich billiger als die anderen Stände sind.

Auf dem Koberger Platz in der Nordstadt [55] findet freitags ein Bauernmarkt statt und in Langwasser auf dem Heinrich-Böll-Platz samstags. Seit Sommer 1994 wird in "den Hallen" am Kohlenhof in der Nähe des Rangierbahnhofs freitags und samstags ein Markt abgehalten. Die fest montierten Stände bieten sämtliche Lebensmittel in gehobener bis Demeter-Qualität an. Es gibt Getränke und Wein, Obst und Gemüse, Milch und Käse, Fleisch und Wurst, Brot, Fisch sowie italienische, asiatische und französische Spezialitäten. Das Angebot an Lebensmitteln hat ein sehr hohes Niveau in Bezug auf Qualität, Frische und Preis. Die Einkaufsatmosphäre ist für Nürnberg einmalig und übertrifft noch die Spezialitätenabteilung des "Karstadt". Die Kunden kommen auch aus umliegenden Städten wie Roth oder Fürth, um hier mit dem Auto einzukaufen. Es sind genügend Parkplätze unmittelbar vor den Rampen vorhanden.

Das Angebot der Waren entspricht den geänderten Ansprüchen der Verbraucher nach *Kulke* (1992, 256). Die versteckte Lage "der Hallen" auf dem Gelände des Rangierbahnhofs erschwert das Bewußt-Werden dieses Standortes in der "mental map" des Verbrauchers (*Heuwinkel*, 1981, 35 und *Klingbeil*, 1978, 31f). Wenn die Konsumenten aufmerksam geworden sind und einen Testkauf getätigt haben, kann sich ihr Einkaufsverhalten i.S. von "switch and stay" nach *Golledge* (1970, 420) ändern. Insbesondere wenn sie den dortigen Zusatznutzen wie autogerechte Erreichbarkeit, Einkaufsatmosphäre oder Erlebniseinkauf entsprechenden Wert beimessen, werden sie ihren Bedarf an qualitativ hochwertigen Lebensmitteln und Spezialitäten in "den Hallen" decken.

---

55 Der Koberger Platz liegt im Kreuzungsbereich der Kreul-, Kaulbach-, Friedrich- und Kobergerstraße.

Mehrere Verkaufsstände befinden sich in den B-Zentren Aufseßplatz und Langwasser. Wie auf dem Hauptmarkt bieten fast ausschließlich Händler vorwiegend Obst und Gemüse an. Daneben gibt es einzelne Stände in der Innenstadt vorwiegend an Standorten mit hoher Kundenfrequenz bspw. Königstraße, Ludwigsplatz, Pfannenschmiedgasse oder Färberstraße (vgl. Karte 8). Obwohl die Waren nicht billig sind, nehmen viele Verbraucher das Angebot an. Weitere Standorte von Ständen finden sich dort, wo ein E- oder D-Zentrum eine bestimmte Kundenfrequenz gewährleistet, bspw. am Schillerplatz im Untersuchungsgebiet Maxfeld oder An-der-Werderau. Die ausländischen Unternehmer bevorzugen zunächst eine mobile Verkaufsstelle, die mit einer geringeren Kostenbelastung verbunden ist als ein längerfristiges Mietverhältnis. Falls sich der Standort auf Dauer rentieren sollte und günstiger Mietraum zur Verfügung steht, werden zunehmend auch Ladengeschäfte eingerichtet.

Stände verbessern durch ihr Angebot die objektive Versorgungslage im Nahbereich. Die meisten bieten Obst und Gemüse an. Diese Warengruppe ist in vielen Supermärkten nur in einer stark eingeschränkten Auswahl vorhanden. Mehrere Stände an einem Ort und Märkte vertiefen und verbreitern das Angebot deutlich. Neben Obst und Gemüse werden dann alle Warengruppen von verschiedenen Händlern angeboten, so daß hier eine vollständige Versorgung mit allen frischen Lebensmitteln möglich ist. Das höhere Preisniveau gilt in der Regel für Händler, aber nicht für Stände der Selbsterzeuger.

Verkaufswagen kommen regelmäßig und haben meistens eine feste Route. Das Sortiment umfaßt Gemüse, Obst , Eier, Brot, Käse, Wurst und Fleisch. Darunter gibt es Anbieter, die sich auf ein bestimmtes Sortiment spezialisiert haben wie den sprichwörtlichen Eiermann. Bspw. wird die Gartenstadt von zwei verschiedenen Verkaufswagen aufgesucht, von denen einer hauptsächlich Obst und Gemüse und der andere Wurst und Käse anbietet. Obwohl diese mobilen Verkaufsstellen mehrere Haltepunkte haben, kommen Teile der Kundschaft extra mit dem Fahrrad oder dem Auto angefahren, um sich mit diesen Waren aus teilweise ökologischem Anbau zu versorgen (*Buchner*, 1994, 57).

Landwirte können durch Direktverkauf, mit einem Marktstand oder einer mobilen Verkaufsstelle ihre Erzeugnisse unter Umgehung des Einzelhandels direkt dem Verbraucher anbieten. Diese Verkaufswagen oder Trecker mit Anhänger fahren in die Wohngebiete und bieten saisonell Kartoffeln und Gemüse an. Daß sich der Direktverkauf für die Landwirte zunehmend lohnt,beweisen die dazu notwendigen Gewerbeanmeldungen, die zu der Vielzahl der Obst- und Gemüseläden im städtischen Randbereich geführt haben (vgl. Abb. 11, S. 81). Teilweise wird der Ab-Hof-Verkauf um Getränke oder sonstige Lebensmittel wie nicht selbst angebautes (Öko-) Getreide erweitert.

Für die Verbraucher kann sich die Versorgungssituation durch mobile Verkaufsstellen verbessern. Die landwirtschaftlichen Produkte werden bei den Kunden vor der Haustür verkauft, so daß Einkaufswege und Transportwege wegfallen. Allerdings müssen die Verbraucher wissen, wann der Landwirt bzw. der Verkaufswagen vorbeikommt und dann auch Zuhause sein. Auch mobile Verkaufsstellen können die Grundversorgung nur ergänzen, aber nicht ersetzen.

7.10.3. Food-Coops und Direkteinkauf bei dem Erzeuger

Eine besondere Art der Versorgung mit Lebensmitteln stellen "Food-Coops" dar. Diese Einkaufsgenossenschaften organisieren den Direkteinkauf beim Erzeuger. In Nürnberg gibt es zehn "Food-Coops", deren Namen sich meist auf den Treffpunkt beziehen: Langwasser (Julius-Leber-Str. 35), Nord (Grolandstr. 71), St. Markus (Dianastr. 28), der Kulturladen Nord, der Kulturladen Rothenburger Straße, Kuhweiher (-weg), das KOMM, das Zeltnerschloß, das Bleiweißviertel (Hintere Bleiweißstr. 15) und die Gartenstadt (Regenbogenstr. 37). Die etwa 20 Mitglieder eines "Food-Coops" treffen sich einmal die Woche. Sie geben ihre Bestellungen für das nächste Treffen auf und erhalten die in der vorherigen Woche bestellten Waren. Der rundum wechselnde Fahrdienst bestellt die Waren telefonisch bei den in der Regel nicht weiter als 50 km entfernten ein oder zwei Bauernhöfen mit anerkannt ökologischem Anbau wie Demeter oder Bioland. Die Waren werden unmittelbar vor dem nächsten Treffen abgeholt oder in Ausnahmefällen geliefert. Das Verteilen und Abrechnen übernimmt der ebenfalls rundum wechselnde "Verteildienst". Auf diese Weise erhalten die Mitglieder zum Einkaufspreis Waren aus ökologischem Anbau vorwiegend Obst und Gemüse, Milch sowie Getreide, aber auch Fleisch und Wurst. Die Mitgliedschaft im "Food-Coop" ist kostenlos, abgesehen von einer Einlage zur Vorfinanzierung der Einkäufe in Höhe von DM 20,-- bis 30,--, die bei Austritt zurückerstattet wird.

Nur wenige Haushalte erwähnten bei Heimlieferungen oder in der Warengruppe Obst und Gemüse "Food-Coops". Bedenkt man, daß nur ca. 200 Haushalte in Nürnberg sich über "Food-Coops" mit Lebensmitteln versorgen, ist das Vorhandensein schon weniger Fälle bemerkenswert. Die geringe Zahl der Mitglieder bzw. der "Food-Coops" ist einerseits mit der Unwissenheit über die Existenz dieser Einkaufsgenossenschaften zu erklären, andererseits bedeutet eine Mitgliedschaft ein gewisses Engagement: Neben dem regelmäßigen Treffen zu einer bestimmten Uhrzeit müssen Verpflichtungen in Form der Verteil- oder Fahrdienste übernommen werden.
Bauer Leipold aus Engelthal beliefert den "Food-Coop" im Kulturladen Nord. Außerdem bietet er seine Waren samstags in einem Verkaufswagen u.a. im Steinplattenweg vor der Steiner Schule an.[56]

Vorwiegend in städtischen Randlagen kaufen Verbraucher auch direkt beim Erzeuger ein. Neben den konventionell anbauenden Landwirten im Knoblauchsland erhielt der "Bio-Bauer" Sippel auffallend viele Nennungen, dessen Hof nördlich von Wetzendorf liegt. Außer dem Direktverkauf bietet er seine Waren zweimal die Woche auf dem Hauptmarkt an. Die "Food-Coops" greifen nicht auf Landwirte aus dem Städtedreieck Nürnberg-Fürth-Erlangen zurück, weil sie das Knoblauchsland für ökologischen Anbau als ungeeignet erachten, auch wenn diese Bauernhöfe ein anerkanntes Prädikat vorweisen können.

---

56 In der Innenstadt gab es einen Haushalt, der sich direkt bei dem Bauern Leipold versorgte, weil er aus gesundheitlichen Gründen dazu gezwungen war.

Diese Formen der Versorgung sind mit einem hohen Aufwand verbunden. Es müssen teilweise sehr weite Wege zurückgelegt werden oder bei einem Zusammenschluß zu einem "Food- Coop" entsprechend organisiert werden. Die Vorteile sind Frische, Qualität und der (relativ) niedrige Preis. Ab einer bestimmten Größe wird der Organisationsaufwand so groß, daß sich daraus Einzelhandelsformen wie Naturkostläden entwickeln. Diese Art der Versorgung wird auf besonders engagierte Verbraucher beschränkt bleiben.

8. Schlußfolgerungen

8.1. Ergebnisse der Untersuchung

Die Auswertung der Haushaltsbefragung hat zwischen der Verkehrsmittelwahl, der Einkaufshäufigkeit und der Entfernung zu den Lebensmittelgeschäften Zusammenhänge signifikant herausgearbeitet (vgl. Kap. 7.3., S. 133 ff): Je geringer die zu überwindende Distanz ist, desto öfter wird zu Fuß oder mit dem Fahrrad eingekauft. Wenn ein Auto zum Einkaufen zur Verfügung steht, ist eine Tendenz zum wöchentlichen oder selteneren Einkauf in einem Verbrauchermarkt festzustellen (vgl. Kap. 7.3.2., S. 136). Die Art des aufgesuchten Einzelhandels steht ebenfalls mit der Verkehrsmittelwahl in Beziehung.

Die Zufriedenheit der Haushalte mit der Lebensmittelversorgung hängt mit der Raumeinteilung in Distrikte zusammen (vgl. Kap. 7.9., S. 234). Das läßt einen Rückschluß auf die vorhandenen Lebensmittelgeschäfte zu und widerspricht *Bodenschatzs* (1990, 25) Feststellung, daß es keinen engen Zusammenhang gäbe (vgl. hierzu Kap. 5.1., S. 75 f). Noch deutlicher wird das, wenn man die Standorte des Einzelhandels und die der unzufriedenen Haushalte adressengenau vergleicht. Eine zu weite Entfernung oder das Fehlen jeglichen Geschäfts bemängeln die Befragten in den Gebieten, in denen objektiv auch keine Versorgungsmöglichkeiten bestehen. Qualität, Frische oder ähnliche Anforderungen an das Lebensmittelangebot kritisieren Konsumenten, die objektiv in gut versorgten Gebieten wohnen, aber subjektiv andere oder höhere Anforderungen stellen.

Die Verbraucher werden um so zufriedener, je älter sie werden (vgl. Kap. 7.9., S. 234). Mit zunehmendem Alter steigt die Bedeutung des Vormittags als Einkaufszeit deutlich. Je größer das Zeitbudget ist, desto eher werden die Versorgungstätigkeiten auf den Vormittag verlagert (vgl. Kap. 7.8.6., S. 233).

Die Einkaufszeiten der Haushalte mit Kleinkindern, d.h. Ihr zeitliches Versorgungsverhalten und die Tendenz zur Kopplung von Tätigkeiten, stimmen mit der Struktur eines werktäglichen Aktionsraums einer Hausfrau nach *Ritter* (1991, 58 f) überein (vgl. Abb. 4, S. 26). Die Ergebnisse unterstreichen ferner *Kreths* (1979, 276)

Annahme, daß die Verringerung der Einkaufshäufigkeit als direkte Folge eines knappen Zeitbudgets zu sehen ist.

Die Kundenbefragung im "Kaufmarkt" bestätigte den Zusammenhang zwischen der Verkehrsmittelwahl, der Einkaufshäufigkeit und der Entfernung (vgl. Kap. 6.5., S. 108). Zusätzlich wird die Ausgabenhöhe pro Einkauf geringer, je öfter eingekauft wird, d.h. je geringer die Distanz ist und damit je eher der Verbraucher zu Fuß oder mit dem Fahrrad einkauft.

Die These von *Burgess* (1925, 49), daß Innenstadtzonen in der Regel höhere Geschäftsdichten aufweisen und deshalb besser versorgt sind, bestätigen die Ergebnisse dieser Untersuchung grundsätzlich. Ein verallgemeinernder Rückschluß, daß alle Randgebiete schlechter versorgt seien, ist dagegen nicht haltbar und muß im Einzelfall geprüft werden. Ebenso kann man nicht von einer optimalen objektiven Versorgung der Innenstadt sprechen (vgl. Kapitel 7.4., S. 141, und Kap. 7.5.6., S. 199). Es gibt auch hier kleinräumig besser und schlechter versorgte Gebiete.

Für die näher untersuchten Gebiete hat sich ergeben, daß die Versorgung im Einzugsbereich bei Benutzung von Fahrrädern gewährleistet ist. Aber auch hier müssen die Haushalte in den Randgebieten die größten Entfernungen zurücklegen, um sich zu versorgen, und haben damit einen höheren Beschaffungsaufwand. Je größer die Entfernung zu den einzelnen Lebensmittelgeschäften und je dichter die Besiedelung, desto größer ist bei Fehlen von Geschäften die Nische für einen potentiellen Anbieter (vgl. Kap. 8.2., S. 251).

Bäckereien weisen die geringsten Reichweiten auf, die Einzugsgebiete der Metzgereien und der Obst- und Gemüsegeschäfte sind fast identisch und die der Getränkeläden mit Abstand am größten. Damit ist verbunden, daß Lebensmittelgeschäfte mit einem kleinen Einzugsgebiet eher zu Fuß oder mit dem Fahrrad aufgesucht werden. *Heinritz* (1979b, 107 f) definiert die Reichweite eines zentralen Gutes wie Brötchen oder sonstige Lebensmittel als Grenzwert einer Zeit-Kosten-Mühe-Relation. Dem liegt zugrunde, daß ein Verbraucher nur bis zu einer bestimmten Distanz bereit ist, ein bestimmtes Gut nachzufragen. Das wird u.a. durch das Beispiel der Metzgerei Oechler bestätigt (Kap. 7.5.4., S. 176), die für Brot und Brötchen ein wichtiger Versorgungspunkt ist. Der Verbraucher kauft Waren, die er seltener nachfragt, eher mit dem Auto ein und ist dann auch bereit, größere Distanzen zu überwinden. Zu diesem Ergebnis kommt auch *Kreth* (1979, 277; vgl. Kap. 7.3.2., S. 136). Ansatzpunkt für mögliche Innovationen im Versorgungsbereich aus der Sicht der Aktionsraumforschung ist die Reduzierung der Zeit-Kosten-Mühe-Relation.

Die Versorgungszentren (vgl. Karte 6) befinden sich in Wohngebieten mit der Tendenz zu Lagen an größeren Straßen oder Kreuzungen. Die niederrangigen Zentren haben als direktes Einzugsgebiet primär den zu Fuß erreichbaren Nahbereich. Die höherrangigen, insbesondere die C-Zentren bevorzugen Standorte mit einem optimalen Anschluß an die Verkehrsinfrastruktur, d.h. an der Ringstraße oder den Aus- und Einfallstraßen. Es erfolgt eine Orientierung auf den Einkäufer mit Pkw. Teilweise sind diese Zentren mit einem eigenen U-Bahn-Anschluß an das höchstrangige öffentliche Verkehrsnetz angebunden.

Die Entwicklung des Einzelhandels mit Lebensmitteln in Nürnberg läßt sich trotz der Kritik *Kulkes* (1992, 261) mit *Agergard*s (1970, 61 ff) Theorie der Spiralbewegung erklären (vgl. Kap. 3.1.1., S. 45 ff, und 3.2., S. 49). Die Entwicklung der von Ausländern geführten Obst- und Gemüseläden belegen seine Theorie (vgl. Kap. 7.6.4., S. 214). Der "Kaufmarkt" und spätere "Marktkauf" ist ein weiteres Beispiel dieses Wandlungsprozesses im Sinne der Spiralbewegung (vgl. Kap. 6.3., S. 101).

Die Nachfrage orientiert sich zunehmend wegen der auftretenden Überlastungserscheinungen durch Pkws und der Suburbanisierungsprozesse nicht mehr ausschließlich zum Zentrum hin. Die Einkaufsrichtung ist für Waren des täglichen Bedarfs auf die Nebenzentren gerichtet. Neben den C-Zentren haben v.a. die D-Zentren mit ihren Fachgeschäften große Bedeutung. Für die Angebotsseite ergeben sich in der City Probleme wegen den Flächenkosten durch hohe Mieten bei gleichzeitiger geringer Verfügbarkeit der Flächen und damit der Problematik, moderne Techniken einsetzen zu können. Aufgrund der vorhandenen Einzelhandelsstrukturen in der City befindet sich hier das höchste Kopplungspotential. Gute Entwicklungschancen haben v.a. Fach- und Spezialgeschäfte mit hochwertigem Angebot.

In den cityfernen Nebenzentren können sich in Folge der angestiegenen Bevölkerungsdichte Lebensmittelgeschäfte rechnen und ansiedeln. Die gestiegene Kaufkraft in diesen Gebieten wird aber nicht vollständig dort wirksam, weil die

Verbrauchermärkte in Stadtrandlagen gut zu erreichen sind und die Attrakativität dieser Zentren für Erlebniseinkauf oder gehobene Ansprüche nicht genügt. Die citynahen Nebenzentren werden nach *Kulke* (1992, 255) einen Bedeutungsverlsut erfahren, der v.a. auf den Einwohnerrückgang und damit den Rückgang der lokal wirksamen Nachfrage zurückzuführen sein dürfte. Davon sind insbesondere die niederrangigen E-Zentren betroffen.

Die Haushaltsbefragung ergab, daß für die Versorgung mit Lebensmitteln der öffentliche Nahverkehr mit 4 % bedeutungslos ist. Eine Ausnahme bilden Standorte, die einen eigenen Zugang zur U-Bahn und damit zu dem höchstrangigen öffentlichen Verkehrsmittel haben wie der "Kaufmarkt" am Plärrer oder der "Karstadt" in der Innenstadt. Die Anbindung des Leipziger Platzes an die U-Bahn (vgl. Kap. 7.5.5., S. 191) könnte eine Entwicklung zu einem höherrangigen Nebenzentrum fördern. Die Entstehung eines dritten B-Zentrums wäre an diesem Standort durchaus denkbar.

Der Anteil der Fahrrad-Nutzer liegt im Durchschnitt aller Untersuchungsgebiete bei 11 %. Der Anteil ist in den Gebieten höher, wo das Einkaufen mit dem Fahrrad bestimmte Vorteile hat. Das kann neben dem Nutzen von Abkürzungen das Fahren auf autofreien Wegen sein. Außerdem lassen sich so größere Mengen leichter und bequemer transportieren als wenn man sie zu Fuß tragen müßte.

8.2. Versorgung, Versorgungslücken und Marktnischen

Die Untersuchung unterscheidet zwischen der objektiven und der subjektiven Versorgung (vgl. Kap. 2.4.2., S. 33). Die Standorte der Lebensmittelgeschäfte bestimmen die objektive Versorgung. Neben Standortagglomerationen ist die Erreichbarkeit und damit die Anbindung an das Verkehrsnetz von Bedeutung. Die Leistung des Einzelhandels ist das Vorhalten des Angebots in verbrauchergerechten Sortimentsgrößen (vgl. Abb. 17).

Die Zufriedenheit der Verbraucher bestimmt die Einschätzung der subjektiven Versorgung. Neben der individuellen Wahrnehmung fließen spezifische Eigenheiten des Haushalts bspw. Gebrechlichkeit oder Qualitätsdenken ein. Weitere Einflußfaktoren sind der Standort des Haushalts und damit die Distanzen zu Lebensmittelgeschäften, die Ausstattung wie die Verfügbarkeit eines Pkws oder einer Tiefkühltruhe und das Zeitbudget. Die funktionale Trennung der Tätigkeiten der Angehörigen eines Haushalts vermindert den Zeitdruck für das Versorgen im Vergleich zu Haushalten mit ausschließlich berufstätigen Mitgliedern (vgl. Kap. 7.8.3., S. 228). Der Haushalt übernimmt den Transport durch Benutzung des eigenen Pkws und mit der Tendenz zum wöchentlichen Großeinkauf auch das Lagern der Lebensmittel .

Überträgt man die subjektive Zufriedenheit auf die Kundenstruktur, ließen sich folgende Segmente und damit Zielgruppen ableiten: Neben transportempfindlichen die preisempfindlichen Haushalte, solche, die den Erlebniseinkauf bevorzugen und auf Atmosphäre größeren Wert legen, sog. Vergeßlichkeits-Einkäufer oder Haushalte mit geringem Zeitbudget etc. (vgl. Kap. 8.4., S. 261).

Neben der Ausstattung des Haushalts hat die verkehrstechnische Anbindung sowohl des Haushalts wie auch des Einzelhandels Einfluß auf die Mobilität. Letzteres stellt den Ansatzpunkt für die öffentliche Hand dar, auf die individuelle Mobilität Einfluß zu nehmen und damit Verkehrsströme beeinflussen zu können. Die Verkehrsberuhigungen in Wohngebieten oder die Schleifenlösung in der Innenstadt sind bekannte Beispiele.

Abb. 17: Versorgungsbeziehungen

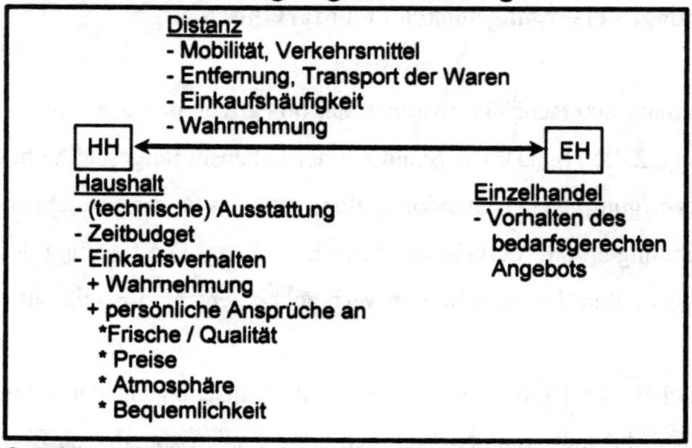

Quelle: Eigene Darstellung

Die Versorgungsbeziehungen zwischen Haushalt und Einzelhandel sowie der zu überwindenden Distanz zwischen ihnen sind in Abbildung 17 dargestellt. Für die Versorgung ist die individuelle Mobilität ausschlaggebend, die die räumliche Trennung der Grundfunktionen ausgleicht. Der öffentliche Nahverkehr wird diesem Anspruch nur begrenzt gerecht, nämlich dann, wenn die Haltepunkte nahe beim Haushalt und beim Einzelhandel sind, ein Umsteigen nicht notwendig oder unproblematisch ist (ohne lange Wartezeiten) und je schneller das Verkehrsmittel ist (U-Bahn). Sonst sind die öffentlichen Verkehrsmittel für den Lebensmitteleinkauf ohne Bedeutung. Ihre Nutzung ist in der Regel mit zusätzlichen Kosten verbunden und nimmt mit zunehmender Entfernung vom Haltepunkt deutlich ab.

Bei Verwendung von Streifenkarten kostet eine Rückfahrt im Kurzstreckenbereich zur Zeit DM 3,40. Mit dieser Fahrkarte kann man bspw. die Nürnberger Innenstadt vom Plärrer am südwestlichen Ende zum Rathenauplatz am nordöstlichen Ende durchqueren. Eine "normale" Rückfahrt im Tarifgebiet 2 kostet mit der Streifenkarte DM 4,60. Dieser Tarifbereich beinhaltet das gesamte U-Bahn- und Straßenbahnnetz von Nürnberg und Fürth. Bei Durchschnittsausgaben von rund DM 100,-- machen die Fahrtkosten etwa 4 % aus. Sie entsprechen in etwa dem Preis eines Brotes oder, je nach Qualität, 2 bis 4 Litern Milch. [57] Im "Kaufmarkt" Plärrer, der am häufigsten mit öffentlichen Verkehrsmitteln aufgesucht wurde, lagen die durchschnittlichen Ausgaben mit DM 103,-- im Vergleich zu den anderen untersuchten Verbrauchermärkten am niedrigsten (vgl. Kap. 6.4., S. 104).

Je höherrangiger ein öffentliches Verkehrsmittel ist, desto größer ist das Einzugsgebiet, aber die geringere Zahl der Haltepunkte führt zu einer größeren Entfernung voneinander. Wenn für einen Haushalt die Nutzung der öffentlichen Verkehrsmittel für das Sich-Versorgen nicht in Frage kommt, so hat er die Möglichkeit zu Fuß, mit dem Fahrrad oder motorisiert, d.h. v.a. mit dem Auto, einzukaufen. Steht der Pkw für den Einkauf nicht (immer) zur Verfügung ist die billigste und einfachste Methode der Überwindung größerer Distanzen, auf das Fahrrad zurückzugreifen. Das Fahrrad ist schneller als zu Fuß, individuell nutz- und einsetzbar, verursacht keine Mehrkosten

---

[57] Wenn die Verbraucher nicht über eine Monatsfahrkarte o.ä. verfügen, sind diese zusätzlichen Ausgaben sehr wohl spürbar. Bei der Benutzung des eigenen Pkw denkt man gewöhnlich nicht daran, daß jede Fahrt auch Geld kostet.

und transportiert mehr Lasten. Die Belastungsgrenze liegt bei einem vollen Getränkekasten. So sind größere Distanzen schneller zu überwinden, ohne die Umwelt mit Abgasen zu belasten. Bei der Diskussion über den ruhenden und fließenden Verkehr wurde bislang dem Fahrrad im Vergleich zum Auto oder den öffentlichen Verkehrsmitteln zu wenig Beachtung geschenkt. Die Verbraucher verwenden dieses Verkehrsmittel deutlich öfter, wenn entsprechende Fahrradwege vorhanden und durch bauliche Abtrennung von der Straße auch sicher sind wie in Zerzabelshof (vgl. 7.5.4, S. 182.).

Es wird immer besser und schlechter versorgte Gebiete geben. Dabei spielt die Entfernung und damit das Einzugsgebiet des Einzelhandels eine maßgebliche Rolle. Der Verfasser vertritt die Ansicht, daß, sobald man Grenzentfernungen normativ festlegt, man Ergebnisse erhält, die nur in diesem festgelegten Fall und dann nur für den Durchschnitt zutreffen (vgl. Kap. 2.4.3., S. 35). Bereits Aussagen über die Versorgungssituation oder -zufriedenheit im Einzelfall sind nicht möglich. Festzuhalten bleibt, daß es Versorgungslücken gibt, die von den Einzelnen unterschiedlich wahr genommen und durch unterschiedlichen Beschaffungsaufwand ausgeglichen werden. Versorgungslücken werden aber nicht nur durch räumliche, sondern auch durch zeitliche Parameter beeinflußt. Diese stehen in Wechselbeziehung zu den jeweiligen Angebotsstrukturen des Einzelhandels (vgl. Abb. 18).

Abb. 18: Versorgungslücken

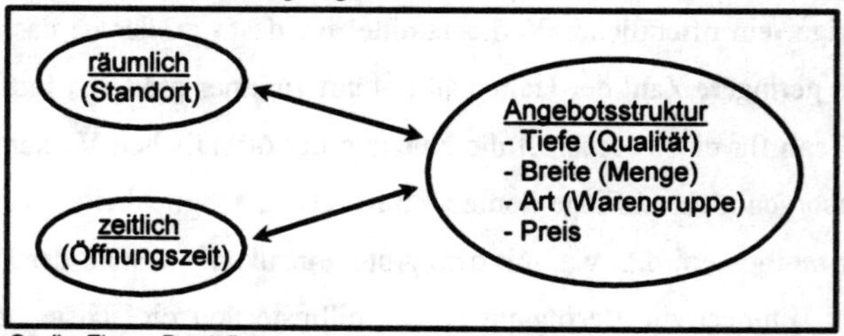

Quelle: Eigene Darstellung

So kann man drei verschiedene Versorgungslücken unterscheiden: Räumliche, zeitliche und solche aufgrund der (fehlenden) Angebotsstruktur des Einzelhandels.[58]

Letztere spiegelt die Kundenstruktur wider und stellt im Sinne von *Agergard et al.* (1970, 57 ff) die internen Parameter dar (s.S. 38), während die zeitliche und räumliche Dimension die externen sind (s.S. 37).

Räumliche Versorgungslücken können durch die gestiegene Mobilität des Verbrauchers ausgeglichen werden. Gleichzeitig stellen sie Angebotsnischen dar, die durch das Eröffnen von Verkaufsstellen in den Wohngebieten ausgeglichen werden könnten. Auch *Kulke* (1994, 194) stellt fest, daß die Veränderungen der Angebots- und Standortstrukturen im Einzelhandel in letzter Zeit zu kleinen Marktnischen führten, die auch genutzt wurden:
Agergard's Beispiel der "bantamstores" (1970, 68) füllten in den USA die räumliche und zeitliche Nische aus, indem sie Standorte in Wohngebieten besetzten bei gleichzeitig längeren Öffnungszeiten aber höherem Preisniveau. *Sieger* (1994, 320) verweist auf das Beispiel der angelsächsischen "convenience-stores", die eine durchschnittliche Umsatzrendite von neun Prozent (!) erzielen sollen und zunehmend auf den europäischen und deutschen Markt drängen. Der Ausdruck "convenience" steht dabei für Bequemlichkeit, Freundlichkeit und Verfügbarkeit. Experten sind der Meinung, daß sie sich zu einem auf den Standort eingestellten Handelstyp mit Markencharakter entwikkeln werden.
In Nürnberg und Erlangen drängt der "Getränke-Terminal" mit Öffnungszeiten von 24 Stunden täglich in die zeitliche Nische (vgl. Kap. 7.6.5., S. 216). In der Innenstadt füllen die Lebensmittelabteilungen der Warenhäuser die räumliche Nische aus. Aufgrund der Innenstadtlage ist das Preisniveau hoch. Dem steht jedoch eine hohe Qualität bei einem breiten und tiefen Angebot gegenüber (vgl. Kap. 7.4.4., S. 145).
Kulke (1994, 184) stellt anhand von Tankstellenshops und Kiosken In Hannover das Besetzen der zeitlichen Nische dar. Sie richten sich auf den Vergeßlichkeitsbedarf aus und haben, ähnlich der "bantamstores", höhere Preise. In diesem Zusammenhang zitiert er *Porter* (1993, 395): "Ein anachronistisches (Ladenschluß-) Gesetz schränkt die Öffnungszeiten der Geschäfte ein" und behindert so die deutsche Wirtschaft. Kioske brauchen sich nicht an die Öffnungszeiten zu halten, wenn sie eine Konzession als

---

[58] Die begriffliche Festlegung der "Versorgungslücke" ist als Nominaldefinition nach *Stegmüller* (1967, 334 f) aufzufassen.

Trinkhalle haben, die unter die Gaststättenverordnung fällt. Sie erfüllen zusätzlich im Nahbereich die soziale Interaktionsfunktion. Neben der zeitlichen füllen Tankstellenshops und Kioske auch eine funktionale Nische aus: Sie übernehmen Artikel in ihr Sortiment, die aufgrund ihrer Umsatzschwäche aus dem Angebot des sonstigen Einzelhandels herausgenommen wurden. Für die Grundversorgung spielen sie aber keine Rolle (*Kulke*, 1994, 186). Während in Hannover und Köln Kioske zunehmend die zeitliche und funktionale Nische ausfüllen, hat diese Entwicklung in Nürnberg noch nicht begonnen.

In dieser Untersuchung wurden räumliche Versorgungslücken nicht nur in städtischen Randgebieten festgestellt. Sie traten aber verstärkt außerhalb der Ringstraße auf bspw. in Maxfeld und Sündersbühl. Ausnahmen wie Schniegling oder Zerzabelshof weisen alte Siedlungsstrukturen mit alteingesessenem Einzelhandel im Dorfkern auf (vgl. Kap. 7.5.6., S. 199). In diesen attraktiven Nebenzentren werden Filialen von Lebensmittelketten oder Verkaufsstellen von Bäckereien eröffnet. Von räumlicher Unterversorgung sind auch die Randgebiete von Stadtteilen betroffen, deren Grenzen geographische Hindernisse und damit "capability constraints" darstellen (vgl. Kap. 2.2.1., S. 16). Das gilt für die Gartenstadt (vgl. Karte 10) wie für die Innenstadt (vgl. Karte 8). Daneben sind Neubaugebiete ohne vorgesehene Flächen für den Einzelhandel gleichfalls unterversorgt wie Wetzendorf-Süd bei Schniegling. Den schlechter versorgten Gebieten stehen Einzelhandelsagglomerationen in Nebenzentren gegenüber (vgl. Kap. 5.4.2., S. 87 f und S. 90).
Zeitliche Versorgungslücken treten bei Haushalten auf, bei denen alle Mitglieder berufstätig sind. Diese Verbraucher tätigen über 20 % ihrer Lebensmitteleinkäufe am Samstag und Donnerstagabend (vgl. Kap. 7.8.5., S. 232 f). Diese Versorgungslücke könnte durch die Erweiterung der Öffnungszeiten oder gänzlicher Abschaffung der gesetzlichen Reglementierungen geschlossen werden.
Versorgungslücken aufgrund der bestehenden Angebotsstruktur gibt es im Prinzip immer, weil man nicht davon ausgehen kann, daß die bestehende Versorgungsstruktur den Ansprüchen aller Verbraucher entspricht. Das trifft insbesondere auf die Sortimentstiefe, -breite und das Preisniveau zu.[59] Ist im Angebot eine bestimmte Ware

kaum oder gar nicht vorhanden, tritt hierfür eine räumliche Versorgungslücke auf. Das ließ sich für Obst und Gemüse feststellen. Diese Marktnische wird zunehmend von ausländisch geführten Obst- und Gemüsegeschäften ausgefüllt (vgl. Kap. 7.6.4., S. 214). So wurden bspw. in der Innenstadt zwei dieser Geschäfte nach der Kartierung im Juli 1994 eröffnet.

8.3. Ansätze der Stadtplanung

Die Stadt prägt die Strukturen des Umfeldes und wirkt so auf *Agergard*'s (1970, 57) externe Faktoren ein. Gleichzeitig kann sie Einfluß auf die Ausprägung der "authority constraints" nehmen (*Hägerstrand,* 1970, 16 und *Klingbeil*, 1978, 54). Möglichkeiten der Einflußnahme bestehen bei der Ansiedlung von Geschäften und deren Erreichbarkeit durch Änderung der verkehrstechnischen Infrastruktur. Neben Straßen sind Fahrradwege und die Anbindung an das öffentliche Verkehrsnetz zu nennen. Außerdem besteht die Möglichkeit durch eine Verlängerung der Ladenöffnungszeiten die zeitliche Beschränkung der Erreichbarkeit von Standorten zu entschärfen. Die Planung von Einzelhandelsbetrieben ist mit einer Vielzahl städtischer Reglementierungen verbunden, die um so stärker sind, je größer das Projekt ist. Diese Gesetzgebungen und Verordnungen stellen Einschränkungen entsprechend der "authority constraints" dar (vgl. Kap. 2.2.1., S. 16).

Die Stadt kann zur Förderung von Nebenzentren Sanierungskonzepte durchführen. Durch die bauliche Aufwertung von Stadtteilen wie in Gleißhammer westlich des Untersuchungsgebiets Zerzabelshof (vgl. Kap. 7.5.4., S. 182) werden diese Standorte für den Einzelhandel sowie für weitere Dienstleistungen interessant, und es können sich E- oder D- Zentren bilden. Gleichzeitig wirkt die Stadt so einer zunehmenden Monostrukturierung entgegen (*Schaffer*, 1978, 166 f).

Generell müßte es mehr Möglichkeiten geben, ebenerdige, straßenseitige Wohnungen in Geschäftslokale zurückzuverwandeln. Das Zurückdrängen des motorisierten

---

59 Oft wurde die Qualität von Wurst und Fleisch bemängelt. Die Verbraucher suchten dann weiter entfernte Metzger auf (vgl. Kap. 7.6.3.). Diese Lücken lassen sich aber nicht kartographisch darstellen.

Individualverkehrs in der Innenstadt erschwert zwar die Erreichbarkeit, erhöht aber insgesamt durch die deutliche Verkehrsentlastung die Attraktivität.[60] Grundsätzlich muß die individuelle Mobilität aber gewährleistet sein.
Der Erlebniseinakuf in der Innenstadt könnte durch das Schaffen oder Zur-Verfügung-Stellen von Räumlichkeiten für einen überdachten Markt ähnlich der "Hallen" gefördert werden. Dieser Markt könnte östlich des "Hauptmarkts" auf dem Hans-Sachs-Platz bspw. in Form einer festen Zeltkonstruktion eingerichtet werden.
Der Einkauf von Familien und Frauen mit Kindern in der Stadt könnte durch eine oder mehrere beaufsichtigte Spielflächen für Kinder attraktiver werden. "Ikea" hat gut Erfahrungen mit Spielecken gemacht. Diese Idee wird mittlerweile auch von Kleidergeschäften wie "K&L Ruppert" in der Innenstadt umgesetzt.
Für einen Vergleich zwischen Städten muß die Art der zugrundeliegenden statistischen Information definiert werden. Um Untersuchungen vergleichen zu können, müssen die entsprechenden Datenbasen angepaßt werden (*Kaiser*, 1988, 39). Die räumliche Einteilung in statistische Einheiten ist für jede Stadt verschieden. Dadurch ist eine direkte Vergleichbarkeit der Daten und Ergebnisse nicht möglich. Die Erhebungsmethoden sind aber im Prinzip gleich: Es werden Interviews durchgeführt, die als Information die Adresse enthalten, unter der die Befragung durchgeführt wurde. Der Verfasser schlägt die Adresse als Basis für innerstädtische und zwischenstädtische vergleichende Untersuchungen vor. Durch das Nicht-Erfassen der Namen könnte dem Datenschutz Rechnung getragen werden. Außerdem würden nur zusammengefaßte Ergebnisse veröffentlicht[61], so daß eine eindeutige Zuordnung nicht mehr möglich wäre. Sobald bei Auswertungen diese vorhandene standortbezogene Information in eine flächenbezogene Determinante einfließt bspw. in die Versorgungszufriedenheit pro Distrikt geht die Vergleichbarkeit zu anderen Städten, die andere Raumeinheiten verwenden, verloren, und es sind keine Aussagen ohne Bezug zu dieser statistischen Raumeinteilung mehr möglich. Wie diese Untersuchung belegt, ermöglicht die adressengenaue Auswertung Zusammenhänge zwischen innerstädtischen

---

[60] In diesem Zusammenhang spricht *Topp* (1989, 332) von "verträglichem Autoverkehr".

[61] Eine Veröffentlichung von adressengenauen Auswertungen bei Datensätzen mit einer fünfstelligen oder noch größeren Fallzahl wäre viel zu umfangreich und unübersichtlich.

Versorgungszentren einerseits und dem Verbraucherverhalten andererseits festzustellen. Mit der Angabe des verwendeten Verkehrsmittels sind Aussagen über die Entstehung des Versorgungsverkehrs möglich. Die Berücksichtigung des Einkaufstages und der Einkaufszeit ließe ein weiteres Spezifizieren zu. Diese Informationen könnte sich die City-Logistik zu Nutze machen (vgl. Kap. 3.4., S. 59).
Der Verfasser schlägt die in Abbildung 19 dargestellten Fragen vor, um die subjektive Versorgung zu erfassen und mögliche Versorgungslücken festzustellen. Um noch detailliertere Informationen zu erhalten, kann man die Fragen zusätzlich nach allen oder einzelnen Warengruppen wie Brot und Brötchen und sonstigen Lebensmitteln abstufen. In dieser Untersuchung hat sich trotz der Schwierigkeiten der Auswertung die Angabe von je zwei Geschäften pro Warengruppe bewährt. Weil der Umfang der Fragebögen in der Regel beschränkt ist und noch weitere Aspekte erfaßt werden sollen, könnte man sich auf den vorgestellten Fragenkatalog (vgl. Abb. 19) beschränken, um ähnliche Aussagen zur Versorgungssituation wie in dieser Arbeit treffen zu können.

Die objektive Versorgung erhält man aufgrund einer Kartierung des gesamten Stadtgebietes. Informationen von dem Gewerbeamt oder der Industrie- und Handelskammer sind wegen Unvollständigkeit und fehlender Aktualität nicht zu empfehlen. Wenn Kartierungen in regelmäßigen Zeitabständen durchgeführt werden, erhält man die Veränderungen der Einzelhandelsstrukturen und kann die räumlichen Veränderungen als Entwicklungsprozeß darstellen. Auf dieser Grundlage können ein Markt- und Zentrenkonzept sowie eine innerstädtische Zentrenhierarchie entwickelt werden, die den Rahmen für die städteplanerischen Entscheidungen und deren Reihenfolge bilden können (vgl. Kap. 5.4.2., S. 87).
Wenn die Standorte der Lebensmittelgeschäfte mit Adresse und Namen erfaßt werden würden, könnte man über die entsprechenden Angaben der Verbraucher die individuellen Versorgungsmuster den objektiven Versorgungsstandorten zuordnen und so definitive Informationen zu Einkaufsrichtungen und -entfernungen erhalten. Die namentliche Erfassung der Geschäfte dürfte unproblematisch sein, weil sie ohnehin für die Öffentlichkeit zugänglich sind und in diesem Sinne keine zu schützende Privatsphäre besitzen.

Abb. 19: Vorschlag eines Fragebogens zur Erfassung der subjektiven Versorgungssituation

1.) Wie zufrieden sind Sie mit Ihrer Versorgung (mit Lebensmitteln)?
- o Notenangabe (in Anlehnung an das Schulsystem)

2.) Welche Gründe gibt es für eine Unzufriedenheit?
- o kein Geschäft in der Nähe
- o zu wenig Geschäfte in der Nähe
- o Entfernung zu den Geschäften ist zu groß
- o schlechte Qualität / Sortiment
- o hohe Preise

3.1.) Wenn Sie in einem Fachgeschäft einkaufen, geben Sie bitte Namen und Adresse an:

Wo kaufen sie ein?	Einkaufshäufigkeit?	Einkaufszeit?	benutztes Verkehrsmittel?
Name/Adresse	o öfters	o bis 12 Uhr	o zu Fuß
o	o wöchentlich	o 12 bis 18 Uhr	o Fahrrad
	o seltener	o Do. Abend	o Auto
		o samstags	o ÖPNV

3.2.) Wenn Sie in einem Supermarkt einkaufen, geben Sie bitte Namen und Adresse an:

Name/Adresse	Einkaufshäufigkeit?	Einkaufszeit?	benutztes Verkehrsmittel?
o	o öfters	o bis 12 Uhr	o zu Fuß
	o wöchentlich	o 12 bis 18 Uhr	o Fahrrad
	o seltener	o Do. Abend	o Auto
		o samstags	o ÖPNV

3.3.) Wenn Sie in einem Verbrauchermarkt einkaufen, geben Sie bitte Namen und Adresse an:

Wo kaufen sie ein?	Einkaufshäufigkeit?	Einkaufszeit?	benutztes Verkehrsmittel?
Name/Adresse	o öfters	o bis 12 Uhr	o zu Fuß
o	o wöchentlich	o 12 bis 18 Uhr	o Fahrrad
	o seltener	o Do. Abend	o Auto
		o samstags	o ÖPNV

4.) Wie oft greifen Sie auf ein Auto (für den Lebensmittel-) Einkauf zurück?
- o öfters
- o wöchentlich
- o seltener

Mehrfachantworten sind für Frage 3 möglich.

Quelle: Eigene Darstellung

Die Aktionsraumforschung liefert Informationen, die vielfältig in der Landes-, Regional-, Stadt- und Verkehrsplanung Verwendung finden können. Sie erfaßt das raumbezogene Verhalten der Bewohner bestimmter Gebiete, d.h. in welcher Form die Bewohner eines Gebietes Gelegenheiten in Anspruch nehmen und wohin sie sich mit welchen Aktivitäten orientieren. So kann sie bspw. die tageszeitliche Nutzung und die Einzugsbereiche von bestehenden Infrastruktureinrichtungen und damit deren Wirkungsgrad ermitteln. So könnten die Auswirkungen von Öffnungszeiten auf die Benutzungsmöglichkeiten bestimmter Personen oder Gruppen sowie bezüglich der Möglichkeiten der Aktivitätskopplung etc. untersucht werden. Dadurch sind wiederum Aussagen über den zu erwartenden Auslastungsgrad geplanter Einrichtungen möglich, weil auch Nebenfolgen der Infrastrukturanlagen, wie z.B. Veränderungen bei Aktivitäten und Aktionsräumen der Bewohner des Gebietes, einbezogen werden. Mit Hilfe der Aktionsraumanalyse kann eine mehr auf die Bedürfnisse der Bevölkerung als an Richtwerten orientierte Planung erfolgen.
Obwohl die Aktionsraumstudien i.d.R. auf städtische Gebiete konzentriert sind, sind die Methoden der Aktionsraumforschung auch auf den ländlichen Raum übertragbar, um bspw. "Defizite in der infrastrukturellen Ausstattung ländlicher Räume und deren Folgen für das Verhalten der Bewohner zu ermitteln" (*Dangschat et al.*, 1980, 10 f).

8.4. Entwicklung des Lebensmittel-Einzelhandels

Der Lebensmittelmarkt stagniert seit Jahren (vgl. Kap. 4.1., S. 65). Bei der Versorgung lassen sich heute folgende Verhaltenssegmente erkennen:

- Der anonyme wöchentliche Versorgungseinkauf in wenigen großflächigen Verbrauchermärkten wird seine Bedeutung auf längere Sicht beibehalten.
- Der Erlebniseinkauf mit hohem Qualitäts-, Frische- und Preisniveau, z.B. "Karstadt" und die "Hallen", wird mit der Tendenz zu mehr Atmosphäre zunehmend beliebter. Märkte bieten neben der Versorgung die Erlebnis- und soziale Interaktionsfunktion bei einem breiten und tiefen Sortiment aber niedrigerem Preis, insbesondere dann, wenn der Erzeuger selbst seine Waren anbietet.

- Billiganbieter für sonstige Lebensmittel werden mit der Zielgruppe der Preissensiblen ihre Marktstellung halten.
- Der Fachhandel ist mit einem breiten und tiefen Angebot zu einem vergleichsweise höheren Preis im Nahbereich der Wohngebiete, v.a. D- und E-Zentren, ansässig. Manche Nebenzentren erlangen erst durch solche Einzelstandorte eine größere Attraktivität. Sie werden für die nahräumliche Versorgung wichtig bleiben.
- Verkaufsstellen der filialisierten Fachgeschäfte besetzen "teure" Standorte in der Innenstadt und zunehmend auch in niederrangigen Nebenzentren. Die Filialisierung wird in allen Warengruppen weiter voranschreiten.
- Die Direktvermarktung der Erzeuger wird weiter Bestand haben, weil sich dadurch die Gewinnsituation der Landwirte verbessert. Ihre Bedeutung wird aber nicht zunehmen.
- Die Ausdünnung der Standorte der Supermärkte scheint abgeschlossen zu sein und könnte in etwa auf diesem Niveau bleiben, wenn keine verdrängenden Innovationen im Einzelhandel mit Lebensmitteln Fuß fassen (siehe unten).
- Der Einkaufsservice wird derzeit nur von Verbrauchern wahrgenommen, die die eigene Versorgung nicht mehr übernehmen können oder wollen. Neben den beschriebenen fehlgeschlagenen Ansätzen als selbständige Einrichtung hat sich der Lieferdienst des stationären Einzelhandels ab einer bestimmten Kaufsumme als zusätzliche Leistung herausgebildet, die v.a. in vom Eigentümer selbst geführten Geschäften angeboten wird.

In Zukunft wird sich eine zunehmende Ausrichtung auf zeitliche, räumliche und auf das Sortiment bezogene Marktnischen vollziehen. Dieser Trend wird durch die soziodemographischen Veränderungen verstärkt: Zum einen wird es relativ mehr Rentner geben, die im Vergleich zu früher mobiler sind. Immer mehr Rentner verfügen über einen Führerschein und ein Auto. Insgesamt wird die Mobilität aller Haushalte zunehmen (*Kulke*, 1992, 244 ff und *Tietz*/ *Rothhaar*, 1991, 120 ff). Weiterhin ist ein Trend zu kleineren Haushalten festzustellen. Dabei handelt es sich zum einen um "jüngere Singles", Haushalte ohne Kinder und um Rentner (*Kulke*, 1992, 244 ff). Die

Akzeptanz von Computern wird weiter zunehmen, d.h. es werden auch immer mehr Haushalte mit einem PC ausgestattet und in der Lage sein, über Netze mit anderen Systemen zu kommunizieren.[62] In der Tendenz werden eher jüngere Haushalte den Computer zu Hause zur Unterstützung der Haushaltsführung benutzen. Durch die Vernetzung könnte der Warenfluß bis zum Endverbraucher und der Informationsfluß entgegengesetzt zur Wertschöpfungskette bis zum Erzeuger erfaßt werden. Das würde die integrierte Betrachtungsweise der gesamten Wertschöpfungskette ermöglichen, wie sie von der Logistik eingefordert wird (vgl. Kap. 3.4., S. 56) und könnte durch die optimierende Steuerung der Flüsse zu teilweise erheblichen Kostenersparnissen führen. Der Einzelhandel könnte durch eine Kundensegmentierung auf diese Änderungen der Rahmenbedingungen reagieren und zielgruppenbezogen Waren des täglichen Bedarfs anbieten.

Eine zielgruppenbezogene Verkaufsstrategie wurde, wenn auch unbewußt, von den durch Ausländern geführten Obst- und Gemüseläden verfolgt, die ihr Angebot auf die speziellen Bedürfnisse ihrer Landsleute ausrichteten. Die Orientierung auf eine Zielgruppe hebt sie von den herkömmlichen Geschäften ab, obwohl sie, allgemein betrachtet, die Angebotsnische der Warenart Obst und Gemüse ausfüllen. Man könnte sie als Vorboten dieser neuen Absatzpolitik betrachten. Im Sinne von *Agergard* befindet man sich demnach auf einer neuen Spiralebene.

8.5. Beispiel einer möglichen Innovation

Die Idee des Einkaufsservice erfolgte zu einem falschen Zeitpunkt und die Umsetzung war zu konventionell (vgl. Kap. 7.10.1., S. 241). Das Hauptprodukt war zwar der Service, die Technologie der Zusammenstellung des bestellten Warenkorbs entsprach aber dem Supermarktprinzip: Die Waren wurden in einem Korb per Hand zusammengestellt und dann ausgeliefert. Der Service erhöhte den Preis für den gesamten Warenkorb, so daß ein Preiswettbewerb gegenüber einem Supermarkt unmöglich war. Das einzige Argument für die Inanspruchnahme des Einkaufsservice stellte die

62 Auch die Kommunikation ist eine Grunddaseinsfunktion und kann bspw. Verkehr, hier: den Einkaufsverkehr, substituieren (*Partzsch*, 1970, 428 und vgl. Abb. 5, S. 37).

individuelle Bequemlichkeit dar. Es erfolgte keine Steigerung der Leistungsfähigkeit (vgl. Abb. 9, S. 55).

Das Prinzip des Einkaufsservice würde sich dann durchsetzen, wenn der Preis für einen Warenkorb niedriger ist als in einem Super- oder Verbrauchermarkt. Die Leistungsfähigkeit der neuen Betriebsform würde damit zum Ansatzpunkt.

Der traditionelle Einzelhandel mit Lebensmitteln hält ein Angebot an Waren vor, das die Kunden in den Geschäftsräumen anschauen, begreifen und auswählen können. Insbesondere sonstige Lebensmittel werden über ein Filialnetz vertrieben. Der Kostenaufwand ergibt sich aus dem Vorhalten des Angebots, den Standorten selbst und dem Personal und bestimmt letztlich die Verkaufspreise der Lebensmittel. Die Reduzierung der Anzahl der Standorte und des Personals bei gleichzeitiger Vergrößerung der Verkaufsfläche und Verlagerung der Filialen in billigere Stadtrandlagen führte zu den Verbrauchermärkten (vgl. Abb. 9, S. 55). Die Kostenvorteile spiegeln sich in billigeren Preisen wider und verhalfen dieser Angebotsform zu der heutigen Bedeutung. Die Verbraucher erbringen selbst die Leistung der Zusammenstellung des Warenkorbes, des Transports und der Lagerung der Waren. Außerdem müssen sie in der Regel größere Distanzen überwinden, um einen Verbrauchermarkt aufzusuchen.

Eine Betriebsform, die die Kostenvorteile des großflächigen Einzelhandels mit denen von Nachbarschaftsläden verbindet, könnte so aussehen, daß es in Wohngebieten kleine Verkaufsstellen gäbe. Die dort ausliegenden Waren würden in erster Linie als Muster dienen, aber auch einen gewissen Vergeßlichkeitsbedarf decken. Die Verbraucher könnten in diesen Geschäftsräumen die Waren sehen, begreifen und aussuchen. Der Verkäufer würde als Berater auftreten und als direkter Ansprechpartner die soziale Funktion erfüllen. Die Konsumenten würden dem Verkäufer ihre Einkaufswünsche mitteilen. Diese würden in ein DV-System eingegeben und direkt zu einem großflächigen Kommissionierzentrum außerhalb der Stadt [63] weitergeleitet werden. Die Zusammenstellung der einzelnen Warenkörbe könnte über ein Warenerkennungssystem mit Strichkodierung vollautomatisiert erfolgen. Diese Materialflußtechnologie findet bereits für die spezifische Beschickung der einzelnen Filialen der Lebensmittelketten Anwendung (*Dinter*, 1993, 35). Die fertigen Warenkörbe würden direkt zum Haushalt

---

63 Ein solches Distributionssystem würde dem Konzept der City-Logistik entsprechen (vgl. Kap. 3.4., S. 56)

geliefert werden. Individuelle Wünsche des Zeitpunkts der Belieferung könnten in der Tourenplanung berücksichtigt werden. Die Weiterentwicklung könnte die Direkteingabe der Einkaufswünsche in das DV-System durch die Kunden in den Verkaufsräumen oder später zu Hause über den Computer sein. Die höhere Leistungsfähigkeit dieser Betriebsform[64] entspräche dem Verlauf der nächsten S-Kurve (vgl. Abb. 9, S. 55) und *Agergards* Spiraltheorie. Dieses Konzept wäre gleichzeitig die Umsetzung der logistischen Betrachtungsweise der Wertschöpfungskette bis zum Verbraucher. Zielgruppe wären die distanzempfindlichen Haushalte und Vergeßlichkeitskäufer sowie jüngere Haushalte mit knappem Zeitbudget, die immer öfter mit einem eigenen Computer ausgestattet sind (vgl. Kap. 8.2., S. 251).

64 In der Wirtschaft gibt es das bekannte Beispiel der privaten Paketdienste, die durch die konsequente Anwendung der Logistik und der "hub-and-spoke" (Nabe/Speiche-) Organisation des Vertriebsnetzes deutlich leistungsfähiger und damit kostengünstiger sind als die traditionelle Paketpost (*Klaus*, 1987, 32 f). Vorreiter war UPS (united parcel service) in den USA.

LITERATURVERZEICHNIS

Agergard, E.; Olsen, P. A. und Allpass, J.: Die Beziehungen zwischen Einzelhandel und städtischer Raumstruktur: Die Theorie der Spiralbewegung (1970). In: *Heinritz, Günter* (Hrsg.): Standorte und Einzugsbereiche tertiärer Einrichtungen. Beiträge zu einer Geographie des tertiären Sektors. Darmstadt, 1985, S. 55 - 85 (ursprünglich erschienen: The Interaction between Retailing and the Urban Centre Structure: A Theory of Spiral Movement. In: Environment and Planning, Vol. 2, 1970, S. 55 - 71)

Alles, Roland: Die Verlagerung der Einzelhandelsnachfrage im Einzugsbereich von Verbrauchermärkten. In: Archiv für Kommunalwissenschaften, 23. Jg. Stuttgart 1984, S. 67 - 81

Alles, Roland und *Sautter, Heinz*: Auswirkungen von Verbrauchermärkten. In: Raumforschung und Raumordnung (Hrsg.). Bundesanstalt für Landeskunde und Raumordnung. Bonn - Bad Godesberg. Akademie für Raumforschung und Landesplanung, 42. Jg., Heft 1, Hannover 1984, S. 34 - 37

Allgemeine Handelsgesellschaft der Verbraucher AG, AVA, GB: Geschäftsberichte der Allgemeinen Handelsgesellschaft der Verbraucher AG, AVA, Bielefeld, 1989

Allgemeine Handelsgesellschaft der Verbraucher AG, AVA, GB: Geschäftsberichte der Allgemeinen Handelsgesellschaft der Verbraucher AG, AVA, Bielefeld, 1990

Allgemeine Handelsgesellschaft der Verbraucher AG, AVA, GB: Geschäftsberichte der Allgemeinen Handelsgesellschaft der Verbraucher AG, AVA, Bielefeld, 1991

Allgemeine Handelsgesellschaft der Verbraucher AG, AVA, GB: Geschäftsberichte der Allgemeinen Handelsgesellschaft der Verbraucher AG, AVA, Bielefeld, 1992

Allgemeine Handelsgesellschaft der Verbraucher AG, AVA, GB: Geschäftsberichte der Allgemeinen Handelsgesellschaft der Verbraucher AG, AVA, Bielefeld, 1993

Amt für Stadtforschung und Statistik: Statistische Nachrichten 1/1991. Beitrag: Räumliche Gliederung Nürnbergs nach sozialstrukturellen Merkmalen

Amt für Stadtforschung und Statistik der Stadt Nürnberg (Hrsg.): Statistischer Monatsbericht für September 1988

Amt für Stadtforschung und Statistik der Stadt Nürnberg: Wohnungs- und Haushaltsbefragung 1993, eigene Auswertung des Datensatzes

Apel, Dieter und Ernst, Klaus: Stadtverkehrsplanung. Teil 1: Mobilität - Grunddaten zur Entwicklung des städtischen Personenverkehrs. Berlin 1980

BBE Bayern Unternehmensberatung für den bayerischen Handel GmbH München: Analyse über die Veränderung des Verbraucherverhaltens beim Einkauf in der Nürnberger Innenstadt, 1993; *Landesverband des Bayerischen Einzelhandels* (LBE) (Auftraggeber)

BddW, Blick durch die Wirtschaft, 7.12.1994, S. 7: Kaufhäuser arbeiten beim Versand zusammen. Pilotprojekt in Nürnberg - Gemeinsame Auslieferung spart Kosten

BddW, Blick durch die Wirtschaft: "Unternehmensmeldungen", 7.12.1994, S. 8

BddW, Blick durch die Wirtschaft: "Wirtschft", 8.12.1994, S. 1

BddW, Blick durch die Wirtschaft: "Unternehmensmeldungen", 8.12.1994, S. 8

BddW, Blick durch die Wirtschaft: "Wirtschaft", 27.2.1995, S. 1

Berekoven, Ludwig: Geschichte des deutschen Einzelhandels. 4. Aufl., Frankfurt a.M., 1988

Berekoven, Ludwig: Erfolgreiches Einzelhandelsmarketing. Grundlagen und Entscheidungshilfen. München 1990

Boesch, Martin: Intraurbane Zentralitätsforschung und Stadtplanung. In: Berichte zur Raumforschung und Raumplanung 79, 1979, Heft 1, S. 28 - 36

Borcherdt, C. und Schneider, H.: Innerstädtische Geschäftszentren in Stuttgart. In: Stuttgarter Geographische Studien 90, 1976, S. 1 - 38

Brandenburg, Horst: Standorte von Shopping-Centern und Verbrauchermärkten im Kölner Raum. Entwicklung und Auswirkungen auf das Einzelhandelsgefüge. Göttingen, 1985

Buch, B.; Ehm, H.; Jeschonnek, H.; Mrozek, Th. und *Petry, U.*: Der Lebensmittel - Einzelhandel im Spannungsfeld zwischen Versorgungsaufgabe und Wirtschaftlichkeit. Projektseminarsarbeit am Lehrstuhl Wirtschaftsgeographie und Regionalplanung an der Universität Bayreuth, Bayreuth 1985

Bugmann, Erich: Zur Problematik der intraurbanen Subzentrenforschung. In: Geographica Helvetica, 1980, Nr. 2, S. 49 - 58

Bundesministerium für Wirtschaft: Begriffsdefinitionen aus der Handels- und Absatzwirtschaft, Katalog E, Bonn, S. 24 - 33

Burgess, E. W.: The Growth of the City. The City. Chicago 1925

Carlstein, Tommy: Time Resources, Society and Ecology. In: Lund Studies in Geography, Ser. B. No. 49, 1982, S. 41

Centonze, E.: Die Versorgungsstruktur des Einzelhandels in regionaler Sicht. Bern, Stuttgart, 1978

Chapin, F. S. Jr.: Activity System and Urban Structure - A Working Schema. In: Journal of the Amer. Institute of Planners, Jg. 34, 1968, S. 11 - 18

Clar, Michael; Friedrichs, Jürgen und *Hempel, Wolfgang*: Zeitbudget und Aktionsräume von Stadtbewohnern. In: Beiträge zur Stadtforschung, Bd. 7, Hamburg, 1979

Cullen, Ian: Applied urban analysis, 1. Cities and towns. London, New York 1984

Cullen, I. und Godson, V.: Urban Networks: The Structure of Activity Patterns. In: Progress in Planning, Vol. 4, 1975, Groß-Britannien, S. 1 - 96

Dangschat, Jens; Droth, Wofram; Friedrichs, Jürgen; Heuwinkel, Dirk und *Kiehl, Klaus*: Ergebnisse der Tagung "Aktionsräumliche Forschung - Ergebnisse und Planungsrelevanz". In: Arbeitsmaterialien der Akademie für Raumforschung und Landesplanung, Nr. 45, Hannover, 1980

Dangschat, Jens; Droth, Wolfram; Friedrichs, Jürgen und *Kiehl, Klaus*: Aktionsräume von Stadtbewohnern. Beiträge zur sozialwissenschaftlichen Forschung, Bd. 36, Opladen 1982

Deutscher Industrie- und Handelstag (DIHT): Konzentration im Zwielicht, Bonn, 1987

Deutscher Städtetag (DST): Größenordnung und Ausstattung von Zentren. In: Reihe E, DST-Beiträge zur Stadtentwicklung, Heft 5, Köln 1976

Dichtl, Erwin; Bauer, Hans und Finck, Gerhard: Die Versorgung der Bevölkerung mit Gütern des täglichen Bedarfs - ein meßtheoretischer Problemaufriß. In: *Bratschitsch, R. Heinen, E.*: Absatzwirtschaft - Marketing. Betriebswirtschaftliche Probleme und gesellschaftlicher Bezug. Wien 1978, S. 91 - 112

Diller, Hermann (Hrsg.): Vahlens großes Marketing Lexikon. München, 1992.

Dinter, Harald: 6. Deutscher Materialflußkongreß des VDI am 3. und 4. Mai in Karlsruhe. In: GVB - Informationen. Zeitschrift der Gesellschaft für Verkehrsbetriebswirtschaft und Logistik (GVB) e.V., Jahrgang 17, Nr. 2/3 1993, S. 34 - 36

Drucker, Peter F.: The Age of Discontinuity: Guidelines to our Changing Society. New York, 1968

Dürr, Heiner: Planungsbezogene Aktionsraumforschung - Theoretische Aspekte und eine empirische Pilotstudie. In: Beiträge der Akademie für Raumforschung und Landesplanung, Bd. 34, Hannover 1979

Eidgenössische Volkswirtschaftsdepartement (Hrsg.): Versorgung entwicklungsschwacher Gebiete mit Gütern des täglichen Bedarfs, Bern 1975

Ferschl, Franz: Deskriptive Statistik. Würzburg, Wien 1985

FfH, Forschungsstelle für den Handel (FfH) e.V. (Hrsg.): Die Versorgung mit Lebensmitteln in ländlichen Gebieten der Bundesrepublik Deutschland. Berlin, 1977

FfH, Forschungsstelle für den Handel Berlin (FfH) e.V. (Hrsg.): Der räumliche Aspekt der Verbraucherversorgung. Beiband 2 zu: Die Standortstruktur des Einzelhandels in Berlin (West) und ihre Veränderung - eine Untersuchung zur Versorgung der Bevölkerung bis 1990. Berlin, Dez. 1978

FfH, Forschungsstelle für den Handel Berlin (FfH) e.V.(Hrsg.): Die Versorgung mit Lebensmitteln in städtischen Randlagen. Berlin, April 1980

FfH,Forschungsstelle für den Handel Berlin (FfH) e.V. (Hrsg.): Grundlagenstudie zur Ermittlung eines Versorgungs-Qualitäts-Indikators. Berlin, 1981

FfH, Forschungsstelle für den Handel Berlin (FfH) e.V.(Hrsg.): Funktion und Bedeutung mobiler Verkaufsstellen im Lebensmittelhandel in der Bundesrepublik Deutschland - Wirtschaftspolitische, volkswirtschaftliche und versorgungspolitische Aspekte. Berlin, Sept. 1983

FfH,Forschungsstelle für den Handel Berlin (FfH) e.V. (Hrsg.): Die Versorgung der Bevölkerung mit Einzelhandelsleistungen des täglichen Bedarfs in der Bundesrepublik Deutschland nach Haushaltstypen. Berlin 1985

FfH, Forschungsstelle für den Handel Berlin (FfH) e.V. (Hrsg.): Handelsforschung 1989. Grundsatzfragen. Jahrbuch der Forschungsstelle für den Handel Berlin (FfH) e.V., Berlin 1989

Freud, Siegfried: Telefoneinkauf - Erfolgversprechende Strategie im Lebensmitteleinzelhandel? Nicht veröffentlichte Diplomarbeit der Fachhochschule für Wirtschaft Pforzheim, Pforzheim 1989

Friedrichs, J.: Stadtanalyse. Braunschweig, Opladen, 1980

Gabler Wirtschaftslexikon, 11. Auflage 1983

Gabler Wirtschaftslexikon, 13. Auflage 1993

Geßner, Hans- Jürgen: Der räumliche Aspekt der Verbraucherversorgung. Beiband 2 zu: Die Standortstruktur des Einzelhandels in Berlin (West) und ihre Veränderung - eine Untersuchung zur Versorgung der Bevölkerung bis 1990; *Forschungsstelle für den Handel Berlin (FfH) eV* (Hrsg.), Berlin 1978

Golledge, R. G.: Some equilibrium models of consumer behavior. In: Economic Geography, Vol. 46, 1970, S. 417 - 424

Golledge, Reginald G.: Spatial choice and spatial behavior. Geographic essays on the analysis of preferences and perceptions. Columbus, 1976

Grabow, Busso; Hollbach, Beate und Mittag, Klaus: Kleinräumige Einzelhandelsentwicklung im Städtevergleich. *Deutsches Institut für Urbanistik (difu)* (Hrsg.), Berlin 1990

Grabow, Busso und *Löhr, Rolf-Peter (Hrsg.)*: Einzelhandel und Stadtentwicklung. *Deutsches Institut für Urbanistik (difu)* (Hrsg.), 1991

Hägerstrand, Torsten: What about people in Regional Science. In: Regional Science Assiciation Papers, Vol. 24, 1970

Hägerstrand, Torsten: Space, time and human conditions. In: Dynamic Allocation of Urban Space. Farnborough, Essay House, 1975

Hatzfeld, Ulrich: Flächenproduktivität großflächiger Einzelhandelseinrichtungen. In: *Institut für Landes- und Stadtentwicklung des Landes Nordrhein-Westfalen (ILS)* (Hrsg.): Materialien. Bd 4.307, Dortmund 1984

Hatzfeld, Ulrich: Einzelhandel in Nordrhein-Westfalen. Strukturwandel und seine Bedeutung für die Stadtentwicklung. In: *Institut für Landes- und Stadtentwicklung des Landes Nordrhein-Westfalen (ILS)* (Hrsg.): ILS Schriften. Heft 26, 1. Aufl., Dortmund 1988

Heckl, Franz Xaver: Standorte des Einzelhandels in Bayern. In: Münchner Studien zur Sozial- und Wirtschaftsgeographie, Band 22, Regensburg, 1981

Heimann, Friedrich W. und *Liebert, Bernd*: Auswirkungen großer Verbrauchermärkte. Einflüße auf die Angebots- und Nachfragestruktur im Einzelhandel sowie Folgewirkungen für Raumordnung und Städtebau, dargestellt am Beispiel des Wirtschaftsraumes Nürnberg/Fürth/Erlangen. Institut für Gebietsplanung und Stadtentwicklung GmbH (ingesta), Bundesarbeitsgemeinschaft der Mittel- und Großbetriebe des Einzelhandels e.V. (Hrsg.), Köln 1978

Heineberg, Heinz und Mayr, Alois: Neue Einkaufszentren im Ruhrgebiet. Paderborn, 1986

Heinritz, Günter: Die aktionsräumliche Relevanz der Verhaltensdimension "Besuchsfrequenz". In: Geographische Zeitschrift, 67. Jg., Heft 4, Wiesbaden, 1979 a, S. 314 - 323

Heinritz, Günter: Zentralität und zentrale Orte. Stuttgart, 1979 b

Heinritz, Günter; Kuhn, Walter; Meyer, Günter und *Popp, Herbert*: Verbrauchermärkte im ländlichen Raum. Die Auswirkungen einer Innovation des Einzelhandels auf das Einkaufsverhalten. Münchner Geographische Hefte, Nr. 44, Regensburg 1979

Heuwinkel, Dirk: Aktionsräumliche Analyse und Bewertung von Wohngebieten. Beiträge zur Stadtforschung. Bd. 5, Hamburg 1981

Holzner, Lutz: Stadtland USA. in: Geographische Rundschau 1990, S. 468 - 475

IHK Koblenz: Die Bevölkerungsversorgung in ländlichen Gebieten des Regierungsbezirks Koblenz mit Gütern des täglichen Bedarfs. Koblenz 1973

IHK Reutlingen (Hrsg.): Untersuchung zum Versorgungsgrad der ländlichen Bevölkerung mit Gütern des täglichen Bedarfs im Bezirk der Industrie- und Handelskammer Reutlingen (=Region Neckar-Alb). Reutlingen, 1975

Jaschke, Dieter: Zur Entwicklung monozentrischer Stadtregionen. In: Zeitschrift für Wirtschaftsgeographie, 25. Jg., 1981, S. 129 - 138

Jünemann, Reinhardt: Ganzheitliche Verkehrs-Konzepte lösen Mobilitätsprobleme der Zukunft. In: VDI-Nachrichten, Nr. 1, 6. Januar 1995, S. 12

Kaiser, Klaus: Innerstädtische Gliederungen und kommunale Verwendungen von bundesweiten Raumgliederungen. In: Raumforschung und Raumordnung, 1988, Heft 1-2, S. 39 - 42

Kirby, D.: Convenience Stores. In: *Mctadyen, (ed.)*: The Changing Face of British Retailing. London, 1987, S. 94 - 102

Klaus, Peter: Kooperation zwischen Verladern und Verkehrsbetrieben. In: GVB - Informationen. Zeitschrift der Gesellschaft für Verkehrsbetriebswirtschaft und Logistik (GVB) e.V., Heft 17, Frankfurt 1987, S. 31 - 62

Klaus, Peter: ÖPNV als Bürgerlogistik. In: VDI-Berichte Nr. 915, 1991a, S. 91 - 106

Klaus, Peter: "Was ist Logistik?". In GVB-Informationen, Zeitschrift der Gesellschaft für Verkehrsbetriebswirtschaft und Logistik (GVB) e.V., Jg. 15, 1991b, Nr. 1/2, S. 26 - 28

Klaus, Peter: Betriebswirtschaftliche Logistik. Unveröffentlichtes Vorlesungsskript WS 1991 / 1992. Friedrich-Alexander-Universität Erlangen Nürnberg in Nürnberg.

Klaus, Peter: Logistik in der Stadt - Logistik für die Stadt?. Beitrag für die Logistikbeilage der Deutschen Verkehrszeitung (DVZ) im Oktober 1992

Klein, Kurt E.: Bestimmung und Bewertung von Standorten innerstädtischer Geschäftszentren am Beispiel Regensburg. In: Berichte zur deutschen Landeskunde, Bd. 58, Heft 2, 1984, S. 407 - 438

Klietz, Georg: Thon: Ansturm auf neuen Supermarkt blieb bisher aus. In: Nürnberger Anzeiger, 27.10. - 2.11.1994, S. 1 f

Klingbeil, Detlev: Zur Raumwirksamkeit von Telefonnetzen. In: Beiträge zur Stadtforschung und Stadtentwicklung, Nr. 3, München 1969

Klingbeil, Detlev: Aktionsräume im Verdichtungsraum - Zeitpotentiale und ihre räumliche Nutzung. In: Münchner Geographische Hefte, Nr. 41, 1978

Kluczka, Georg: Zentrale Orte und zentralörtliche Bereiche mittlerer und höherer Stufe in der Bundesrepublik Deutschland. Forschungsberichte zur deutschen Landeskunde, Band 194, Bonn - Bad Godesberg, 1970

Koch, Friedrich: Stadtteilzentren in Augsburg. In: Geographische Rundschau 30, 1978, Heft 5, S. 211 - 217

Kreibich, Volker; Kreibich, Barbara und Ruhl, Gernot: Aktionsraumforschung in der Landes- und Regionalplanung - Entwicklung eines Raum-Zeit-Modells. In: Schriftenreihe Landes- und Stadtentwicklungsforschung des Landes Nordrhein-Westfalen, Bd. 1.041, Dortmund, 1987

Kreth, Rüdiger: Raumzeitliche Aspekte des Einkaufverhaltens. In: Geographische Zeitschrift, Jg. 67, Heft 4, 1979, S. 266 - 281

Kroeber-Riel, Werner: Konsumentenverhalten. München, 1992

Krubasik, Edward G.: Strategische Waffe. in: Wirtschaftswoche Nr. 25, 6/ 1982, S. 28 - 33

Kulke, Elmar: Veränderungen in der Standortstruktur des Einzelhandels untersucht am Beispiel Niedersachsen. Münster, Hamburg, 1992

Kulke, Elmar: "Tante Emma" in neuem Kleid? Zur Funktion von Tankstellenshops und Kiosken im Versorgungsnetz des Einzelhandels. In: Die Erde, 1994 / 3, S. 181 - 196

Lange, Siegfried: Die Verteilung von Geschäftszentren im Verdichtungsraum. Ein Beitrag zur Dynamisierung der Theorie der zentralen Orte. In: Forschungs- und Sitzungsberichte der Akademie für Raumforschung und Landesplanung, 72: Zentralörtliche Funktionen in Verdichtungsräumen, Hannover 1972, S. 7 - 48

Lange, Siegfried: Wachstumstheorie zentralörtlicher Systeme. In: *Ernst, Werner und Thoss, Rainer* (Hrsg.): Beiträge zum Siedlungs- und Wohnungswesen und zur Raumplanung, Bd. 5, Münster, 1973

Maier, Jörg: Einführung in die Sozialgeographie. In: Harms Handbuch der Geographie, Band 2, München 1982, S. 11 - 38

Matschuck, Hans-Joachim und *Vieth, Reinhard*: Die Konzentration im Lebensmittelhandel. Entwicklungen, Ursachen und Folgen. In: *Forschungsstelle für den Handel Berlin (FfH) e.V.* (Hrsg.): Handelsforschung 1989. Grundsatzfragen. Jahrbuch der Forschungsstelle für den Handel Berlin (FfH) e.V., S. 135 - 152

Meyer, Manfred: Operations Research - Systemforschung. 2. überarbeitete Auflage, Stuttgart, 1986

Monheim, H. und Monheim-Dandorfer, R.: Straßen für alle. Analysen und Konzepte zum Straßenverkehr der Zukunft. Hamburg, 1990

Monheim, Rolf: Städtische Verkehrsmobilität: Probleme ihrer Erfassung und Berwertung. In: Geographie als Sozialwissenschaft, Colloquium Geographicum, Bd. 18, Bonn, 1985

Monheim, Rolf: Besucher der Nürnberger Innenstadt - Tätigkeiten, Verkehrsmittelwahl und Einstellungen. Sonderdruck aus *Monheim, Rolf* (Hrsg.): Entwicklung des Verkehrs in Städten der BRD und der DDR und Möglichkeiten zu ihrer Beeinflussung. Arbeitsmaterialien zur Raumordnung und Raumplanung 88, Bayreuth 1991

Nieschlag, Robert; Dichtl, Erwin und *Höschgen, Hans*: Marketing. 14. Aufl. 1985

o.V.: Einkaufsmöglichkeiten und Einkaufsverhalten in Großstädten. In: Wirtschaft und Statistik, 26. Jg., 1974

o.V.: Zur Verleihung des Wirtschaftsnobelpreises an Robert Fogel und Douglass North. In: FAZ vom 13.10.1993, S. 17 f

o.V.: Der Kaufmarkt ist passé. In: *Nürnberger Zeitung,* 18.1.1994, S. 7

Olleros, Francisco-Javier: Emerging Industries and the Burnout of Pioneers. In: Journal of Product Innovation Management 1/1986, S. 5-18

Partzsch, Dieter: Daseinsgrundfunktionen. In: Handwörterbuch der Raumforschung und Raumordnung, Hannover 1970, S. 424 - 430

Pfeiffer, Werner: Probleme kleiner und mittelgroßer Unternehmen im technologischen Trendbruch und staatliche Programme der direkten Technologieförderung. In: Fortschrittliche Betriebsführung und Industrial Engineering, 28. Jg., Heft 1 / 1979, S. 11 - 19

Pfeiffer, W. und Dögl, R.: Das Technologie-Portfolio-Konzept zur Beherrschung der Schnittstelle Technik und Unternehmensstrategie. In: *Hahn, D. und Taylor, B.* (Hrsg): Strategische Unternehmensplanung. Stand und Entwicklungstendenzen, 4. Aufl., Heidelberg, Wien 1986, S. 149-177

Popp, Herbert: Zur Bedeutung des Kopplungsverhaltens bei Einkäufen in Verbrauchermärkten - Aktionsräumliche Aspekte. In: Geographische Zeitschrift, 67. Jahrgang, Heft 4, 1979, Wiesbaden, S. 301 - 313

Porter, M.E.: Nationale Wettbewerbsvorteile. Wien, 1993

Potucek, V: Struturelle Wandlungen im deutschen Lebensmitteleinzelhandel und ihre Auswirkungen auf den Wettbewerb. Berlin, 1987

Pred, Allan R.: Urbanisation, domestic planning problems and Swedish geography research. In: Progress In Geography: International Reviews Of Current Research, Vol. 5, 1973, S. 1 - 76

Ritter, Wigand: Allgemeine Wirtschaftsgeographie. München, Wien, 1991

Rogers, E. M.: Diffusion of innovations. New York, London, 1962

Schaffer, Franz: Wohnstandorte, Mobilität und Stadtentwicklung. In: Geographische Rundschau 30, 1978, Heft 5, S. 162 - 168

Schaffer, Franz: Angewandte Stadtgeographie. Projektstudie Augsburg. In: Forschungen zur deutschen Landeskunde, Bd. 226, Trier, 1986

Schamp, Eike W.: Räumliche Wirkungen neuer Produktionskonzepte in der Automobilindustrie. In: Geographische Rundschau, Heft 4, 1989, S. 284 - 290

Schneider, R.: Elektrische Energiewirtschaft. Die Betriebswirtschaft der Elektrizitätsversorgungsunternehmen. Berlin, 1936

Schultze, J.-M.: Marktzutrittsschranken in der Fusionskontrolle. In: FIW-Schriftenreihe, Heft 130, Köln, Berlin, Bonn, München, 1988

Sieger, Heiner: Schöne neue Einkaufswelt. In: Focus, Ausgabe 44, 1994, S. 316 - 320

Söllner, Johannes: Neue Verbrauchermärkte und ihre Folgen. Nürnberger Wirtschafts- und Sozialgeographische Arbeiten, Band 36, 1984

SPSS GmbH Software: Anwenderhandbuch für das Basis System, München 1993

Stadt Duisburg: Das zentralörtliche Gliederungssystem als Grundlage der Entwicklungsplanung, Duisburg 1972

Stadt Freiburg (Hrsg.): Märkte- und Zentrenkonzeption der Stadt Freiburg i. Br., 1992. In: *Deutsches Institut für Urbanistik (difu)* (Hrsg.): Arbeitshilfe: Kommunale Wirtschaftsförderung, Berlin, S. 142 - 182

Stadt Nürnberg: Statistisches Jahrbuch der Stadt Nürnberg 1993, Nürnberg 1994

Stadt Nürnberg - Amt für Stadtforschung und Statistik: Nürnberg. Stadtteile, Bezirke, Distrikte. Einteilung gem. Stadtratsbeschluß vom 18.12.68 und 24.7.74; zuletzt geändert mit Stadtratsbeschluß vom 20.4.83. Ausgabe 1989 (Karte)

Stegmüller, W.: Wissenschaftstheorie. In: *Diemer, A. und Frenzl, I. (Hrsg.)*: Fischer Lexikon "Philosophie". Frankfurt am Main, 1967, S. 334 - 361

Stein, Ursula: Alleinerziehende. Eine wachsende Bedarfsgruppe auf dem Wohnungsmarkt. In: Raumplanung, Heft 4, 1991, S. 145 - 149

Stellwag, Klaus (Bearbeiter): Verkehrsmittelwahl und Beurteilung des öffentlichen Nahverkehrs in Nürnberg durch Bürger. In: Nürnberger Statistik aktuell. Juli 1990

Thrift, Nigel: An Introduction To Time Geography. In: CATMOG (Concepts and Techniques in Modern Geography) No. 13, London, 1977

Tietz, Bruno: Der Handelsbetrieb. München, 1985

Tietz, Bruno und *Rothhaar, Peter*: City-Studie. Marktbearbeitung und Management für die City. Die Zukunft des Einzelhandels in der Stadt. 199, Landsberg/Lech

Topp, Hartmut H.: Gibt es für Stadt und Auto eine gemeinsame Zukunft? In: Raumforschung und Raumordnung, 1989, Heft 5 - 6, S. 325 - 334

Verkehrsverbund Großraum Nürnberg: Verkehrsnetz Nürnberg - Fürth. Stand 27. September 1992 (Wandkarte)

Vogt, Michael: Verbrauchermärkte, SB-Warenhäuser und Einkaufszentren als neue Elemente im Standortgefüge des Einzelhandels im Großraum Stuttgart. Stuttgart 1988

Wecker, Gerd: Brennpunkt Stadtverkehr - Neue Wege in der City-Logistik. Vortrag im Rahmen des VKS-Forums im März 1993

Wehling, Hans-Werner: Suburbane Aktionsräume als Determinanten der Einzugsbereiche zentraler Einrichtungen in Verdichtungsräumen. In: Geographische Zeitschrift, 67. Jg., Heft 4, 1979, Wiesbaden S. 283 - 299

Weichart, Peter: Verbrauchermärkte in Salzburg - Einzugsbereiche, Kundenmotivation und Hierarchiestufen. In: Salzburger Geographische Materialien, Heft 11, 1988, Salzburg

Wießner, Reinhard: Verhaltensorientierte Geographie. Die angelsächsische behavioural geography und ihre sozialgeographischen Ansätze. In: Geographische Rundschau, Jg. 30, H. 11, 1978, S. 420 - 426

Windhorst, Hans-Wilhelm: Geographische Innovations- und Diffusionsforschung. Darmstadt 1983

Yamada, M.: The Development of Convenience Stores in Japan. - Paper presented at the IGU-Commission Conference "Geography of Commercial Activities". Tokyo, 1993

Diplomarbeiten

Buchner, Martin: Die Lebensmittelversorgung in der Nürnberger Gartenstadt - eine Analyse des Einkaufsverhaltens und der Versorgungssituation. Diplomarbeit am Lehrstuhl für Wirtschafts- und Sozialgeographie, Nürnberg 1994

Burkhardt, Gunther: Versorgungsmängel in einem Oberzentrum am Beispiel der Nürnberger Nordstadt. Diplomarbeit am Lehrstuhl für Wirtschafts- und Sozialgeographie, Nürnberg 1995

Dollhopf, Christine: Der Kaufmarkt in Nürnberg. Diplomarbeit am Lehrstuhl für Wirtschafts- und Sozialgeographie, Nürnberg 1994

Kleinhanss, Michael: Die Versorgungssituation und das Einkaufsverhalten der privaten Haushalte mit Waren des täglichen Bedarfs in den Nürnberger Stadtgebieten Sündersbühl und St. Leonhard. Diplomarbeit am Lehrstuhl für Wirtschafts- und Sozialgeographie, Nürnberg 1995

Lauger, Kerstin: Die Versorgungssituation der privaten Haushalte mit Waren des täglichen Bedarfs im Nürnberger Stadtgebiet Zerzabelshof. Diplomarbeit am Lehrstuhl für Wirtschafts- und Sozialgeographie, Nürnberg 1995

Melzer, Matthias: Die Versorgungssituation und das Einkaufsverhalten der privaten Haushalte mit Waren des täglichen Bedarfs in den Nürnberger Stadtteilen Schniegling und Wetzendorf-Süd. Diplomarbeit am Lehrstuhl für Wirtschafts- und Sozialgeographie, Nürnberg 1994

ANHANGVERZEICHNIS

FRAGEBOGEN

FRAGE 1.1:

Wenn Sie das Angebot der Einzelhandelsbetriebe in der Stadt betrachten. Wie beurteilen Sie allgemein die Einkaufsmöglichkeiten für Lebensmittel in Ihrem Stadtgebiet?

(Bitte kreuzen Sie eine Note zwischen 1=sehr gut und 6=ungenügend an! Sie dürfen auch Zwischennoten geben!)

I------I------I------I------I------I
1 2 3 4 5 6

FRAGE 1.2:

Können Sie mir allgemein Gründe dafür nennen, warum Sie (eventuell) nicht ganz so zufrieden sind?______________________________

____

FRAGE 2:

-> WO kaufen Sie üblicherweise nachfolgende Waren ein?
(Bitte Namen der Geschäfte eintragen!)

-> WIE OFT in der Woche gehen Sie in dieses Geschäft?
(Bitte eintragen: 1 = täglich oder mehrmals wöchentlich
2 = einmal pro Woche
3 = seltener)

-> WANN kaufen Sie dort in der Regel ein?
(Bitte eintragen: 1 = vormittags 3 = abends (langer Donnerstag)
2 = nachmittags 4 = samstags)

-> und WIE ERREICHEN Sie dieses Geschäft normalerweise?
(Bitte eintragen: 1 = zu Fuß 3 = mit dem PKW
2 = mit dem Fahrrad 4 = mit öffentl.Verkehrsmitteln)

==> Frisches Fleisch, Wurstwaren:
1:______________ wie oft:__ wann:__ Verk.mittel:__
2:______________ wie oft:__ wann:__ Verk.mittel:__

==> Brot, Semmeln:
1:______________ wie oft:__ wann:__ Verk.mittel:__
2:______________ wie oft:__ wann:__ Verk.mittel:__

==> Obst, Gemüse:
1:______________ wie oft:__ wann:__ Verk.mittel:__
2:______________ wie oft:__ wann:__ Verk.mittel:__

==> Getränke:
1:______________ wie oft:__ wann:__ Verk.mittel:__
2:______________ wie oft:__ wann:__ Verk.mittel:__

==> Sonstige Lebensmittel (Supermarktangebot):
1:______________ wie oft:__ wann:__ Verk.mittel:__
2:______________ wie oft:__ wann:__ Verk.mittel:__

FRAGE 3:

Kaufen Sie zusätzlich auch in anderen großen Verbrauchermärkten ein?
(Bitte ankreuzen!) ja [] nein []
-> wenn ja: *(Bitte Name und Straße eintragen!)* ______________

FRAGE 4:

Lassen Sie sich auch Waren ins Haus liefern? *(Bitte ankreuzen!)*
ja [] nein []
-> wenn ja: von wem? *(Bitte eintragen!)*______________
welche Waren? *(Bitte eintragen!)*______________

FRAGE 5:

Würden Sie sich gerne auch (mehr) Waren des täglichen Bedarfs ins Haus liefern lassen? *(Bitte ankreuzen!)*
ja [] nein []
-> wenn ja: welche Waren? *(Bitte eintragen!)* ______________

FRAGE 6:

Für die Wahl des Geschäftes können eine Reihe von Gründen ausschlaggebend sein.Kreuzen Sie bitte dabei auf einer Skala *(von 0%=absolut bedeutungslos bis 100%=sehr wichtig)* an, wie wichtig der einzelne Grund für Sie ist!

a - Ich kann Lebensmittel in der Nähe meines Arbeitsplatzes einkaufen
I------I------I------I------I------I
0 20 40 60 80 100 %

b - Ich kann Lebensmittel <u>auf dem Weg</u> von oder zur Arbeit einkaufen

I------I------I------I------I------I
0 20 40 60 80 100 %

c - Das Geschäft liegt in der Nähe meiner Wohnung

I------I------I------I------I------I
0 20 40 60 80 100 %

d - Es gibt genügend Parkplätze

I------I------I------I------I------I
0 20 40 60 80 100 %

e - Das Geschäft ist mit dem Auto gut zu erreichen

I------I------I------I------I------I
0 20 40 60 80 100 %

f - Ich werde freundlich bedient

I------I------I------I------I------I
0 20 40 60 80 100 %

g - Das Geschäft hat eine große Auswahl

I------I------I------I------I------I
0 20 40 60 80 100 %

h - Die Preise sind günstig

I------I------I------I------I------I
0 20 40 60 80 100 %

i - Es befinden sich andere Geschäfte am gleichen Ort

I------I------I------I------I------I
0 20 40 60 80 100 %

j - sonstige Gründe:___________________________________

Und zum Abschluß hätte ich noch ein paar Fragen zu Ihrem Haushalt!

FRAGE 7:
Wer kauft in Ihrem Haushalt zu wieviel Prozent Lebensmittel ein?
(Bitte eintragen: 0%=nie bis 100%=immer)

Frau: ___% Mann: ___% sonstige:____________

FRAGE 8.1:
Wieviele Personen leben insgesamt in Ihrem Haushalt?
(Bitte Anzahl der Personen eintragen!) [ ]

FRAGE 8.2:
Und wie alt sind diese im einzelnen?
(Bitte jeweils die Anzahl eintragen!)

a - unter 6 Jahren __ d - 25 - 44 Jahre __
b - 6 - 17 Jahre __ e - 45 - 65 Jahre __
c - 18 - 24 Jahre __ f - über 65 Jahre __

FRAGE 9:
Wieviele Personen sind davon erwerbstätig?
(Bitte Anzahl eintragen!) [ ]

FRAGE 10:
Wieviele PKW's gibt es in Ihrem Haushalt?
(Bitte Anzahl eintragen!) [ ]

FRAGE 11:
Wie oft steht Ihnen ein PKW zum Einkauf der Waren des täglichen Bedarfs zur Verfügung? *(Bitte ankreuzen!)*

täglich bzw. mehrmals in der Woche [] gelegentlich []
nur am Wochenende [] gar nicht []

FRAGE 12:
Welche Lagerungsmöglichkeiten für Lebensmittel befinden sich in Ihrem Haushalt? *(Bitte ankreuzen!)*
Kühlschrank [] Tiefkühltruhe [] Keller [] Speisekammer []

FRAGE 13:
Wieviel Zeit benötigen Sie <u>durchschnittlich in der Woche</u> für den Einkauf von Lebensmitteln?
(Bitte Anzahl der Stunden eintragen!) [ ]

Bitte geben Sie zum Schluß noch Ihr Geschlecht und Alter an!
Geschlecht: männlich Alter: __ Jahre
weiblich

Unsere neuen Postleitzahlen
ab 1.Juli 1993 :

Postfach 3931
90 020 Nürnberg

Lange Gasse 20
90 403 Nürnberg

Lehrstuhl für Wirtschafts- und Sozialgeographie · Postfach 3931 · 8500 Nürnberg 1

Lehrstuhl für Wirtschafts- und Sozialgeographie
der Friedrich-Alexander-Universität

Telefon 09 11 - 53 02/321

Lange Gasse 20
8500 Nürnberg 1

Nürnberg, den 26.1.1993

Liebe Mitbürger!

Mitarbeiter meines Lehrstuhls führen im Rahmen des Forschungsprojektes **"Versorgungslücken in einem Oberzentrum?"** eine Umfrage durch zur Ermittlung der persönlichen Versorgungssituation mit Lebensmitteln.

Im Unterschied zu den Umfragen der Stadt Nürnberg, die vor allem statistische Zahlen erheben, ist es **Ziel** dieser Umfrage, Versorgungslücken und Engpässe festzustellen und eine **Verbesserung Ihrer persönlichen Lebensmittelversorgung** zu erreichen.

Ich bitte Sie daher, den beiliegenden Fragebogen ausgefüllt mit dem beiliegenden **Freiumschlag** an uns zu senden. Als kleines Dankeschön werden unter den Einsendungen, die bis zum 20. Februar 1994 bei uns eingehen, zehn **Einkaufsgutscheine** im Wert von insgesamt DM 500,00 verlost.

Prof. Dr. Wigand Ritter

Wir garantieren, daß Ihre Daten vertraulich behandelt werden. Name und Adresse werden nach der Gewinnauslosung vernichtet. Der Rechtsweg ist ausgeschlossen.

Ja, ich will an dem GEWINNSPIEL teilnehmen

Name:

Straße:

in Nürnberg (PLZ):

Entgelt bezahlt
Empfänger

RÜCKANTWORT

An den
Lehrstuhl für Wirtschafts- und Sozialgeographie
Forschungsprojekt Versorgungslücken
c/o Dr. Dr. Reichart

Postfach 3931

90020 NÜRNBERG

Fragebogen der Kundenbefragung der "Kaufmärkte"

1. Wie oft kaufen Sie hier ein?
- ☐ mehrmals pro Woche
- ☐ einmal pro Woche
- ☐ seltener ☐ 1. Mal

2. Wann kaufen Sie hier in der Regel ein?
- ☐ vormittags ☐ samstags
- ☐ nachmittags
- ☐ abends (langer Donnerstag)

3. Warum kaufen Sie hier ein? ☐ Arbeitsweg ☐ günstige Lage ☐ günstige Preise
☐ genügend Parkplätze ☐ großes Sortiment
☐ sonstiges____

4. Wie lange benötigen Sie durchschnittlich in der Woche für den Einkauf von Lebensmitteln?______________

5. Wieviel geben Sie durchschnittlich bei einem Einkauf in diesem Markt aus?
☐ bis 50 DM ☐ 100 bis 200 DM ☐ 300 bis 400 DM
☐ 50 bis 100 DM ☐ 200 bis 300 DM ☐ 400 bis 500 DM ☐ über 500 DM

6. Kaufen Sie auch in anderen Geschäften Lebensmittel ein? ☐ ja ☐ nein
Wenn ja, wo?________________________________

7. Was kaufen Sie hauptsächlich ein ?
- ☐ Obst/Gemüse ☐ Wurst/Frischfleisch ☐ Brot/Backwaren
- ☐ lagerbare Lebensmittel (Nudeln, Reis, Kaffee, ...)
- ☐ Getränke
- ☐ Tiefkühlkost

8. Welche Lagerungsmöglichkeiten für Lebensmittel befinden sich in ihrem Haushalt?
☐ Kühlschrank ☐ Tiefkühltruhe ☐ Keller ☐ Speisekammer

9. Mit welchem Verkehrsmittel kommen Sie hier her?
- ☐ zu Fuß / Fahrrad
- ☐ öffentliche Verkehrsmittel ➢ ☐ Bus ☐ U-Bahn ☐ Straßenbahn ☐ Zug
- ☐ Auto

10. Ist die Lage dieses Marktes für Sie günstig? ☐ (eher) ja ☐ (eher) nein

11. Würden Sie auch eine größere Entfernung in Kauf nehmen, um hier einzukaufen? ☐ ja ☐ nein

12. Verbinden Sie den Einkauf hier noch mit anderen Tätigkeiten?
- ☐ immer: ____________________
- ☐ manchmal: ____________________
- ☐ nie

13. Sind Sie berufstätig? ☐ ja ☐ nein
Wenn ja, liegt der Markt auf Ihrem Arbeitsweg?
☐ (eher) ja ☐ (eher) nein

14. Wie viele Pkws gibt es in Ihrem Haushalt?____________

15. Wie oft steht Ihnen der Pkw zum Einkauf der Waren des täglichen Bedarfs zur Verfügung?
- ☐ täglich, bzw. mehrmals die Woche
- ☐ nur am Wochenende
- ☐ gelegentlich
- ☐ selten, nie

16. Wohnort (Straße)____

17. ☐ männlich ☐ weiblich

18. Alter: ☐ 18-24 Jahre ☐ 25-44 Jahre ☐ 45-65 Jahre ☐ >65 Jhare

19. Wie viele Personen leben in Ihrem Haushalt?______________________

Erläuterungen zur Kundenbefragung im "Kaufmarkt"

Frage 1 und 2 sind das Gegenstück zu der komplexen Frage 2 der Haushaltsbefragung. Es sollte angegeben werden, wann und wie oft man in diesem Kaufmarkt einkauft. Den Wochentag und Zeitpunkt der Erhebung hat man als zusätzliche Information.
Frage 3 fragt nach dem Grund des Einkaufs und ist an die Frage 6 der Haushaltsbefragung angelehnt, ob der Arbeitsweg, die günstige Lage, die günstigen Preise, genügend Parkplätze oder das große Sortiment eine besondere Rolle spielen.
Frage 4, der durchschnittliche Zeitaufwand für die wöchentlichen Einkäufe, entspricht der Frage 13 der Haushaltsbefragung.
In Frage 5 soll über die Angabe, wieviel man im Schnitt pro Einkauf ausgibt, ein Anhaltspunkt über die Warenmenge auch bezogen auf die Einkaufshäufigkeit ermittelt werden.
Frage 6 fragt nach weiteren Geschäften, in denen der Befragte Lebensmittel einkauft.
Frage 7 soll Rückschlüsse ermöglichen, welche Warenarten besonders in den Kaufmärkten nachgefragt werden. Die Unterscheidung der Waren entspricht der der Haushaltsbefragung und ist um Tiefkühlkost erweitert.
Frage 8, die Lagerungsmöglichkeiten für Lebensmittel im Haushalt, entspricht der Frage 12 der Haushaltsbefragung.
Frage 9 ergänzt mit der Angabe nach dem benutzten Verkehrsmittel für den Einkauf die Fragen 1 und 2, bzw. die entsprechende Angabe in Frage 2 der Haushaltsbefragung.
In Frage 10 soll der Befragte seine Meinung über die (räumliche) Lage des Standortes abgeben.
Frage 11 ergänzt diese Angabe mit dem Hinweis, ob derjenige auch größere Entfernungen für den Einkauf in diesem Geschäft zurücklegen würde.
Frage 12 soll einen Hinweis geben, ob die Tätigkeit des Einkaufs mit anderen Tätigkeiten gekoppelt wird.
Die Fragen 13 bis 19 beziehen sich auf den Haushalt des Befragten.

In Frage 13 (Haushaltsbefragung Frage 9) ist danach gefragt, ob der Interviewte berufstätig ist. Falls dieser bejaht, wird festgehalten, ob der Standort des Geschäfts auf dem Arbeitsweg liegt. Hier könnte man eine Kopplung des Arbeitsweges und der Versorgung feststellen.

Frage 14 (Frage 10) und 15 (Frage 11) ermitteln die potentielle und tatsächliche PKW-Verfügbarkeit für den Lebensmitteleinkauf.

Frage 19 (Frage 8.1) erfaßt die Haushaltsgröße.

In Frage 16 sollte die Straße des Haushalts angegeben werden. Eine Angabe der Adresse verweigerten die meisten Befragten. Frage 17 nach dem Geschlecht des Befragten wurde ebenso vom Interviewer festgestellt wie die Altersgruppe. Angaben zum genauen Alter, dem Einkommen, der Schulbildung oder dem Beruf stießen auf keine Akzeptanz seitens der Befragten und wurden nach einem Probelauf gestrichen.

Stadt Nürnberg
Amt für Stadtforschung und Statistik

Wohnungs- und Haushaltserhebung 1993

☐ Ihre Angaben sind freiwillig. Trotzdem bitten wir Sie, die Fragen vollständig und richtig zu beantworten, damit die Planungen für die Bevölkerung der einzelnen Stadtteile eine zuverlässige Grundlage erhalten. Die Daten werden ohne Namen beim Statistischen Amt gespeichert und sind ausschließlich zur summarischen Auswertung für die städtischen Planungen, den Mietenspiegel und statistische Untersuchungen bestimmt.

Straße, Hausnummer

Geschoß der Wohnung: ____________

Lfd. Nr. der Wohnung im Gebäude: ____________

Lfd. Nr. des Haushalts in der Wohnung: ____________

p ☐ t ☐ s ☐

Wohnung steht leer: ○1 ja ○2 nein

→ falls ja, weniger als 3 Monate ○1

mehr als 3 Monate ○2

Personenbogen

1

Für die Zuverlässigkeit unserer Stichproben ist es wichtig, daß ich die folgenden Meinungsfragen (Personenbogen) mit einer ganz bestimmten Person in Ihrem Haushalt bespreche.

Wieviele Personen gehören zu Ihrem Haushalt? ☐☐

2

Und wer von allen erwachsenen Haushaltsangehörigen (ab 18 Jahre) hat im Jahr als Erster Geburtstag?

Befragte(r) Geburts- Monat -Jahr

In welchem Monat und in welchem Jahr ist dieses Haushaltsmitglied geboren? ☐☐ ☐☐

Der Fragebogen ist von der erwachsenen Person zu beantworten, die als erste im Jahr Geburtstag hat

3

Sagen Sie mir bitte ganz allgemein: Sind Sie mit Ihrer Wohnung hier und der unmittelbaren Umgebung ...

recht zufrieden ○1
teils zufrieden/teils unzufrieden ○2
eher unzufrieden ○3

4

Vermissen Sie oder Ihr Haushalt in Ihrem Wohnquartier (unter 1 km Fußweg) bestimmte Einrichtungen oder Einkaufsmöglichkeiten oder ist für Ihren Bedarf alles vorhanden?

(Mehrfachnennungen möglich)

vermisse nichts ○1
vermisse Einrichtungen und zwar: ○2

Läden, Geschäfte ○1
Gaststätten, Cafes ○1
Post, Bank, Sparkasse ○1
Ärzte ○1
Wäscherei, Reinigung, Friseur ○1
Handwerker ○1
Freizeit- und Kultureinrichtungen (wie Kino, Kulturladen, Clubs, Sportplätze, Bad) ○1
Soziale Dienste (wie Beratungsstellen, Kindertagesstätten) ○1

5

Wo erledigen Sie Ihre Einkäufe für den Lebensunterhalt normalerweise ?
(z.B. Wochenendeinkauf für Lebensmittel und Haushaltswaren)

	fast nie	manchmal	häufig
kleinere Fachgeschäfte (Tante Emma-Laden, Bäcker, Metzger usw.)	○1	○2	○3
Supermarkt (wie Tengelmann, Plus, Aldi)	○1	○2	○3
Großer Verbrauchermarkt (wie Kaufmarkt, Meister, Huma)	○1	○2	○3

Wenn berufstätig: Erledigen Sie Ihre Einkäufe auf dem Weg zwischen Wohnung und Arbeitsstätte? ja ○1 nein ○2

		Arbeit/ Aus-bildung	Einkäufe/ Besor-gungen	Freizeit
		A	B	C
Welches Verkehrsmittel benutzen Sie für den Weg zur Arbeits- bzw. Ausbildungsstätte, welches für Einkäufe und Besorgungen, welches für Fahrten in die Freizeit?	Keines, gehe zu Fuß	O1	O1	O1
	Auto	O2	O2	O2
	Motorrad, Motorroller, Moped, Mofa	O3	O3	O3
	Fahrrad	O4	O4	O4
	Öffentliche Verkehrsmittel	O5	O5	O5

6

7

Wieviele Kilometer legen Sie von der Wohnung zur Arbeits- /Ausbildungsstätte in etwa zurück? ca. [|] km

8

Wie lange benötigen Sie für den Weg zwischen Wohnung und Arbeitsplatz bzw. Ausbildungsstätte (von Tür zu Tür) ?

morgens ca. [|] Minuten

abends ca. [|] Minuten

9

Befindet sich Ihre Arbeits- oder Ausbildungsstätte ... *(Interviewer: Liste übergeben)*

O1 in Nürnberg O2 außerhalb von Nürnberg O3 keine feste Arbeitsstelle O4 nicht berufstätig bzw. nicht in Ausbildung

→ **Bitte die Nummer des Stadtteils eintragen:** [ ]

0 Innenstadt, Altstadt

1 Schweinau, Steinbühl, Galgenhof St. Peter, Gleißhammer

2 St. Leonhard, Gostenhof, St. Johannis, Maxfeld, Wöhrd

3 Langwasser, Altenfurt

4 Gibitzenhof, Hafengebiet, Katzwang, Kornburg

5 Röthenbach, Eibach, Reichelsdorf,

6 Eberhardshof, Muggenhof, Höfen, Großreuth, Gebersdorf

7 Thon, Schniegling, Wetzendorf, Boxdorf, Großgründlach

8 Nordostbahnhof, Schafhof, Ziegelstein, Buchenbühl

9 St. Jobst, Erlenstegen, Mögeldorf, Fischbach, Brunn

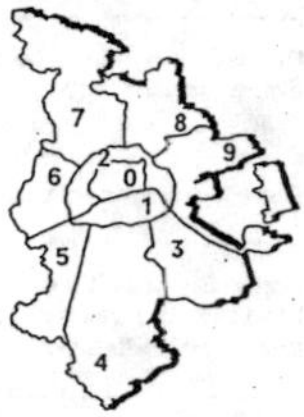

10

Soziale, kulturelle und Freizeiteinrichtungen oder entsprechende Dienste werden unterschiedlich stark gebraucht.
Haben <u>Sie</u> oder <u>ein anderes Haushaltsmitglied</u> in den letzten 12 Monaten eine der folgenden Einrichtungen oder Dienste mehrfach in Anspruch genommen?
(Interviewer: Liste übergeben)

	ja	nein,weil		
		kein Bedarf	Weg zu weit	Angebot gefällt mir nicht
Kindergarten	O1	O2	O3	O4
Kinderhort	O1	O2	O3	O4
Jugendfreizeiteinrichtung (z.B. Jugendfreizeitheim, Jugendclub)	O1	O2	O3	O4
Altenbegegnungsstätte	O1	O2	O3	O4
Altenclub	O1	O2	O3	O4
Kulturladen	O1	O2	O3	O4
Kleinkunstbühne	O1	O2	O3	O4
Bildungszentrum (Volkshochschule)	O1	O2	O3	O4
Stadtbibliothek	O1	O2	O3	O4
Sportplatz, Turnhalle	O1	O2	O3	O4
Hallenbad	O1	O2	O3	O4
Freibad	O1	O2	O3	O4
Beratungsstelle (z.B. Mütterberatung, Erziehungs-, Ehe-, Mieterberatung)	O1	O2	O3	O4

In einer Großstadt gibt es von der Umwelt- bis zur Verkehrspolitik viele Probleme. Haben Sie eigentlich Interesse für Kommunalpolitik und für das, womit sich die Politikerinnen und Politiker hier so beschäftigen? 11

ja, die Stadtpolitik interessiert mich ○1
nein, die Stadtpolitik interessiert mich nicht ○2

Betätigen Sie sich aktiv in einer Partei, einer Bürgerinitiative oder einem gemeinnützig orientierten Verein bzw. Einrichtung? 12

(Mehrfachnennungen möglich)

in einer Partei ○1
in einer Bürgerinitiative ○1
in einem gemeinnützig orientierten Verein ○1
in einer sozialen Einrichtung ○1
in einer kirchlichen Einrichtung ○1
in sonstiger Weise ○1

Sind Sie gut darüber informiert, was politisch so im Nürnberger Stadtrat diskutiert wird, wie gut kennen Sie sich in der Stadtpolitik aus? 13

in der Stadtpolitik kenne ich mich im Großen und Ganzen gut aus ○1
in der Stadtpolitik kenne ich mich nicht besonders gut aus ○2

Wenn Sie die Arbeit der Politikerinnen und Politiker einmal bewerten müßten: Wo meinen Sie wird zuviel, genug, bzw. zu wenig getan und welche Schulnote würden Sie dem Stadtrat für seine Arbeit im letzten Jahr geben? 14

(Interviewer: Liste übergeben)

der Stadtrat tut für ...	zu wenig	genug	zu viel	Schulnote für die Politik des Stadtrats
Wohnungsbau	○1	○2	○3	Note 1 2 3 4 5 6
Kindergärten	○1	○2	○3	Note 1 2 3 4 5 6
Sicherung der Arbeitsplätze	○1	○2	○3	Note 1 2 3 4 5 6
U-Bahn, Bus, Straßenbahn	○1	○2	○3	Note 1 2 3 4 5 6
Gewerbeflächen	○1	○2	○3	Note 1 2 3 4 5 6
Verkehrsberuhigung	○1	○2	○3	Note 1 2 3 4 5 6
Straßenbau	○1	○2	○3	Note 1 2 3 4 5 6
Grün in der Stadt	○1	○2	○3	Note 1 2 3 4 5 6
Sport und Bäder	○1	○2	○3	Note 1 2 3 4 5 6
Kultur	○1	○2	○3	Note 1 2 3 4 5 6
Krankenhäuser, Gesundheit	○1	○2	○3	Note 1 2 3 4 5 6
Alteneinrichtungen	○1	○2	○3	Note 1 2 3 4 5 6
Jugendeinrichtungen	○1	○2	○3	Note 1 2 3 4 5 6
Schulen	○1	○2	○3	Note 1 2 3 4 5 6

Wohnungsbogen

15

Gibt es Dinge, die Ihnen an Ihrer Wohnung nicht gefallen? ja ○1 nein ○2

Wenn ja, was gefällt Ihnen nicht? Die Wohnung ist ...

zu groß ○1
zu klein ○1
zu teuer ○1
schlecht ausgestattet ○1
ohne Garten / Balkon ○1
sonstiges und zwar ________

16

Gibt es etwas, was Sie an der Wohngegend hier stört? ja ○1 nein ○2

Wenn ja, was stört Sie?

zu wenig Grün ○1
zuviel Verkehr / Lärm / schlechte Luft ○1
zu weit vom Zentrum ○1
schlechtes Angebot an öffentlichen Verkehrsmitteln ○1
fehlende Einkaufsmöglichkeiten ○1
manche Leute, die hier wohnen ○1
welche Leute ________
sonstiges, und zwar ________

17

Wird man in Ihrer Wohnung durch Lärm so stark gestört, daß man bei offenem Fenster ...

nicht ungestört schlafen kann ja ○1 nein ○2
sich nicht ungestört unterhalten kann ja ○1 nein ○2

Wenn ja, worauf führen Sie den Lärm hauptsächlich zurück?

Straßenverkehr ○1
Schienenverkehr ○1
Fluglärm ○1
Industrie/Gewerbe ○1
Sonstiges, nämlich ________

18

Bewohnt Ihr Haushalt die Wohnung / Räume als ...

Eigentümer, Miteigentümer, Kaufanwärter des Gebäudes ○1
Eigentümer, Miteigentümer, Kaufanwärter der Wohnung ○2
Hauptmieter, sonstiger Hauptnutzer der Wohnung ○3
Untermieter ○4

19

Wann ist Ihr Haushalt in diese Wohnung eingezogen? Monat ☐☐
(Bitte machen Sie die Angaben für das am längsten hier wohnende Familienmitglied) Jahr ☐☐

20

Wenn Sie an der Lage der Wohnung hier im Viertel denken, an die Beziehungen zu Nachbarn und Bekannten und an die Umgebung, wie stark fühlen sich die Haushaltsmitglieder dann an dieses Wohnviertel gebunden?

sehr stark ○1
stark ○2
weniger stark ○3
kaum oder gar nicht ○4

21

***Wieviele Räume hat die Wohnung?** (Nur Räume mit 6 m² und mehr.)
(Angaben bitte ohne Küche / Kochnische, Bad, Toilette, Flur)

Anzahl
insgesamt ☐☐

Davon sind: selbstgenutzte Wohn- oder Schlafräume ☐☐
untervermietete Räume ☐☐
gewerblich genutzte Räume (z.B. Arztpraxis) ☐☐

* **Wie wird Ihre Wohnung überwiegend beheizt?** (Bitte nur eine Möglichkeit ankreuzen)	Fern- oder Blockheizung	○ 1	22
	Zentralheizung	○ 2	
	Etagenheizung	○ 3	
	Einzel- oder Mehrraumöfen	○ 4	
* **Bei Zentral-, Etagenheizung, Einzel- oder Mehrraumöfen: Womit wird <u>überwiegend</u> geheizt?** (Bitte nur eine Möglichkeit ankreuzen)	Erdgas	○ 1	23
	Flüssiggas	○ 2	
	Öl	○ 3	
	Strom	○ 4	
	Kohle, Koks, Holz	○ 5	
* **Handelt es sich um eine abgeschlossene Wohnung?**		ja ○ 1 nein ○ 2	24
* **Wie groß ist die Fläche Ihrer gesamten Wohnung?** (Einschließl. Küche, Bad, Toilette, Flur, Mansarden u.ä., sowie untervermieteter oder gewerblich genutzter Räume in der Wohnung - evtl. aus dem Mietvertrag entnehmen)	m^2	☐	25
	Flächenangabe lt. Mietvertrag o.ä.	○ 1	
	Angabe geschätzt	○ 2	
* **Verfügt die Wohnung über ...**	eine Küche	○ 1	26
	eine Kochnische	○ 1	
	ein Badezimmer mit WC	○ 1	
	ein Badezimmer ohne WC	○ 1	
	ein separates WC	○ 1	
	einen separaten Abstellraum	○ 1	
* **Gibt es zu dieser Wohnung ...**	einen Aufzug	○ 1	27
	einen eigenen Garten (-anteil)	○ 1	
	ein eigenes Kellerabteil	○ 1	
	eine Gemeinschaftswaschmaschine	○ 1	
* **Ist die Wohnung ausgestattet mit ...**	zentraler Warmwasserversorgung	○ 1	28
	Isolierverglasung	○ 1	
	speziellen Schallschutzfenstern	○ 1	
	Anschluß für Kabelfernsehen	○ 1	
	Balkon	○ 1	
	Parkettboden	○ 1	
	Sprechanlage zur Haustür	○ 1	
	festverlegten zur Whg. gehörenden Teppichböden	○ 1	
Ist die Wohnung / das Haus zusätzlich ausgestattet mit ...	Galerie- oder Maisonettewohnung	○ 1	29
	Wintergarten	○ 1	
	Stuckdecken / Wandvertäfelungen etc.	○ 1	
	große Dachterasse oder großer Garten	○ 1	
	Schwimmbad / Sauna	○ 1	
Gehört zu diesem Haus ...	ein Kinderspielplatz	ja ○ 1 nein ○ 2	30

Nur für Mieter / -innen

31

Jetzt geht es uns um die genaue **Miete** für diese Wohnung. Sie soll mit dem städtischen Durchschnitt verglichen werden. Damit wir nicht "Äpfel mit Birnen" vergleichen, sagen Sie uns bitte genau, was Sie zur Zeit jeden Monat **an Ihren Vermieter zahlen.**

Wie hoch ist der monatlich gezahlte Gesamtbetrag, den Sie an den Vermieter zahlen, und wie setzt er sich zusammen?

Gesamtbetrag DM [| | |]

Sind darin enthalten?

	Im oben genannten Betrag enthalten?			DM
Wohnungsmiete (Grundmiete)				[			]
Heizung, Warmwasser (soweit an den Vermieter Ihrer Wohnung gezahlt)	nein ○ 2	ja ○ 1	falls ja	DM [			]
Garage/Stellplatz (soweit an den Vermieter Ihrer Wohnung gezahlt)	nein ○ 2	ja ○ 1	falls ja	DM [			]
sonstige Räume (Büro, Lager, u.a. soweit an den Vermieter Ihrer Wohnung gezahlt)	nein ○ 2	ja ○ 1	falls ja	DM [			]
Untermieterzuschlag (soweit an den Vermieter Ihrer Wohnung bezahlt)	nein ○ 2	ja ○ 1	falls ja	DM [			]
Möblierung (soweit an den Vermieter Ihrer Wohnung gezahlt)	nein ○ 2	ja ○ 1	falls ja	DM [			]

das sind zusammen [| | |]

andere **Nebenkosten** (soweit an den Vermieter Ihrer Wohnung gezahlt)

	bereits enthalten (evtl. auch als Pauschalbetrag)	zahle ich **zusätzlich** zu o.g. Gesamtbetrag	fällt hier nicht an
Müllabfuhr	○ 1	○ 2	○ 3
Grundsteuer	○ 1	○ 2	○ 3
Straßenreinigung	○ 1	○ 2	○ 3
Wasser- und Kanalgebühren	○ 1	○ 2	○ 3
Hauswart, Hausreinigung, Schneeräumen	○ 1	○ 2	○ 3
Aufzug	○ 1	○ 2	○ 3
Gartenpflege	○ 1	○ 2	○ 3
Gemeinschaftsantenne und Kabelfernsehen	○ 1	○ 2	○ 3
Kaminkehrer	○ 1	○ 2	○ 3
Treppenhausbeleuchtung etc.	○ 1	○ 2	○ 3
Sach- und Haftpflichtversicherung	○ 1	○ 2	○ 3

Die angekreuzten Nebenkosten, die im o.g. Gesamtbetrag bereits **enthalten** sind, belaufen sich auf monatlich DM [| | |]

Die angekreuzten Nebenkosten, die ich **zusätzlich** zu o.g. Gesamtbetrag zahle, belaufen sich monatlich (im Monatsdurchschnitt) auf DM [| | |]

32

Ist Ihr Mietbetrag wegen Eigenleistungen oder finanzieller Vorleistungen ermäßigt?

(Modernisierung auf eigene Kosten, Mietvorauszahlung, Mieterdarlehen, Baukostenzuschuß o.ä.)

nein ○ 0

ja und zwar um DM [| | |]

33

Gehören Ihnen Herde oder Öfen in dieser Wohnung? ja ○ 1 nein ○ 2

34

Ist diese Wohnung eine ...

Sozialwohnung ○ 1
Dienst-, Werks-, Stifts-, Geschäftsmietwohnung ○ 2
weder noch ○ 3

Wann ist Ihre Miete zuletzt erhöht worden?
(Bitte nennen Sie nur Erhöhungen der reinen Miete, nicht der Nebenkosten)

Die Miete wurde erhöht im Monat [|] Jahr [|]
um DM [| | |]
seit dem Einzug keine Mieterhöhung ○ 0

35

(Wenn Mieterhöhung)
Wurde diese Miete wegen durchgeführter Modernisierung erhöht? ja ○ 1 nein ○ 2

Alle Befragten

Bitte sagen Sie mir, ob Ihr Haushalt die feste Absicht hat, im Laufe der nächsten 2 Jahre umzuziehen, ob Sie daran denken, gelegentlich umzuziehen oder ob Sie nicht umziehen wollen.	will in den nächsten 2 Jahren umziehen	O 1	36
	will gelegentlich umziehen	O 2	
	will nicht umziehen	O 3	
Wenn Umzugsabsicht besteht: **Welche Gründe spielen für den Umzug eine Rolle?** *(Mehrfachnennungen möglich)* Freie Antwort bitte zuordnen bzw. protokollieren!	Erwerb von Eigentum (Haus oder Wohnung)	O 1	37
	Wohnung ist unbefriedigend (Größe, Grundriß, Ausstattung)	O 1	
	Wohnumgebung unbefriedigend (zu laut, häßliche Gegend etc.)	O 1	
	unerträglich hohe Miete	O 1	
	berufliche Gründe	O 1	
	private Gründe	O 1	
	Kündigung durch Vermieter, -in	O 1	
	sonstige Gründe und zwar: ______	O 1	
Wieviele Fahrräder gibt es in Ihrem Haushalt?	Anzahl [|] keine Angabe	O 0	38
Wieviele PKW gibt es in Ihrem Haushalt?	Anzahl [|] keine Angabe	O 0	39
Haben Sie hier einen	Garagenplatz	O 1	40
	einen anderen reservierten Stellplatz	O 2	

Haushaltsbogen

	Befragte(r) gem. Personenbogen 1. Person	2. Person	3. Person	4. Person	5. Person	
Geburtsdatum	Geb.Datum Monat Jahr	Geb.Datum Monat Jahr	Geb.Datum Monat Jahr	Geb.Datum Monat Jahr	Geb.Datum Monat Jahr	41
*** Geschlecht**						42
männlich	○ 1	○ 1	○ 1	○ 1	○ 1	
weiblich	○ 2	○ 2	○ 2	○ 2	○ 2	
*** Familienstand**						43
ledig	○ 1	○ 1	○ 1	○ 1	○ 1	
verheiratet	○ 2	○ 2	○ 2	○ 2	○ 2	
getrennt lebend	○ 3	○ 3	○ 3	○ 3	○ 3	
geschieden	○ 4	○ 4	○ 4	○ 4	○ 4	
verwitwet	○ 5	○ 5	○ 5	○ 5	○ 5	
*** Staatsangehörigkeit**						44
deutsch	○ 1	○ 1	○ 1	○ 1	○ 1	
Andere Nationalität	○ 2	○ 2	○ 2	○ 2	○ 2	
und zwar	________	________	________	________	________	
seit wann in der Bundesrepublik	Jahr	Jahr	Jahr	Jahr	Jahr	
Wenn anerkannter Aussiedler						45
seit wann in Nürnberg	Jahr	Jahr	Jahr	Jahr	Jahr	

Höchster bisheriger Schulabschluß <u>und</u> ggf. gegenwärtig besuchte Schule	1. Ab-schluß	1. gegen-wärt. Schule	2. Ab-schluß	2. gegen-wärt. Schule	3. Ab-schluß	3. gegen-wärt. Schule	4. Ab-schluß	4. gegen-wärt. Schule	5. Ab-schluß	5. gegen-wärt. Schule	46
Allgemeinbildende Schulen: ([1]einschl. entspr. Züge der Gesamtschulen) Volks-, Hauptschule	○ 1	○ 4	○ 1	○ 4	○ 1	○ 4	○ 1	○ 4	○ 1	○ 4	
Real-, Mittelschule oder gleichwertige Schule[1] Abschluß: Mittlere Reife	○ 2	○ 5	○ 2	○ 5	○ 2	○ 5	○ 2	○ 5	○ 2	○ 5	
Gymnasium oder gleichw. Schule[1], Abschluß: Abitur, Hochschulreife	○ 3	○ 6	○ 3	○ 6	○ 3	○ 6	○ 3	○ 6	○ 3	○ 6	
kein Abschluß	○ 8		○ 8		○ 8		○ 8		○ 8		

Berufsbildende Schulen:	1. Ab-schluß	1. gegen-wärt. Schule	2. Ab-schluß	2. gegen-wärt. Schule	3. Ab-schluß	3. gegen-wärt. Schule	4. Ab-schluß	4. gegen-wärt. Schule	5. Ab-schluß	5. gegen-wärt. Schule	47
Berufsschule	○ 01	○ 11	○ 01	○ 11	○ 01	○ 11	○ 01	○ 11	○ 01	○ 11	
Berufsfachschule	○ 02	○ 12	○ 02	○ 12	○ 02	○ 12	○ 02	○ 12	○ 02	○ 12	
Fachschule	○ 03	○ 13	○ 03	○ 13	○ 03	○ 13	○ 03	○ 13	○ 03	○ 13	
Fachhochschule (Höhere Fachschule, Ing.-Schule)	○ 04	○ 14	○ 04	○ 14	04	○ 14	○ 04	○ 14	○ 04	○ 14	
Hochschule	○ 05	○ 15	○ 05	○ 15	○ 05	○ 15	○ 05	○ 15	○ 05	○ 15	
kein Abschluß	○ 06		○ 06		○ 06		○ 06		○ 06		

	Befragte(r) gem. Personenbogen 1. Person	2. Person	3. Person	4. Person	5. Person	
Erwerbstätigkeit Bitte sagen Sie für jeden Haushaltsangehörigen:						48
a) Ist er / sie erwerbstätig, und zwar						
unter 20 Stunden pro Woche	○ 02	○ 02	○ 02	○ 02	○ 02	
20 bis 35 Stunden pro Woche	○ 03	○ 03	○ 03	○ 03	○ 03	
über 35 Stunden pro Woche	○ 04	○ 04	○ 04	○ 04	○ 04	
b) Ist er / sie nicht oder nur nebenbei erwerbstätig und zwar:						
Rentner/-in; Pensionär/-in	○ 05	○ 05	○ 05	○ 05	○ 05	
Schüler/-in; Student/-in	○ 06	○ 06	○ 06	○ 06	○ 06	
Wehrdienst-, Zivildienstleistender	○ 07	○ 07	○ 07	○ 07	○ 07	
arbeitslos	○ 08	○ 08	○ 08	○ 08	○ 08	
Hausfrau, Hausmann	○ 09	○ 09	○ 09	○ 09	○ 09	
Sonstiges	○ 10	○ 10	○ 10	○ 10	○ 10	
Berufliche Stellung (gegenwärtig) *bitte nur <u>eine</u> Möglichkeit ankreuzen* Selbständige(r), und zwar						49
ohne bezahlte Beschäftigte	○ 01	○ 01	○ 01	○ 01	○ 01	
mit 1 bis 9 Beschäftigten	○ 02	○ 02	○ 02	○ 02	○ 02	
mit 10 und mehr Beschäftigten	○ 03	○ 03	○ 03	○ 03	○ 03	
mithelfende(r) Familienangehörige(r)	○ 04	○ 04	○ 04	○ 04	○ 04	
Leitende(r) oder wissenschaftliche(r) Angestellte(r) oder Beamter des höheren Dienstes	○ 05	○ 05	○ 05	○ 05	○	
Mittlere(r) Angestellte(r) oder Beamtin/-er des gehobenen oder mittleren Dienstes	○ 06	○ 06	○ 06	○ 06	○ 06	
Einfache(r) Angestellte(r) oder Beamtin/-er des einfachen Dienstes	○ 07	○ 07	○ 07	○ 07	○ 07	
Meister/-in; Polier/-in	○ 08	○ 08	○ 08	○ 08	○ 08	
Facharbeiter/-in; Geselle/-in Vorarbeiter/-in; gelernte(r) Arbeiter/-in	○ 09	○ 09	○ 09	○ 09	○ 09	
Angelernte(r) Arbeiter/-in	○ 10	○ 10	○ 10	○ 10	○ 10	
Auszubildende(r) kfm. techn.	○ 11	○ 11	○ 11	○ 11	○ 11	
Auszubildende(r) gewerblich	○ 12	○ 12	○ 12	○ 12	○ 12	
Welcher Haushaltsangehörige trägt am meisten zum Lebensunterhalt bei?	○ 1	○ 1	○ 1	○ 1	○ 1	50

[INTERVIEWER: Liste übergeben]

51

Woraus bezieht Ihr Haushalt die Mittel für den Lebensunterhalt?

Nennen Sie bitte 1. alle Einkommensarten, die Ihr Haushalt bezieht und 2. diejenige Einkommensart, aus der zum überwiegenden Teil der Lebensunterhalt bestritten wird.

	1. diese Einkommensarten beziehe(n) ich / wir	2. hiervon lebe(n) ich / wir überwiegend
Erwerbstätigkeit, Berufstätigkeit	O 1	O 1
Arbeitslosengeld / Arbeitslosenhilfe	O 2	O 2
Rente, Pension, Vorruhestandsgeld	O 3	O 3
Unterhalt durch Angehörige, die nicht zum Haushalt gehören	O 4	O 4
eigenes Vermögen, Vermietung, Zinsen, Altenteil	O 5	O 5
Sozialhilfe	O 6	O 6
Sonstige Unterstützungen, z.B. BAFÖG, Wohngeld	O 7	O 7

52

Bei vielen Planungsaufgaben ist es wichtig, die wirtschaftliche Leistungsfähigkeit der Haushalte zu kennen, um vor allem Ihre Mietbelastung einschätzen zu können.

Sagen Sie mir bitte:

Welcher Gruppe ist Ihr Haushalt nach seinem gesamten monatlichen Nettoeinkommen zuzuordnen – also dem Einkommen aus Erwerbs- bzw. Berufstätigkeit, Rente / Pension, Lebensversicherung und ähnlichem zusammengenommen – jedoch nach Abzug der Steuern und Sozialversicherungsbeiträge?

bis unter 500.– DM	O 01
500.– bis unter 1000.– DM	O 02
1000.– bis unter 1500.– DM	O 03
1500.– bis unter 2000.– DM	O 04
2000.– bis unter 2500.– DM	O 05
2500.– bis unter 3000.– DM	O 06
3000.– bis unter 3500.– DM	O 07
3500.– bis unter 4000.– DM	O 08
4000.– bis unter 4500.– DM	O 09
4500.– bis unter 5000.– DM	O 10
5000.– bis unter 5500.– DM	O 11
5500.– bis unter 6000.– DM	O 12
6000.– DM und mehr	O 13

Vielen Dank für Ihre Mitarbeit.

Kontrollangabe: Vorname

Dieses Blatt verbleibt beim Befragten

Befragte(r) gem. Personenbogen				
Vorname	Vorname	Vorname	Vorname	Vorname
1	2	3	4	5

Listen für die / den Befragten

(Hier bitte nichts ausfüllen, diese Listen dienen nur zum Mitlesen)

Befindet sich Ihre Arbeits- oder Ausbildungsstätte ...

O 1 in Nürnberg   O 2 außerhalb von Nürnberg   O 3 keine feste Arbeitsstelle   O 4 nicht berufstätig bzw. nicht in Ausbildung

↳ **Bitte die Nummer des Stadtteils eintragen:** ☐

0 Innenstadt, Altstadt

1 Schweinau, Steinbühl, Galgenhof St. Peter, Gleißhammer

2 St. Leonhard, Gostenhof, St. Johannis, Maxfeld, Wöhrd

3 Langwasser, Altenfurt

4 Gibitzenhof, Hafengebiet, Katzwang, Kornburg

5 Röthenbach, Eibach, Reichelsdorf,

6 Eberhardshof, Muggenhof, Höfen, Großreuth, Gebersdorf

7 Thon, Schniegling, Wetzendorf, Boxdorf, Großgründlach

8 Nordostbahnhof, Schafhof, Ziegelstein, Buchenbühl

9 St. Jobst, Erlenstegen, Mögeldorf, Fischbach, Brunn

Soziale, kulturelle und Freizeiteinrichtungen oder entsprechende Dienste werden unterschiedlich stark gebraucht.
Haben Sie oder ein anderes Haushaltsmitglied in den letzten 12 Monaten eine der folgenden Einrichtungen oder Dienste mehrfach in Anspruch genommen?
(Interviewer: Liste übergeben)

	ja	nein, weil		
		kein Bedarf	Weg zu weit	Angebot gefällt mir nicht
Kindergarten	O 1	O 2	O 3	O 4
Kinderhort	O 1	O 2	O 3	O 4
Jugendfreizeiteinrichtung (z.B. Jugendfreizeitheim, Jugendclub)	O 1	O 2	O 3	O 4
Altenbegegnungsstätte	O 1	O 2	O 3	O 4
Altenclub	O 1	O 2	O 3	O 4
Kulturladen	O 1	O 2	O 3	O 4
Kleinkunstbühne	O 1	O 2	O 3	O 4
Bildungszentrum (Volkshochschule)	O 1	O 2	O 3	O 4
Stadtbibliothek	O 1	O 2	O 3	O 4
Sportplatz, Turnhalle	O 1	O 2	O 3	O 4
Hallenbad	O 1	O 2	O 3	O 4
Freibad	O 1	O 2	O 3	O 4
Beratungsstelle (z.B. Mütterberatung, Erziehungs-, Ehe-, Mieterberatung)	O 1	O 2	O 3	O 4

Wenn Sie die Arbeit der Politikerinnen und Politiker einmal bewerten müßten: Wo meinen Sie wird zuviel, genug, bzw. zu wenig getan und welche Schulnote würden Sie dem Stadtrat für seine Arbeit im letzten Jahr geben?

	der Stadtrat tut für ...			Schulnote für die Politik des Stadtrats
	zu wenig	genug	zu viel	
Wohnungsbau	O 1	O 2	O 3	Note 1 2 3 4 5 6
Kindergärten	O 1	O 2	O 3	Note 1 2 3 4 5 6
Sicherung der Arbeitsplätze	O 1	O 2	O 3	Note 1 2 3 4 5 6
U-Bahn, Bus, Straßenbahn	O 1	O 2	O 3	Note 1 2 3 4 5 6
Gewerbeflächen	O 1	O 2	O 3	Note 1 2 3 4 5 6
Verkehrsberuhigung	O 1	O 2	O 3	Note 1 2 3 4 5 6
Straßenbau	O 1	O 2	O 3	Note 1 2 3 4 5 6
Grün in der Stadt	O 1	O 2	O 3	Note 1 2 3 4 5 6
Sport und Bäder	O 1	O 2	O 3	Note 1 2 3 4 5 6
Kultur	O 1	O 2	O 3	Note 1 2 3 4 5 6
Krankenhäuser, Gesundheit	O 1	O 2	O 3	Note 1 2 3 4 5 6
Alteneinrichtungen	O 1	O 2	O 3	Note 1 2 3 4 5 6
Jugendeinrichtungen	O 1	O 2	O 3	Note 1 2 3 4 5 6
Schulen	O 1	O 2	O 3	Note 1 2 3 4 5 6

Woraus bezieht Ihr Haushalt die Mittel für den Lebensunterhalt?

Nennen Sie bitte 1. alle Einkommensarten, die Ihr Haushalt bezieht und 2. diejenige Einkommensart, aus der zum überwiegenden Teil der Lebensunterhalt bestritten wird.

	diese Einkommensarten beziehe(n) ich / wir	hiervon lebe(n) ich / wir überwiegend
Erwerbstätigkeit, Berufstätigkeit	O 1	O 1
Arbeitslosengeld / Arbeitslosenhilfe	O 2	O 2
Rente, Pension, Vorruhestandsgeld	O 3	O 3
Unterhalt durch Angehörige, die nicht zum Haushalt gehören	O 4	O 4
eigenes Vermögen, Vermietung, Zinsen, Altenteil	O 5	O 5
Sozialhilfe	O 6	O 6
Sonstige Unterstützungen, z.B. BAFÖG, Wohngeld	O 7	O 7

Bei vielen Planungsaufgaben ist es wichtig, die wirtschaftliche Leistungsfähigkeit der Haushalte zu kennen, vor allem Ihre Mietbelastung einschätzen zu können.

Sagen Sie mir bitte:

Welcher Gruppe ist Ihr Haushalt nach seinem gesamten monatlichen Nettoeinkommen zuzuordnen – also dem Einkommen aus Erwerbs- bzw. Berufstätigkeit, Rente / Pension, Lebensversicherung und ähnlichem zusammengenommen – jedoch nach Abzug der Steuern und Sozialversicherungsbeiträge?

bis unter 500.– DM	O 01
500.– bis unter 1000.– DM	O 02
1000.– bis unter 1500.– DM	O 03
1500.– bis unter 2000.– DM	O 04
2000.– bis unter 2500.– DM	O 05
2500.– bis unter 3000.– DM	O 06
3000.– bis unter 3500.– DM	O 07
3500.– bis unter 4000.– DM	O 08
4000.– bis unter 4500.– DM	O 09
4500.– bis unter 5000.– DM	O 10
5000.– bis unter 5500.– DM	O 11
5500.– bis unter 6000.– DM	O 12
6000.– DM und mehr	O 13

Der Verfasser wertete folgende Fragen der Wohnungs- und Haushaltserhebung 1993 der Stadt Nürnberg aus:

Frage 1 *"Wie viele Personen gehören zu ihrem Haushalt?"*
Aufgrund dieser Angaben kann man eine eventuelle Abweichung der selbst erhobenen Daten im Vergleich zum Durchschnitt ganz Nürnbergs feststellen.

Frage 3 *"Sagen Sie bitte ganz allgemein: Sind Sie mit Ihrer Wohnung hier und der unmittelbaren Umgebung - recht zufrieden, - teils zufrieden / teils unzufrieden oder - eher unzufrieden?"* wurde vom Verfasser nicht zur Auswertung herangezogen, weil hier kein konkreter Bezug zur Lebensmittelversorgung gezogen werden kann.

Frage 4 *"Vermissen Sie oder Ihr Haushalt in ihrem Wohnquartier (unter 1 km Fußweg) bestimmte Einrichtungen oder Einkaufsmöglichkeiten oder ist für Ihren Bedarf alles vorhanden?"* Hier waren Mehrfachantworten möglich, falls Einrichtungen vermißt wurden. Unter anderem konnten hier *Läden bzw. Geschäfte* genannt werden. Obwohl hier nicht konkret auf Lebensmittel abgezielt wurde und die Grenze von unter 1 km Gehentfernung ohne wissenschaftliche Grundlegung erfolgte, werden diese Angaben berücksichtigt.

Frage 5 *"Wo erledigen Sie Ihre Einkäufe für den Lebensunterhalt normalerweise? (z.B. Wochenendeinkauf für Lebensmittel und Haushaltswaren)"* Es sollte angegeben werden, ob man in *"kleineren Fachgeschäften, Supermärkten oder großen Verbrauchermärkten"* und ob man dort *"fast nie, manchmal oder häufig"* einkauft. Die Angabe *"Wenn berufstätig: Erledigen Sie Ihre Einkäufe auf dem Weg zwischen Wohnung und Arbeitsstätte?"* wird im folgenden ebenfalls berücksichtigt werden.

Frage 6 *"Welches Verkehrsmittel benutzen Sie für den Weg zur Arbeits- bzw. Ausbildungsstätte, welches für Einkäufe und Besorgungen, welches für Fahrten in die Freizeit?"*. Für die Kategorie *"Einkäufe/Besorgungen"* konnte unterschieden werden in *"zu Fuß, Auto, Motorrad bzw. Mofa etc., Fahrrad und öffentliche Verkehrsmittel"*.

Frage 16 *"Gibt es etwas, was Sie an der Wohngegend hier stört? Wenn ja, was stört Sie?"* Unter anderem konnten hier *"fehlende Einkaufsmöglichkeiten"* und *"schlechtes Angebot an öffentlichen Verkehrsmitteln"* angegeben werden. Die Angabe einer schlechten Anbindung an die öffentlichen Verkehrsmittel könnte in einem Zusammenhang stehen mit der Wahl des Verkehrsmittels für Einkäufe.

Frage 39 *"Wie viele PKW gibt es in Ihrem Haushalt?"* Die Verfügbarkeit eines Autos könnte eine Rolle bei der Wahl des Verkehrsmittels für die Einkäufe spielen.

Frage 42 *"Geschlecht"* des Befragten.

Fragen nach der Haushaltsgröße, der Anzahl der PKW, und dem Geschlecht des Befragten sind bewußt auch im Fragebogen des Verfassers gestellt worden, um anhand dieser Daten einen direkten Vergleich vornehmen zu können.

Karte 1: Die Untersuchungsgebiete und die Bezeichnung der Bezirke der Stadt Nürnberg

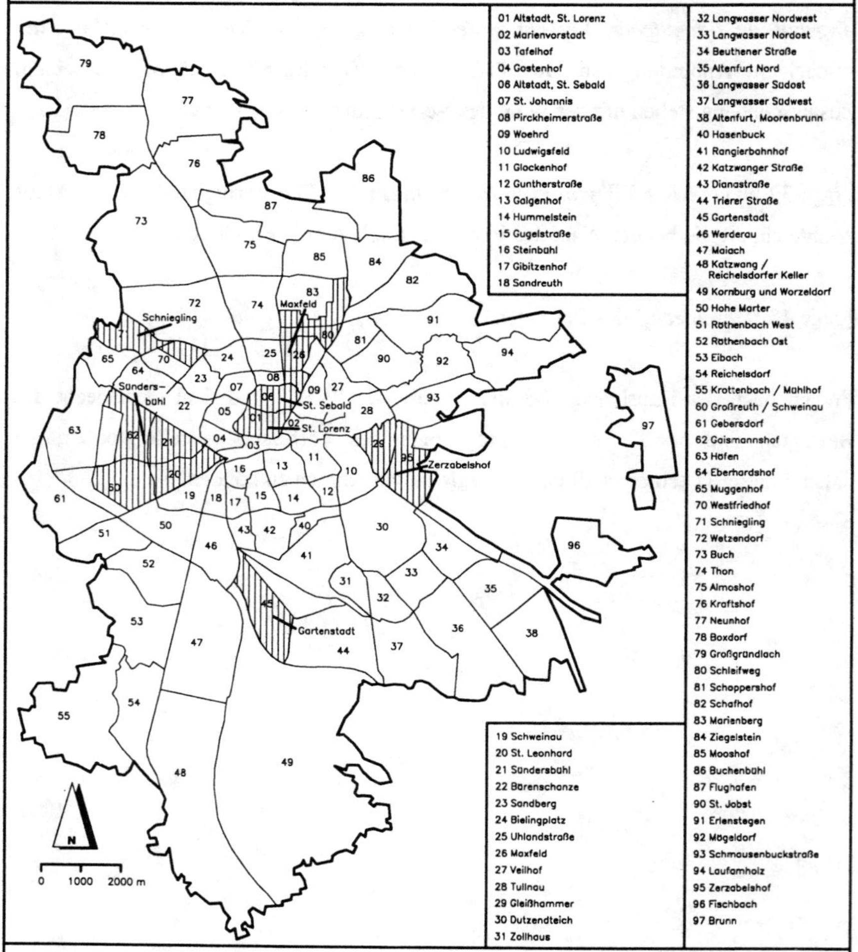

Quelle: Amt für Stadtforschung und Statistik der Stadt Nürnberg; eigene Erhebung und Darstellung

Karte 2: Anzahl der Lebensmittelgeschäfte pro "Netto"–Distrikt 1970 *

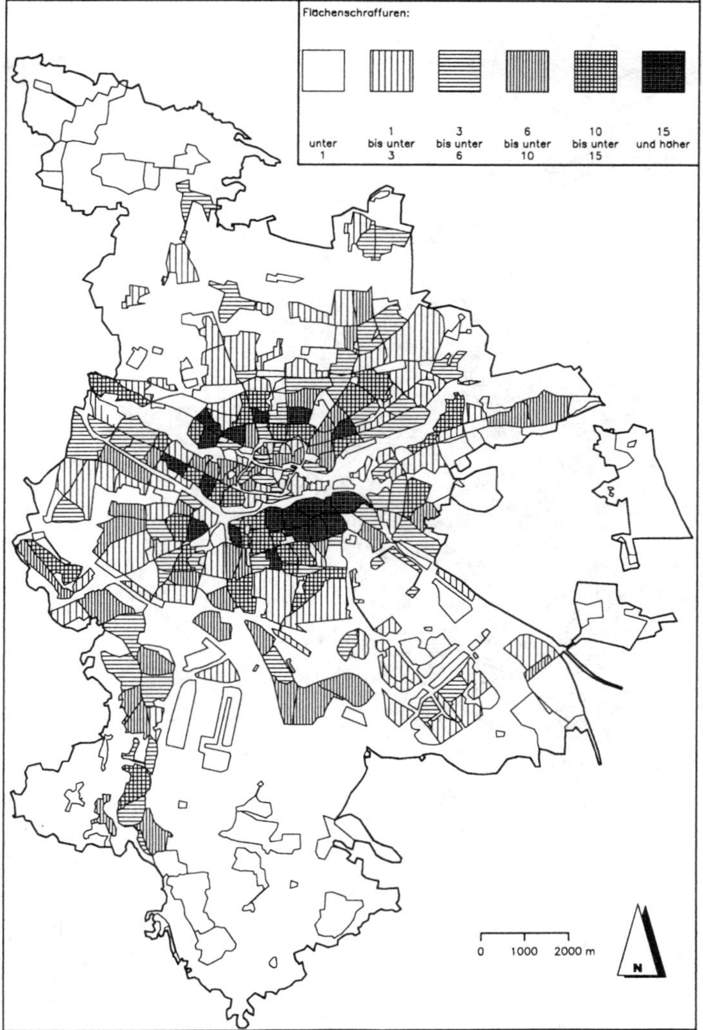

Quelle: Eigene Darstellung; Grundkarte: Amt für Stadtforschung und Statistik der Stadt Nürnberg; eigene Auswertung der Arbeitsstättenzählung 1970, Stadt Nürnberg

* "Netto" bezeichnet die bebaute Fläche eines Distrikts

Karte 3: Anzahl der Lebensmittelgeschäfte pro "Netto"–Distrikt 1987 *

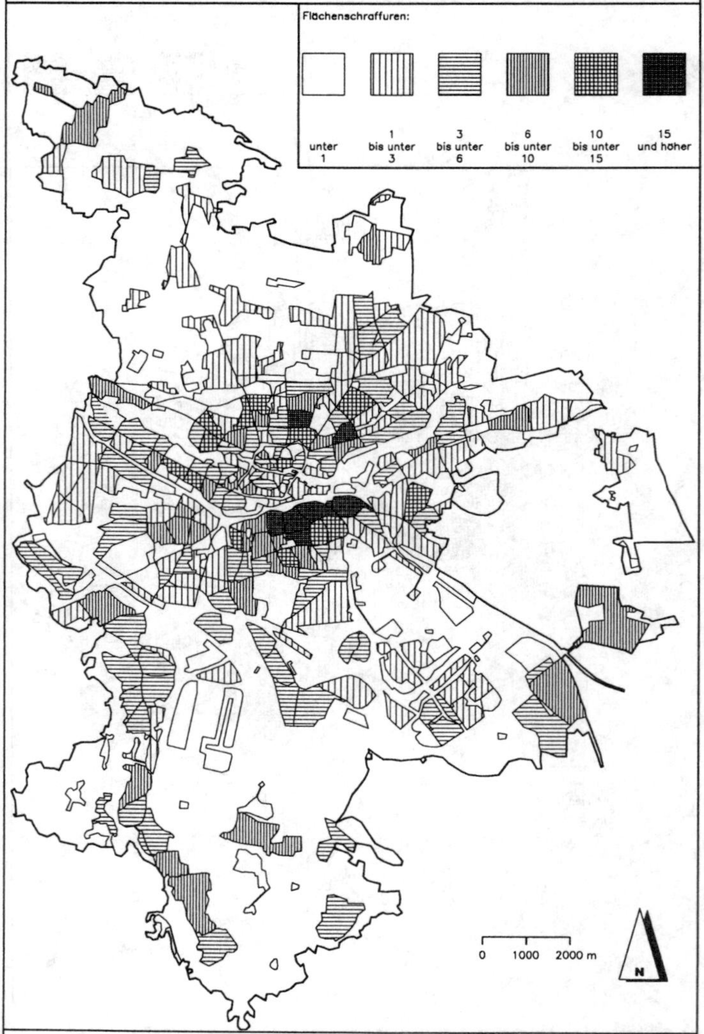

Quelle: Eigene Darstellung; Grundkarte: Amt für Stadtforschung und Statistik der Stadt Nürnberg; eigene Auswertung der Arbeitsstättenzählung 1987, Stadt Nürnberg

* "Netto" bezeichnet die bebaute Fläche eines Distrikts

Karte 4: Anzahl der Lebensmittelgeschäfte pro "Netto"-Distrikt 1994 *

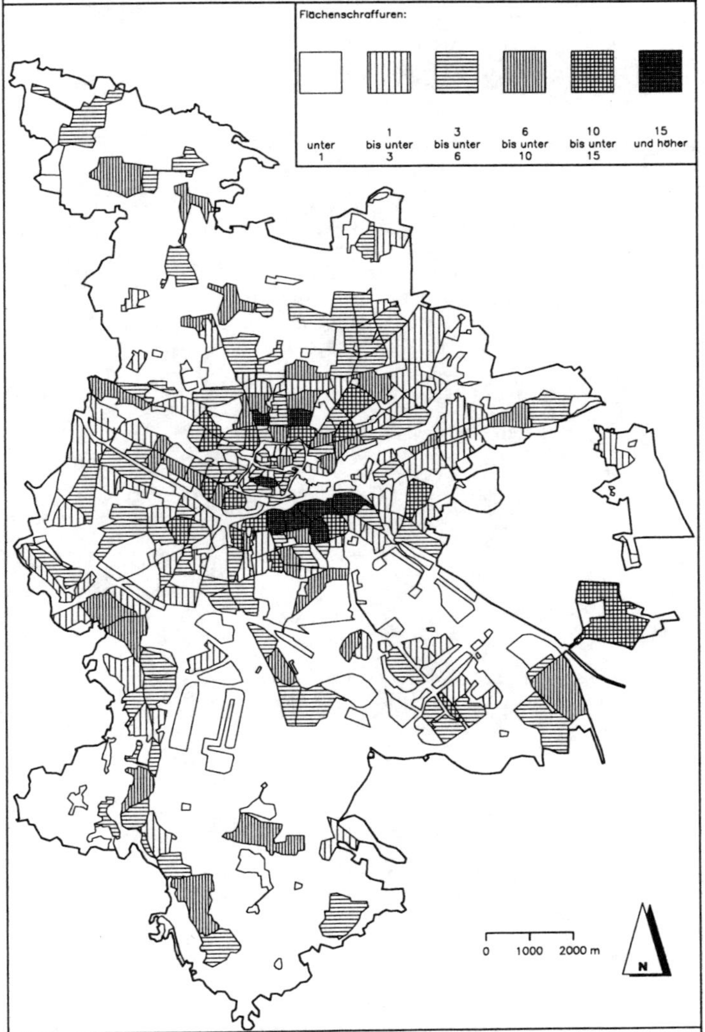

Quelle: Eigene Darstellung; Grundkarte: Amt für Stadtforschung und Statistik der Stadt Nürnberg; eigene Kartierung im Juli 1994

* "Netto" bezeichnet die bebaute Fläche eines Distrikts